Emotion and Adaptation

情绪地图

情绪与适应问题的解决之道

[美] 理查德·拉扎勒斯（Richard S.Lazarus） 著

中国青年出版社

图书在版编目（CIP）数据

情绪地图：情绪与适应问题的解决之道 / (美) 理查德·拉扎勒斯著；邓林园等译. -- 北京：中国青年出版社, 2024. 7. -- ISBN 978-7-5153-7361-4

Ⅰ. B842.6-49

中国国家版本馆CIP数据核字第2024KW8295号

Emotion and Adaptation

Richard S. Lazarus

情绪地图：
情绪与适应问题的解决之道

作　　者：［美］理查德·拉扎勒斯
译　　者：邓林园　吴恩泽　周　卉　钱同同
策划编辑：刘　吉
责任编辑：刘　吉
美术编辑：张　艳
出　　版：中国青年出版社
发　　行：北京中青文文化传媒有限公司
电　　话：010-65511272 / 65516873
公司网址：www.cyb.com.cn
购书网址：zqwts.tmall.com
印　　刷：大厂回族自治县益利印刷有限公司
版　　次：2024年7月第1版
印　　次：2024年7月第1次印刷
开　　本：787mm × 1092mm　1/16
字　　数：500千字
印　　张：32
京权图字：01-2023-2259
书　　号：ISBN 978-7-5153-7361-4
定　　价：79.90元

目录

前言

我很幸运在1966年出版了一本名为《心理压力与应对过程》的书，这本书在某种程度上能够预见心理学在接下来的25年里从行为主义转向认知中介主义的趋势。我希望我对这个变化的促成有贡献。将近20年后的1984年，我和福尔克曼合著了另一本书《压力：评价和应对》。这两本书的核心构想，以及我一开始的研究，都是评价，它涉及人们如何解释他们生活中发生的事情对自身幸福感的影响。

从那时起，又发生了另一个显著的转变（研究兴趣从心理压力扩展到情绪）。尽管压力和应对仍然重要，但社会科学家已经意识到这些概念是更大范畴——情绪的一部分。其结果是：之前关于评价与应对只需处理从低到高的简单压力维度，或者一些基本类型的压力，如伤害/损失、威胁和挑战，而现在必须重新调整。目前评价必须解释独特的负面情绪（如愤怒、恐惧、焦虑、内疚、羞耻、悲伤、嫉妒和厌恶）和积极情绪（如幸福、自豪、爱和放松）以及一些有争议的情绪现象（如希望、怜悯和审美）之间的差异。一个现代的情绪理论，也是本书所涉及的，需要提出评价在每种独特情绪中作用的命题。

我想写这本书很久了，它也是根据上述推论构思的，大约四年前我就开始全身心地投入到本书写作中。我希望创造一个丰富而完整的概念，以确立一个可行的认知—动机—关系理论所需的元理论并明确理论决策背后的问题。结果证明，这是一次极具挑战性的冒险，一次迷人的经历，再次证明了最好的学习方式是写作。就像在写作中进行冒险一样，随着我认知的拓展填补了知识空白。我认为这本书是我晚年的专著，是因喜欢而开始创作，我希望它是我能写出的、最好的关于情绪的书。就像所有的冒险一样，它永远不会真正完成，但我对情绪领域的兴趣迅速增长（后续研究越来越多，没法都包含进来），因此我决定不过分沉溺其中，可能会有些疏漏，截至1990年冬天，我将这本书写完。在这期间没有再接受新的想法和参考。

情绪是连接生物学、心理学、社会学和人类学等生命科学领域的跨学科领域，情绪也源于哲学。我尽力做到广泛涵盖每一学科的主题范围，但历史和当代的文献以及研究中心和理论性文献太多，以至于我不得不精心挑选最有代表性的。遗憾的是，自1990年冬天以来出现了一些重要研究，这些研究本应是相关的。在《心理学探究》中，克鲁格兰斯基和评论家讨论了难题是多么广泛和抽象，并明确了理论应该多么详细。在同一期刊中，迈克尔·刘易斯和评论家们讨论了情绪发展背景下的意图性和动机。这些展示了理解所付出的努力是持续的、变化的。无论如何，我希望那些我敬仰的研究者能原谅我遗漏的研究和见解。如果要涵盖所有文献，不敢想这本书将会变得多么冗长和乏味。

这本书本质上是一本关于重要议题和想法的书，是关于情绪过程及后果的理论和命题，而不是一篇综述。我主要采用实例化策略，引用具体的实验或临床观察来说明一个观点或主题，并引用戏剧性的文学作品引发读者思考。（外界）声称治疗是一个平衡的过程（这种说法）是不理性的。因为在复杂的、不断变化的和跨学科的领域中，即使是最学术的工作也无法提供完全公正的描述。对于读者和参与者而言，对于重要议题的辩论，其价值显而易见。因此在适当的情况下，我也作出大胆推测，有时甚至相当主观。我希望我所写的内容能激发建设性的辩论并能引导后续的研究。

这本书是为谁而写的？开始写这本书时，我想重建并扩展我作为评价理论和研究的开创者这一历史角色，并提出一个全面的认知—动机—关系理论。这是为那些志同道合者而做的分析和立场声明，而不是为了检验不同的思维方式。我希望理论是清晰明了的，因此避免使用过多术语，以便各个领域的人士，即使没有心理学背景的人，也能读懂和理解我的观点。然而，针对专业知识渊博的同行时，必然要准备好“当然，但是”的问题，这时就很难避免使用一些术语，来支持争议性观点，但我已经尝试在通俗和学术间找到平衡。

尽管提出并支持某些观点有我的热情所在，但我相信所呈现的也是对情绪主题概括化的、立足当前时代特征的处理。我试图呈现一个全面的理论，不过也必须处理一系列任何宏大的理论都面临的挑战性问题。因此，我相信这本书是可以被高年级本科生、研究生和专业人士阅读和理解的教材。由于情绪对医学、精神病学、临床心理学、健康心理学、社会工作和护理从业者的工作至关重要，因此在这些领域以及认知科学和其他心理学领域（如人格、社会、发展和生理心理学），这本书也应该具有实用价值。

有关情绪的基本神经生理学、生物化学和遗传学基础，我只是简单提及，并没有深入探讨。尽管我反对还原论，并尽量避免完全依赖神经生理学，但并不能否认它与情绪的相关性。同时我也没有忽视生物学。例如，我希望我在第五章做一项有建设性的事情，就是能够在传统的生物普遍性和社会文化、发展性变异源的极性立场之间进行调和，并为两者找到一个合适的位置，正如任何好的情绪理论应该做的那样。

许多人在这本书问世的过程中给予了我帮助，我很感激他们，但他们并不对我的失败负责。其中最重要的是保罗·埃克曼，他用他敏锐的头脑和强有力的洞察能力对我早期草稿进行评论，并通过1988—1989年在加利福尼亚大学举办的研讨会，让他的同事和学生阅读并批评了这些草稿。我从这些讨论中学到了很多。在1989—1990年，埃克曼和我共同主持的由美国国家智力健康研究所支持的博士后培训计划，以及来自许多大学的优秀教职人员，包括朱迪·邓恩、西摩·爱普斯坦、迈克尔·戈德斯坦、约翰·戈特曼、杰罗姆·卡根、雅克·潘克塞普、罗伯特·莱文森、理查德·戴维森和克劳斯·谢勒，以及阿莉·霍克希尔德、乔治·德沃斯和马迪·霍洛维茨等人的特别讲座，这些都是巨大的灵感之源，帮助我意识到和思考了许多我以前没有考虑过的问题。

几年前的夏天，我和我的妻子作为海德堡大学的客座教授，受到了雷纳·巴斯廷教授的邀请，在当时的联邦德国访问了三个月，用租来的文字处理器开始撰写这本书的构思，并在许多地方广泛发表了有关这本书构思的讲座。我在海德堡、美因茨、柏林自由大学、阿姆斯特丹大学、阿姆斯特丹举办的欧洲心理学大会、日内瓦大学、维尔茨堡大学、慕尼黑大学和巴姆贝格大学做了讲座，我要对我在这些旅行中的东道主表示衷心的感谢，对那些听过我讲座的人表示衷心的感激，因为他们提出了非常出色而深刻的问题，这些问题在很大程度上帮助我再次确立了书中的表述。我在海德堡的居住地以及其他人，比如巴姆贝格的洛塔·劳克斯教授和汉纳洛雷·韦伯博士，他们与我一起探讨情绪问题，极大地提升了本书的质量，丰富了本书的内涵。

许多同事阅读并对书中的部分内容进行了建设性的评论。他们的贡献不容低估，因为在学术界，同事间最好的事情就是真正阅读和批评你写的东西，并且真心实意地帮助你改进。克雷格·A. 史密斯在伯克利和我一起度过了两年的博士后时光，他花费了很多时间，对本书所有章节进行了非常深入和中肯的批评，并提出了宝贵的建议，我经常在文本中大量借鉴，只是没有标明。我在海德堡工作时，埃里克·吉莱特仔细审查了我正在撰写的几章，并在我努力将评价理论与无意识整合的过程中，为我提供了精神分析视角。埃莉诺·罗施以她独特的复杂认知科学和对东方和西方思想中人类意义更广泛和更深入分析的持续探索，对这份手稿提供了重要的信息补充。

已故的欧文·詹尼斯阅读了早期版本并进行评论，当我得知他英年早逝——这是我们所有人的损失——我非常难过。我也非常感谢乔·坎波斯后期几个月针对手稿进行多次讨论。我们探索了各种各样的想法、理论和研究，他在手稿上标注的许多部分对我有很大的帮助，特别是关于早期情绪发展的问题，这不是我的强项。他还从人类发展研究所提供了一笔经费资助，以帮助我完成手稿，对此我非常感激。

我也感谢牛津大学出版社的编辑琼·博塞特，他非常认真而努力地提升我的行文表达，不断提出我推理中不合适的内容，弥补手稿中各种各样的缺陷，才让这本书以现在的面貌问世。我也要真诚感谢她的编辑助理路易丝·C. 佩奇和其他工作人员。

大多数学者在短暂的生命中给许多学生和同僚留下了宝贵的财富，超高智商以及高敏锐的他们对同一主题的深入探索和辩论留下了浓墨重彩的一笔。我向他们表示深深的感激。

最重要的是，我要向与我结婚46年的妻子伯妮丝致敬，她在面对身体出现问题时的活力、勇气和快乐鼓舞人心，她一直珍惜和保护我的职业承诺，让我更容易投入这么多精力来写这本书。

第一部分

背景

第一章

关于情绪

情绪在我们生活中的重大事件中扮演着核心角色。尽管情绪有许多特征，有行为上的、生理上的，但它们首先是心理上的。当我们所爱的人做了一些有价值的事情时，我们会感到自豪。当我们被贬低时，又会变得愤怒或羞愧。我们在孩子出生时感到喜悦，在受到威胁时感到焦虑，在亲人去世时感到悲痛。

我们做什么事情以及如何做这些事情，都会受到情绪以及促发情绪的环境所影响。因为孩子出生带来的自豪和喜悦给予我们保护和提升家庭幸福感的动力。经历丧失会削弱我们对生活的珍视，并可能导致社交疏离和抑郁。被冤枉导致的愤怒会激发我们的报复行为。当“被愤怒蒙蔽双眼”时，我们的认知功能会受到损害，从而将我们置于危险之中。人们有充分的理由认为，情绪会影响身心健康和疾病：积极的情绪有助于健康，消极的情绪会导致疾病。当然，这一影响过程值得深入探究。从我第一次接触心理学起，我就确信，除非我们了解一个人的情绪，否则我们就无法真正地了解这个人。

本书的主要目的是提供一个涉及认知、动机和关系的情绪理论，这也是我在过去40年里在心理压力领域研究的总结，接下来我将慢慢解释这一观点。虽然我的立场经常显得很独特而坚定，但我的意图不是要进行论战，而是指出重要的问题，提出新的问题，并提出连贯且系统的情绪解决方案。

考虑到人们关于情绪的认知有着漫长而复杂的历史，贸然提出另一种分析视角似乎有些草率。几千年来，人们一直在对情绪进行各种诠释，从简短的讨论到重大的研究成果。最近的文献证明了研究者们对这方面的巨大兴趣。

自1960年以来，特别是在20世纪80年代，研究者的名单包括阿诺德；艾夫里尔；伯恩斯和齐米尔斯；克莱因斯；弗里达；加德纳、梅特卡夫和比伯；戈登·奥尔波特；哈里斯；哈尔克；希尔曼；伊扎德；肯珀、拉扎勒斯和福尔克曼；刘易斯和米哈尔森；刘易斯和萨尔尼；莱昂斯；曼德勒；奥托尼、克洛尔和柯林斯；帕帕尼古劳；普拉奇克；什维尔和莱文；索卡利迪斯；德索萨；汤普森；汤姆金斯和韦纳。在本书出版之前有很多值得我敬仰和学习的学者，因为提出一个新的理论必须避免仅仅是对我们已经知道或以前相信的东西进行再加工。出于许多原因，包括认识论上的原因，确实需要一种新的整合，但我们距离提出一个被公认的框架还有很长的路要走。

在前两章中，我打算在情绪领域中漫游，为理论模型做铺垫。我并不是漫无目的，恰恰相反，我将非常系统地研究与情绪加工过程相关的一些想法。本章的主题包括情绪在心理学中的地位，不同领域（如个人、观察者、社会和生物物种）关于情绪的观点，作为情感基本背景的适应性，需要解决的难题，情绪理论的任务，以及理论的简要概述。

情绪在心理学中的地位

在我看来，很难想象有一种方法可以研究思想，或者人类和动物的适应，却不将情绪作为其中的关键组成部分。自从有历史记载以来，如果不将情绪放在核心位置，就会使心理学的理论和研究与人类的关注点脱节，正如普拉奇克所说的那样：

> 情绪一直是人类关注的核心问题。在每一次努力中，在每一项重大的人类事业中，情绪都以某种方式参与。从亚里士多德到斯宾诺莎，从康德到杜威，从柏格森到罗素，几乎每一位伟大的哲学家都关注情绪的本质，并对其起源、表达、影响以及它在人类生活经济中的地位提出了自己的假设和理论。神学家们已经认识到某些情绪在宗教经验方面的重要性，并将情绪训练作为宗教训练的核心部分（尽管是隐性的）。作家、艺术家和音乐家一直试图诉诸情绪，通过符号传播来影响和感动观众。在过去的半个世纪中，随着精神分析、临床心理学和心身医学的发展，情绪在健康和疾病中的作用受到高度重视。

在20世纪60年代之前，尤其在行为主义和逻辑实证主义的全盛时期，心理学的主流学术领域对情绪的抵制简直匪夷所思。除了极个别例外，主要的入门教材很少有超过一章的内容涉及情绪——如果有的话——主要强调它的动机或动力以及生理特性。然而，这些教材更多地关注知觉（现在被称为认知）、学习、动机、生理、人格、精神病理和社会过程。在心理学的标准课程中，情绪和适应很少得到重视。我希望改变这一现状。

心理学界对情绪的不重视，与伟大的剧作家和小说家赋予这一主题的丰富和中心地位形成了鲜明的对比。具有讽刺意味的是，除了社会科学家之外，所有人都认识到情绪是人类经验和适应的中心。学院派的心理学家似乎对情绪不太感兴趣，因为他们没有把情绪纳入核心课程，所以他们可能将其视为一个高度专业化、特异性的话题。当人们在临床工作中发现情绪是理解人类问题和心理病理学的关键时，就开始重视它了。

尽管精神病理学的临床理论很重视情绪，但传统上的关注点不是广泛的情绪谱系，而主要是强调焦虑。焦虑以外的情绪很少被认为是精神疾病的重要诱因。弗洛伊德和强化学习理论都认为焦虑是一种内驱力，在发展过程中习得，并通过联想和内驱力减少与某些生活事件联系在一起。两种理论都认为焦虑会激发病态的应对方式，从而成功地降低内驱力带来的紧张或痛苦，却又是功能失调的。

在精神病理学将绝大部分焦点放在焦虑这一基础情绪中时，像抑郁和内疚这样的情绪就显得很不起眼。人们也许对抑郁症的病因学、症状学及其治疗有很大的兴趣，但也许除了精神分析学家之外，没人会对内疚感兴趣。然而，抑郁症本身不能被看作是一种情绪；它是一种复杂的情绪困扰状态，其中悲伤、焦虑、愤怒和内疚占主导地位。海伦·刘易斯认为羞愧和内疚在神经症中占有重要地位，这也是一个小小的例外，因为临床上还是主要关注焦虑。人们对积极情绪（幸福、自豪、爱和放松）的关注甚至更少，这些情绪通常被认为是与精神病理学无关的。

提到积极情绪，我想顺便澄清一个常见的困惑，即什么是积极或消极的情绪。例如，愤怒通常被归类为一种消极的情绪，但有人却报告说，他们对自己的愤怒感觉良好，而且临床医生认为，当严重的抑郁症患者开始向外而不是向内发泄愤怒时，这可能是好转的征兆。另一方面，愤怒——特别是当它被表现出来的时候——可能会产生有害的社会后果，如果控制不好，甚至可能造成生理上的伤害。

一种情绪可以被认为是积极的，也可以被认为是消极的，这取决于关注的重点，有三种可能性：如果我们关注（1）有害的“人—环境关系”引起的情绪，负面情绪总是指向消极的诱发条件，这种意义应该与消极的主观品质和消极的适应后果区分开来。但我们可能更希望关注（2）情绪的主观感受，（3）或其适应后果。这些后果并不简单，因为可能存在消极情绪产生积极后果或积极情绪产生消极后果，这就使得标准有点混乱。我倾向于使用“积极”和“消极”两个术语来替代第（1）种情况，即有益或有害的人—环境关系，对这种关系的评价是产生情绪的原因。我在第三章中以相当长的篇幅论述了这一点，并在第四章中论述了个人是如何做出判断的。无论如何，我认为这里定义消极和积极的方式是对这些术语最常见的、固有的用法。

回到情绪在学术思想中的地位，心理学和其他任何生命科学[1]一样，长期以来都倾向于将其主题分为共性的和独特的分析类别，这些整合在一起，形成一个适应生活的完整的人。课程设置以系统研究认知、动机、生理机制、人格、社会过程及其发展等方面的功能为中心，这并没有什么特别奇怪或不合理的地方。

然而其中的一些因素，如认知和动机，似乎比其他因素更具有机体性，因为它们直接影响着人们处理生理、心理和社会生活的任务、机会和问题的方式。认知活动主要是指各种形式的思维，无论是有意识的还是无意识的，几乎参与到我们所做的每一件事；我们用它来引导我们的生活，并对与生存相关的环境反馈做出反应。动机与我们想要的、希望的或需要的东西有关，我将在第三章使用“目标”和“目标层次”这两个术语，它也是一个机体变量，因为它涉及我们日常生活中重要的东西，这些东西反过来指导我们的选择，影响我们对事物是有害还是有益的判断。

虽然人格从传统意义上也被认为是一个机体概念，因为它跟适应有关，但当下的人格研究却日渐偏离这一理念。人们不再把人格当作一个复杂的整合系统来研究，而是将其看作是一个努力与物质和社会环境进行互动的过程，并在这种挣扎中塑造和改变人。相反，对人格的研究往往只关注某一个或某几个特质，却甚少关注这些特质在个体内部是如何组织的。

---

[1] 我之所以使用生命科学这个术语，是因为心理学既是一门生物科学，又是一门社会科学，而生命科学是研究生物适应性斗争的一种恰当的方式。

关于机体概念，它更倾向于诠释人类适应的整体性和整合性，而不只是一些独立的功能，而情绪就有这样的特点。情绪是对我们在一生中如何努力生存、发展和实现愿望的复杂的、模式化的机体反应。情绪与其他心理社会生物学概念不同，因为它们表达了我们在社会生活中所发生事情的个人意义，并将动机、认知、适应和生理过程整合到一个涉及多个分析层次的复杂状态。

在我看来，情绪离不开认知、动机、适应和生理活动。当我们出现某种情绪反应，尤其是强烈的情绪时，我们身体的每一根神经都可能被调动起来——我们的注意力和思想，我们的需求和欲望，甚至是我们的身体。这种反应提示，我们正在追求某个重要价值或目标，但这个过程可能受阻或者处于危险中，也或者正在推进之中。从情绪反应中，我们可以了解到一个人在环境或生活事件中怎样进行利弊权衡，这个人如何解释自我和世界，如何应对伤害、威胁和挑战。在心理学中，没有其他概念能如此丰富地揭示一个人与生活以及与物质和社会环境的关系。

心理学不强调整体性和系统性原则，可能源于分析和分子层面的微观思维模式，而不是综合性的思维方式。占主导地位的认识论是基于过去物理和化学中的还原解释律。对机体和系统原则的忽略有两个主要代价。

第一，认知和其他基本心理功能与人类适应是脱离的，这在认知心理学的理论和研究中确实如此。例如，诺曼抱怨说，认知科学中缺乏对情绪、动机、个体差异、社会文化影响以及对生命全程发展和变化的研究以及理论兴趣。思维功能也已经从其他心理功能中脱离出来，而这些心理功能在生物体适应世界的时候通常是相互依存的。这种脱离具有破坏性，因为思想和行为都与适应有关，而思想无疑是在生活和适应的过程中发展起来的。事实上，这就是我把这本书命名为《情绪与适应》的原因。这两个概念是完全交织在一起的，如果不参照另一个概念，就无法对其中一个概念进行真正有价值的研究。

第二，对普遍性机制的探索是对个体差异的压制。心理学在很大程度上是规范性的，因为它关注人们的共性，如果不是讨论误差的情况，只有在事后分析的时候才会考虑个体差异。人们必须记住，情绪是个体现象，表现出巨大的个体差异；虽然在某种程度上，人们可以分享情绪体验，并且可以描绘出关于情绪过程的一般规律，但情绪发生在具有独特历史的个体身上，他需要思考和面对特定的环境，评价其意义，并尽可能采取适应性的行动。

将（整个）人视为生活在环境中并适应环境的有机系统，既需要个体内的视角（描述组成一个人的多个方面，并综合描述这些方面是如何组织起来的，以及同一个人在不同环境中的行为方式），也需要规范性的视角。在我们的研究设计中，我们不仅应该比较人与人之间的关系（这是规范性的视角），还应该研究同一个人从一个时刻到另一个时刻以及在不同的环境中的特点（这是个体内部的视角）。

从最近在心理学领域处于主导地位的行为主义和逻辑实证主义角度来看，强调要重视解释模型中的可观察性。如果一个人真的相信这是唯一正确的科学方法，那就没法研究像情绪这样具有模糊性、整合性的概念。这种狭隘的观点几乎没有给意志、意图、计划等概念留下任何空间，也没法考虑过去、现在和未来的趋势，而这些都是人类心理活动的重要特征。因此，迪斯将行为主义，尤其是激进的行为主义描述为“心灵的禁锢”。

事实上，就在不久前，心理学上还齐心协力地摒弃情绪。情绪被认为是一个不科学的概念，其特点是主观主义和扶手椅哲学。希尔曼认为这种倾向是在否认情绪可以作为科学研究的合理主题。这种否定有三种形式：建议（1）放弃情绪这一概念，（2）将其归入其他概念，（3）将情绪作为错误地要求解释“事物”而进行辩驳。他引用了迈耶耳的话，写了以下几乎没有先见之明的陈述：

> 既然我们要描述的一切都已经有了科学术语，为什么还要在科学中引入一个不需要的术语，比如说情绪……我预测：“意志”实际上已经从我们今天的科学心理学中消失了；“情绪”也必将如此。在1950年，美国心理学家会对这两个术语报以微笑，认为它们都是过去式了。

当然，正如我们所知的那样，自20世纪60年代以来，关于情绪的研究和理论已经开始开花结果，而不是像迈耶尔预言的那样枯萎。希尔曼列出了许多早年选择放弃情绪的著名人物，包括达菲、赫伯、科夫卡、马瑟曼和哲学家赖尔。在一篇被广泛阅读和称赞的理论综述中，布朗和法伯将注意力从情绪作为一种体验状态和复杂过程转移开来，将其仅仅视为一个干预变量，这是一种介于输入和输出变量之间，又将其整合起来的虚构心理概念。达菲甚至一直坚持到20世纪60年代，都试图用一个单维的干预变量“激活”来取代情绪的概念，她将其定义为能量动员。马尔莫也将具有丰富认知—情绪内容多样性的焦虑简化为单纯的“激活”。林斯莱认为激活这个概念在心理学中发挥了重要的综合作用，使人们有可能将三个关键概念——动机或内驱力、生理动员和警觉——作为一个基本的心理生理干预变量来诠释。所有这些简化的倾向使得情绪变成一种单维的副现象，最糟糕的结果就是，让其失去了丰富性和效果，或者沦为没有实质内容的虚构概念。

激进行为主义的退却与认知主义的兴起

通常情况下，关于情绪作为内驱力或激活的简单行为公式，以及适应行为和不适应行为仅仅是内驱力消退的结果，这样的推论性观点变得越来越站不住脚，因为这需要各种额外的心理变量来进行解释和预测。有影响力的行为主义者，如赫尔和斯宾塞，一直在使他们的模型复杂化，以适应人类思维的复杂性，只有斯金纳始终坚持极端的行为主义，认为人的性格作为中介反应的属性在科学推测上是没结果的。

到了20世纪60年代和70年代，心理学无法或不愿意再坚持过度简化，已经开始从简单的刺激—反应（S—R）范式和实证主义转向新行为主义。在此过程中，刺激—反应的联结被转化为更为复杂的刺激—机体—反应（S—O—R）联结，猜想的大门被打开，人们对大脑“黑匣子”中的心理结构和过程的兴趣被重新点燃，并尝试将其用来解释人和其他动物的行为和反应方式。

这里不是去细致探讨该领域前景发生重大变化的历史、哲学和科学原因的地方，正如肯特勒和鲍利斯最近对此所描述的那样，学者们关于这种转变的观点存在重大分歧。我发现在鲍利斯提出的几个原因中，有一个特别有趣，也很有说服力：S—R强化心理学假设在学习过程中所有的刺激和反应在功能上都是相似的。关于这一点，鲍利斯认为：

> 强化主义者总会通过“选择一个类似于‘按键反应’的人为操作”，或者

“选择一个有代表性的动物，比如老鼠”来发表言论。所以我们做了很多经典实验，但是当我们稍微改变一些实验条件时，就没法找到共性，而是发现了很多特异性。似乎当动物不一样，线索不一样，强化物不一样时，得到的反应就会不同。学习反应的过程比前辈们认为的要丰富得多。

关于从S—R强化学习到认知主义的理念转变，有一个很好的例子：习得性无助的理论变迁，该理论的根源在于驱动强化、学习概念和动物研究。塞利格曼最初将这种观点应用于人类的抑郁症。他提出，抑郁症是由缺乏对厌恶性条件控制的负面生活经验引起的。这些经历告诉我们，我们无力控制结果，于是在得知无法改变消极的生活环境后我们停止了尝试。塞利格曼称这种情况为“习得性无助”——这个术语如今仍然存在，尽管其内涵已经发生了很大变化。

尽管不是每个人都会对负面的生活经历或“一连串的坏运气”作出无助和抑郁的反应，但最初的习得性无助理论最终被重新界定为人们对其生活控制感的（认知）归因理论。这种新版的抑郁症理论不再强调实际的无助经验，而是基于对无助的主观归因，这些归因可能已经在抑郁症患者的头脑中种下对生活本身的绝望感。此外，正如鲍利斯的一个深刻评论中指出的那样：

> 我们通常对一个人的强化历史一无所知，所以引用它来解释某些行为是……还原主义的……大多数心理学家现在更明白这一点；他们知道，要理解他们所研究的现象，就必须观察现象本身，而不是其他方面。

关于心理压力的观点也经历了类似的转变，从强调客观现实到主观体验。当它被严格定义为会带来行为障碍、主观痛苦和生理紧张的环境刺激条件（压力源）时，这个表述基本上类似于达菲或林斯莱的激活概念，这一观点近年来越来越被淡化。

早期关于压力的概念界定可以追溯到胡克在17世纪工程领域中关于负荷（施加在物体上的力）、应力（负荷作用在物体上的方式）和应变（物体产生的变形结果）的输入—输出分析。胡克对材料的弹性特别感兴趣。据说这种非生物在破碎之前都能抵抗变形。在工程中，应变是物理对象的不平衡或张力，就像生物的压力是一种生物不平衡，它激活或驱动行为和生理上努力恢复被扰乱的平衡。

压力（或应变）和不平衡（或激活）之间的类比非常形象。有些人，因为他们有很高的抗压能力，所以能抵抗心理上的痛苦和功能障碍，就像胡克所说的，有些物质，因为它们本来就是碎屑，所以更能抵抗破裂。因为它强调整体的可观察性，并没有对这些虚构概念进行具体化的解释，所以很多人认为这种思维方式似乎比对具体心理事件的推测更科学。这就是为何布朗和法伯（1951）试图将情绪描述为一个可干预的变量。

最终，与工程中的负荷、压力和应变的类比失败了，就像生理心理学中的激活或内驱力模型一样，因为如果不参考个人动机，个人如何定义和评价与环境之间关系的方式，心理压力和情绪就无法被充分诠释——这是我一直称为评价的过程。对情绪反应性质和强度的评价也取决于应对过程，因为如果一个人改变与环境之间关系的想法和行为，就可能改变关系或评价的方式，从而改变由此产生的情绪。

应变和激活的概念与评价和应对的概念并不是一回事。应变和激活是单维概念，尽管我对伤害、威胁和挑战这几个概念进行了区分，但斯克莱克对积极压力和消极压力的区分将分析从单一维度略微转向对不同种类的压力和应变的关注。无论如何，压力过程是一个复杂的、多变量的反馈系统，正如情绪过程一样。情绪也不是单维的，而是涉及各种状态，每种状态之间都有重叠，也有特异性的内容，所以称其为情绪们——这是一个复数名词而不是单数名词。

关于心理压力的认知分析和研究影响了许多心理学家，使他们转向主观、互动和过程的表述，而不是刺激—反应的表述。这些思维模式也使我们更接近于系统理论分析，我将在第二部分进行描述。

心理压力理论必然朝着情绪理论迈进了一大步，因为压力导致的情绪是以消极的适应条件为中心的。要将心理压力理论扩展为情绪理论，只需要我们考虑人在什么条件下受益，以及又在什么条件下会产生积极情绪状态。也就是说，情绪可以用类别和强度来描述，从而有丰富多样的情绪种类或情绪家族。不同的负面情绪状态源于特定的有害或威胁关系，积极情绪状态来自特定的有益关系。

例如，尽管所有的消极情绪都有一个共性，即对挫折的反应，但这些情绪中的每一种——愤怒、恐惧、内疚、羞愧等——又都是对各种形式挫折的独立而又特异性的反应；每一种都涉及不同的人—环境关系和评价模式。同样地，幸福、自豪、爱和放松等积极情绪都有一个共同点，那就是都产生于与环境的良性关系，但在关系的细节和评价方式上也有很大的不同。一旦人们对情绪概念的潜在丰富性进行了探究，只是将心理压力作为理解适应过程的基础似乎就显得过于局限了。

谈到现代人对还原分析的进一步偏好，人们可能会坚持困扰所有科学的共同问题——基础理论和研究提供了关于微观过程的重要细节，但对于理解和预测复杂系统如何在摩尔（分子）水平上运作，以什么实际方式影响这些系统，以及如何行动和反应，却没有产生什么广泛的效果。正如我们稍后会讨论的，系统理论的某些方面特别适合于将影响情绪适应的、以人为中心的复杂变量，与构成人必须在其中发挥作用的环境的复杂变量结合起来，它特别适用于检验和预测人类适应和不适应的行为决策认知过程。

关于作为解释的认知主义，许多学者观察到两种思维传统间的摇摆不定，这两种传统都与情绪有关：一种是基于洛克、休谟和米尔斯等哲学家的观点，该观点引用了葛根提出的概念“世界轮廓”，认为人们是通过复制现有的“世界轮廓”来适应和发展。该观点关注事物本来的样子，即外部现实，这是科学正在试图寻找和理解的。葛根把这称为外源性视角。另一种观点是内源性的，它关注人类内在的知识，与斯宾诺莎、康德、尼采和黑格尔等哲学家的思想是一致的。该观点关注人的主观世界。换句话说，我们可以将人类生活视为适应世界的本来面目，或者从我们的头脑中构建这个世界。

汤姆金斯虽然使用的术语与葛根的不同，但他也描绘了心理学中相同的基本意识形态两极化，并表明它也适用于其他知识领域，如艺术、政治，甚至育儿。他认为：

这些问题很简单。人是标准，是自身的目标，是自然界中一种积极的、创造性的、有思想的、有欲望的、爱的力量？或者说，人必须实现自己，只有通过努力争取、参与、符合某个规范、某个标准、某个基本上先于和独立于人的理想本质，才能达到自己的完整境界？在希腊哲学中，这是普罗塔戈拉和柏拉图之间的对立，也是人作为万物之标准的观念，与认为理念和本质是现实和价值的观念的对立。

从20世纪30年代到60年代，当弗洛伊德对学术和临床心理学产生巨大影响时，开始强调对内源性或心理内部的关注。后来在20世纪70年代，重点转移到了环境上，也就是我们今天关注的重大生活事件，如亲人的死亡或离婚，是人必须适应的主要变化来源。生活事件往往被看作是偶然发生的外部事件（或压力源），而不是改变人—环境关系并最终影响个人情感生活的连续互动的产物。读者很快就会看到，我对情绪采取的是一种关系性的观点，它既不是外源性的，也不是内源性的，而是由两者的特定组合组成，是外在和内在这两种力量之间的妥协或折中。

葛根认为，长期以来,美国心理学一直以强调外源性为特征，而德国的哲学和心理学家一直在为如何整合外源性和内源性这两种思想而苦苦挣扎。他认为，除了"一群坚定的现象学家，内源性观点可能已经消亡。然而，（对许多人来说）挑战是要超越传统的主客体二元论"。如果我们把这个推理带入目前关注的领域，我们应该说，由于人和环境都是情绪和适应的重要因素，只有当我们采用真正的关系（或活动）方法并为其找到合适的语言时，这种摇摆不定的局面才能结束。

在20世纪60年代和70年代，一些心理学家开始认识到，行为主义的外源性观点是基于一种对情绪研究不太友好的认识论。然而，完全的内源性观点也同样不友好——而且肯定也是错误的——因为它会忽略情绪产生过程中的社会和物理环境。极端的外源性或内源性观点，要么试图完全从人类普遍的内在特征来理解人类适应的成功和失败（最常表现为达尔文式的进化论），要么从必须被操纵以减少遗传和后天不平等的外部社会和经济条件方面来理解。在第五章中，我将试图调和这些生物和社会文化的极端，因为我相信需要一个可持续的情绪理论。

尽管如此，在20世纪60年代，我一直尝试跟其他人一起发展出一种基于认知的、现象学的，关于心理压力和应对的研究方法。当时，对主流的行为主义观点特别是激进或极端的行为主义进行淋漓尽致的批判，并花了大量的时间和空间为认知—现象学观点提供认识论的基础。然而，今天，尽管仍然存在很多阻力，许多心理学家不愿意放弃行为主义的观点，但认知的观点似乎越来越占据主导地位。关于评价的概念现在被广泛用作压力和情绪的应对方法。动机再次成为一个重要的心理学概念。我们也不需要去攻击不再作为学术主流的S—R心理学了。

同样值得注意的是，认知运动走得有点太快太远了，因为认知/思维几乎已经等同于心理了。尽管认知和心理存在重叠，但这种画等号却过度夸大了认知的意义，尽管这好像是对认知的强调带来的必然结果。谈论到认知在情绪和适应中的作用时，我们必须清楚认知的类型、其他心理成分的参与，以及具体的加工过程。

正如我将在第三章中试图说明的那样，所谓的认知革命现在应该被称为认知—动机—关系革命，因为仅凭思想不足以形成认知、行为和情绪的充分理论。毕竟，思想必须涉及某种东西——它不会凭空产生——而对情绪的认知涉及目标、计划和信念，是关于一个人在管理人—环境关系方面的利益权衡（积极目标）和（应对）选择。虽然在1966年，我把我的心理压力理论界定为认知和现象学倾向的，但今天我把我的情绪理论称为认知—动机—关系解释系统，关系代表着与身体和社会世界之间的协调。

与最近关于认知—动机—关系模式的认知运动同等重要的是，对早期理论中相关概念使用限制的松动，随着物理学中关于因果关系和决定论的概念变迁，心理学家也越来越能接受科学范式的多元化。现代人对无意识过程的兴趣，隐性知识的概念，感觉或知觉的东西也可以是静态和运动的概念，以及强调目标、意图和计划的行动理论——所有这些都反映了我们可以比过去几十年都更自由地探索和理解大脑到底是如何工作的。尽管这种自由困扰着许多人，但我相信，它激发我们对情绪重新产生兴趣。

这里提到的观点变迁，根植于几十年前就具有前瞻性和创造性的心理学家的工作，如阿希、哈洛、海德、凯利、罗特、麦克里兰、墨菲和怀特，还有他们的智慧导师勒温和莫里，他们之前就在北美发起了现代认知—现象学运动。由于他们的影响，我们现在可以直截了当地探讨，人们如何评价他们与环境的适应性关系中发生的事情，以产生某种特定的情绪。尽管旧的认识论并不愿意完全销声匿迹，就像被称为“残余行为主义”的东西所表现的那样，总的来说，心理学家越来越适应这种思维方式。

具有讽刺意味的是，这些观点的变化也使我们回到了一种亚里士多德的《修辞学》中描述的“民间心理学”。例如，像愤怒这样的情绪被解读为个体被侮辱或贬低后形成的一种主观判断结果。为了避免读者误认为情绪理论中的认知重点仅限于亚里士多德时代或20世纪60年代之后的时期，我引用了一位研究情绪的博士后向我介绍的关于19世纪伦敦大学学院一位名叫罗伯逊的哲学家的观点。读到这段话，我不禁想起那部精彩的日本电影《罗生门》，在这部电影中，不同的人从不同的视角对同一件事情进行了解读。罗伯逊认为：

> 四个年龄和气质基本相同的人乘坐同一辆车。在一个特定的停车点，有人告诉他们，某个人刚刚突然意外死亡。其中一个人看起来完全无动于衷。第二个人明白发生了什么，但丝毫不受影响。第三个人看起来明显很悲伤。第四个人悲痛欲绝，一直流泪、抽泣和唉声叹气。我们面前的这四个人为什么会有这么大的区别呢？在一个方面他们都是一样的：有人向他们宣布了某人突然意外死亡的消息。第一个是外国人，明显沟通不畅。第二个人从未见过死者，也不可能对他有特别的关心。第三位在社会交往和商业洽谈中经常与他见面，并对他非常欣赏和尊重。第四位是死者的兄弟，他们是血缘至亲，有着千丝万缕的情感羁绊。从这个案例中，我们可以注意到，为了［体验一种情绪］，首先需要有一些理解或认识；这个外国人没有感觉，因为他听不懂，就没有产生情绪的认知基础。我们可以进一步观察到，第二必须有某种情感基础，所以这个陌生人就对发生的事情没啥兴趣了。情绪从井中涌出，其强烈程度与水量成正比；因此，兄弟中比朋友的情绪反应更强烈。第三，很明显，受影响的人处于激动或兴奋的状态。第四，表现在脸上的悲伤和身体的激动。由此可见，就有四个要素出现在人们面前。

人们对所谓的朴素或常识心理学仍有相当大的不认同，好像科学不应该与日常生活有太大的联系。如果理论与经验相联系，在直觉上是可信的，但只有这样是不够的，因为一个好的理论必须像理论物理学一样抽象、精准，而不是像直觉那么肤浅。也可以说，这是处在两个不同的抽象层次，两个层次都可以在不同的方面发挥作用。困扰我的不是抽象的层次，而是认为具体的、个人主观的层次就不可能成为好科学的偏见。

当我开始学习心理学时，一些所谓的硬科学家也有很多负面评论，说心理学不是也不可能是一门科学。据我所知，这种批评至今仍然存在，不幸的是，心理学家也经常认可攻击者的观点——就像精神病学家一样——竭力证明自己是“真正的”科学家。各种各样的社会科学家都在努力证明他们符合正确的科学价值观，同时又普遍觉得自己不如生物和物理科学家。这很可悲，因为这种观念阻碍了我们专业的发展。

我对科学的看法不是基于我们对心理变量的测量有多精准，尽管这种测量显然是必不可少的，也不是基于我们知道多少或能预测多少，而是基于对测量和调查的态度。任何旨在对现象进行有计划的推理，并通过观察来建立和评估对现象的理解，这样的研究领域都属于科学。它使用多种研究方法，不管具体的方法是什么，都在试图接近事物的真相，并试图在一个连贯的、自洽的逻辑思维框架内对结构和过程进行概念化。科学与非科学的区别在于持续的努力，而不是我们在任何特定时刻取得了多大的成功。如果我们试图将我们的概念与我们能够观察到的东西相匹配，我们就是在从事科学研究。我们目前对人类个体行为的理解、预测和影响能力有限，这也不要大惊小怪，因为我们研究的生物体和我们关注的过程复杂性太强。我想这就是作为一个心理学家的挑战所在。

对诋毁民间心理学的最有力反驳就是，如果人们像我一样相信，个人如何评价与环境之间联系的个人意义，是导致该个体产生情绪反应的原因，那么这正是心理学对情绪必须有的低层次的具体解释理论。我们需要知道人们想要什么，以及他们如何评价他们生活中的日常事务。这就是评价的意义所在。归根结底，民间心理学的概念也可以像其他类型的概念一样进行实证检验。这种立场的主要缺点是，有时人们不知道也无法描述他们心中的想法，这可能会让研究人员的推断产生扭曲。我试图在第四章中探讨无意识的问题。

关于情绪的视角

我们现在来谈谈关于情绪的各种不同视角——个人、观察者、社会和生物物种的观点——这些观点或多或少地有助于了解关于情绪的不同流派。每一个观点对情绪的诠释都是不同的。它们可以被排列成范围不断扩大的同心圆，从最窄的开始：中心的个人，他体验到情绪；观察者（例如，朋友、临床医生或科学家），他注意到了情绪反应；社会，其价值观和制度塑造了情绪；在最广泛的圈子里，生物物种，其遗传特性也塑造了情绪。这些观点使情绪成为真正的跨学科，每个学科都会提出反映其自身领域中心的问题。

个人

当强烈的情绪出现时，我们经常被这种情绪所控制；我们的注意力会聚焦在利益权衡上，以及应该怎么应付情绪；我们被卷入与环境的紧张关系、行动的冲动、与这种关系相关的感觉，以及它所引发的反应。

尽管事后分析就像我们对所发生事情的超然观察者一样，但也会出现回溯错构现象，因此可能相比在情绪当下，在这种情绪体验结束后再成为观察者或对我们的情绪进行分析更容易，因为分析的态度可能会抹杀或削弱情绪；理智化的超然本身就是一种强大的情绪调节或应对方法，正如在第三章中将会看到的。然而，在情绪发生的那一刻，我们的思想、动机、行动冲动和生理变化都围绕着个人的利害关系和事件的适应性要求进行聚焦和组织。当一些重要的东西濒临险境时，我们会立马注意与之相关的东西，不愿意被其他无关因素所干扰，因此我们都成了参与者，就几乎没有机会像一个观察者一样进行超然的观察。

当然，当我们体验一种情绪时，我们必须保持对自己的观察状态，正如古典作家早就注意到的那样，因为我们总是习惯用大脑去记忆所发生的事情（尽管不是全部）。这种观察和情绪体验之间的界限是模糊的，因为拥有和记住一种体验也需要感知和判断。然而，当我们记住这种体验时，所采取的视角更像是观察者的视角，只不过我们比观察者能获得更多的信息——或者应该说是不同的信息来源——因为我们能感知到我们的一些想法、行为冲动和身体感觉，以及观察者也能注意到的一些情况。严格来说，外部观察者并没有体验到情绪，可能只是间接地观察到了情绪的证据。我将在第二章进一步探讨关于什么是可观察的和不可观察的问题。

有一些情绪体验其包罗万象的性质也使它们难以被忽视。通常情况下，情绪会打断一些正在进行的任务或活动，这就是为什么曼德勒把它们称为中断现象。然而，如果不加以澄清，这种称呼可能既令人困惑又有误导性，从而导致几年前就有人提及过的争论：情绪对于行为起到的到底是组织还是扰乱的作用。对这个问题的解答是：情绪会围绕它的焦点需求对行为产生组织的作用，也会扰乱在进行中被中断的活动。

我不喜欢用“组织”或“扰乱”这样的术语，而是认为情绪将注意焦点从人们在情绪出现之前正在做的事情转移到其他关注点上，即需求以及由需求所创造的情绪体验。我要说的是，正在进行的活动并不一定会被扰乱——尽管有这个可能性——但只是被暂时打断了；个体的注意力转移到其他突然闯入的东西上了。简而言之，情绪将注意力集中在某些事情上，同样地，也将注意力从一些不那么有吸引力的事情上转移开，这取决于我们谈论的是被打断的初始活动还是新的适应性需求。

在谈到注意力转移或打断时，可以认为，当一个要求持续专注的事情或行为序列因为有了新的、更重要的事情而显得不再突出或有吸引力时，情绪就会产生，我们称之为情绪生成过程或者情绪反应本身（例如，主观感受，生理变化，行动倾向）的陈述就让我们将注意力从正在进行的活动中转移开了。我认为情绪生成过程和情绪反应本身这两种说法在某种程度上都是正确的。然而请记住，情绪反应本身反映并包括对人—环境关系变化的感知，也代表某个重要事情正在发生的信号。它还会激发后续的行动，这些行动是围绕这一重要事情组织起来的。实际上，个体就必须去关注和处理新的问题，为了达到适应的目的从而创造出新的反应。

我不认为这种重述仅仅是吹毛求疵，因为它指出了在互动中所发生事情的功能意义，包括产生情绪反应的过程而不仅仅是情绪反应本身。当我们使用“情绪”这个术语时，特别是从认知—动机—关系的角度来看，会涉及很多变量和加工过程，如产生人—环境关系的外部（环境）和内部条件、对这种关系的评价过程、行动倾向和应对过程，以及反应本身，这就将行动、生理变化和主观体验有机地整合到了一起。当人们使用“情绪”这个术语时，可能会想到这个丰富的整体或其中的某个成分。

当然，情绪存在潜在的混乱特性——实际思想和行动的分离，而不仅仅是一种活动被另一个更突出或紧急的关注点所取代——这本身也是有其重要意义的。在

20世纪50年代和60年代，心理学家非常感兴趣于强烈的情绪以何种方式干扰理性的问题解决和思考。一个人处于创伤的情况下，其知觉和思维可能会受到损害，被阻断，干扰，甚至瘫痪。举个例子，如果告诉一个患生理疾病的人非常可怕的毁灭性事实，比如说存在手术都无法治愈的癌症。大多数明智的医生都知道，人们往往听不进去这种灾难性的消息，因此必须等到病人准备好并愿意倾听的时候，再对疾病管理提出进一步的建议。

另一个例子是，我们进行威胁和挑战评估之后的功能表现存在巨大差异。遇到威胁使人感到不安（焦虑），这不仅令人不快，而且容易限制人的思考和表现能力。这种限制可能源于个体要保护自己免受预期的危险。与此相反，挑战却使人感觉良好，人的功能会得到很大的扩展，思维更流畅，并让人产生一种自己正在接近能力巅峰的主观印象。马斯洛所说的“巅峰体验”所具有的流畅性和优越性，被契克森米哈赖称为“心流”。总而言之，威胁往往导致认知受损，挑战则是促进认知活动。

情绪对于经历者而言是有信息功能的——它是个体洞察自己和所发生事情的重要信息源。当我们做出焦虑、愤怒、快乐或任何其他情绪反应时，我们通常会意识到并理解这种情绪产生的过程以及情绪反应。我们会立即或者经过反思之后意识到，我们生气是因为有人用敌意、挑剔或无动于衷的方式对待自己，或者我们焦虑是因为环境对我们构成威胁，而我们又很脆弱。这种洞察力有助于我们处理反复出现的情绪困扰，也是临床医生希望病人具备的能力，以便病人能更好地管理自己的情绪生活。

可能有时个体也没有意识到需要对伤害或威胁（负面情绪的基础）进行评价，要么是因为社会关系模糊，要么是因为个体处于自我防御状态。我们甚至可能没有意识到我们正在做出情绪反应，因为我们误解了我们的反应或导致反应的条件。正如我在第四章中指出的，最好不要把这称为无意识的情绪，而是一种误解或疏忽状态，否则可能会造成术语上的混淆。我的一位学者朋友最近一直在监测自己的心率，由于缺血（心脏肌肉组织中氧气不足）的问题，他的心率会达到每分钟150次。他惊讶地发现，在系里的教师会议上，当他以为自己只是孤注一掷地脱离了教职工的讨论时，他的心率实际上已经接近了缺血的程度，这大概是因为正在发生的事情强烈地唤起了他的情绪（当然是不快乐的）。监测他的心率是有用的，因为这使他注意到并正确地解释了正在发生的事情，从而有机会去想办法解决问题。

心理学家已经提供了关于模糊情境适应的理论，在这种情况下，人们无法正确地解释正在发生的事情。其中最著名的是沙赫特的理论，它引起了大量的研究和争论。该理论指出，由于情绪唤起是模糊和分散的，社会环境中发生的事情为情绪体验提供了必要的线索。如果我们在一个充满敌意的社会环境中被唤起，我们就会将这种体验称为愤怒；但如果我们在一个愉快的社会环境中被唤起，我们就会把我们的情绪和身体状态称为幸福。

根据我的判断，这种关于情绪过程的推理方式是不充分的，原因有三：第一，它过分强调了社会环境在情绪产生过程中的作用，而忽略了个体与环境之间关系中的动机和思维特征。第二，它对情绪过程中的认知加工过于标签化，而忽略其评价和判断的实质。尽管感觉到威胁或多或少是自动化的，但我们必须经常对正在发生的事情及对幸福感带来的影响做出复杂的推断或者构建一种解释，这不是单纯地为彼此的关系贴上标签，而是一种评价。第三，这种推理在我看来是落后的，因为它无助于解释为什么这种情绪会最先被唤起。尽管有例外，尽管我们可能很难想清楚或说清楚，但我认为我们之所以会有情绪反应或者被唤起，是因为我们在与环境的持续关系中感觉到一些对个人有害或有益的东西。这里不是深入讨论沙赫特的理论立场存在哪些问题。现在最重要的是，如果我们细心一点就会发现，情绪可以提示我们一些未被注意或重视的心理过程。

情绪也为我们的生活增添了色彩；我们认为情绪体验是热烈的、令人兴奋的、参与性的或调动人心的，这不同于常规的、冷漠的和疏离的体验。没有情绪（即便是痛苦的情绪）的生活，是单调乏味的。消极的情绪体验很令人厌恶，当它超过某个舒适或容忍的阈值时，我们会寻求消除其诱因或调节痛苦的感受，但当情绪色彩太少时，我们会感到无聊并希望找点刺激。当然，每个人产生主观幸福感的最佳情绪兴奋点存在很大的差异。

个人视角也需要注意情绪的个体间和个体内的变异。从个体间的角度来看，需要比较不同的人在同一环境中所体验的情绪差异；从个体内的角度来看，则是对比同一个人（或群体）在不同的时间或场合的情绪体验。不同的人在他们所表现的情绪方面存在很大的不同，我们把这称为个体间的变异。这种变异可以有两种解释：

首先，它可能是不同个性特征使然，这导致了在相同情境下的不同情绪。其次，情境可能不同。同一个人在不同情境下或不同时刻体验到的情绪也可能不同，这就是指个体内的变异，同样也有两种解释。第一种解释是，由于人格因素的作用，个体在每一种情况下对人—环境关系的感知和评价有所不同；第二种解释是，在每一种情境下的实际情况有所不同。在任何情况下，都很难确定对情绪变化的确切解释——人格差异还是情境差异——哪一个是正确的。两者很可能都适用。

也有可能一些环境条件——例如，那些在其影响和后果上非常明确和强大的条件，如重大丧失或死亡威胁——将产生更明显且一致的反应，而其他环境条件——例如影响和后果比较模糊或相对温和的环境条件，比如轻微的社会批评或麻烦——产生反应的差异化更大，因为对个人意义有不同的解释空间。我认为，在这这种轻度丧失或威胁条件下，强烈的情绪只会发生在最脆弱的人身上——例如，社会自尊感极弱、对社会认可的需求极大的个体。关于这一点，我在第四章讨论评价过程时有更多的论述，该章是关于我们如何评价适应的个人意义。

将个体内变异和个体间变异进行对比的重要原因在于，这会影响我们如何解读情绪组织和加工的过程。爱泼斯坦对这两种策略进行充分的对比，并发现当一种策略与另一种策略相比较时，情绪之间的关系有时是不同的。爱泼斯坦认为，报告幸福水平更高的人，说他们更善于交际和充满情感，有更高的自尊，并且比其他人对外部世界的反应更强烈。这些关于个体间差异的发现与威斯曼和里克斯的研究相似，他们也对情绪生活随时间的变化做了规范性研究。相比之下，从个体内部的角度来看，幸福感似乎更有可能是由某个刺激引起，并伴随着积极情感的增加，安全感的增加，对环境的更强反应力，以及可以更自由地做自己并表达自己的感受。可以预测的是，当环境条件发生变化时，这种复杂的情绪综合体也会发生变化。

如果我们仔细想一想，就会发现每一本书所提出的问题都是不同的；因此，研究结果存在差异就不足为奇了。例如，考虑一下悲伤和快乐是否有关联这个普遍问题。这个问题的表述是模棱两可的。例如，如果通过个体间的研究策略来回答这个问题，我们很可能会发现这两种情绪是正相关的，这意味着那些经历过频繁或强烈悲伤的人也可能会经历频繁和强烈的快乐。然而，如果用个体内部的策略来回答这个问题，我们就会发现，当某个人感到悲伤时，是不可能在同一时刻或在同一背景下感到快乐的。在前一种观点中，悲伤和快乐是正相关的，但在后一种观点中，它们是负相关的。这并不矛盾，因为每种情况下提出的心理学问题都是不同的。在一种情况下，我们是在比较不同的个体，而在另一种情况下，我们将个体与他们自己进行比较。

让我感到惊讶的是，心理学家一直对个体差异感到如此不安——好像在某种程度上，科学必须是完全规范的，而人与人之间和个人内部的差异违反了科学及其对普遍机制的探索。我引用了物理学家德克勒克的话，他在写关于金属的磁性时表明，个体差异的问题也适用于物理世界：

> 有些物质，例如铁和镍，在室温下表现出相当复杂的磁性行为。当置于磁场中时，它们显示出的磁矩不仅是磁场和温度的函数，而且还取决于抽样历史；也就是说，它取决于该物质以前所处的磁场和温度。

德克勒克的陈述中，关于变量中的细微变化，就可以写成个人历史中的个体差异，导致性格变化，在情绪和行为中发挥作用。在个体之间和个体内部不可避免地出现个体差异，这对我们是否能充分理解情绪提出了挑战，也是情绪理论家必须处理的问题之一。今天心理学的趋势是认识到两种变异的来源，每个人的历史和所面对的环境都很重要，这导致了我们对互动性、过程性和系统性的日益关注。

观察者

观察者是指从所见所闻中推断出另一个人身上存在某种情绪的人。观察者可能是朋友，也可能是敌人，可能是以了解情绪现象为己任的科学家，可能是以帮助调节或改善病人的情绪障碍为治疗任务的临床医师，当然，甚至可能是在经历情绪的同时也在观察自己的人。观察者利用了这样一个事实：包括人在内的哺乳动物，通过他们的情绪表达、目的性的行动以及对主观体验的认知，有意或无意地沟通他们的情绪生活。

社会交流是情绪的一个重要适应功能。群居动物必须能够分辨出混在其中的捕食者何时会狩猎。如果雌性动物没有发出接受的信号，强行交配往往是危险的或不可能的。动物园和实验室中饲养员的安全取决于他们是否能够判断动物何时会有攻击性；有许多经验丰富的灵长类研究人员因为疏忽大意或误判情况而导致身体受伤，类似这样令人悲伤的例子并不少见。

对他人情绪线索的解读会引导我们的社会行为，因为这些线索可以揭示他人的行为冲动和意图。我们会对人们在社交过程中发送和接收的复杂、矛盾或误导性信息进行解码和解释。人们不会信任那些似乎对自己表现出敌意从而可能伤害自己的人。如果我们也感知到恶意，口头上的赞美或热情的表达就会大打折扣。同样的道理，我们可能会从表面直接又俗气的人身上感到善意，这说明了我们所做判断的难度和复杂性。

其中一个很重要且有时比较隐晦的假设是，我们可以通过视觉、听觉或其他感官感知到的信号进行推断，从而真正理解他人的心理状态和对我们个人福祉的影响。因为这些推论可能存在错误，我们必须警惕事物的表面价值，因为表象可能是为了达到某种效果而进行的社会管理，也可能是一个非情绪过程的结果。从研究的角度来看，问题在于确定哪个指标或者指标体系是判断情绪的可靠信息来源，以及适用的条件是什么。多个指标可以进行相互比较，并综合起来为判断提供更可靠的基础。

自我保护或自我防御的原因是掩盖事实的真相。将真相与欺骗或隐瞒区分开来是一项艰巨的任务。用来发现欺骗的基本原则就是矛盾性，矛盾有几种类型：一个人在某一时刻所说的话可能与另一时刻所说的话相矛盾。一个人的语言可能与行为表现相矛盾，例如个体嘴上否认愤怒，却通过面部表情或身体姿势或明显的生理变化（如脸变红）表现了出来。当结合情境来考虑的时候，我们可能会发现个体所说的话难以置信；通常对另一个人情绪的推断是基于人们在类似情境下通常会如何反应的一致印象。矛盾引发了一种假设，即事物并非表面看起来那样，而下一个任务，甚至比第一个任务更难，就是要弄清楚发生了什么。

我们能从别人的情绪反应中学到什么东西？第一，假设情绪是有规则可循的现象，而不是混乱的，情绪的性质和强度可以告诉我们人与环境之间正在发生的关系。我把这些称为核心关系主题。如果情绪是愤怒，这种关系可能就涉及伤害、威胁或侮辱，当然这也取决于我们如何定义愤怒。如果情绪是焦虑，这种关系涉及不确定的威胁以及避免或逃避这种威胁的冲动。尽管这种行动可能被抑制，甚至被转化，而且可能有其他平行或矛盾的行动，但我和其他认知—动机—关系理论家都认为，每种原型情绪都表达了一种主要的行动倾向，这种倾向与一个人如何评价与环境的关系相一致。

第二，情绪也可以告诉我们，在一个人的经历或生活中，什么是重要的，什么是不重要的（这其实就是目标等级）。我们不会因为不重要的事件而情绪不安。如果我们有情绪了，这就初步证明从我们个人的角度来看，有一些重要的事情正在发生；一些重要的事情正处于危险之中，即使这一点可能被否认。

第三，通过观察一个人评价与环境之间关系的方式或倾向性，以及由此产生的情绪，我们可以发现很多关于这个人对自我和世界的信念。例如，一个人可能因为自卑而感到恐惧。与此相反，另一个人可能带着仇恨，表明这个人认为他人是有恶意的。

第四，情绪可以告诉我们一个人如何评估经历/事件对幸福感的意义。反复出现的情绪会提供线索，了解个人对相关经历以及生活本身进行适应性评价的典型方式。

临床医生老早就明白，没有比情绪更有价值的信息源，特别是反复出现的情绪以及这些情绪产生的社会背景。因此，一个通用的临床工具是观察病人此时此地的情绪反应，有时让病人重建近期或远期过去的痛苦情绪体验。

这四个关于情绪的观点并不能完全说明可以从人的情绪中了解到的东西，但它们是最重要的观点，具有重要的实践指导意义。我在第二部分讨论了可能涉及情绪的动机、评价过程、核心关系主题和行动倾向，并在第三部分讨论了每种情绪的具体细节内容。

社会

从情绪生活中可以揭示个体的特点，同样也可以揭示社会环境的现状，因为情绪模式存在社会共享的特征。因此，情绪也是关注社会制度和文化的社会学家和人类学家的兴趣点。斯梅尔塞对恐慌、暴乱、流行和时尚的分析充分说明了这一点。尽管斯梅尔塞写的是集体而不是个人，而且他把失业等社会压力看作社会系统中的失衡状态，但他的分析在许多方面与个人的情绪体验相似。实际上，暴乱可以被认为是个人愤怒的社会变体，包括侵略行为，而恐慌则是个人恐惧的社会变体，包括逃跑或逃避等典型行为。

鉴于个人和集体分析之间的这种相似性，社会科学家会根据情绪困扰和功能障碍的集体症状来判断社会机构的运作模式及其对身心健康的影响，就像临床医生对个人做出的类似判断一样。这是对社区心理健康进行经典社会学评价的基础。一些现代内城社区由于普遍的贫困、士气低落和毒品（如海洛因和可卡因）滥用等原因被认为出现了严重的功能障碍，但这些问题可能更像是功能障碍的症状而不是原因。

社会塑造了个人的情绪生活，这是社会建构主义者关于情绪理论的核心主题，他们认为个人的情绪模式反映了社会环境的影响和功能，也是社会认可或鼓励的社会角色变迁的外化。在这种观点下，个人心理层面的分析和社会层面的分析是相互交织的。例如，什么是个人认为适当的情绪和情绪表现，在某种程度上是社会价值观和信仰的产物。

不难想象，诸如幸福、爱、骄傲和感激等良性或积极的情绪状态有助于维护社会稳定；这些情绪显然可以加强社会联结。同样的观点也被用于羞耻和内疚。当外显的行为偏离了个人内化的社会标准时，就会产生这些负面情绪。因此，在旁观者面前，被拒绝或抛弃的威胁吓得他们不敢越轨，否则会感到羞耻，或者即使没有其他人在场，内疚也会让人远离反社会行为，通过产生亲社会行为来帮助维护社会制度。

然而更令人惊讶的是，艾夫里尔还坚持认为，愤怒并不是破坏性的，而是维护社会规范的。基于愤怒事件在大学生群体中的广泛流行，他得出结论，愤怒通常出现在朋友和亲人之间，很少涉及公开的攻击，是由一个人被另一个人所伤害引起的，具有动机适应性，以防止错误再次发生，并且通常是发怒者认为会产生有益的结果。*艾夫里尔根据愤怒的目标比较了冲动和具体行为表现的数据，如表1.1所示。

这些报告偏离了“愤怒会导致对他人的攻击，因此会破坏社会关系”的预期。关于愤怒及其行为表现的问题值得继续深入探究。例如，在哪些方面和什么条件下，表达的和不表达的愤怒带来适应性的，而不是适应不良的后果？

表1.1　愤怒的攻击性和非攻击性反应特征

反应类型	冲动感知[a]	回应[0]
直接攻击		
口头或象征性的攻击行为	82	49
拒绝或取消某些福利	59	41
身体攻击或惩罚	40	10
间接攻击		
为了报复教唆者而告诉第三方（咒骂）	42	34
伤害重要的东西	25	9
替代侵犯		
针对非人类的物体	32	28
针对个人体	24	25
非攻击性反应		
平静的活动	60	60
与中立方谈论事件；没有伤害犯罪者的意图	59	59
在不表现出敌意的情况下，与犯罪者谈论该事件	52	39
从事与煽动愤怒情绪相反的活动	14	19

*表示反应发生在“有些时候”或“非常多”的事件（N=160）的百分比。

在我看来，社会建构主义者的立场有很多可取之处。然而，我的印象是，它借鉴了一个局部的真理，尽管是一个重要的真理，并将这部分扩展为整体，但事实并非如此。例如，社会建构主义忽视了生物学上的普遍性，而完全依赖社会文化力量来解释情绪，从而削弱了其作为理论立场的可信度。

然而，尽管从生物学角度来看，情绪的唤起常常有助于我们对危险进行有效的回击，尤其是身体上的回击，但社会对我们在受到威胁时如何反应有无数复杂的限制和约束。大多数社会都有惩罚性的法律，以及对攻击行为根深蒂固的道德。克制、详细的计划，冷静疏离以及对微妙线索和意义的关注往往是最有用的适应策略；过度兴奋会妨碍成功应对，因为这些线索可能在兴奋中被忽略。人们也可能被团体成员的身体攻击倾向所威胁和冒犯，除非是有充分理由的攻击。

英语教授汤姆金斯在一篇题为《战斗的话语》的文章中，描述了西方电影中关于暴力的道德特征，并对北美社会价值观和暴力的合理性进行了揭示：

> 序列结构电影《原野奇侠》谢恩所描述的，在成千上万的西方小说和电影中出现，其模式从未改变过。英雄受到侮辱，先是言语上的，然后是身体上的，他抑制住了报复的冲动，向那些嘲笑他的人证明了他的道德优越性。从来没有英雄嘲弄他的对手；如果他这样做，那也是在他被逼得走投无路之后。当然，这就是经常发生的事情。坏人最终犯下了如此残暴的罪行，终于，英雄站出来了，以牙还牙。在这个时刻，也就是挑衅过头的时候，自卫性的暴力不仅是正当的，而且是必须的：现在我们不得不承认，不违反禁止暴力的禁令就是越界。在这一瞬间，那种至高无上的正义感是很美妙的，几乎与杀人无异。几乎可以说，它们都是一样的。

一个社会的文化和它的社会结构塑造了个人的情绪生活，这也成为文化人类学和社会学的一个重要议题。和过去的其他社会科学一样，谁都曾经忽视情绪的重要性，而社会学重新发现了情绪的领域。卢茨和怀特回顾了最近关于情绪的人类学研究工作，他们认为，对过去的许多人类学家来说，情绪似乎更属于自然科学，而且从社会文化理论的角度来看，情绪在生物学上是统一的、无趣的。然而现在，人类学家开始感觉到生物学和社会文化观点之间的张力，生物学上关注情绪超越文化影响的共性是什么，而社会文化的关注点在于，人类文化塑造了什么。我将在第五章和第九章中深入讨论这些问题。

生物物种

当从生物学的角度来看待情绪时，有两个问题变得很突出：第一个问题是关于神经生理学——大脑和周围神经系统不同部分的作用，以及同时作为神经递质和调节新陈代谢及运动活动的荷尔蒙。第二个问题涉及生物物种遗传性的情绪过程，有时也被称为情绪程序。从系统发育的角度来看，情绪必须促进物种的生存，才能进化成这样。情绪程序是社会建构主义观点的生物学类比，后者通过情绪的社会功能寻求对情绪的理解。

在这本书中，我并不试图解决情绪的生理学问题，特别是大脑的作用和它的神经递质特性。有一群神经心理学家正在努力完成这一任务，正如读者在第二章看到的那样，我认为关于情绪的生理心理学首先需要一个健全的关于情绪如何运作的心理学理论。这是我为自己设定的任务，我希望其他人能够尝试在已知心理学层面和生理学层面的知识之间建立起联系。另一方面，我确实认为我有责任指出宏观层面的生物学和社会文化因素如何结合起来对情绪产生影响，后面章节的讨论会涉及这些内容。这些章节会关注一些生物因素，特别是它们与气质的关系。而在第二章中，主要讨论一些在情绪反应模式中起着重要作用的自主神经系统和内分泌系统相关的研究和观点。

情绪无疑具有许多与生存有关的功能，包括社会和生理方面的。其中有两个比较突出：其一是，我在前面提到过的社会沟通；其二是，当基本生物需求没有得到满足和感受到来自环境的挑战时，刺激并维持心理和生理上的活跃水平。根据汤姆金斯用电子化进行的隐喻，情绪就像是认知过程的放大器，这种认知过程允许动物或人在与环境互动时对潜在的伤害或利益进行评价和应对。因此，孩子在情绪激动时往往会比情绪未被调动起来时学得更快、更好。这个原则在这一案例中得以体现：一位平时冷静、可靠的母亲直觉地认为使劲吓唬孩子比孩子自己在这种生死攸关的事情上通过试误的方法，能更有效地让孩子意识到城市机动车交通的危险。当然，危险在于，如果惊吓过于强烈，也可能会扰乱孩子的行为和思维，因此本身也存在风险。

不言而喻，我们为我们的动物遗传付出了代价，正如这个可怕的例子中所暗示的那样。数百万年来，人类的生存环境主要受到掠夺者和其他物理危险的威胁，但在过去几千年里，一些现代社会的变化可能使情绪过程的某些方面变得不那么有用，甚至在某些条件下产生反作用。生态学家用“进化适应环境”这个复杂的短语来指代这种效用的变化，这意味着人类是通过适应与他们现在生活不同的环境来进化的。情绪唤起通常因为情绪会引发比如压力障碍之类的精神和身体疾病而受到指控。

很明显，我们必须关注到应对伤害和威胁的复杂策略以及它们所产生的情绪，这些情绪可能会抑制或改变生物学驱动的行动倾向，如攻击和逃避。因此，所谓情绪的功能意义取决于我们所生活的社会和文化类型，或在社会中的亚群体所经历的特定生活条件。现代工业社会的城市生活——我不太赞成称其为“后现代”，这看起来有点矛盾——从欠发达社会的角度来看，这些问题可能是完全不同的。无论如何，我们都需要确定，某种特定的情绪何时是适应或不适应的，以及以什么方式适应——我之前关于愤怒的问题也进行过这样的探讨。

为了生存，每个物种都面临着适应性问题，必须成功地加以应对。研究情绪的生物进化论方法的一个核心议题就是，逐渐将适应性行为与固有的反射行为区分开。例如，当天空中出现像鹰一样的图像时，这意味着存在危险捕食者，生态学家廷伯根的经典实验中就发现，禽类会自动做出警觉反应。廷伯根用一个纸板剪影作为实验刺激，当剪影的运动方向被颠倒过来，使其看起来不像鹰，而像一只非捕食性的鸟时，家禽就不会表现出恐惧或警觉反应。

在低等物种中，这些自动化的、反射性的或神经性的反应模式似乎完全由特定的环境刺激配置控制，为物种和个体的生存奠定了重要基础。关于从反射到情绪的进化过程，我在第五章有更多的论述。

那些采用生物学观点看待情绪的人必须解决这样一个问题：什么是人类情绪所独有的？什么是与其他动物物种共有的？从进化的角度来看，在系统发育树的同一分支上的相邻物种有着相似的神经化学特性，因此也有着相似的情绪特性。不同物种之间的神经和激素构成也有相当大的共性。然而，人类与非人类物种似乎在情绪类型上也存在巨大差异。我们在人类中谈论骄傲、感激、羞愧和内疚，尽管一些作家认为这些情绪也存在于其他动物中，尤其是灵长类动物。

某些情绪可能首先出现在高等物种中，但何时出现以及以何种形式出现并不完全清楚。例如，人类似乎是唯一在高兴时微笑和大笑的动物，也是唯一在悲伤时哭泣的动物。我们也可能是现存的最情绪化的生物，拥有最丰富和最复杂的情绪以及产生这些情绪的条件——我认为这是智力和社会结构复杂和多元化的结果。由于情绪取决于社会文化因素，我们关于情绪的理论必须同时包括生物和社会的观点。许多关于情绪的争论集中在这些观点的差异上，我在第五章中试图设置适当的生物学和社会学界限。

最后，不幸的是，动物行为学家、生态学家和心理学家不能像研究人类那样，以同样的方式或同样的概念化来研究非人类动物的情绪。例如，在非人的层面上，更容易称之为攻击或争斗行为，而不是愤怒；更容易称之为逃避或回避，而不是恐惧，因为的确很难了解动物的大脑活动。我们可以通过提问的方式让人类告诉我们他们在想什么和感觉什么，但动物却很难。尽管许多心理学家并不信任关于精神生活的主观报告，但如果我们不能在某种程度上依赖人类的主观报告，我们就会丢失关于情绪的重要信息，因为仅仅有行为是难以诠释情绪的。

例如，攻击行为并不一定意味着愤怒，回避或逃避行为也不一定意味着恐惧。如果我们把问题转过来，正如艾夫里尔所指出的，愤怒不一定会导致攻击（也许与攻击的冲动或行动倾向相反），就像恐惧不一定等同于回避或逃跑一样。用在动物和人类身上的方法的不同，以及由此产生的概念化的不同，给生物学上将人类和动物物种等同的普遍情绪理论带来了认识论上的挑战。

适当的解决方案——说起来容易做起来难——是使用多个分析响应级别作为理解源，并将一个响应级别的分析与另一个响应级别的分析进行对比。例如，在人类实验对象中，我们可以询问愤怒的主观体验，以及测量面部表情或生理活动，因此，如果这个人否认愤怒情绪，却表现出攻击或与愤怒有关的面部和生理反应特征，我们就有理由推断出愤怒可能已经发生。

适应性事件作为情绪的最佳语境

并不是所有的人都认为人与环境关系是情绪过程研究分析的基础。这种关系的基本单位是一段适应性事件或人。有时，这种事件与短期、具体且即时的意图有关；而有时，它涉及长期延续的既有问题，甚至可能持续终身。

适应性事件的边界是情绪理论和研究中的一个重要问题，然而目前这一问题几乎无人关注。在一项很有价值的、聚焦社会心理学领域关于“经历”的概念评论中，福加斯考察了一系列社交互动，例如在餐厅吃饭、看医生、与某人一起喝咖啡；然而，在餐厅吃饭可能与情绪仅有一点关联或根本毫无关联。如果我们想讨论作为心理学概念的情绪——也就是说，考察什么对人们最有意义——那么，我们关注的中心肯定不能仅仅聚焦在单独的社会互动上，也不能聚焦在互动的某些背景上，而应当聚焦于适应性事件中具有情绪重要性的特定方面。

值得一提的是，在这些有关适应性事件的研究成果中，大家的注意力主要集中在社会互动的形式特征上，而非其内容。近期的研究试着去补偿这一缺陷，我们将在关于功能等效性的讨论后简短提及这一方面。我们需要将我们的注意力收窄到具有适应性，进而具有潜在情绪性的事件上，需要将非情绪性的社会互动与情绪性的社会互动进行对照，并努力理解人与环境间那些能够引起情绪的功能性关系。同时，我们关于适应性事件的观点也应是理论驱动。

我主张，在一定程度上，适应性事件必定是以个人事务为中心才会引发情绪；它是一种同个人目标有关的、人与环境间的持续互动。个人目标与事件本身产生关联，又与相关的环境背景紧密相连。此处的个人事务与“目标实现”以及环境中“对需求、局限和机会的管理”有关。关于情绪的动机基础，我将在第三章进一步阐述。

越来越多的人正努力超越将事件中的人和环境的变异分开讨论的倾向，试图关注两者之间的共同作用并将其概念化。众人的齐心协力为赖特和米切尔聚焦人与环境关系的导向奠定了基础。他们（1988）指出，例如，早期描写特质的思想家就警示大家，如果研究特质脱离背景或情境，那是存在很大风险的；特质必然是呈现在一定的背景或情境中的。在一篇关于条件性特质研究方法的论述中，他们借鉴了功能等效性的概念，认为：

> 十多年来，互动主义方法一直强调，人格评估需要同时评估各种不同的情境……，并试图发现各种功效相当的不同情境之间，与不同行为类别之间的关系……的确，对互动研究和我们的条件性研究方法来说，最大的挑战之一就是去辨别与特定行为领域关系最紧密的条件类别，或者情境的“等价类”。从历史上看，对“互动主义”的实证研究总是发现，给适用于倾向性陈述的个体进行分类比较容易……但是要确定最可能观察到重要个体差异的情境则较难。如果

不能区分这种不同情境的等价类，条件模型的应用就会跟以前某些互动主义的应用一样具有风险，即有风险产生大量具体的情境—行为偶发事件。这些偶发事件在心理学上的重要性不显著，且不能被提前预测到。

事实上，就像在第四章中会看到的那样，评价正是将适应性事件或关系划分成与适应相关的等价类的过程。例如，一个人必须判断正在发生的事是否与重要的价值或目标相关。这件事是否诋毁了他的身份？是否突出了他的不足？是否对他的社会地位造成威胁？是否会导致重大损失？它是一个可克服的困难，还是无力弥补的伤害？或者它是幸福与骄傲的来源吗？

功能等效性，或者说等价类的概念，其实是一种努力，努力制定将人的特性与环境条件联系起来的原则，以便用适应性、情绪性等术语来定义人—环境关系。赋予适应性事件以情绪性价值和力量的是一个人的动机模式。动机模式提供了适应性事件的心理框架组织过程。例如，当福加斯要求被试描述社会事件或经历的特征时，他观察到：

对事件的情绪反应，例如自信、亲密、投入、愉悦，比客观的事件特征更重要。这表明，被试确实依靠与个人相关的、功能性而非客观的、描述性的标准来进行判断。

现在，仍待解决的问题是，一个适应性事件的边界是应该由某情绪状态到另一情绪状态的变换节点来决定，还是应当由正在互动的事件来决定，或者由两者共同决定？我对情绪的观点将这些都贯通在一起；个体对当下事务走向的评价和其所经历的情绪是联系在一起的，而且二者互为基础。这样一来，当情绪在强度与性质上发生变化时，变换节点随着人—环境的关系变化而变化——实际上，也随“当下事务的状态”而变化。因此，边界问题的关键在于：是以情绪状态及其变化来界定适应性事件的边界更有效，还是以变化涉及的事件状态来定义更好？这其实是一个硬币的两面。

如果我们将当下事务作为整个适应性事件的决定性因素，那么就算是在单独一段经历中，事件也会发生数次变化。在大多数适应性事件中，很可能存在几个甚至许多不同类型的经历，这使界定边界的工作更加困难、更加复杂。原始的关系性主题——比如说，应对拒绝或被拒绝的威胁——也许在短短一段时间里就会变成其他主题——变成感到丧失尊严，感觉自己违背了社会规范，感觉自己表现出色，或感觉被自己在意的人欣赏。这些是部分关系性主题，而在此基础上人们会产生愤怒、愧疚、悲伤、骄傲、喜欢、爱等情绪反应。

对于复杂的适应性事件中的组织过程与操作目标的变化，目前还几乎没有研究涉及。或许一开始有一个最重要的主题，但随着适应性事件的进展，一些次要的潜在主题逐渐冒出来占据优势地位。例如，也许一个人的某段适应性事件始于如何说服他人采取某个行动，但接着却因为意外收到对方有敌意的反应而产生威胁感,因为这种敌意威胁到原本与当前事件毫不相关的另一个目标。任何一个适应性事件可能都包含两个或两个以上相互矛盾的经历。例如，一个人因被侮辱而感到愤怒并持续心怀怨恨，同时也许还因为他揭露了另一人的腐败、强势或敌意而意识到自己带来了社会收益。这样一来，此人就基于利弊分析以及对关系性主题的相应关注，产生了不止一种情绪体验。

最近，我和一个学生在讨论他的口试；他的一系列情绪历程验证了我先前的论述。他是个出类拔萃、口齿清晰的学生，可他在口试开始时就显得很焦虑不安，急切期待能抓住这个机会以展示自己在心理压力与应对领域的能力，对这项能力他很自信。当我选择不问他这方面的问题，而是问了他一个很难的综合性问题时，他变得沮丧，或许还有一种并未表现在脸上的焦虑与恼怒的组合情绪，因为他的第一反应是：我让他失望了（没给他表现的机会）。不过，他应对自如，且很快意识到，正是我对他的高期待使我用难题挑战他，而非仅用简单的问题敷衍了事。他只花了一点儿时间就意识到我的所作所为是在表扬而非冒犯他；在他明白这点后，他的情绪反应似乎就变积极了。

在这次事件中发生的事情是，除了因为这个问题出乎意料而感到惊讶之外，这位学生原本的目标，即保护自己受到威胁的私人和公共形象，转变为挑战自己与老师们一起解决难题的能力，而之前由受到威胁而引起的焦虑也随着烦恼的消失一起被缓解了。我的计划恰恰不是敷衍了事；我觉得这没必要。这个例子说明，在同一情境中，个体间与个体内的评估可能是不同的，而这评估来自不同的个人计划和观点。它也说明，在一个适应性事件中，目标、利害关系和主要人物的行为都是可能发生变化的。为了便于比较短期和长期的适应性事件，我们不妨设想一个目标层次，其中，短期目标，如通过考试，会服务于更大的、更长远的目标：对高声誉、高收入和具有挑战性的职业生涯的渴望。例如，一次考试的失利可能会影响一个人的终身承诺；相应地，一个长期承诺可能要求考试成绩出色，因而可能使短暂事件中的失败变得越发难过和紧张，甚至导致晕厥，这就比没有长期承诺的情况要紧张得多；与此相反，如果没有长期承诺，眼前的失败可能就变得微不足道。个体间长期承诺的程度与模式不同，就造成个体生命中出现的周期性情绪与情感主题是不同的，也造成当下情绪反应的差异。

当我们试图把情绪仅仅理解为即时的适应性事件带来的结果时，我们就忽视了图形—背景关系，因而有可能对所产生情绪的性质与强度产生误解。例如，在一项针对青少年情绪的调查中克洛斯与辛格发现，在一段亲子互动中，孩子的愤怒唤起以及互动事件中产生的重复性思维都在很大程度上受到过去长期的亲子关系压力的影响。情绪反应既受背景关系的作用，又受即时事件的影响。

图形与背景的比喻仍难以界定适应性事件的时空边界。一对夫妇早上上班前的争吵就能说明这个问题。尽管具体的行为和言语一开始就启动了这次适应性事件，但因为他俩的夫妻关系长期紧张，早在那天早上争执爆发前问题就产生了。如果对这段夫妻关系的发展史不甚了解，我们没法理解这次夫妻争吵的更深层次，甚至可能是无意识的原因，也无法理解争吵中的每个人和关系动力。

此外，这场争执的结局或解决策略远非明朗。例如，也许他们结束争吵，只是因为双方都得去上班了；在上班时，双方可能都暂时忘掉了这次争吵，毕竟工作中出现了一些新问题；然而，当夫妻俩回到家里时，这个事件又浮现在他们的脑海中，也许这时他们会陷入压抑的沉默，或表现出敌意的姿态，或者短暂的愤怒爆发。尽管这件事看起来好像有其清晰的开始与结束，但这只是表面上的。然而，这更加明确地提示我们不应混淆背景与图形间的区别，因为早上的事件产生的情绪状态不是持续性的，而是有起有伏，与夫妻间的实际互动关系是相关的。

在我看来，边界问题的最终解决方案必须是将复杂的适应性事件分解成各个子主题，并对它们在体验情感中产生的过渡和变化保持警惕。在一个正在进行的情绪事件中，每一个目标和关注点都是一个独立的组块，或者称之为事件原子。如果我们没能在时间进程中进行划分，就会陷入困惑，不明白在互动中究竟发生了什么，既无法有效地研究情绪过程，也找不到与情绪相关的心理学与生理学或心理学与社会学的交集。成功做到这一点说起来容易做起来难，但这对做一个高质量的情绪研究来说是至关重要的。

例如，当我们关注心理与生理过程的交集，并希望将生理反应与特定的刺激与情绪状态联系起来时，我们就得在人—环境关系及情绪状态发生变化前对心理、生理都进行测量。由情绪状态产生的各种激素和其他化学物质，在被完全排泄、代谢掉或通过稳态平衡再吸收之前会在组织中滞留一段时间。如果愤怒突然之间变成了愧疚或放松，或改变了强度——正如从恼火到狂怒或从衰弱到冷眼旁观那样——那么我们先前测量的结果与改变之后的状态就没什么关联了，我们因而很可能在心理生理学过程方面被误导。这不仅仅是技术的问题，因为在大量研究中，最大的困难在于缺少合适的、有关情绪过程本身的理论。我们需要一套理论，来指导我们找到可信的研究策略，来有效地澄清情绪的心理生理过程。

情绪理论的重要议题与任务

现在，也许是时候列出不管是哪种情绪理论都必须强调的最重要、通用的、牵动人心的议题了。对于这些议题，我的认知—动机—关系理论在接下来章节的不同部分给出了一些回答。完整的列表是很长的，但在这里只用提到12条就足以预测接下来的章节内容了。

（1）情绪是由什么组成的？情绪理论应该发挥什么作用？我会简单讲讲这些问题。

（2）哪些反应是情绪，哪些不是，我们应当通过怎样的依据来判断？吃惊是情绪吗？惊喜呢？那痛苦和愉悦呢？共情和美感呢？挫败、威胁、挑战、希望是情绪还是评价的类型呢？这些问题我们会在第二章加以讨论。

（3）情绪是应当被看作独立的类别——例如愤怒、恐惧、焦虑、愧疚、羞耻、羡慕、嫉妒、悲伤、幸福、爱、骄傲、欣慰、希望、怜悯——还是应当被看作一系列因素维度，例如愉悦与不快，紧张与放松，或类似的维度？在第二章中可以看到对这个问题的讨论。

（4）在情绪中，行动倾向和生理活动是否起作用，以及都有什么作用？我们的答案是应当像弗里达那样，认为每种情绪有其独特的行动倾向；还是像奥托尼、克洛尔和柯林斯那样，坚称这种说法站不住脚？如果有的话，在情绪中的行动倾向与生理活动间的联系是怎样的？生理活动应当是情绪的重要属性吗？还是有的情绪可能并没有可测量的生理活动？这也将在第二章中涉及。

（5）愤怒、焦虑、愧疚、悲伤、欣慰等，这些情绪之间在功能上有什么关联？目前，我相信，我们被告知在人类的关系中恨（愤怒）和爱（喜爱）是紧密地纠缠在一起的。随着一位痛苦的精神疾病患者逐渐好转，据说抑郁（通常包括焦虑、愧疚和悲伤）会让位于向外的愤怒，这说明这两种情绪也是紧密关联的。我们如何理解这些关联？这个话题会在第三章进行详细讨论，并会在第三部分再次提及。

（6）希尔加德所称的心智三部曲——也就是认知、动机以及情绪——此三者间在功能上有什么关联？我会在第二部分进行介绍，不同情绪理论的区别主要体现在这三者如何共同工作，而此问题在整个情绪研究的历史中不断变化，纷繁复杂。例如，在情绪的产生过程中，认知扮演着怎样的角色？它是情绪产生的充分必要条件吗？有哪些认知类型，它们都对情绪过程产生影响吗，是以同样的方式产生影响吗？我们在第四章和第五章将讨论这一议题，并且评价是理论的核心概念。

（7）生物科学家，以及那些以自然选择和物种进化为关注焦点的人，倾向于强调情绪过程中的物种普遍性，从而排斥多样性的存在；相反，社会科学家及那些关心个体发育和学习的人倾向于强调社会和文化在情绪塑造过程中的作用。我们应当如何调和生物学上的普遍性和社会文化资源上的多样性？请阅读第五章和第九章。

（8）我们应当如何把认知评价的概念和精神分析学以及无意识精神活动联系起来？情绪产生的规律在有意识和无意识的心理内容之间有差别吗？第四章会讨论这个话题。

（9）每一种情绪产生的过程有什么不同？是什么条件将不同情绪区分开来？请阅读第三部分，第六章和第七章。

（10）我们应当如何理解情绪发展？影响的根源是什么？生物学因素，如气质的作用是什么？学习和人格的作用是什么？自我同一性？或自我意识呢？这些问题在第八章中将加以探讨。

（11）情绪对长期的适应性结果有什么影响，例如对个体的身心幸福、社会功能及健康？我将在第十章中讨论这个问题。

（12）我们应当如何减少情绪过程的功能失调，就像在心理治疗中那样？我将在第十一章解答这个问题。

尽管上述许多问题已经在不同的论文中被一次又一次地探讨过了，但为了系统地呈现情绪及其概念化进程，我就想通过写这本书来对其进行全面的阐释。在我的大多数论述中，我相信——至少我希望——我在已有成果中添加了一些新鲜内容。至少，我尝试着提出一套自洽的、连贯的体系将情绪相关议题串起来；为此，我势必要站在前人的肩膀之上。

基于上面提到的这些议题，情绪理论的“任务”是什么？当然，其中一项任务是去试着**定义情绪**。在此关键时刻，要想形成一个完美的定义是很难的；定义中的每一元素在解决问题的同时可能也会产生同样多的问题。通常的解决措施之一是仅依靠情绪反应本身给出一个描述性的定义。大多数基于反应的描述指向三个特征：生理上的紊乱或变化；不一定会表现出实际行为的行动倾向；主观体验，通常被称为“情感”。

当然，没有两种情绪是完全相同的，因为概念内容由具体情境决定，而具体情境间往往在细节上有所差异。例如，如果我对我的老板和妻子都感到愤怒，这两种情绪状态存在交集，却在概念内容上存在差异，因为，一个人想起妻子与想起老板的方式肯定是大不相同，尽管在适应性事件发生的当时有某种程度上的功能等效性：这两个人都把我惹恼了，而我表面上如何反应则在很大程度上取决于关系的未来发展走向及其相关的细节因素。

不管怎样，希尔曼认为，在情绪的各种定义中，针对这些有关反应的方面存在相当程度的共识。他引用了德莱弗的《心理学词典》中的下述定义：

情绪：被不同的心理学家给予不同的定义，但他们都同意它是有机体的一种复杂状态，包括躯体层面广泛特征的变化——呼吸、脉搏、腺体分泌等——以及，在精神方面，包括一种兴奋或不安的状态，以强烈的感受为标志，并常常伴随某种明显的行为冲动。如果情绪十分强烈，认知功能就会受到干扰，个体可能采取解离的措施，并可能有作出低等或原始的行为倾向。除去这些描述之外，任何其他的内容可能都是存在争议的。

尽管我对上述定义的绝大部分都没有异议，我仍旧认为单纯聚焦于反应是不全面的，因为要这么做必定引发一系列重要问题。一套理论得解决特定问题，而德莱弗的定义则没法完成这一任务。一套情绪理论的基础任务是将环境和个人的诱发因素，思维、动机、行动倾向和生理活动等具体过程整合起来，所有这些成分组合起来才能称为情绪。为了完成这项基础任务，有几件事必须加以处理。

第一，我们必须假定情绪是一个普遍现象——这就是说，我们必须描述情绪过程是如何运转的，并指出此过程的重要变量。这些观点应当强调两个重要方面：

（1）影响情绪的因变量或自变量，包括人格特质，例如设置目标层次；对自我与世界的信念体系；生理与社会环境的需求、资源与局限；影响情绪的社会结构与社会文化的意义；人—环境关系，以及知识、评价、应对过程。在这里，情绪是**因变量**。

（2）情绪过程对适应性结果的短期与长期影响。这包括它对自我发展的影响、对当时人—环境关系及个体人格的影响、对评价与适应过程的反馈效应，以及情绪对身体及精神健康状况的影响。在这里，情绪是**自变量**。

第二，对情绪类属或子类——例如愤怒、焦虑、愧疚、愉悦、骄傲，等等——的划分最好与情绪治疗的观点相一致。当然，这首先考虑的是如何界定情绪。这些观点并非凭空产生，而是对逻辑分析与近期关于情绪评价的系统研究进行的有机结合。其中，逻辑分析以认知—动机—关系理论，以及关于每种情绪产生条件的长期思考与观察为基础——这些正是岁月沉淀的智慧。有人可能会质疑已有的数据资料是否有说服力——因为通常这些数据是非正式的，甚至只是传闻。但它确实为建立有关每种情绪的评价模式奠定了基础。我认为，针对这些模式的相关性研究及实验研究会持续为理论建构提供实证支持；事实上，这些研究已经在飞速开展了。

在决定要研究哪些情绪后，就必须确定每种情绪包含的变量。此外，还应关注个人情绪（作为自变量）对适应性结果的影响。例如，焦虑的后果可能与愤怒或厌恶的后果大不相同；幸福的后果也与爱的后果不一样。

作为自变量，情绪对社会功能、个人幸福及心身健康如何产生影响，这也需要加以探讨。在这里，重点在于情绪一旦产生会带来怎样的影响，以及这些影响是从感知和评价两方面产生的对个体的整体反馈，并进而影响下一个情绪的产生。

如果没有一套理论来作为武装，我们可能就会认为无法在情绪的经典定义基础之上进行修正，而更有可能就直接采用那些经典或原型定义了。关于情绪的原型定义认为，一些反应（如愤怒、害怕、愧疚）与另一些反应（如惊吓、兴奋、惊讶、厌恶、痛苦、饥饿以及渴望）相比，可能是更原始的情绪。兴奋、惊讶、厌恶及类似的表现比较模棱两可，它们看起来更像是感觉运动反射和驱力，而不是情绪。

对解决概念定义这一难题的理论需要带来了一个认识论上的两难境地。通常，定义是在描述一种可以被普遍观察到的现象，而不是对现象进行解释的一系列过程。这里有一段我在五六年前关于定义的思考，试图来解决这个两难问题：

情绪是有组织的心理生理学反应，是对持续进行的人—环境关系的信息的反应。"信息"是一种口语化的表达，指对人—环境关系对个人福祉之意义的知识或信念。情绪反应的性质（如愤怒还是恐惧）及强度（运动—生理变化的程度）取决于主观评价——我称之为认知评价——关于我们如何对待短期和长期目标的认识，也取决于指向关系的行动倾向。这种意义取决于一个人的目标和信念与具有威胁性的环境之间的相互作用。情绪，实际上，是认知—动机—关系的有机整合体，其状态随可感知和评价的人—环境关系的变化而变化。

在这一观点中，正如那些强调反应的定义一样，情绪反应包括德莱弗的三要素：（1）按照特定方式行动的强烈冲动（例如，攻击或逃跑，兴奋地大叫，向另一个人传递温暖，躲起来等）；（2）与行为倾向相匹配的身体变化模式，通常但不一定是为了某种适应性目的而进行的身体动员或激活；（3）体验成分（通常称为情感），包括评估或判断，也包括“评价”的内容。这一观点还包括了我前面讨论过的关于情绪的四个跨学科观点，个人、观察者、社会以及生物物种的视角。

将其称为定义的问题在于，它是以一个理论为前提的，因此，那些必须基于经验证据解决的问题，例如评价是不是情绪的充分必要条件，都是理论假设或公认体系的一部分。就像所有理论一样，这些结论都是通过断言的形式给出的，因此选择这种定义方案的话我们就不知道构成该理论的主张是被证实还是证伪。所以，我之前引用的观点并不是定义，而是组成理论体系的命题的提示，它是受制于经验评估的。

理论概览

我们先来简单介绍一下认知—动机—关系理论的主要观点。这些观点将在第二、三、四部分详细阐述。此理论可分为五个元理论性的、本质的主题。我会在第十一章回顾这些主题，到时我将讲述对这一理论的系统应用。

五个元理论主题如下：

（1）系统原则。系统原则指出，情绪过程包括由多种变量组织而成的结构：前因、中介过程及后果或反馈。没有一个单独的变量足以解释情绪的结果，所有的变量都是相互依存的。这套系统中的变量将在第五章表5.2中列出。

（2）过程—结构原则。情绪表达了两个相互依存的原则：一是过程原则，指的是变动或变化；二是结构原则，指的是一种观点，即在同一个人身上总有某种稳定的人—环境关系导致个体重复的情绪模式。

（3）发展性原则。影响情绪的生物性变量和社会性变量自个体出生开始就处于不断的发展变化之中，尤其是在童年时期，当然在人生的晚些阶段也有可能。这就是“发展性原则”；它同时表明，情绪过程在生命的各个阶段不是一模一样的，在第四章、第八章和第九章中，我们将深入探讨这个话题。

（4）特异性原则。每种情绪类型的情绪过程是相互独立的。这一点，“特异性原则”，正如我先前提及的观点：情绪理论的首要任务就是要形成具体的子理论，以探讨不同情绪类型（例如愤怒、焦虑、骄傲）的具体情绪过程是怎样的。这要由接下来介绍的第五条原则来实现。

（5）最核心、最本质的主题是“关系意义原则”。第二部分中第三章与第四章将完整地阐释这一原则，稍后在第三部分的个人情绪及第四部分有关发展的章节中将对其加以应用。这一原则认为，每种情绪都由特殊的、明确的关系意义决定。每种情绪中，这种意义都由“核心关系主题”来表达，核心关系主题概括了每种情绪都是基于对具体人—情境关系中的利弊分析。这种人—环境关系的情绪意义由“评价”过程来建立，这也是该理论的核心概念。

评价和应对过程是人格和环境变量的共同产物，在人—环境关系中得以统一；这一关系势必要求提出理论分析的新水平，也就是前面提到的“关系意义”；这一意义强调个体身上发生的事情对其幸福感的重要性。这依赖于环境因素如何与个人的信念和目标产生关联。评价的任务就在于如何根据所发生的事情对个人幸福感的意义将两类前因变量——人格与环境——整合到关系意义的水平。我们能理解情绪反应是从个人兴趣和适应的角度解读所发生的事情带来的影响。

如果对事件重要性的评价涉及利弊权衡，情绪的产生就包含原始的行动倾向，这种行动倾向提供了关于每种个体情绪独特的生理活动特征。应对过程可能与行动倾向一致，也可能与之相冲突，也可能会抑制行动倾向；它是更心理的、计划性的、深思熟虑的过程，并且会影响具体的行动和生理模式。

为了总结本书的组织结构，在第二部分，第三章，我会详细介绍人—环境关系、核心关系主题、应对及动机基础。在第四章，我关注的是意义加工及无意识评估的过程。在第五章，我会讨论因果关系的问题。

在第三部分，第六章，我将解释目标不一致或消极情绪。而在第七章，我将同时讨论目标一致或积极情绪，以及相关的问题情绪。

在第四部分，第八章讲述情绪发展的个体间差异。第九章则关注情绪的社会影响因素，包括文化以及社会结构在塑造情绪中的作用。

第五部分中，部分内容与作为自变量的情绪带来的影响有关。第十章讨论情绪对健康的影响。而在第十一章中，我指出了这套理论系统在三个实践领域的应用方向——研究，测评，以及治疗与预防。

总结

直到20世纪60年代，在心理学中，情绪主题都被淡化处理了。这十年以新行为主义和社会学习理论的出现、认知主义的兴起和对系统理论的更大兴趣为特征。在心理学思想的所有领域中，情绪是一个整合性的、机体的概念，它包含了心理压力和应对，并将动机、认知和适应结合在一个复杂的系统中。情绪理论也以人与环境的关系为中心，而不仅仅关注环境或个人事件。

情绪作为一个主题，与四个领域的观点——个人、观察者、社会和生物物种——看起来都不同，而这四个观点对于全面理解情绪都是必要的。情绪是个体经历的，通过有意或无意的交流，可能被观察者推断出来；它们是关于人们以及他们如何在他们的世界中相处的宝贵信息来源。社会创造和塑造了个体情绪及其表达的行为和观念模式。生物遗传也塑造了情绪过程。情绪理论的任务是在理解情绪如何运作时，整合社会和生物的观点。

情绪的舞台是人与环境的关系，基本的分析单位是适应性事件。在情绪理论中，一个重要的问题是定义事件的边界，无论是水平的还是垂直的，后者指的是深度心理学和无意识心理。功能等效性的概念提供了一个动机原则，试图将适应性事件引向个人的重要目标定位，这些目标的突出性随着事件的展开和变化而变化。急性情绪源于适应性事件中的具体事务，而心境则与个人的整体生活和生存感有关。个体会对适应性事件的事态发展和生活本身进行个体评价，这是情绪体验的基础。

第一章以对认知—动机—关系理论的主要任务和必须解决的最重要问题（包括情绪的定义）的验证结束。这些任务有两个方面：（1）描述情绪作为一种普遍现象的运作过程以及这个过程中的重要变量；（2）提出与一般理论一致的命题，关于特定情绪，如愤怒、焦虑和自豪，可能被视为单独的子理论。

在前述内容中，通过讨论它的产生过程，情绪被视为因变量。然而，通过检验它如何影响社会功能、主观幸福感和身体健康，情绪也必须被视为自变量。

在深入研究第二部分的认知—动机—关系理论之前，我们仍需要解决情绪研究、测量和分类的问题，以便确定后面要处理的特定情绪。我将在第二章中讨论这些问题。

第二章

研究、分类和测量问题

本章与第一章一样，仍然属于第二部分关于我的理论介绍。其目的在于探讨是什么让情绪的研究、测量和分类如此困难和具有挑战性。我认为最好的研究是借鉴理论，从而确立重要的研究问题，并找到有效的研究策略以及与之一致的测量方法。理论和研究策略是相互依存的。许多研究虽然看起来没有理论支撑，但只是没有进行正式的说明，实际上借鉴了关于情绪的内隐假设，因此也构成了一种原始理论，理论中包括了因果概念，对事物如何运作的直觉，以及对理论和研究的偏见。接下来的一个主题是，如果没有理论，我们就无法解决规范的研究所依赖的分类和测量问题。

我在这里会讨论5个主要问题：与情绪相关的变量；情绪是什么；情绪的类别和维度；目前关于情绪反应主要集中在面部表情和自主神经系统模式的普遍性研究和思维模式；以及尤其受到系统发育学家青睐的主要情绪和次要情绪之间的区分。在本章的最后，我对情绪进行了初步的（可行的）分类，这对于第二部分关于理论分析和第三部分关于个人情绪的内容能进行更恰当的陈述是非常必要的。

情绪变量

许多更具体的微观变量（分子变量）在功能上被统一划分为摩尔情绪，如行为、生理变化和主观状态。摩尔概念主要出现在将一些外围的微观可观测指标（例如动作或生理变化）用来解释像情绪这样的核心、整合过程的具体特征。也可以将其说成是情绪的解释性特征。有的分子变量可以直接观测到，而另一些则不能直接观测，因此我们应该更细致地研究这些变量，以及对这些摩尔情绪现象的解释性推断。

与情绪相关的可观测变量有4类：

（1）行为。攻击、回避、接近、远离某个地方或人，哭泣、做出某种面部表情、采取特定的身体姿势等行为，构成同一类观测指标。有的时候，比如做出某种面部表情这样的行为，是为了达到某种社会效果，因此是意图性的和工具性的。而其他时候，同样的行为却是表达性的，是一个自然流露的过程。意识到什么是解释，以及我们何时是在解释，而不只是在进行观测，这是极其重要的。

当我们把“工具性”或“表达性”这个词放在“行为”前面时，这种并列意味着其中包含了目标或功能，并且这个行为有助于实现该目标或功能。即使回避作为一种可观察行为，也是包含意图的。“回避”这个词的本义就是，这个行为的目的是让人远离某些物体或某个人。因此，回避就是一个对有待证明的不可观察过程做出的推论。总之，行为本身是可观测的，但这些行为涉及一种理论，是动机性的或表达性的，是源于某个情绪过程还是表达了某个情绪过程，还需要进一步推断，因此需要理论支撑。没有绝对的对错，重要的是弄清楚这一点。

（2）生理反应。如自主神经系统活动及其对终端器官的影响、大脑活动和激素分泌，构成了第二类可观测变量。它们有时是情绪现象，有时是非情绪的反应，仅是日常的生理活动或身体机能的自我调节。比如心脏会因身体、气候变化或神经代谢需求而加速跳动。虽然变化不需要仪器就能观测到，比如脸变红或变白，但利用高级仪器可以更全面地测量这种生理反应在情绪加工过程中的系统运作。（可观测的）分子变量和可解释的摩尔现象之间的区分在这里也适用。换句话说，当我们把生理反应说成是一种情绪现象时，我们就是在做一种解释性推断。

（3）口头报告。在人们与自身愤怒、焦虑或骄傲等情绪有关的自我报告中，当他们否认情绪时，描述自己的情绪产生的情境时，或是指出自身情绪反应背后的目标、立场或信念时——所有的这些表述构成了第三种可观测变量。它们是与人类情感有关的特别有价值的信息来源，因为它们有时能告诉我们其他信息来源中包括或者没有包括的东西。

社会科学家们一直在争论关于情绪口头报告的有效性，可能存在社会赞许性，从而扭曲事实或存在自我欺骗。然而，口头报告本身可以被视为观测指标，但需要结合其他数据来进行解释。口头报告跟其他数据类型一样，都不是情绪过程的唯一信息源，因此解释性推断依赖多种数据源进行综合判断。正如我指出的那样，将行为和生理活动解释为情绪现象也需要理论支持，而这些现象理解起来并不比主观的情绪体验容易。

（4）环境事件和情境。包括产生情绪的社会、文化和物理事件，构成了第四类可观测变量。然而，当我们涉及社会结构变量、文化意义、关系攻击、环境的需求、限制或资源等指标，并将其视为情绪现象时，我们已经从简单的观测指标转向了解释性推断和理论。

例如，如果我们说一个人对社会侮辱事件做出了某种反应，要了解为什么将其界定为或不界定为侮辱是不容易的；如果我们说一个人被某事件弄得很焦虑，要了解该事件对个人有何威胁及其原因也是不容易的，因为其他人可能不会以同样的方式应对这样的事情；如果我们说一个人在扮演某个社会角色，比如父亲、母亲或孩子，仅仅知道扮演父亲、母亲或孩子的社会定义是不够的，因为如果这个人对该角色的主观定义不同，其结果可能就完全不同。

我们来回顾一下主要观点。如果没有合适的背景和解释，没有一个情绪的分子现象本身是情绪化的，因为所有现象都还有其他非情绪功能。行为有时是情绪化的，有时不是。生理活动有时是情绪化的，有时不是。实际上，当人们有愤怒、害怕、内疚、骄傲或其他感受时，他们还可能会在口头上否认有这样的情绪体验；另一方面，他们还有可能会报告相关的情绪体验，尽管实际上并没有这样的体验。有时，当人们暴露于情绪产生的环境事件和背景时，很多时候并不会有情绪反应；但有时，他们可能在常规的非情绪化事件中体验到强烈的情绪。

虽然可观测到的证据能证明情绪的存在，并且我们在日常生活中也能轻易地、一如既往地做出适当的推断，但情绪是一个高度复杂的理论概念，由许多变量有机组合起来。这就是为什么难以对情绪问题进行科学的处理。问题的解决办法不是像过去那样视而不见，或是在做研究时束手束脚，而是谨慎地将理性分析和实证分析结合起来，以磨炼我们的思维，加深我们的理解。

与情绪相关的不可观测变量有5类：

（1）行动倾向。这是不可观测的，因为它们是内隐的冲动，可能会也可能不会表现出来，甚至可能不会被意识到（尽管我们期望通过肌肉张力的增加找到相关的线索）。

（2）主观情绪体验（通常称为情感）。比如愤怒、焦虑、骄傲或其他——这显然是不可观测的，但我们希望找到关于它们的可观测线索，包括有经验人的口头报告。

（3）人—环境关系。需要对具有特定动机和信念系统的人与由需求、约束和资源组合而成的复杂环境之间的功能联系进行推断。这两个复杂的子系统——人和环境——虽然由可观测变量组成，但两者都是主观建构的概念，就像我们谈及人格和环境一样。对这些子系统的描述通常也是解释性的。

（4）应对过程。尽管可以通过行为或想法来表达，但应对过程也是一个复杂的摩尔（分子）推理过程，可能通过作用于评价过程来影响情绪。谈及应对过程，我们会经常用到“策略”这一术语，这是有意识的、有计划的、精心安排的行动。

（5）评价过程。构成了情绪的认知—动机—关系理论的核心概念，也只能通过推理来了解。

以上提及的现象，无论是可观测的还是不可观测的，都构成了情绪系统或过程的基础。

情绪是什么

决定将哪些“情绪”纳入理论，又将哪些列为非情绪概念是一项重要而艰巨的任务。如果缺乏一套关于情绪运作方式的有效理论作为基础，这项任务更难完成。

尽管我提出了许多可能存在分歧的建议，但我们讨论的主要目标是关于分类和测量的理论探讨，并建立在今后的理论中可以使用的分类系统。这里讨论了5个具体主题：情绪的语言；3种概念区分（情绪状态和特质之间的区别；急性情绪、心境和精神病理症状的区别；感觉运动反射、生理驱动和情绪的区别）；生理活动是否一定与情绪有关。

情绪的语言

大多数作家都认为，很多词汇不属于情绪的范畴。奥托尼、克洛尔和福斯最近做了一个“整理情绪词汇表”的系统化工作。我引用了一段文字来描述他们的工作：

> 诸如“愤怒”“恐惧”和“悲伤”之类的词汇描述了情绪状态。另一方面，我们认为诸如“眼泪汪汪的”“自杀性的”“暴力的”“哭哭啼啼的”和“脸红的”等词汇都被认为是非常“情绪性的”……但不代表情绪，尽管它们肯定与情绪有明显的联系。但是，如果像“眼泪汪汪的”“暴力的”和“脸红的”这样的词汇不代表情绪，为什么被试将其评价为情绪呢？一种可能是由于被试对参考情绪和暗示情绪词汇的区别不敏感，他们可能对“脸红”等强烈暗示情绪的术语做出反应，就好像它们表示情绪一样。

我在本章末尾关于分类部分的内容会提及这个主题。届时我们会具体讨论哪些非情绪被当成了情绪。关于什么是情绪、什么是非情绪，语言表述和概念混乱的一个原因是，关于行为和反应的词汇表达没有提供充分的细节描述，也没有提及情绪过程的其他核心特征（如个人意义和机体活动）。情绪的不同成分是不能割裂开来讨论的，例如暴力和被激怒这两个成分就是分不开的。暴力作为一种个人应对策略或一种社会政策，并不意味着参与暴力的人一定是因为感到愤怒或仇恨。

例如，我猜按下电椅上开关的人必定是愤怒的，尽管他事实上可能也是愤怒的。正如霍克希尔德所说的那样，他可能已经做好了心理准备，只是把自己的行为视为本职工作；或者他选择这个职业的原因是他本就充满敌意并喜欢杀戮。但如果没有更详细的信息，就不能妄加评判。

奥托尼、克洛尔及其同事们在他们的工作中提出了情绪词汇的分层结构，它首先区分了涉及内在条件和外在条件的词汇。根据传统思维，情绪就是内在的，因此外部条件都被排除在外了。这些作者进一步将内在条件区分为心理和非心理状态（例如，生理状态和身体状态）。当然，非心理的术语最终被排除了，作者最终得出了更小范围的情绪词汇组，专注于情感、行为和认知。

因此，对于这些作家来说，情绪是内在的、心理的和情感的体验，被限定为单一的情绪状态，或者与行动、思想相结合的情感状态。纯粹的情感状态可以用“快乐的”这个词语来描绘；情感—行为状态由“兴高采烈的”这个词语来描绘；情感—认知状态由“被鼓舞的”这个词语来描绘。非情感状态包括行为—认知状态，不包含情绪的内涵，比如细心的；纯粹的认知状态，比如肯定的。

这些作者使用的“内在”一词，指的是这样一个事实，即情绪在本质上是一种心理体验。在第三章中，读者们会发现我将情绪界定为既是关系的，也是内在的，因为我们必须关注是什么激发了情绪。德里维拉和格林基斯在以下评论中明确地指出了这一区别：

> 大多数理论都把情绪当作是内部状态。如果这样的立场有价值，应该可以证明不同情绪的“感受”可能和人与人间的关系有关。而且可以证明不同情绪的命名主要不是依据面部表情，或愉快或不愉快的组合，主动或被动感受，而是基于人与人之间的不同关系模式。

情绪状态和特质

情绪特质是指一个人的特征，因此实际上不是一种情绪，而是一种做出情绪反应的倾向。描述某人是一个愤怒的人（或骄傲的人，或深情的人）并不能代表一个情绪体验或事件；一个愤怒的人并不总是生气，但可能比大多数人更容易生气，尤其在特定条件下。另一方面，情绪状态是对具体环境事件的暂时反应，这种反应取决于特定的条件。作为特质，我们会说某人是一个愤怒的人；作为状态，我们会说某人在特定的时间和地点表现出愤怒的感受或反应。

情绪特质（相对于状态）的概念与传统的情绪或态度概念相似，这也不是一种情绪，而是一种对情绪做出反应的倾向。如果我们不喜欢某人，我们更倾向于对不喜欢的那个人发火。无论是真实的还是想象的，这种情绪或态度必须在与另一个人的关系中被激活，最终产生一种情绪。这种愤怒就像是在等待一种刺激，让它变成行为表现出来。因为同样的术语可以被用来指代一种情绪特征，也可以被用来指代情绪状态，例如焦虑、自豪、嫉妒等。所以我们必须清楚我们对情绪术语的使用。就像奥托尼、克洛尔及其同事们反复强调的那样，感到骄傲和成为一个骄傲的人是不一样的。

实际上状态和特质也是密切相关的，前者（图形）在特定背景下被激发，后者（背景）影响这种激发。当我们关注一种状态时，我们假设反应存在一定程度的不稳定性（可变性）；它只在某些环境中出现。当我们关注的是特质时，我们假设在不同情境下的反应有一定程度的稳定性（一致性）。情绪特质意味着拥有它的人具有某种人格特征，这种特征比其他人更频繁或更强烈地产生情绪状态。

因此，情绪状态和情绪特质就像硬币的两面：当稳定性高时，就会关注特质，而状态的重要性就降低了；当不稳定性高时，就会关注状态，而特质的重要性就降低了。临床工作主要集中在不讨喜的情绪特质上，旨在纠正慢性功能障碍和痛苦。我将在第十一章对此进行具体阐述。

急性情绪、心境和精神病理症状

在讨论情绪时，传统的做法是区分急性情绪和心境。两者都是情绪的类型。这种区别与我在第一章中所说的适应性事件、关注焦点和两者之间的界限是相似的。情绪通常用非常笼统的术语来描述快乐、愉快、开朗或无忧无虑、担心、兴奋、易怒、愤怒、敌意、忧郁或沮丧。

尽管急性情绪的“感受”和心境的“感受”大不相同，但要对两者进行切实可行的区分存在许多困难。埃克曼跟很多人都认为，“心境比急性情绪的持续时间更长”。然而，如果我们根据持续时间来进行区分，认为心境比急性情绪更持久或更稳定，这似乎是正确的，但也有一些心境也是相对较短暂且有情境性，从而具有波动性的特征。

如果我们认可“持续性或重复性是人格特质或性格的重要特征”，可能就存在风险。有些人确实有忧郁或开朗的倾向，但大多数人都可以体验到这两种情绪，因此，如果认为心境总是有倾向性的，类似于一种人格特质，而急性情绪则不是，这样的观点可能存在误导性。当我们说一个人处于易怒或敌对的心境中时，我们不一定是在说他的性格，而是在说他在易怒或敌对心境中有一种强烈的发火倾向——一种与人格特质截然不同的内在倾向将这个人置于恶劣的心境中。

人格倾向与现实或环境倾向很容易混淆，这是我在前面关于情绪研究的个体间和个体内观点中提及过的。在我看来，心境应该被视为一种状态。将心境视为一种状态，我们需要知道它是什么以及它是如何产生的。如果把它说成是一种人格特质或性格，性质就完全不同了。

如果基于心境的模糊性以及缺乏环境诱因的特征，区分心境和急性情绪，可能会更准确。在适应性事件中，心境似乎与单一物体或事件没有明确的联系，这就跟急性的愤怒或恐惧反应不一样。当我们谈论某人的忧郁或开朗时，用休姆的著名区分标准通常很难鉴别特定状态的对象（如愤怒的目标）或原因（如挑衅行为）。

我认为情绪与个体生活的大背景有关，要么感到烦恼，要么感到无忧无虑，要么感到消极，要么感到积极。当生活总体上看起来不错时，积极的感觉不一定与特定事件有关，尽管我们有时可能会找出这样一个事件。当生活看起来糟糕时，一个人会感到悲伤或沮丧，这也不一定与特定事件有关。好心情或坏心情，无论它是否有明显的刺激，都取决于一个人的整体生活节奏。

不管怎样，我都倾向于将心境和急性情绪解释为对个体评价与环境之间关系的方式产生的反应。心境涉及个体生活中更大的、普遍性的、生存性的问题，而急性情绪涉及一项紧急事务，环境中的适应性事件的具体且相对狭窄的目标。如果命运证明从更广泛的存在主义意义上说，我们的生活是畸形的，人类基本上都是邪恶的，生活是无序的、没有意义的，命运总和我们作对，我们就会感到难过；或者，如果我们感觉到我们的生活正在顺利进行——我们是美好的，有控制感的，我们感到被爱或被欣赏，人类基本上是善良的，生活是有意义的、有序的、公正的，命运与我们同在——我们就会感觉良好。尽管时间性和主题可能各不相同，但急性情绪和心境都是对幸福感评价产生的反应。

海德格尔在讨论心境时强调了人—环境关系的生存性特征，这与我的观点一致。对于海德格尔来说，心境根植于一种活在世界上的感觉。关于这一点，海德格尔的口译者吉尼翁认为：

正如海德格尔提出的术语“存在”所描述的那样，成为人类就是“在那里”，被（世界）所吸引，对自己的生活采取立场，积极参与，对生活中的利害关系有一些概述。人类生活最自然存在方式的特征不是身心之间的关系，而是世界中的具体“存在”。我们对自己最自然的体验被描述为“在世界中的存在”，这里的“世界”不是指物理学所研究的宇宙，而是指我们所说的“学术世界”或“戏剧世界”。身处在这样一个世界不像铅笔“在”抽屉里；它更像是在从事或参与某件事，就像某人“在”占星术里一样。

虽然采取非黑即白的二分法存在风险，但在个体的心理经济中，很难说哪种类型的反应更重要，心境还是急性情绪。然而，由于心境关注的是个体生活中更广泛的、持久的生存性问题，而急性情绪往往是短暂和转瞬即逝的，因此我大胆地假设情绪对于个体心理经济以及个体适应状态的判断都是极其重要的。当一个人因为生活太糟糕而情绪低落时，即使发生一些积极事件也无法扭转整体心境。同样，当一个人因为生活美好而心情愉悦时，即使发生消极事件也不容易产生困扰情绪。

无论是非专业人士还是专业人士，都倾向于将急性情绪和心境等同于精神病理症状。我想这与文化价值观有关。虽然安静且善于交际的人总是压抑自己的负面情绪，却可能突然爆发让人震惊的情绪，而这种强烈的负面情绪是显而易见的，当它们经常或持续出现时就会对社会关系造成明显的困扰。例如，托伊斯认为情绪困扰是精神病理学的主要临床标准：

> 对精神障碍诊断标准的核查表明，“过度的”“不寻常的”“怪异的”和“不适当的”情绪或情绪表现往往是精神障碍的主要症状或相关症状。这些证据表明，不当或不合时宜的感受和表情在障碍识别和分类中起着重要作用。对困扰和障碍的评价基于，至少是部分基于持续或反复的偏离感受和表情常模。因此，心理障碍可能被重新定义为持续或反复的情绪障碍，或者更极端的情况下，被称为情绪偏差。

虽然情绪困扰是精神病理学的一个重要标准，但它本身并不是病理性的。托伊斯提出情绪偏差，但她的分析因缺乏细节而显得不完整。我们必须清楚，在什么条件下，偏差行为被界定为病态。悲伤（和其他类型的情绪困扰）是哀伤过程的正常特征，临床医生认为只有长期的、不适当的或功能失调的悲伤才是病理性的。当它是短暂的、现实的且不会造成严重功能损害时，这种情绪状态就是对丧失的适当且有用的反应。

在第六章中，我确定悲伤是一种情绪，但抑郁或哀伤不是。这有两个原因：一是，抑郁通常是几种情绪的复合体，包括悲伤、焦虑、愤怒和内疚。这些情绪——或者有些人可能更喜欢称之为心境——反映了对不可逆的丧失和绝望、生存威胁、个人侮辱和道德沦丧的评价，可能都是重度抑郁症的特征。在哀伤中，我们也经历了相同复杂的情绪混合。虽然从逻辑上讲，抑郁和哀伤之间没有太大区别，但抑郁倾向于强调对丧失的情绪反应，而哀伤强调应对丧失的内心挣扎。二是，像抑郁这样的情绪状态，尤其是没有明显的丧失就出现的抑郁，最容易被非专业人士和专业人士视为精神病理的标志。

然而，一种情绪是否被认为是适应性的或健康的，与其作为情绪的状态无关。我们决不能混淆这两个问题。关于病理和健康的鉴别是对情绪表达和应对过程及其后果的功能良好与否进行的专业判断。这些判断还需要个体间和个体内的参照标准。例如，我们可能会注意到，一个人与其他人相比（个体间）可能属于严重抑郁，但比他之前（个体内）的症状轻多了。

感觉运动反射、生理驱动和情绪

感觉运动反射、生理驱动和情绪之间的差异具有重要意义。感觉运动反射和生理驱动，通过促使适应性行为与生存相关条件的匹配，成为动物（包括人类）的重要适应性资源，感觉是情绪，却不是情绪。如果我们认同情绪和智力是进化的产物，并使得个体对各种适应性需求、限制和机会的响应具有极大的灵活性和可变性，那么情绪的定义必须排除对特定刺激产生的固有的和自动的反应。

感觉运动反射的标志是其刺激特异性和反应刻板性。刺激会引发相当固定的动作反应模式，从而确保该刺激的适应性需求得到满足。这种匹配是内置于神经系统的，如髌骨反射（膝跳反射）、瞳孔反射（在昏暗的光线下瞳孔放大，在明亮的光线下瞳孔缩小）等。严重或完全依赖反射生存的动物与环境互动的方式相当刻板。

一个很好的例子是在第一章中介绍的廷伯根的研究，当纸板剪影朝一个方向移动时，它看起来像一个危险的捕食者——鹰，家禽就会做出本能的恐惧反应；当纸板剪影的移动方向被颠倒过来，使其看起来不像鹰，而像一只非捕食性的鸟时，家禽就不会表现出恐惧或警觉反应。

虽然这种刻板行为促进了生存，但其适应的成本也很高，尤其与更高级动物的适应模式相比，这些高级动物已经进化出更复杂的处理方式。例如，我住在郊区的社区，经常会看到许多鹿，因为花园里的粮食全年都很充足，而且没有捕食者。然而，当我开车接近时，路中间的小鹿就会“僵住”，这是对危险的天生反应。当周围有捕食者时，僵住非常有用，因为在高高的黄草堆中一动不动的小鹿就很难被发现。然而，尽管这是一种与生俱来的条件反射，但在路中间僵住其实是没有用的，特别是如果保持这种僵住的时间过长，或在夜间汽车高速行驶且能见度更低的情况下。幸运的是，生活在社区里的人通常会谨慎驾驶，等到鹿最终离开，虽然这可能对于鹿的未来进化并不是一件幸事。但鹿似乎也有足够的能力学习反射动作的相关条件；例如，我所在的社区，年纪大一点的鹿在过马路时，如果有汽车靠近，它们通常就不会一动不动地站着了。当鹿与人类一起生活在一个没有捕食者的现代工业世界里时，生活条件的改变促使“僵住”不再是一种适应性反射。尽管它们有先天的模式，更高级的人类物种已经灵活地适应，并帮助鹿在新的环境中生存。

简单的感觉运动反射不足以满足更复杂的需求，这些需求伴随着系统发育向更复杂的物种发展（如大猩猩和人类）。随着更高级物种的机体和社会复杂性的增加，不可能通过形成新的反射来解决每个新的适应需求，因此会进化出更灵活、对环境更敏感的反应机制。

生理驱动可以被认为是对环境敏感的机制之一，是比反射更高级的适应步骤。生理驱动可以满足对生存至关重要的循环稳态需求（如营养）。身体内部状态变化（例如低血糖）的反馈就会诱发这种驱动的产生，这表明身体需要营养补给并出现心理生理的紧张，从而产生相应的适应性行为，例如觅食。在何时以及如何做出适应性反应方面，这种驱动比反射具有更大的灵活性。例如，饥饿会促进动物进食，但与反射不同，饥饿并不会促使动物一定要以某种特定的方式获取、准备或进食食物。如果一种策略失败了，可以尝试另一种策略，这凸显了智力和学习在生存中的重要性。灵活性增加的进一步例证是，动物可以在一段时间内暂时忽略信号刺激来处理更紧急的需求，这种特性在感觉运动反射中是没有的，因为感觉运动反射基本是自动化的，很难随意控制。

情绪过程可以被认为是更高级的进化适应，满足了各种不同的适应要求，而在低级物种中完全或主要由反射和生理驱动来满足适应需求。向更高级物种的升级需要心智的进化，因此依赖于智力、学习和思维尤其是评价性思维的情绪就成为适应的主要功能基础。正如我在第一章中指出的，这些功能包括社会沟通，持续的能量调动集中用于应对不同的未满足需求和从一种快速转化为另一种的紧急情况，最重要的是对特定关系需求的应对要求具有高度的敏感性，而这需要智慧和学习。

在这一进化过程中似乎发生了两个主要的变化：一是，正如我所说，许多形式的适应性行为从内置的、自动化的、反射的模式中解放出来；二是，适应变得更加依赖于学习和认知过程，更加多变和复杂，更少受刺激约束。从进化的角度来看，反射是动物可用的适应资源中最原始和最刻板的，而生理驱动变得更加具有灵活性和变通性。

随着环境刺激和内置反应之间自动化联结的减弱，在冲动和行动之间开始出现认知活动和计划性，特别是在人类中这种特点更明显。在现代心理学中，这一直是一个常见的本体性主题。迪斯指出，在神经生理学的早期历史中，无意识反射和自主行为之间有一个重要的区别，前者意味着固定的输入输出系统，后者意味着意志行为和选择。关于这一点的更多内容会在第四章和第五章进行介绍。

在这方面，普拉奇克在书中认为，从“进化的有利角度来看，认知是为了预测未来而发展的”。当然，他的意思是能够预测将要发生的事情并为此做好准备，而不是困在此时此地的具体事物中，这是一个巨大的适应性优势。一些情绪体验本质上是有预见性的，而另一些情绪则是对适应相关事件的结果产生的反应。我们学习何时适合表现出焦虑、愤怒、悲伤或快乐，何时逃离或战斗，如何应对糟心的生活环境，以及如何提前做好短期和长期的计划。每一种情绪都表达了不同类型的人—环境关系，而每种情绪又以不同的方式影响个体的幸福感，这取决于个体如何评价事件的影响。第二部分中有更多关于这方面的内容。

有意思的是，动物虽然不断向更灵活的反应模式进化转变，但其对僵化反应模式的依赖，正如人类对稳定和安全社交模式的依赖。在动物生命中，秩序和稳定通常是生物驱动主导分级的结果，一旦实现，就会控制和调节种内攻击。人类不能再依靠生物规律来产生稳定的社会关系。在促进人与人之间的秩序和稳定关系方面，社会调节似乎与生物调节存在竞争。

当社会创造的痛苦多于快乐，不再产生可行的社会秩序时，它们就会分崩离析，这时社会障碍和情绪压力源就会随之增加。人们常常会求助于糟糕的政府，因为政府创造的秩序感可以防止更危险和可怕的障碍出现。在撰写本书时，我们正经历这样一个时期：一些过去稳定、专制的东欧社会的社会结构正在从政府压迫转向新的政治形态，但产生新秩序的过程以及斗争的结果是难以预测的。无论如何，像人类这样的生物，可以基于智力和社会形态进行灵活的适应性选择，而不是依靠那些适用于低级物种的生物规则。不过适应灵活性显然是喜忧参半的。

至于哪些是从基因上遗传下来的，哪些是在情绪过程中学习到的，要准确地进行区分是不太容易的。环境刺激和情绪反应之间的联结在多大程度上是遗传导致的，这也很难说清楚。因此，赫布和其他人非常严肃地提出，黑猩猩和人类的恐惧都部分源自遗传倾向和学习的共同作用。这种如今已被更温和的概念“先决性”条件反射所替代的遗传性恐惧概念，强调一种生物性倾向，促使个体学会某些事情比学不会更容易，比如害怕蛇和蜘蛛。我还将在第五章中强调，评价与情绪反应之间存在很强的生物学联系，以及我们如何理解和评价个体与环境之间持续发展和变化的关系是存在许多社会文化和个体差异的。

人类情绪的心理生物学反应，虽然可以是相对原始和自动化的，但也是非常复杂的。它通常包含多重动机成分，对适应性要求的评价，整体规划和具体方案，以及身体反应的启动，所有这些都使情绪真正成为认知—动机—关系的综合配置。当意义变得重要时，即使只是相关或不相关、危险或不危险、有害或无害、有益或无益的简单二分判断，情绪也比相对刻板的、刺激—反应系统（如反射和驱动）更具有灵活性和适应性。

惊吓是一个很好的例子，可用于说明反射和情绪之间的区别。有些学者把惊吓看作一种原始情绪。我认为这是错误的，因为它混淆了情绪和反射。惊吓是相对固定和刻板的，更像是一种感觉运动反射，就像髌骨反射和瞳孔反射。类似这样的反射不具备适应意义，是对输入刺激的简单反应，而只要是一个神经系统完好的人，这些刺激就能自动化地引发相似的反应。

埃克曼、弗里森和西蒙斯的研究提供了相当令人信服的证据。这些研究者细致地考察了人们对鸣枪的面部和身体反应——这是一种常用且可靠的诱发惊吓反应的研究范式——通过四种不同的实验条件以检验认知控制是否会影响反应。第一，被试可以预期枪声的出现；第二，被试不能预期枪声的出现；第三，要求被试抑制惊吓反应；第四，要求被试在没有枪声的情况下模拟出惊吓反应。

埃克曼等人发现，对枪声的预期并没有显著改变惊吓反应的形态或时间，尽管在反应幅度上表现出了差异；惊吓反应也不能完全被抑制；惊吓反应无法进行准确的模拟，尽管在测量的时候，其形态、时间和反应幅度有很大不同；实验者有60%的概率可以将正确的模拟与真实反应区分开来——这虽然在统计上是显著的，但只是略高于随机水平（50%）。

尽管这些研究者没有通过提问去检验被试的情绪状态，但最合理的推测是，尽管在适当的情况下（例如，突然爆发噪声却找不到原因，或者预示着危险的环境因素）可能产生恐惧，但人们在受到惊吓时并不害怕。此外，对惊吓的情绪反应也可能是愤怒，比如惊吓刺激可能被受害者解释为不喜欢的恶作剧。

我倾向于认为惊吓反应的功能是提醒人们注意一种情况，这种情况可能暗示了某种尚不明确的个人意义，但随后会被评价为无关的、有害的、威胁的或有益的。读者应该看看弗拉纳、思朋斯和朗的研究，他们发现，与观看愉快的幻灯片相比，当被试观看不愉快的幻灯片时，他们对没有提示的白噪声产生的惊吓反应幅度更大。

关于这一发现，我想说的是，这些幻灯片提供了惊吓体验的意义，就像生理唤起有时可以用其产生的社会背景来解释一样。换句话说，我不相信弗拉纳等人看似矛盾的研究发现，即惊吓是情绪中立的，直到诱发刺激的个人意义得到评价。库克、霍克、戴维斯和史蒂文森将他们最近的发现解释为情绪个体差异会增强惊吓效应，因为先前的情绪状态和倾向强化了惊吓。我相信，这也与“如果没有附加的意义，惊吓则不包含情绪”这一观点是一致的。

在本章最后的情绪分类中，我将惊吓和其他一些非反射性反应，如好奇、惊讶、专注和“定向反应”称为准情绪。它们让人或动物做好准备对所发生的事情进行评价。可能有读者不熟悉“定向反应”或“反射”这个术语，这通常是用在狗身上。例如，当有噪声或其他不理解的事件时，狗会竖起耳朵，睁大眼睛，身体转向刺激的方向，并且身体表现出警惕的反应，直到它能分辨出刺激是否具备诱发行动的意义，并掌握应该如何做出反应。这是对不确定性的初级反应，也有人称之为“是什么”反应。

基于前面的讨论，我们现在可以对感觉运动反射、生理驱动和情绪做一个基本的概括，这其实汤姆金斯等人已经做过了。与反射和驱动相反，真正的情绪不能总是由单一的刺激诱发。情绪是由与环境（通常是社会）的关系所传达的个人幸福感所影响和控制，并通过评价过程来解释，无论是否短路，都严重依赖于智力和认知的进化。

与这一观点相一致的是，克雷特勒和克赖德尔将定向反射（与惊吓相比，这是一种减弱的反应）视为一种原始的生理心理反应，提醒生物体正在发生对行动有意义的事情，不过还有待进一步分析。惊吓似乎在产生和控制的方式上与真实的情绪不同，就像定向反射一样。

有学者还将其他一些与惊吓类似的先天性感觉运动反射视为情绪状态，比如快乐、痛苦和厌恶。我们的生理特征使我们能产生自然的快乐反应，比如品尝美食、身体放松、身体抚触或饱餐一顿，只要是神经功能和感受系统完好的人几乎都能由相应的物理刺激引发类似的反应。疼痛也是如此。快乐和痛苦之间的一个区别是，能够引发痛苦的刺激范围比引发快乐的刺激范围要有限许多。快乐也比痛苦更容易被意义相关的环境变量所改变。

一个人对快乐和痛苦的接受程度是不一样的。这取决于心理生物条件，这些条件会影响对快乐的接受能力，疼痛耐受性的降低或提高，甚至可能影响疼痛阈值，尽管后一种影响存在更高的风险。与真实情绪相比，感觉运动反射的变化和调节程度更小。然而即使是髌骨反射也会受到影响，如果个体曾经接受过这样的检查，即医生用橡胶锤敲打膝盖来检查是否有神经障碍。如果我们太关注，反射可能会被抑制，所以最好是转移一下注意力到别的事情上。尽管我认为条件反射和情绪之间的区别很重要，但即使只存在很小的对条件反射的认知影响的证据，那么对条件反射状态的解释就存在一定程度的模糊性。

并非只有我一个人把快乐和痛苦视为非情绪，汤姆金斯等人也赞同这样的观点。然而，当使用快乐和痛苦之类的术语时，把它们看作情绪似乎是合情合理的，因为当我们说到满意、满足、幸福、放松和快乐时，或者当我们说到精神痛苦、不满、忧虑和苦恼时，是存在个人意义延伸的。在快乐、痛苦和厌恶的情况下，似乎比在惊吓的情况下更容易产生这种延伸。

这一讨论并不是要质疑公认的观点，即对伤害赋予的意义可能会增加或减少疼痛的主观体验。当我们认为身体受伤和疼痛具有威胁性时，我们会体验到情绪，而不是感知到反射。这时就远不只是意识到疼痛的感觉，而体验的改变受到评价过程的影响。比彻观察到一个现象，同样的受伤程度，在战场上受伤的士兵似乎就比外科受伤的人体验到更轻的疼痛感。他推测，对士兵来说，受伤的意义是他活了下来，不再有生命危险；但对病人来说，外科受伤可能意味着一个危及生命的过程，这是有风险的、痛苦的，对于重新获得健康的意义是不确定的。

虽然身体上被抚触的感觉天生是愉快的，但社会环境会使同样的感觉变得非常不愉快、恶心或恐惧，例如，不情愿的性要求，甚至对快感本身的威胁性解读。在这些例子中，我们已经从感知觉跨越到了情绪，因为它们涉及基于知识体系（关于对事物的信念）的个人评价。

当研究情绪的发展时，我们要提出关于快乐和痛苦的重要观点。从发展的角度必须承认，尽管快乐和痛苦都属于反射，但它们无疑在评价和情绪依赖的动机结构的发展中起着核心作用。例如，尽管这不是情绪发展的唯一基础，但婴幼儿都学会了趋乐避苦。这个学习过程一直都是情绪理论的核心。但是，这并不意味着快乐和痛苦是情绪，而是通过动机和认知活动对情绪发展有着重要影响，这些活动最终影响了未来生活中的情绪。

我们应以对待快乐和痛苦大致相同的方式对待生理性厌恶。它是一种内置的、对令人不适的物质（如气味、味觉）的感觉运动反射，而不是一种情绪。另一方面，心理性厌恶就是意识形态的——也就是说，它是一种习得的意义，即一种物质、想法或行为是“冒犯性的”（例如，对有的人而言蚂蚁和蚱蜢可以作为食物，但是对另一个持不同价值观的人而言就是禁忌）。在这种情况下，心理性厌恶就是一种情绪，而不是感觉运动反射。

当我们在社交场合感到心理厌恶时，我们已经越过了厌恶反射到厌恶隐喻的界限，即使反应本身的某些方面在两者之间很难区分——例如，面部表情、生理反应、动作冲动（呕吐）和主观反应（恶心）。我们甚至会对我们不认同的人说，看到他们就“厌烦”。这可能不包括恶心，但作为对厌恶的隐喻，其意义相当明晰。习得性厌恶，就像“我们无法忍受”的食物，似乎只是比情绪少一点隐喻性，更像是介于反射和情绪的两个极端之间。

虽然罗津和法伦通过区分心理性厌恶和生理性厌恶做出了有价值的贡献，并帮助我们看到了心理性厌恶的意识形态性，进而体现出情绪的特征，但他们在分析厌恶背后的归因和个人意义方面做得还不够。认知活动对于区分情绪和非情绪至关重要。仅凭反应的描述性特征不足以作为进行区分的前提，我以前多次提出这一点。简而言之，我认为，如果认知评价是引发反应的原因，那就是情绪；如果反应不是由认知评价引起，那就是另一回事了。

反射和情绪之间的区别很像感受和情绪之间的区别。这些术语经常互换使用，但我认为将感受称为感官知觉（如痛苦、快乐和厌恶的感受）比情绪更合适。虽然当我们提到感受时，其实就是指代情绪，而且在这本书中有时也会混淆使用，但更准确地说，“感受”这个词是指对身体感觉的意识，而“情绪”这个词却包含对利益得失的评价色彩。同样地，虽然现在流行用情感而不是情绪来指代情绪体验的主观质量，但我认为使用通用术语情绪会更好，而不是用单个侧面来代表整体。

生理活动应该是情绪的定义属性吗

现在我们陷入了一个长期的困境，也就是说，是否有必要通过生理活动来说明一个人正在体验一种情绪。这种困境不会在愤怒和恐惧中出现，因为在这些情绪中，生理活动是明显的，并且很容易被解释为身体动员以应对紧急情况。战斗或逃跑作为情绪适应功能的原型概念起源于坎农，他详细阐释了自主神经系统和髓质或肾上腺在紧急情况下是如何工作的。谢耶详细阐述了神经递质如何应对生理毒害或侵入性刺激的作用机制，强调肾上腺皮质或外周神经分泌的激素（皮质类固醇）的功能，这些激素在合成和分解代谢活动尤其是在长期压力中起主要作用。

然而，这些紧急情况下的神经动员过程无法对悲伤情绪（和某些形式的抑郁）起作用，因此愤怒和恐惧可能被视为特例，而不是所有情绪的原型。悲伤和抑郁，以及会产生抑郁的绝望是无激活的缩影，不过以愤怒、内疚和焦虑为特征的激越型或哭泣型的抑郁除外。让人印象深刻的是，在悲伤和大多数抑郁情况下，这些情绪化的个体的关注点会从外部世界撤回到自己身上。大概是因为所处的情境让人产生无望感，个体即使面对造成痛苦的事情也没有动力去做点什么以改变现状。在这种情况下，评价和应对又在是否将反应识别为情绪的过程中起着至关重要的作用。

许多理论家都撰写过关于“放弃”综合征的相关内容。克林格也很有说服力地指出，在短期内悲伤和抑郁可能是暂时退出失败的承诺的适应过程的一部分，这是保存和恢复在无谓斗争中被耗尽的资源的生理心理过程。只有当这个人不再重新参与对生活的承诺，并在很长一段时间内继续表现出功能失调时，这个过程才被认为是适应不良的。从丧失中恢复，需要多少时间才是合理的，这很难准确定义。近年来，随着对哀伤过程的理解更为深入，对合理恢复时间的界定已经被大大延长。

在大多数积极情绪中，也很难证明身体动员的概念是合理的。例如，我们应该如何谈论满足和放松，它们是否代表了动员的对立面？于满足而言，动员可能是不必要的；于放松而言，动员情况是下降的而不是提高的。因此，如果把生理活动形式的动员作为情绪的标准，可能不得不把反应排除在情绪范畴之外。

如果把生理变化而不是动员作为不可或缺的必要条件，我们可以更容易地将满足和放松划入情绪范畴。而且，因为远离或退缩会导致生理活动减少，悲伤也许是个好例子，可以支持生理活动作为情绪的必要标准。这种表述与肯珀提出的建议一致，即副交感神经系统的激活与放松和满足状态下的动员抑制有关。对于那些不熟悉自主神经系统生理过程的人来说，交感神经和副交感神经是相互对抗的。变得兴奋通常与交感神经系统分支的活动增加有关。当感到放松时，相对副交感神经而言，交感神经的活动是减少的，所以肯珀可能会认为放松会增加副交感神经的活动。

我们对情绪的心理生理反应知之甚少，尤其是积极的反应。目前通过多种生理反应系统（例如自主神经系统、肾上腺髓质系统、肾上腺皮质系统以及其他神经递质系统）来探索情绪的研究还不多见，随着近年来技术的发展和大脑神经递质（如内啡肽，据说内啡肽可以抑制疼痛）研究的更新，人们对此越来越感兴趣。

如果我们用心去寻找，大多数可以称之为情绪的状态中都能发现可测量的生理变化，即使是积极的状态和那些以生理紧张消退为特征的状态，如放松或满足。然而这个问题可能解决起来并不容易，因为基线生理状况和生理变化之间没有明确的界限。如果骄傲确实存在明显的生理变化，那么在其他情绪中也可能发现类似的变化。据我所知，当个体报告有“胸口疼”“虚脱感”“如鲠在喉”等疼痛感受，或“轻快”的喜悦感、快乐与自豪“满溢”时，相应的身体变化从来没有得到系统的研究，尽管身体变化是可能发生的。我们需要系统的研究来帮我们评价这种感受，即使是轻微的积极情绪，如骄傲，也可能有独特的生理模式。

如果将生理活动的标准从定义中剔除，就没有一个重要的反应边界来将情绪与非情绪概念区分开。另一个反应边界是在情绪中产生的运动动作倾向。尽管在某些状态（如放松）中情绪的热度在下降，但这些状态跟“冷淡”不是一回事。也许，我们也不应该从情绪标准中排除满足舒适的感觉，或者舒适度没那么高的解脱感觉。我们需要了解关于具身化的概念，它表达了我们的整个身体（包括腺体、肌肉、内脏器官和大脑）都积极地参与到某种情绪中，如果我们忽视它，就失去了一个至关重要的区别，即使这种区别最终会落在一个从少到多的连续体上。当这个区别很细微的时候，看起来好像是随机的差异，但当区别变大时就显得很重要了。

当然，将情绪称为“温暖”或“热烈”是一种隐喻。情绪的热度由什么组成？从心理上讲，这取决于情绪事件中的立场；肯定不是中立或冷漠的立场。从生理上讲，我认为这取决于这种立场产生的行动倾向以及所需要的能量转换。我认为弗里达等人将行动倾向或冲突作为情绪的重要特征是完全正确的，这些倾向使情绪不同于非情绪。

例如，我们不应该因为其不确定性和缺乏相关生理活动的研究就去预先判断放松、自豪、感激和满足是否属于情绪。这些不确定性的解决取决于对身体在适应情境中转换、使用和保存能量的分析；对心理、生理触发和应对过程的分析；以及心理状态和过程如何受到生理状态和过程的影响。目前，我们对身心和心身关系的概念通常属于身心问题范畴，但遗憾的是人对这个问题的理解还不够充分和全面。

情绪的类别和维度

我一直把情绪当作离散的类别来对待，这种方法与认知—动机—理性的理念是一致的，即每一种情绪都代表了一种对适应性事件的利弊分析的不同方式。愤怒、焦虑、内疚、羞耻、悲伤、厌恶、快乐、骄傲、同情、放松、希望和爱都是分类的典型例子。当然，在确定的情绪类别内还可以根据强度进行维度划分，例如，恼怒（一种相对温和的愤怒）与暴怒（一种强烈的愤怒）就存在区别。每一种情绪类别都可以用从弱到强的量表来表示，但这不一定意味着它的性质有任何变化。这就引出了一个难题，即暴怒是否与恼怒有本质上的不同？在某些方面可能是这样的。

然而，将情绪视为离散的类别，每个类别都可以放在一个从弱到强的维度上，这与将它们视为重叠的维度非常不同。在重叠维度中，许多类别被简化，其独特的品质会被丢失或模糊。在纯维度分析中，类别基于共享和发散属性进行组合，通常是通过因子或聚类分析来实现。这个过程涉及不同情绪之间相关性的评定，以找出哪些情绪在个体间存在同升同降的共性，这些相关性为维度结构提供了基础。维度结构可以基于任何类型的反应数据，例如，面部表情和声音信息，口头描述或视觉社交场景，以及情绪词汇意义的相似点和不同点。

因子分析产生的结构可以通过维度空间来展示，例如，作为二维、三维或四维排列。维度可以被组织成圆形模式，圆锥形模式，或者其他空间排列模式，这取决于哪种方式是对情绪反应心理结构的最佳呈现。

关于这种结构中的因素应该是双极的还是单极的，一直存在争论。例如，在单极结构中，愉快和不愉快就是作为两个离散变量来进行评估的，每个变量都在一个维度（单极）上进行从高到低的描绘；在每一个这样的量表中，一种体验既可以是不同程度的愉快，也可以是不同程度的不愉快。相反，在双极结构中，愉快和不愉快不是作为两个变量，而是作为一个从高到低通过零点，又变成负向从高到低的单一变量。通过这种方式，愉快和不愉快这两个变量就被整合到一个单一的维度上，并代表同一概念的两极。

正如伊扎德在他的历史回顾中所指出的那样，对情绪维度结构的探索可以追溯到斯宾塞，但最有影响力的是近期在冯特、伍德沃思和施洛·伯格的研究中进行的相关探讨。伍德沃思和施洛·伯格在其非常有影响力的实验心理学著作中大力强调这一内容，但直到20世纪60年代末，达维茨的研究真正让它受到足够关注。最近，关于这方面的研究再次火起来；以及达尔奎斯特和罗伦哈根最近的一篇综述。

尽管对于到底需要多少因素维度才足以描述情绪意义的差异，以及这些因素之间的最佳空间排列应该是怎样等问题还存在争议，但多年来也达成了一些共识。很少会超过4个因素。冯特（1905）提出了3种：愉快—不愉快，放松—紧张，平静—

激动。也有人提出包含4个维度，但其中两个维度——愉快或不愉快的程度和激动或唤起的程度——在因素分析中显示重合度很高，所以也有的就化简成3个维度。沃森和特勒根报告了两个维度：积极情感和消极情感。达维茨（1969）报告了4种：激活、关联、快感度和胜任力。

我们必须记住，用于研究情绪维度结构的方法之间存在差异，比如给被试呈现面部表情的图片让他们评价图片所代表的情绪，与要求被试评价不同情绪词汇的相似性和差异性，就是完全不同的任务。达维茨让被试检查诸如“我有一种胃部沉重感”或“这个世界感觉不友好，充满敌意，很不公平”。根据这些数据，他制作了一本“情绪词典”，将情绪词汇与心理生理反应模式及诱发条件关联起来。在许多关于情绪维度结构的研究中，都在评定任务中忽略了诱发条件。被试需要对自己的总体想法和感觉进行评分。谢弗、施瓦兹、埃里克森和奥康纳最近的研究都是如此，但达维茨的研究是个例外。

除了我自己的研究外，我不知道还有哪些研究会考虑适应性事件的各个阶段。福克曼和我（1985）进行了大学考试3个阶段的情绪评价：准备阶段，考试结束后的阶段，以及成绩公布后的阶段。在准备阶段，积极情绪和消极情绪之间的相关性几乎为零，考试后为-0.25，成绩公布后为-0.50。

这怎么可能呢？也就是说，我们怎么可能同时既高兴又失望呢？如果一个人不考虑情绪评定的背景因素，比如考试的不同阶段和这些阶段中所发生事情的重要性，那么感觉快乐和感觉失望之间可能就存在强烈的负相关。然而，考试前的情况是非常模糊的，但考试后的情况就不那么模糊了，而到公布成绩时情况就相当明确了。有些人考砸了，有些人考得不错。因此，在考前准备阶段，一个人可能既高兴又失望，或者说当情况模棱两可时，一个人既不高兴也不失望；到考试结束时，无论如何，心理状况都更加清晰了，一个感到失望的学生不太可能同时也感到快乐，负相关达到了0.50。然而，即使情况的意义是明确的，如果一个人对情境中的某些方面感到高兴，而对其他方面感到不高兴，则不会出现完美的相关性，因为被试可能不会报告这么多细节信息，除非我们要求他们报告。

无论如何，这些数据表明，情绪的维度结构并不是固定的，就像因素分析得出的结果一样，会随着情境而变化，比如情绪适应的阶段及其相对模糊性，以及个体的体验。这一点就打破了因素分析的中心假设——结构是不变的。它也支持了我之前提及的观点，仅仅从反应的角度来对待情绪，而不考虑情绪产生的过程、所处的阶段和环境影响因素是不充分的。

波利维观察到，当要求学生报告情绪反应时，出现了情绪类别的混合，而情绪类别之间的区分变得模糊了。她提供了几种可能的解释。第一，可能大多数大学生对每一种具体情绪的体验时间不够长，以至于没法进行独立的报告。第二，有可能是一种情绪触发了另一种情绪，或者不同的情绪可能同时发生。还有第三种可能性，虽然这种可能性比较小，但波利维认为很重要，就是被试可能没有办法主观上将一种情绪和另一种情绪区分开来；实际上，被试并不清楚自己正在经历什么情绪。如果是这样的话，那么对情绪的分类分析和维度分析都是不合理的，因为这样就成为最虚无主义的立场。

我倾向于这样一种观点，即几种或更多的情绪可以同时出现，或者在一次适应性事件中出现，因为在一次复杂的事件中存在许多具体日程和主题；大多数时候，我们确实知道我们所体验到的情绪，而且很少只体验到一种情绪。在进行判断时，我们使用的不仅仅是“感受”性的反应；例如，我们也关注事件中的情境意义，这可能比经常模棱两可的“感受”性反应更重要，且信息量更大。

通过相关分析来描述情绪维度结构的方法有何影响呢？最极端且存在潜在争议的观点是，几个基本的情绪维度可以解释常见情绪反应模式中几乎所有的变异。因此，拉塞尔和梅拉比安认为，42种不同情绪的量表可以用三个因素来解释，这意味着使用许多属于同一维度的不同情绪术语，如焦虑、内疚和羞耻，几乎没有太大的意义；因为共性比差异更重要。当然，这就要求我们不要去关注情绪意义之间的细微区别——例如，正义的愤怒、报复性的愤怒、防御性的愤怒、板着脸、幸灾乐祸、恼怒、嫉妒、蔑视、竞争和充满内疚、羞耻或焦虑的愤怒之间的区别——因为这样做是多此一举。

简化概括的好处在于，可以检验哪些情绪在心理上更接近，哪些情绪之间的距离更远，当然这对于化繁为简也是有好处的。当然，因素分析也可以用于发展新的内容类别。尽管如此，聚焦于因素或维度，则牺牲或模糊了情绪的重要心理意义，从而弱化了情绪过程和环境因素的重要性。

例如，考虑沃森和特勒根的双因素方案，如图2.1所示。请注意，在圆圈底部的6点钟位置可以找到4种反应——昏昏欲睡、乏味、沉睡和缓慢。我认为这4种反应都具有低积极情感的共同属性，尽管我也同意奥托尼、克洛尔和福斯的观点，他们质疑昏昏欲睡和困倦是不是情绪，尽管沃森和特勒根将其包含进维度图式中。

然而，该模型受到最大的批判是，图2.1中处于相同位置的情绪词条所代表的情绪状态并不是一样的，彼此之间的差异性可能与它们的相似性同样重要。它们不仅是不同生成条件的产物，而且在不同条件下的体验也不同。

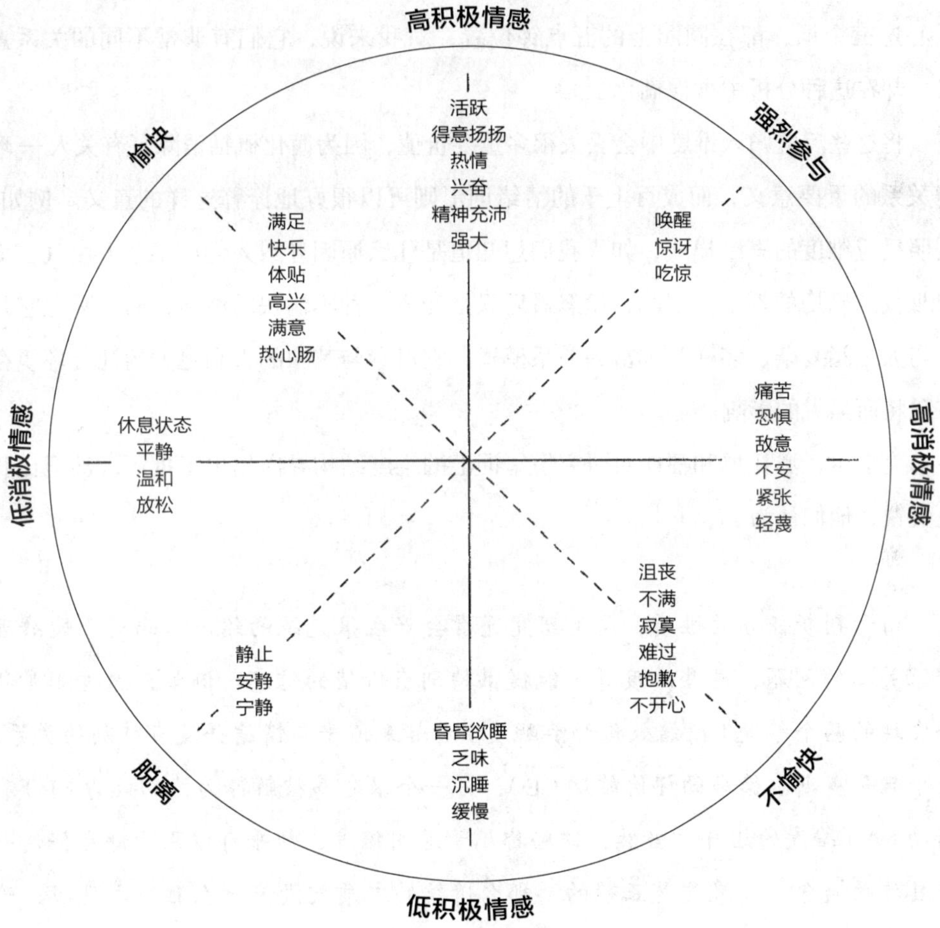

图2.1　心境的共识结构

例如，如果我在一天结束的时候，或者刚从床上醒来却没什么要紧的事要做，很放松，那么这种昏昏欲睡的状态就是没有内心冲突的、令人愉快的。然而，如果我感到昏昏欲睡，但还有紧急的事情要做，或者我正在参加一个我必须集中注意力的会议，这时的昏昏欲睡就令人痛苦，需要与之斗争，有时甚至要付出相当大的代价。我也不相信缓慢的感觉总是令人愉快的，尽管它被归到双因素圈的低积极情感类别。我怀疑，尽管在矩阵中同一位置的状态彼此之间的相似度与其他状态之间的相似度更高，但“缓慢”这个词的重要负面信息并不是通过昏昏欲睡和沉睡来表达的，而是通过欲望与身体或精神抵抗之间的冲突来表达的。同样，未见、沮丧和不开心这三个词，都在圆圈上的五点钟位置，对我来说，它们有非常不同的关系意义，却在这种分析中被模糊化了。

将这些反应归入维度中会丢失很多重要价值，因为简化概括消除了有关人—环境关系的重要意义，而成百上千的情绪词汇则可以很好地诠释这样的意义。例如，按照反应维度的思维模式，如果我们想知道是什么原因导致人们或某个人生气，就很难找到确切的答案。因此，愤怒最后只是变成一种不愉快的激活，而实际上它是人与人之间复杂、多样和丰富的关系模式，它对参与其中的人和更大的社会环境存在独特而强大的影响。

克洛尔、奥托尼和福斯对研究情绪词汇的维度结构导向提出了批评，甚至比我更尖锐，他们认为：

由于判断任务的性质，这类研究通常会产生很笼统的维度，而对于情绪理论家关心的问题，这些维度并不能提供特别有价值的信息。例如，通过测量程序发现的两个维度（情绪效价和唤醒度）看起来似乎与情绪并没有特别的关系。一个只是奥斯古德来的评价维度（E），另一个很容易被解释为他的效力（P）和活动（A）维度的组合。当然，这些都属于通用维度，似乎可以用于评定任何一个具体的概念。如果这是正确的，那么情绪的本质就没有什么独特之处了，除非它可以证明，在维度定义的空间中，只有情绪占据一个独特的子区域……因此，这类维度是如此具有普遍性，以至于难以提供足够的信息从而将情绪和其他事物进行区分。它们并没有揭示出情绪（如同情）同与情绪无关的事物（如食物）之间的本质区别。它们也不能提供足够的信息将一种情绪和另一种情绪区分开，比如愤怒和恐惧。

弗里达的观点则更有包容性，他认为类别和维度这两种不同的情绪研究视角都很重要：

当关注实际的反应准备水平或者特定行为倾向水平时，情绪就是离散状态。然而，当关注对事件的效价和紧迫性的反应水平时，情绪是落在一组连续维度上某一点的状态组合。换句话说，它们是在行动激活和行动控制过程的层次结构中更高水平上，由一组特定维度定义的状态。维度观和分类观都是有效的，因为它们适用于情绪过程的不同水平，对应于不同的现象集。

海德、拉考夫和科维西斯对愤怒的语言学分析，以及谢弗等人和斯托姆的研究中都用到了树状分类系统，通过将情绪布局到一个层级结构中，同时也保留离散的分类，从而综合了类别和维度分析的优点。谢弗等人的研究有使用脚本或故事情节的优势，从而将情绪反应的引发条件等信息也呈现出来。他们引用了费尔和拉塞尔关于脚本的观点，我很认同：

虽然我们经常把恐惧说成是一种事物，但更恰当的描述可能是一系列事件……要知道“恐惧”这个词的含义，就要知道一些这样的行为序列。这就需要了解整个脚本，包括原型诱因、信念、生理“反应”、感受、面部表情、行动和后果。

在谢弗等人研究的第一步中，大学生根据艾夫里尔的《情绪概念语义图谱》中对213个情绪术语的原型性或情绪性进行了评定，其中包含具有情绪内涵的558个词语。基于对这些评定的聚类分析，他们定义了代表“基本”情绪类别的5—6个聚类。图2.2呈现了基于情绪程度评定的独特情绪类别排列，重叠的术语属于基本类别内。

在第二步中，学生写下他们的情绪体验——一些人描述他们对典型情绪片段的

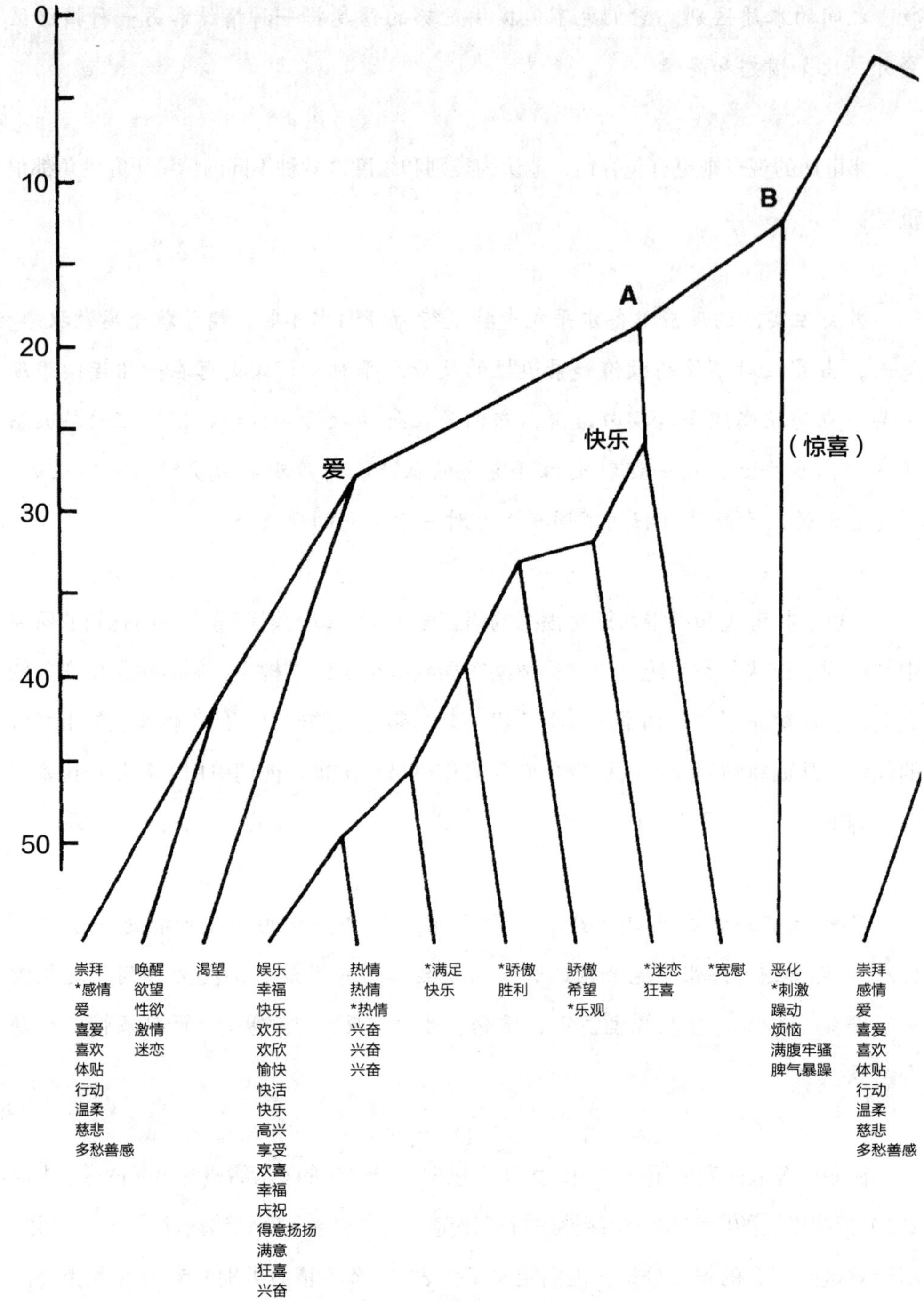

图2.2 情绪名称的聚类分析

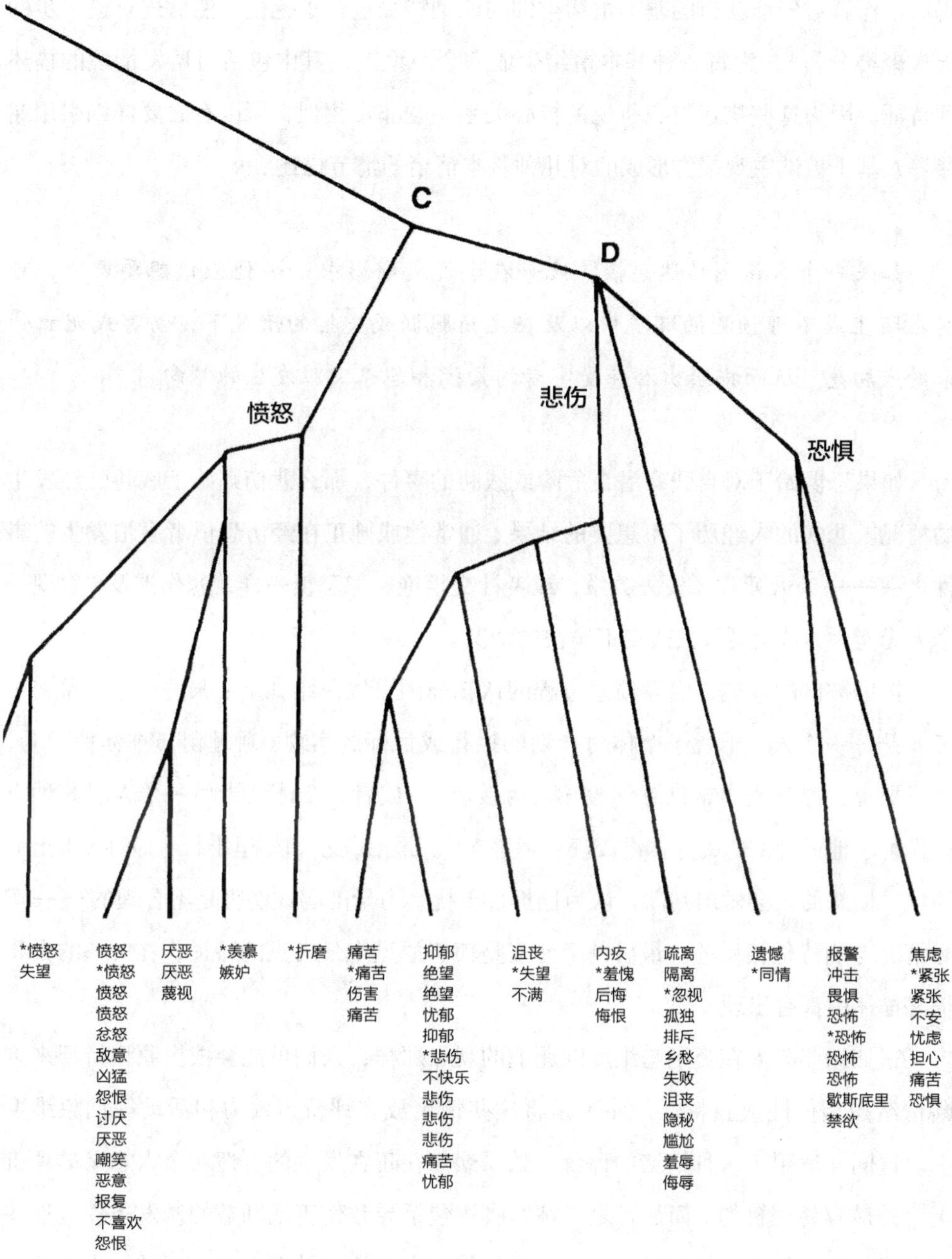
C
D
愤怒
悲伤
恐惧
*愤怒
失望
愤怒
*愤怒
愤怒
愤怒
忿怒
敌意
凶猛
怨恨
讨厌
厌恶
嘲笑
恶意
报复
不喜欢
怨恨
厌恶
厌恶
蔑视
*羡慕
嫉妒
*折磨
痛苦
*痛苦
伤害
痛苦
抑郁
绝望
绝望
忧郁
抑郁
*悲伤
不快乐
悲伤
悲伤
悲伤
痛苦
忧郁
沮丧
*失望
不满
内疚
*羞愧
后悔
悔恨
疏离
隔离
*忽视
孤独
排斥
乡愁
失败
沮丧
隐秘
尴尬
羞辱
侮辱
遗憾
*同情
报警
冲击
畏惧
恐怖
*恐怖
恐怖
恐怖
歇斯底里
禁欲
焦虑
*紧张
紧张
不安
忧虑
担心
痛苦
恐惧

印象，而其他人描述他们对具体的、真实发生的事情的印象。在对这些描述进行编码后，作者对先前获得的基本情绪类别的原型特征进行了挖掘。然后进行进一步的层次聚类分析*，为每一种基本情绪生成一个原型图，其中包括对诱发情境的描述性特征。因为这些描述与我所说的核心关系主题非常相似，所以有必要详细引用谢弗等人基于被试主观报告形成的对几种基本情绪的情节描述：

如果一个人试图传达恐惧，比如在小说或电影中……他应该想要表达，可能在陌生或不可预测的环境中以及在主角脆弱或失控的情况下，伤害或死亡带来的威胁感；从而描绘出潜在受害者的紧张和想象灾难发生的倾向。

如果恐惧始于对自我有潜在危险或威胁的事件，那么悲伤则始于威胁已经发生的情况。悲伤的人经历了不想要的结果；通常他或她正在经历恐惧者害怕发生的事件之一——亲人死亡、失去关系，或者社交拒绝。像恐惧一样，悲伤涉及“发现一个人无能为力或无望”去改变不愉快的情况。

根据被试的描述，引发愤怒过程的认知前因可以总结如下：某些事情（通常也可能是另一个人）干扰了个体对计划的执行或目标的实现（通过削弱个体的力量，违背期望，挫败或中断以目标为导向的活动）。或者，个体认为另一个人以某种方式伤害了他或她（造成身体或心理上的痛苦）。最后，正如德里维拉（1981）指出的那样，愤怒的人会做出判断，认为挫折、干扰、力量削弱或伤害是不合理的——实际情况与期待是相反的。最后一个元素是愤怒原型中最常见的特征，在95%的自我愤怒描述中都有出现。

正如谢弗等人在类别与维度问题上的观点那样，人们可能会根据原型特征来判断情绪的相似性或独特性，而不是将这些情绪放在评价、效力和活动等抽象维度上。这同样适用于每种情绪的评价，如果聚焦在正在发生的事情对个人意义的评价上，是最容易理解的；简而言之，情绪脚本包括导致伤害或利益的诱发条件。这些作者还指出，他们所描述的原型与许多认知导向理论中的概念是相似的，也包括我们自己的理论。

情绪的认知—动机—关系理论一定是分类导向的——也就是说，必须确定具有共同核心关系主题的情绪家族。当然，每个类别本身都包含情绪强度的维度，可以对其进行有效的评价；然而，分类是第一位的。我认为理论和实证研究的主要任务都是确定每个情绪类别中的人—环境关系，评价特征和行动倾向。

人们经常说，描述情绪的词汇是模棱两可的，如果从表面上接受这一点，就不必细究情绪词汇之间的细微差别（可能反映了情绪之间的意义差别）。这样的说法不全面，也站不住脚。单个单词指代情绪时的歧义并不能扩展到说这种情绪本身是不充分或是无法被准确指代的。这种歧义只有当我们局限于用单个词语代表“感觉”或整体情感的某个部分时才成立，比如“行为倾向”。解决方法是写一个句子来表达情感或情境，这比任何单个的词语都能更充分地表达你的意思。这正是我在第三章中要重点讲述的部分，我称之为核心关系主题。它们定义了每种个体情绪的基本关系内容。如果成功完成这一工作，我们对情绪及其过程的口头描述就不会出现歧义。

由于这些原因，尽管自1890年以来关于情绪的维度分析得到了持续的关注和研究，但我认为维度分析不可能永远是情绪理论和研究的前沿。它过于看重因素分析方法论，而太少关注基于不同变量和条件来促进理解的系统理论。

情绪反应中的共性

心理学家以及其他领域的科学家都对情绪做了大量研究。我的目的不是回顾这些研究，而是强调情绪理论的重要性。我晚一些会提到和引用与我的观点一致的研究，主要涉及情绪中的动机和认知问题以及情绪发展。然而，本章是有关分类和测量的内容，如果不阐明系统发育学家对情绪普遍性的关注，将是一个严重的遗漏。因此，我选择在这里讨论这个当前最具活力和影响力的情绪研究方法之一。虽然它侧重于两种反应指标，面部表情和自主神经系统模式，但它也从系统发育的角度解决了分类和测量的问题。

大多数个体情绪的列表都仅仅是基于对反应配置的描述。然而，偶尔也有例外，比如普拉奇克（1962，1980）的理论，该理论支持关于哺乳动物生存所依赖的基本进化（达尔文主义）和适应功能。普拉奇克列举了自我保护，与逃避和恐惧有关；消灭敌人，与攻击和愤怒有关；繁殖，与交配和欢愉有关；分离后重新融入群体，与哭泣和悲伤有关；融入，与装扮和接纳有关；拒绝，伴随呕吐和厌恶；探索，与规划和期望有关；定向，与停止行动和惊喜有关。

生物心理学家对情绪适应功能的兴趣与社会科学家对情绪中动机（或目标层次结构）作用的兴趣类似，后者定义了适应性事件。实际上，普拉奇克理论中的进化的、适应的功能和我的目标层次为动机理论提供了理论基础，在此基础上，危害和利益得以预测，并且依赖于环境刺激下对当下事情的情绪反应。普拉奇克的分析具有基于物种的情绪反应功能原理的优势，而我的分析优势在于为情绪反应提供个性化功能原理，针对但不限于人类。

然而，除了将情绪与不同物种共有的适应功能联系起来外，还需要更多的东西帮助我们了解每种情绪产生的条件。我们必须强调的是在特定的适应性事件中涉及哪些目标，它们如何影响情绪的产生，以及当前还有哪些其他条件在推动、指导和改变情绪过程。尽管我们接受普拉奇克对情绪潜在功能的分析，也不反感其缺乏清晰性和相关联的细节（例如，社会拒绝真的等同于厌恶吗，快乐总是与繁殖联系在一起吗？如果是这样，涉及生殖的哪些阶段呢？——分离是悲伤的本质吗？），但我们需要强调的是，关于情绪过程及其变化来源的充分理论论证，必须关注现象本身和当下环境。

面部表情研究

情绪表达，尤其是面部表情的特征，是当前许多研究和分类的基础。其他形式的表达也是相似的（例如，谢勒在1989年对声音表达进行的研究），但由于有效信息较少，关于其他形式表达的研究较少。面部表情和身体动作的表达既可以是工具性的（有目的的或有意的），也可以是单纯的无目的表达，尽管对两者的区分并不容易。但可以明确的是，面部表情和身体动作在理论和实践研究中很重要的一个原因是，它们是情绪状态外显性的表达或动作表达的组成部分。我们可以通过面部表情来识别情绪，例如，面部表情研究者说，每当观察到一种特定的肌肉运动模式（面部或身体姿势、手势）时，就会出现愤怒或快乐的情绪。据说，某些情绪有特定的表达模式，当然，这一标准可以由其他标准来补充和验证，比如情绪体验的主观报告和生理变化模式的报告。这里有可能会有一个错误的观念，即假设在普遍情况下面部表情无法被证明是哪一种特定的情绪（如内疚和羞耻的情况下），就直接认为特定面部表情不是在表达情绪；或当某种面部表情在某物种中普遍存在时，就认为它是由基因决定的，就假定这是一种情绪的标准，这两者都是不可取的。

对面部表情的研究假设，尽管可能会受到诸如社会规则等无关变量的干扰，但情绪通常会通过面部表情表现出来。正如巴克毫不含糊地、或许过于乐观地指出，面部表情是对内在情绪状态的诠释。原始或基本情绪能够表达进化遗传保留下的普遍的生物规则，因为它们已被证明具有适应性。基本情绪表达源于遗传，涉及特定神经肌肉反应模式，并与每种情绪的独特主观品质相关。由于面部的肌肉运动模式实际是内在情绪状态的表达，我们可以仔细观察它们来“解读”这种状态，这是动物在调整自己的行为以适应其他动物无意中通过身体表情传递信息时所做的事情。

然而，当我们意识到我们可以抑制和改变表情的动作倾向和面部表情时，要排除文字信息的干扰。另一个限定条件是，情绪表达的所有组成部分都应服务于其功能。不应将任何面部表情视为情绪存在的必要标志。除了遗传既定的表现模式外，我们还有能力创造出新的动作和面部表情来表达情绪，就像在舞台演员表演中一样，尽管演员有可能正在体验所扮演角色的情绪或正在产生面部表情。无论如何，尽管将情绪状态与面部表情和身体动作分离是有好处的，但这可能需要一些意志上的努力，而这也说明了我一直强调的，情感和应对方式作为高等哺乳动物适应性资源有基本灵活性。

达尔文的重要著作《人和动物的感情表达》和他1859年的早期杰作《物种起源》极大地激发了人对情绪表达的兴趣，该书描述了进化的本质和机制。当然，进化论的中心主题是，人类早期生命起源的过程中，人类和非人类的动物开始拥有许多共同的特征——不仅是它们的生物结构和生理机能，还有它们适应环境的模式。达尔文大力强调了这些相似性，例如，他声称，非人类动物也会表现出惊奇、好奇、模仿、注意力、记忆力、推理能力和审美，而所有这些都曾被认为是人类独有的特质。他甚至提出，在我看来是一个异想天开的想法——尽管谁又能否认呢——动物有灵性，动物是人类信仰上帝的先驱。

无论如何，达尔文以及许多现代生理学都认为通过面部表情和动作来表达情感是人类与生俱来的。面部表情是交流和识别他人情绪的重要基础，正如身体动作和声音的表达在人类和非人类动物中也具有这些功能一样。尽管证据并不确凿，影响两者进行比较的条件还需要进一步检验，也许除了在无危险情况下的口头报告（这可能使它们比其他情况下更值得信赖），人类面部表情似乎是比任何其他表达方式都更丰富、更可靠的情绪信息来源。

其实，其他学者已经对这些理论进行了充分的介绍，所以没有必要深入了解达尔文关于情绪表达的相关理论，也没有必要深入发掘面部表情的研究历史。目前最被广泛接受的观点是，面部表情是通过一组复杂的、相互联系的面部肌肉来表达人类在物种进化中遗传下来的主要情绪，每种情绪的表达方式在物种中是通用的。实际上，人类有愤怒的脸、厌恶的脸、恐惧的脸、快乐的脸等，尽管在某种程度上，社会文化变量会影响面部表情的模式和时间，而且可以通过抑制、伪装或产生特定表情来实现特定目的。

同样值得注意的是，生态学家和那些关注动物行为的研究者也受到达尔文概念框架的极大影响，并通过长期观察以探讨动物的面部表情和身体动作向其他动物传达出怎样的信号。

如今人们普遍接受的观点是，如果一个人知道如何解读，那么面部表情就能提供一个人情绪状态的丰富信息。然而，人们的分歧在于对面部表情的识别多大程度上取决于天生，多大程度上取决于社会文化，还是两者兼而有之。最近的研究结果强烈表明，在很大程度上，面部表情是遗传的一部分。争论倾向于集中在基本情绪以及每种情绪的面部细节表现模式的不同上，关于情绪是如何固定或不变的，驱动它们的因素是什么，面部表情模式与其他情绪指标的对应程度（如生理变化，工具性行为和主观感受）以及这种对应在解释面部表情所传达情绪内容的相关争论是很有必要的。

有关面部表情的当代研究和思考对情绪理论的潜在重要性在于，面部表情中的肌肉模式比任何其他反应方式都更细致和客观。尽管存在不止一种关联系统，但这坚实的研究基础是汤姆金斯开创性工作的结果，他极大地影响了我已经引用过的另外两位先驱，埃克曼和伊扎德的研究，在汤姆金斯后，他们煞费苦心地通过录像记录并拍摄了情绪表达时的面部动作，并开发了广泛使用的面部动作编码的方法。埃克曼的工作对象主要是成年人，伊扎德的工作对象主要是小孩子。在某种程度上，面部表达了人类的情绪，可以使用已有面部表情模式作为情绪状态存在的有力线索，并通过高观察者信度来检查面部的瞬间变化。

如果面部表情的研究的确能为我们提供一个可靠而有效的指标，来表明一个人此时此刻的情绪感受，那么它将为人类情绪研究提供一个非常重要的测量来源。一些学者的积极视角认为，尽管这个过程乏味且成本高昂，但我们可以把面部作为唯一的、无懈可击的标准，来评价情绪过程和影响它的条件的各种理论问题。更实际的观点是，由于情绪过程及其认知—动机—情绪—关系结构具有复杂性，包括自动和有意的评价和应对过程，以及面部反应模式本身受许多其他因素影响，因此面部表情应被视为众多反应系统中的一种。虽然它可能是反应系统中信息量最大的，但它需要其他来源的信息作为补充，如社会背景、情绪陈述的内容、语音信息、身体姿势等，每一个都是关于所经历的复杂情绪状态的数据。我相信这也是埃克曼（个人沟通）的看法。

埃克曼和奥斯特对面部表情所揭示的情绪的证据进行了非常有效的分析和综述。特别是在两个问题上：情绪中面部表情的普遍性，以及表情作为特定情绪指标的有效性。例如，这些作者建议，“史前时代的文化中，研究就发现了愤怒、厌恶、快乐、悲伤（或痛苦）、恐惧和惊讶的独特面部表情”。伊扎德还报告了感兴趣和羞耻情绪的证据，但埃克曼和奥斯特认为这是人为的。他们还认为，进一步的研究也可以证明其他情绪表达模式的普遍性。

最近对面部表情中普遍性论点的回顾和分析中，埃克曼谨慎地指出，证据支持确实存在一些普遍性的结论。他总结了许多文化中的大量证据来证明某些情绪（如恐惧、愤怒、厌恶、悲伤、惊讶和快乐）的面部表情具有普遍性，但关于蔑视、羞耻和感兴趣存在不确定性。他在总结中认为：

> 在我看来，情绪的面部表情与生理变化或主观感受都是情绪的核心，因此将一个视为另一个的表达是错误的。此外，虽然人们确实刻意通过面部表情来表达和传递信息，但我相信，大多数通过面部表情传达的情绪都不是刻意的。这并不是否认它们在其发展或当前功能中作为社会信号的重要性。

面部表情也受特定文化表达规则以及跨文化的不同社会因素的影响，但精确的面部表情分析方法尚未系统地应用于跨文化研究中。正如埃克曼和奥斯特所说的，“面部表情可能存在重要的文化差异，这可归因于学习，但这些差异究竟是什么以及它们是如何形成的，我们不得而知”。

“（情绪）表达规则”一词是由埃克曼和弗里森创造的，指的是关于谁可以在什么条件下向哪些人展示特定情绪的社会规范。在关于控制情绪表达的社会文化和先天生物来源的争论中，微笑是一种有趣而重要的面部表情反应，因为如果在痛苦、悲伤、厌恶、恐惧或愤怒的条件下，伪装的微笑不能与真正的快乐微笑区分开来，那么面部表情反映情绪的解释将受到严重挑战。在最近的一项研究中，埃克曼、弗里森和奥沙利文观察到人们诚实和撒谎时的微笑之间存在细微差异。护士们在观看显示令人痛苦内容的电影时假装享受以掩饰负面情绪，并将这些微笑与观看令人愉快的电影时的微笑进行比较。通过细微的检测发现，她们的面部肌肉有明显的厌恶、恐惧、蔑视或悲伤的痕迹，即使她们试图用快乐的面孔掩盖负面情绪。

埃克曼认为，微笑不应该再被视为单一的情绪表达类别。微笑有很多种，可能多达18种，它们提供了不同的社交信号。在检查了已有研究结果后，他得出结论，人在享受微笑的时候，不同于社交性微笑，而会出现“杜氏微笑”，这是法国神经生理学家杜兴的开创性观察和著作中提出的概念。

从已经提到的认知的中介作用可以明显看出，我对这项研究的解释有保留意见；我再重复一遍，没有任何一种特定的神经反应模式可以被视为一种情绪产生的绝对标准，尽管埃克曼对杜式微笑的解释似乎表明，仅仅通过面部反应模式，真正的快乐可以与其他状态区分开来，包括假装的快乐，但这与我的立场相反。研究从特定的面部表情模式开始，并在此基础上定义人的状态——就像婴儿研究中常见的——没有提供面部表情之外的证据，这可能都是值得质疑的。

关于面部表情作为特定情绪指标的有效性，埃克曼和奥斯特回顾了验证面部表情特定解释的问题，在某种程度上与我所说的一致。他们指出，必须找到面部以外的标准来表明正在经历的情绪，其中有4种可能性：第一种是参与者对所经历的情绪进行报告。第二种是将面部表情与诱发事件联系起来，例如，积极或消极的电影，敌对或友好的言论，以及对积极或消极经历的预期。第三种是将音调音色、身体动作或语言变化与面部表情模式所暗示的各种情绪进行比较。第四种是通过自主神经系统的反应模式检测情绪，我稍后会详细讲。埃克曼和奥斯特观察到，“由于没有单一的、绝对可靠的方法来确定一个人的‘真实’情绪状态，不幸的是，很少有研究者遵循使用多种方式来获得更可靠的情绪体验指标的方法”。

在过去的几十年里，情绪研究中对面部表情普遍规律的研究比该领域其他相关研究更多。并且形成的共识认为面部表情确实提供了很多，也许是至关重要的，关于一个人情绪的信息。如果这些关注情绪体验和反应的变化以及共性的研究能够整合到情绪的认知—动机—关系理论中，考虑到每种情绪的认知和评价模式的作用，并研究从婴儿期到成年期及以后的情绪发展，那么将是一个绝佳的、能够将情绪过程的生物学和社会科学观点结合起来的机会，并避免两者相互对立的倾向。

生理反应模式研究

寻找情绪和面部表情模式的生理反应相关性，或任何相关因素，包括情绪内容的自我报告，都会陷入一种困境，即必须对一组不确定性（即面部表情模式的情绪意义）与另一组不确定性（即生理反应模式的情绪意义）进行测试比较。尽管存在这种困境，但可靠的积极发现将具有相当大的价值，至少表明这两个层次的分析反映了重叠的心理生理过程。迄今为止，相关研究较少。

缺少研究结果的一个原因是过去几十年的心理偏见，认为情绪的生理变化只反映了一般唤起。近年来，将情绪视为单一维度的“整体性激活”观点，也逐渐失去了在心理学中作为主导原则的地位。过去这种观点的主导地位体现了知识发展过程中的钟摆效应，部分原因是对老式身心观的抛弃。老式身心观源自精神分析理论，认为溃疡、结肠炎、高血压等疾病表达了一种特定的内心冲突或态度。

虽然原因有很多，但数据库的局限以及已有研究结果的不一致，还有理论导向的变化，使得特异性的概念被谢耶提出的一般适应综合征的概念所替代，该概念与一般唤起的概念相似，它强调了一种常见的、协调的生理变化模式，作为身体对各种有害物质的主要防御机制。之所以称之为一般适应综合征，是因为不管有害物质的性质是什么，它的核心是一样的。讽刺的是，特异性，现在再次成为主导，认为每一种情绪，如愤怒、恐惧、焦虑、内疚和喜悦，都涉及一种特定的态度、冲突，也许还有特定的生理变化模式。

我不想详细讨论一般唤起和特异性立场的优缺点，其他学者已经研究过了。这个问题也会在第五章的系统理论和第十章的情绪和健康研究中再次提及。最近的一些研究，如施瓦茨和温伯格以及施瓦茨、温伯格和辛格（1981）的研究，提供了关于不同情绪的自动化模式的积极作用。埃克曼、莱文森和弗里森最近的一项研究也提供了厌恶、愤怒、悲伤和恐惧的自动化特异性反应的证据。最近关于这一争论的历史和自主神经系统特异性的现有证据最有影响力的讨论来自莱文森的分析和综述，他为自主神经特异性理论提出了一个很好的案例，不过同时也认识到证据尚不充分。他认为：

> 我相信，探索自动化特异性最富有成效的模型将被证实是一种主要基于离散情绪模型的混合模型，不过也考虑到"强度"这一维度。鉴于目前研究数量有限，结果不一致，以及关于ANS特异性研究的方法学问题，因此在离散模型和维度模型中进行单独的研究大有裨益。当从足够数量的可靠研究中积累出结果时，就有可能评估结论的相对有效性。

有人可能会说，自动化模式为证明特异性提供了最不充分的生理学案例，因为自主神经系统的神经结构及其终端器官连接（例如，消化道、内分泌腺和心血管系统）应该导致内脏中相对分散的反应，特别是在交感神经激活的情况下。更完整的方法包括如梅森等人研究中提到的激素模式，以及自主性变量。梅森的9种神经激素系统，说明了在情绪的心理生理学研究中需要包括的内容比自动化反应数据所包括的内容要多得多；当然，梅森1975年对神经激素系统的描述没有提到最近发现可以调节疼痛的脑啡肽。

我认为，尽管这种关系可能不像伊扎德所主张的那样紧密，但面部表情和其他形式的表达以及神经生理变化之间以及与人们所经历的情绪的种类和强度之间都存在系统的联系。为什么会这样？比较好的回答是说每种情绪都涉及特定的行动倾向——例如，愤怒与攻击，恐惧—焦虑/逃避，内疚与补偿，羞耻与躲避，等等。虽然它们可以被抑制和转化，但行动倾向有助于使情绪具体化，并为每种情绪的共同或共享生理反应模式提供最简单的基本原理。

另一个基本原理可能是，在愤怒、恐惧、焦虑、内疚、快乐等每一个例子中，都有一个基于一套共同的适应需求的评价模式。愤怒会引发特定的关系问题，恐惧—焦虑情绪也同样如此。虽然在表现细节上有一些差异——例如，环境要求、限制和资源——但每种情绪的明确意义、如何应对以及环境对应对过程的反应，在同一情绪家族比在不同情绪家族之间的共性更大。我们可以使用行动倾向的概念或共同适应要求来解释和预测与每种情绪相关的生理反应模式。这需要将行动倾向和适应要求转化为全身的生理活动。迄今为止，尽管弗里达、凯珀斯和特尔舒尔提供了少量数据，但我还没发现对这个方面的系统性研究。我将在第五章中对此进行更多讨论。

我仍然相信每种情绪都与特定的身体反应模式相关联，但也不确定是否能找到充分的证据，原因有两个，都在第一章中强调过。首先，从方法论上讲，情绪时间很少包含单一情绪，它经常迅速溢出到另一个不同的情绪事件中，产生不同的情绪反应。因此，自主神经和激素反应的测量容易被许多模糊的过程所混淆。其次，如果没有关于情绪事件、动机性、认知影响以及可能塑造适应和情绪流动的行动倾向和应对过程的可行理论，研究特异性存在的问题就会被放大，使研究人员无法确定实际测量的状态是什么。虽然我认为这些问题令人生畏，但我并不认为它们是无法克服的，我相信充分的理论可以适当帮助促进研究方法的发展，以检验情绪反应的特异性。

初级（基本）和次级（衍生）情绪

系统发育为中心的理论家和研究者（包括许多研究面部表情和自主神经系统模式的人）强调基本或初级情绪（可能在哺乳动物物种内部和物种之间共享）和衍生或次级情绪（代表不同初级情绪的某种组合）的划分有区别。这种区别很重要，因为它是由许多研究者提出的，它涉及情绪应该如何分类的问题。

一些系统发育学家认为，初级情绪是有固定的情感操作程序，它产生于内置于物种的共同神经生理结构，当它们开始启动时，以基本相同的方式展开。埃克曼现在似乎认为情感程序是一种隐喻，而不是一种严格的驱动和指导反应模式。在第五章中，当我试图将生物共性与情绪可变性的社会文化和发展来源进行整合时，我将对情感程序进行更多的阐述。

系统发育学家列出了在所有人类和一些动物身上都能找到的初级情绪，以及那些由初级情绪组合或混合而成的次级情绪，或者由初级情绪的联系而获得的次级情绪。我还注意到，谢勒将混合的概念称为“调色板情绪”，指的是在艺术家的调色板上混合颜料的颜色，这个经过推敲的概念，最近受到奥托尼、克洛尔和柯林斯的严厉批评。一些早期的和经典的初级情绪列表非常短，如沃森的3种基本情绪：愤怒、恐惧和爱；但其他的清单更长，比如笛卡尔的6种基本情绪：惊奇、爱、恨、欲望、快乐和悲伤。现代的清单包括普拉奇克的8种基本情绪——恐惧、惊讶、悲伤、厌恶、愤怒、期待、喜悦和接受。

埃克曼理论中的初级情绪包括快乐、恐惧、惊讶、愤怒、痛苦和厌恶——最近他又增加了蔑视（正如我之前提到的，还有一些他认为研究不够充分的，比如感兴趣、羞耻—内疚和尴尬）。伊扎德列出了10种基本情绪，包括兴趣—兴奋、享受—喜悦、惊奇—惊吓、苦恼—痛苦、愤怒—暴怒、厌恶—恶心、蔑视—鄙视、恐惧—恐慌、羞耻—害羞—羞辱和内疚—悔恨。埃克曼和伊扎德提出的基本情绪在一定程度上出现重叠，是因为他们都受到汤姆金斯的强烈影响以及他们对探索面部表情模式都有共同的兴趣。他们之间存在差异的可能原因是伊扎德主要研究儿童，而埃克曼主要研究成人。令人费解的是，尽管有共同的系统发育观点，但理论学家们最终对什么是初级情绪只有有限的共识。引用德索萨的批评，“情绪列表的多样性足以警示我们这是一个不可靠的策略”。

“初级”和“基本”这两个术语，以及它们的同义词，至少能够表达4种不同的含义，尽管它们相互重叠且存在争议，但都带有强烈的进化色彩。（1）基本情绪在生理表现上是基本且自然的、纯粹的；（2）基本情绪在不同文化以及许多物种中都能发现；（3）基本情绪是那些在出生时或至少在生命的第一年就会出现的情绪；（4）基本情绪是动物表达并完成适应性任务的根本方式，如保护动物免受危险、繁殖、明确方位和探索。所有这些意义似乎都归于生物普遍性这一共同主题。

我认可某些情绪或多或少在人类物种中具有普遍性的，特别是因为它们能够跨文化表达。然而，不同物种的基本情绪不一定相同。不同的物种（根据定义）有基本情绪重合，但由于不同类型的适应需求，进化程度高的物种将进化出特殊的机制来支持它们在生态系统中的特殊需求。那些从祖先那里遗传的但不再需要的机制最终会消失，尤其是当某些功能需要付出大量成本去获得时，物种就会进化出新机制以满足新的需求。这些新机制就会变成他们主要适应环境的方式，尽管可能从不同角度上来说，人们可以认为这些新机制与其他古老物种的机制是一样的。因此，可以合理假设物种具有不同但重叠的基本情绪集，某一情绪可能是这个物种的基本情绪但不是另一个物种的基本情绪，又或者说某一情绪与另一物种的生态位无关。

关于有多少种基本情绪，以及哪些情绪是基本情绪，我们如何解决这些长期存在的争论。如果以生物社会为前提，即由哺乳物种特征、栖息地（包括文化）和个人动机构成的不同基本适应任务，反过来又影响每一次环境适应时的重要性评价，那么基本情绪和非基本情绪间的区别分效度就很有限。虽然面对生存，某些适应任务可能比其他任务更为重要，但在不了解任何物种、社会群体或个体在其生活环境中动机的三者作用的相对或绝对情况下，损益条件的影响是不好预测的。例如，人类往往愿意接受死亡的风险，而不愿生活在与他们自我概念不一致的环境，或生活在低于可接受的最低限度的条件下。

为什么某种情绪就应该被认为是基本情绪，而其他情绪则不是？抑或是从什么角度出发讨论这些争论是有意义的？系统发育学家使用“初级（基本）”这一概念旨在说明某些情绪是通过进化产生的，并且在人类群体中普遍存在，也可能以某种形式在其他物种中存在。从这个角度来看，为了明确跨物种的进化有不同发展模式从而明晰哪些是基本情绪是有意义的。另一方面，基本情绪的区分非常甚至是过分强调进化和遗传的连续性。最近，奥托尼和图尔纳对基本情绪的概念提出了批评，虽然我也不算完全认可这个概念，但我也不同意他们的所有批评。

有一些其他观点支持对基本情绪和非基本情绪进行区分。例如，有研究者提出有可能人类大脑的新皮层不会轻易并完全覆盖掉仍然控制能量转换和调节稳态的旧皮层，新旧皮层在情绪和非情绪适应中都非常重要。例如，虽然我们可能能够通过间接的方式影响心脏的活动，但我们不太可能阻止心脏跳动或使它颤动。心脏活动主要是由中脑的自动化机制控制的。

因此，物种由基因决定的情绪可能比那些更多由社会文化塑造的情绪更难转化或控制。弗洛伊德悲观地认为攻击性本能极难被社会或内部心理控制改变，在他的判断中，这就是为什么人类会不断互相残杀并表现出最可怕的残忍和野蛮行为，并且还会享受其中。脑损伤和酒精等药物导致的脑损害也增强了本应由更高级脑中心调节控制的遗传情绪模式。可以说，当我们不完整或不能做“我们自己”时，更容易受到原始生物倾向的影响，这是弗洛伊德对初级和次级过程以及退行的观点与解释。

考虑到人类的许多情绪——例如，内疚、羞耻、骄傲、感激、怀旧和遗憾——可能是在人类已有认知和社会复杂性的基础上产生的，这些可能是人类特有的，同时也是独有的，但不是生存的基本需要。这些新出现的情绪是否以及如何植入人类神经系统的机制尚不清楚。

在我看来，有效区分初级情绪和次级情绪取决于人们区分的目的——例如，对系统发育连续性、物种变异或人类情绪过程及其变化的社会和心理背景感兴趣的程度。我对这种区分方式的主要异议在于，当过分强调区分目的，成为理论和研究的主要关注点时，系统发育的观点成为基调，所谓的次级情绪在人类中的功能重要性就会被低估。它们仅仅被视为衍生物，而不是本身在心理上、社会学上甚至生物学上的基础。

一个有效的情绪分类系统

现在我要讲最后一步，然后再讲关于认知—动机—关系理论的章节，也就是说，我会先提出第三部分个人情绪的分类方式。它的理论基础在很大程度上是理性的，因此具有一定的武断性。一个真正的情绪家族应该与该家族的其他情绪表达同一种核心关系的主题，而这个主题由特定的初级和次级评价模式组成。每一种情绪都有其行为倾向或冲动的特征，尽管正如我们所看到的，这在悲伤、快乐、骄傲和希望情绪中尤其明显。其他关键测试都是语言学的，依赖于状态和特征之间的区分，并排除反射和生理驱动因素的影响。

在进一步讨论情绪分类系统之前，我们应该谈谈是谁在评价以及评价的核心的关系主题是什么。大多数情绪的产生源于人际交往——例如，一对已婚夫妇、恋人、父母和孩子、两个朋友、一个工人和老板、生意伙伴等。在交往中，每个人的情绪过程可能不一样，当A冒犯了B时，感到愤怒的是B。但当B报复时，A会开始感到愤怒、悲伤、内疚或产生其他情绪。

当谈到一段关系时，比如核心关系主题，这个主题和对主题的评价对每个人来说往往是不同的，有时甚至差异很大，即使是同一事件，A有A的看法，B有B的看法。通常，这些看法和评价是相互协调的，但往往会受主观因素的影响。我们必须明确的是谁在评价、评价什么以及个人和外部环境对评价过程有什么影响。正如我们在第一章中看到的，对同一事件会有旁观者C的视角，对A和B的评价都感兴趣。C的观点提供了另一角度的认知。

我希望读者能够明白的是，我并不认为我的情绪列表是最终版，我的列表也只是在无限接近最终版，列表内容可能会随进一步的分析和观察而发生变化。我提出的列表只是基于我已知的，这必然存在一定程度的武断性。但是请记住，这是一个有效的分类方式。我的观点是，这个列表可以在我们所学基础上扩展或删减，我认为情绪可以分为4类：

（1）情绪家族的分类源于对目标相关性和冲突性的初步评价，第一类情绪家族是负面情绪，它指的是各种形式的威胁、延迟、目标受挫或目标之间的冲突。

这些情绪包括愤怒、恐惧焦虑、内疚羞愧、悲伤、羡慕嫉妒和厌恶。我认为蔑视是愤怒的一种变体，有诋毁的意图。

（2）情绪家族的分类源于对目标相关性和一致性的初步评价，第二类情绪家族里是经典的积极情绪，它指的是通过不同形式达成目标或朝着目标前进。

这些情绪包括幸福/快乐、骄傲、爱/感情和放松。

（3）边缘情绪，在不同情况下边缘情绪的界定是模棱两可的。

边缘情绪有希望、同情（同理心/同情）和审美等情绪。德里维拉（de Rivera）等人（1989）的研究结果表明，我应该加上“兴高采烈”和“高兴”，即使这两个含义有所重复但也适配。此外，还应该加入“满足感”。

（4）非情绪，通常被视为情绪，但我认为不应该是情绪，下面是我的理由：

许多术语清楚地揭示了情绪反应——也就是说，尽管它们可能传达了情绪的内容，但它们的意义含混不清，或者无法通过基本的情绪词汇来表达出来；因此，它们不应该被视为一个情绪家族。我在这里将它们分为6类：复杂状态、模棱两可的积极状态、模棱两可的消极状态、精神恍惚状态、无故兴奋或唤起状态、前情绪。

复杂状态。悲伤和抑郁是相互包含且重要的、与情绪相关的概念，虽然它们不能被视为独特的情绪。难以分类的原因是它们内涵复杂，包含不止一种情绪。正如我所指出的，悲伤也暗含着一种应对过程。

模棱两可的积极状态。这些词包括：膨胀、敬畏、自信、挑战、决心、满足和高兴。膨胀意味着积极的情绪参与，如幸福或喜悦、爱、胜利、骄傲等。从本质上讲，它不是一种情绪，而是一种产生情绪的态度，或者是对幸福或骄傲等情绪及诱发条件的反应。自信也是一种积极的状态，它可能与几种无具体内容的积极情绪相关。决心也意味着情感承诺，但没有任何明确的内容指示；甚至连心理状态是积极的还是消极的都是模棱两可的，我们可以下定决心应对逆境，也可以下定决心寻求并保持现有的优势。

挑战是一个特例。尽管挑战具有情绪暗示性，如能够表明热情、兴奋甚至幸福或快乐的状态等，但我还在纠结是将挑战视为积极情绪还是消极情绪。“威胁”也许更能反映挑战具体的情绪内容。例如，威胁更能被视为一种导致焦虑、愤怒、嫉妒的评价方式，而不应该被视为一种情绪。与此同时，挑战是一种评价，一个人可以从一次或一系列艰难的压力事件中收获和成长。我不认为它会产生某一种特定的情绪，而是应该有几种已经提到过的不同情绪。我也意识到这一分类存在潜在争议性。

模棱两可的消极状态。包括威胁、沮丧、失望、无助、无意义和敬畏。敬畏被分为积极和消极两种，因为它可以是积极的，也可以是消极的，这取决于情境和认知因素如何作用。有些学者把挫折列为一种情绪，但我认为这是不正确的。挫折，就像威胁和挑战一样，是一种情绪评价，甚至能够引发人—环境关系的评价，但它本身并不是一种情绪。和挫折一样，无助也描述了人—环境的关系；虽然它有时是一种感觉，但我想不出有什么理由将其视为一种情绪。尽管这个事情没有意义，我同样会争论。

功能性精神恍惚状态。两个常见的术语，迷惘和困惑，具有情绪色彩，但我认为它们是一种心理混乱状态，它们必然会与情绪相关，但它们本身并不是情绪。

无故兴奋或唤起状态。虽然汤姆金斯把它当作一种情绪，但兴奋以及失望、苦恼、紧张和激动都属于这一类，都明显带有情绪色彩。然而，它们的共通意义是模糊的、仅仅能够表现积极/消极某一维度的情绪唤起，没有明确的情绪内容。这些词更倾向于在特定的语境中使用，而不是用来识别特定的情绪和特定的内容，所以我选择不将它们视为情绪。

前情绪。我用这个词来指代认知状态——兴趣、好奇、惊奇、期待、警觉和惊讶——伴有一定程度的情绪唤起，但在我看来，它们属于定向反射的范畴，表明个人在意义的评价过程中会通过观察或等待做出评价，这里也可以考虑加入惊吓这个状态。

总结

对情绪的研究很难进行，因为我们所依赖的许多情绪变量都是不可直接观测到的。本章首先列出了这些变量，包括可观测变量和不可观测变量。

有一些重要的测试来区分什么是真正的情绪和非情绪，我借鉴了奥托尼、克洛尔和他们的同事关于情绪状态和情绪术语的研究成果，这些情绪状态和情绪术语也加入了认知和行为的成分。此外，关于情绪和非情绪还有许多经典的区分方式。包括情绪状态和特征，就像感悟和态度一样，是气质，而不是情绪。气质意味着在不同情况下反应的稳定性，状态意味着随环境的变化而变化，它们就像一枚硬币的正反两面。

在急性情绪、心境和精神病理症状之间通常会加以区分。急性情绪产生于特定的事件，而心境则与一个人的整体生活和命运等存在性问题相关。急性情绪和心境都是个体对自身压力事件和生活命运的评价性反应。精神病理症状——就像抑郁症一样——虽然通常涉及情绪困扰，但它是独立于情绪反应判断标准的，有特殊的判断标准。

在进化过程中，为了生存，生物已经从依赖固化的感觉运动反射（释放刺激促发适应性反应）转向生理驱动（在反应的时间和性质上比反射更灵活），并最终在高级哺乳动物中转向情绪（提供最高限度的适应性、灵活性和可变性）。情绪的进化伴随着智力的进化，以及从经验中学习的能力。

一些有时被认为是情绪的反应更多被当成是天生的反射，包括惊吓，它类似于定向反射也可以视为前情绪，前情绪还包括好奇、高兴、痛苦和厌恶。这些本身并不是情绪，但是对正在发生的事情的重要性进行评价或分析时，它们可能会为情绪奠定基础。感受也被认为是一种内在的感觉运动反射，尽管这个词经常被视为情绪的同义词。

生理活动应该是定义情绪考虑的属性之一，即使是在像悲伤这样的消极情绪下，以及像满足和宽慰这样的积极情绪下都要考虑生理活动的作用。主要原因是，如果没有“热情”这个标准，情绪就无法与其他形式的行为区分开来。“热情”是一种隐喻，指的是在压力事件中的参与性或利害关系。行动倾向及其产生的生理活动是区分情绪与非情绪的重要依据。

对情绪进行分类时最好还要考虑强度这一维度。然而，通过因子分析将情绪词汇删减到几个基本维度，就失去了我们丰富的情绪词汇中固有的、重要的关系和意义。分析了情绪分类和维度的优缺点，我还讨论了系统发育学家的一些研究和思想。他们关注情绪反应产生的共性并提出了一个非常有影响力的研究方向，研究情绪中的面部表情和自主反应模式。我支持的观点是每种情绪都有自己的表达模式和生理活动。

关于初级或基本情绪以及次级或衍生情绪的争论，已经采用系统发育观点进行研究。虽然区分两种情绪有价值，但如果用系统发育的历史观去进行分类，而不考虑那些在人类中重新出现的情绪，这种系统发育立场的危险在于低估了次级情绪的价值。实际上，内疚和羞耻等情绪，以及其他情绪，如骄傲，对于理解社会中的人类和那些初级情绪一样重要。

我们现在准备从认知—动机—关系的角度探讨情绪过程的理论命题，我将在第二部分进行介绍。

第二部分

认知—动机—关系理论

我们现在准备研究情绪理论的核心思想，本部分借鉴了我在第一章和第二章中提到但没有详细说明的概念。这些概念可分为3类。

第一，前因变量包括适应性事件的环境条件和个人性格特征，它们相互作用产生对人—环境关系的评价结果。相关的环境变量包括需求、资源和限制条件，以及迫切性、不确定性和持续时间等提供更具体环境信息的形式条件。影响情绪最重要的人格变量，是在生活过程中的动机和对自我和世界的信念。

第二，中介过程变量分为三大类——评价、行动倾向（或使用弗里达1989年的术语“行动准备”）和应对。评价是对人—环境关系中发生的事情对个人福祉的重要性进行评估，它受到环境和人格变量的影响，是理论体系的核心结构。初级评价是对所发生的事情是否与个人相关而进行评价；次级评价是指应对方案和期望。人—环境关系的评价模式在核心关系本身的概念中得到整合，人—环境关系与各种形式的伤害或损失、威胁和利益有关；每种情绪都有一个独特的核心关系主题。行动倾向将情绪与其生理反应模式联系起来。无论是从现实中还是评价意义角度来说，应对过程改变了人—环境的关系。而两者反过来又改变了先前的情绪状态。

第三，结果分为短期结果和长期结果。短期结果包括情绪的即时反应成分，即行动和行动倾向、生理变化和通常被称为情感的主观状态。长期结果涉及反复性的或长期性的情绪模式对社会功能、主观幸福感和躯体健康产生的终极影响。我将在第十章详细论述长期结果，这一章主讲情绪与健康。

这些变量的相互作用构成了情绪过程，形成了一个变量间相互依赖的复杂系统。如果我们将情绪及其适应过程中发生的事情视为随时间推移而发生的事件流（强调过程作用），那么不同时刻，每个变量在情绪产生的过程中起不同作用，有时作为先决条件，有时作为结果，有时作为中介过程，这是班杜拉的“三元交互决定论”。在第五章的末尾，我简要地讨论了该理论，并展示了该理论在情绪过程中的作用机制。与此同时，我的任务是通过汇总系统中的变量并描述它们在情绪产生过程中的作用来阐明情绪过程的内部机制。

第三章探讨人—环境的关系，明确动机在危害和有利事件中的作用，以及这种关系如何通过应对而改变。第四章探讨认知与情绪的功能关系。第五章讨论因果关系问题。

第三章

人—环境关系、动机和应对

这一章将讨论人—环境关系的变化如何产生情绪。它是情绪理论产生的起点，因为评价是理论的核心结构，评价总是离不开人—环境关系，无论这些关系是基于实际进行评价还是脱离实际进行评价，无论评价是新颖的还是反复出现的。

这一章的计划是这样的：我们必须首先弄清楚什么是具有情绪意义的关系，以及动机原则（伤害或丧失、威胁或利益产生的基础），要将情绪视为一个过程；此外，我还研究了应对方式对人—环境关系的影响；最后，我的观点是，每一种情绪的产生都围绕着某一独特的核心关系。

关系理论的基本原理

情绪关系理论的基本思想是，我们不能仅仅单从个人或环境的角度来理解情绪。尽管大多数或所有的情绪理论都是有关联的，但情绪这个概念往往存在隐含的含义，可能被低估，特别是通过简单的输入—输出分析去理解情绪，结果就是缺少对情绪背后关系的关注和理解。

有两种要区分的关系。第一种关系，我们认为人与环境之间有一种相对稳定的安排。在社会或社会学意义上，婚姻就是这样一种关系，但在心理层面上，我们则将稳定的双向感情或怨恨视为关系。第二种关系，由相对不稳定或短暂的安排组成，这些安排随时间变化而变化；随着这种变化，情绪状态也发生了变化。社会或社会学也在其中起作用（比如社会角色会随心理变化而变化），心理学也在其中起作用（比如当态度改变时，评价就会改变，接着情绪就会发生变化）。

如果我们认真探讨关系概念，就需要一种能够理解关系的语言体系，在关系语言中，人和环境这两个复杂的子系统被放在一个新的分析水平上结合起来考察。然后，两个子系统将会以一种新的形式出现，新形式表现为每个子系统独立含义的消失，而上升为关系的含义。关系含义是更高层次的抽象概念，而不仅仅是单独变量简单相加。我们提出了与之对应的概念，就是本章后面提到的**核心关系主题**。

我可以用威胁、侮辱和自我认同提升等概念来说明情绪背后的关系含义，每一种关系意义都会导致不同的情绪——分别是焦虑、愤怒和自豪。如果我们感觉受到威胁、侮辱或受益——当然就出现了评价——每一种关系意义既不是仅仅来自个人，也不仅仅来自环境；具有一定属性的环境和具有一定属性的人必须联合起来，共同产生关系意义。

更具体地说，物以稀为贵，只有当我们想要获得某种稀缺的东西，但认为自己没有能力得到时，我们才会感到威胁和焦虑；只有当有人轻视我们但我们想要得到尊重时，我们才会感到被侮辱和生气；只有当我们被认同或获得我们认为有社会价值的事物时，我们才会感到自我提升和自豪。

换句话说，关系化的概念，如威胁、侮辱或自我提升，以及它们各自的情绪——焦虑、愤怒和自豪——如果不考虑与之产生交互作用的人，而只是从特定环境的角度进行思考就没有意义。同样地，如果只考虑人的因素，而忽略与之产生关联的环境因素，也会失去关系的意义。

对现代社会科学家来说，这似乎很难接受，也许是因为他们被培养成在专业上以分析和方差分解（方差分析中的）为科学基础。谈论关系和关系意义意味着走向融合，形成一个“整体大于部分之和”的整合概念。

当我还在上大学时，我感到很奇怪，两种气体，氢和氧，当以特定方式结合时，会产生一些完全不同的东西（H_2O）。只有两种元素（两个氢分子和一个氧分子）的特定组合会产生水，用化学概念来类比情绪的产生过程，在摩尔关系的层面上，新的情绪意义与产生情绪的元素毫无相似之处，就像无论液体还是固体的水，与产生它的气态物质是完全不同的物质。

在过去的一段时间里，太多的心理分析都集中在环境或刺激对我们的影响上——好像我们是被动采取行动的生物，而不是在积极寻求我们想要的东西，并为结果而不断努力。简单的输入—输出分析只关注环境中的消极或积极事件，或者关注内在（人的）驱力、愿望或冲动。在消极情绪下，个人被假定处于一个输入的内容是具有威胁性的环境中，但不考虑这一环境因素是怎样对个人造成特定威胁的。在积极情绪下，环境被认为提供了有益的东西，但不考虑环境的因素是怎样让某个特定的个体受益的。

一个更好的情绪模型应该不仅是关于个体对环境的简单反应——当然，通常情况下，这个简单模型确实也是讲得通的，可以解释个体对环境的选择，通常是趋向积极环境，远离消极环境。在我对动机原则的讨论中，读者很快就会看到，利害分析取决于个体的目标承诺，而个体的目标承诺又会受到环境因素的阻碍或促进。

有些环境对生活在其中的人们总是有害或有益的。正如我所说，所有的人，包括许多甚至大多数受同一文化熏陶的人，都有相同的动机和认知特征，这些相同的动机和认知特征使得个体有相似的弱点。因此，有些事件或多或少对每个人或大多数人来说都会有害或有益，从而成为相似情绪产生的诱因。这点再一次重申了我在第一章中提到的：与微弱和模糊事件相比，由个体内部或外部因素产生的重大事件，在某种程度上可能会平衡掉个体差异。

汤普金斯的数据为重大事件提供了一个很好的例子，数据结果展现了军事活动的客观危险性，以及情绪功能障碍的发生率。汤普金斯展示了两个变量之间清晰且强有力的联系，这并不是说情绪功能障碍一定发生或不可避免，而只是从统计意义上来说——客观危险越大，情绪功能障碍发生的可能性就越大。如表3.1所示。

此外，个体对有些需求（或目标）比其他需求（或目标）的实现更迫切，因此它们的存在增加了个体受到伤害、威胁或受益的可能性。例如，有些人总是孜孜不

表3.1 战斗飞行人员实际危险与神经症发生率的关系

责任	神经症的相对发病率	每飞行多少小时
夜间轰炸	12.0	160
白天战斗	6.0	188
夜间作战	3.4	231
沿海侦察	3.3	360
战斗培训	1.1	1, 960

倦地追求爱、认可或成功，这些需求促使这些人容易受到负面情绪体验的影响。因此，就像有些环境通常具有破坏性一样，人们也可能因为个体差异，而产生属于自己的伤害、威胁或快乐。与其他人相比，这些人更容易判断他们已经或可能受到的伤害或受益情况。

然而，强大的环境和人格特征本身就能够塑造情绪状态，关系原则仍然适用——除非环境影响使得我们的需求难以被满足，否则我们不会感到威胁；除非我们的需求在现有的环境条件下能够得到满足，否则我们不会感到受益。例如，在汤普金斯的数据（见表3.1）中，客观危险与神经症的相对发病率之间的相关性仍然为个体反应差异留下充足的讨论空间；毫无疑问，总体来说逃脱伤亡的人比没有逃脱伤亡的人多，尽管伤亡的可能性随着危险的增加而增加。

实际上，从理论上讲，无论以环境为中心还是以人格为中心的情绪论述都是不完整的。它们并没有具体说明对特定类型的人有害或有益的条件，反过来说，特定环境对哪种类型的人特别有害或有益也不明确，因此没法帮助我们理解由此产生的各种情绪模式。底线是，情绪的质量和强度是环境中实际的、预期的或想象的适应性事件的产物，而这些事件又被个体评价为对幸福有积极或消极的意义。

动机原则

因为情绪依赖于人—环境关系，我们现在必须考虑动机概念，因为在情绪产生过程中，如果不参考目标的作用，就无法对这种关系的作用做出可靠的解释。从个体的角度来看，动机的概念对正确理解什么东西决定了环境中的事件会产生好的或坏的结果至关重要。

情绪是对日常生活事件和整体生活中积极目标的首要反应。甚至在考虑作为我理论中心的评价结果之前，我们必须考虑当一种情绪产生时我们评价的内容是什么。我认为，情绪的评价包含利害关系，是实际发生的还是潜在的，抑或是真实的或想象的。通俗来讲——动机原则强调动机在定义对情绪至关重要的利害关系时起到关键作用。

动机原则的历史性观点（激励原则）

积极情绪源于目标的实现、促进目标实现或进展顺利的条件，而消极情绪源于目标实现受到阻碍、威胁或目标实现被延迟，这一观点很早就被提出了。亚里士多德提出，产生快乐不算目标实现，而是心理生理功能的正常表现，这一观点一直到中世纪欧洲都处于主导地位。值得注意的是，最终的目标达成远不如实现目标的过程中带来的满足感让人开心，亦即“过程比结果重要”。正如歌德的名言所说：“人永远不会幸福，但幸福永在前方。”

在古代和中世纪关于情绪的文章中，人们对利害关系的关注度要小于对快乐和痛苦的关注度，一些现代心理治疗也强调享乐主义，其中最有代表性的是弗洛伊德的快乐原则。普文认为动机理论主要是建立在享乐或快乐原则基础之上。然而，正如我在第二章中所说的，快乐和痛苦是一种感觉状态。然而，它们可能在情绪发展中非常重要，因为它们教会孩子什么是安全的，什么是有害的。被火柴烧伤过一次，或者看到别人对烧伤的反应，都能帮助我们明白，身体要远离火焰。

然而，满足和不满足是快乐和痛苦感觉的隐喻。要拥有痛苦或快乐的情绪，就需要评价感官状态对幸福的重要性。如果没有从感官上体验快乐和痛苦的能力，精神上的快乐和痛苦（即满意和不满意）就不可能在人类的精神生活中扮演重要角色。由于产生先天反射的条件具有偶然性，并且随着决定满意与否的（认知）期望的发展，感官体验的快乐和痛苦最终转化为动机或目标，这在一定程度上是先天生理反射发展的结果。

加德纳、梅特卡夫和毕比回顾了动机作为情绪基础的历史作用，他们认为：

> 激情本质上是带有激励性的（动机性的），这一学说在17世纪的所有作家中达成共识，最早可以追溯到亚里士多德以及斯多亚派。马勒伯朗士十分认可这一观点，他发现动机自然而然根植于善良的人心中，霍布斯从经验上把它们与欲望和厌恶联系起来。斯宾诺莎仍然在努力把情绪中表现出来的动机倾向简化为自我保护，认为这种自我保护是个体存在的天性，决定人类的行为和激情。

奥古斯丁也认可动机在情绪中的重要性，强调意愿或意志是中世纪关于道德选择的教义的基石：

> 欲望和喜悦是什么？当寻求我们希望的东西时，是欲望；当享受我们所希望的东西时，是快乐。同样，当我们因不希望发生的事情出现厌恶时，是恐惧；当我们不想看到违背自己意愿的事情时，是悲伤。一般说来，当我们寻求或回避事物时，意志会被吸引或被排斥，就常常出现以上这几种情绪。

我想补充一句，古希腊斯多葛学派提出了另一个哲学主题，与我所说的情绪和动机有关，即内心的平静，只有放弃世俗的承诺，为人和谐、正直才可能没有痛苦。放弃是放弃追求世俗标准的另一种说法。

尽管存在语言表达和概念细节上的差异，但长期以来，人们一直认为，某种形式的动机（有时只是隐性的）对情绪至关重要。例如，普拉奇克强调在所有动物物种中发现的进化和生物功能都是生存的基础。这些功能为饥饿、口渴、自我保护和繁殖等行为提供驱力。其他人则用意图代替动机，如阿杰恩和费舍宾提出的态度改变理论。我个人倾向于使用目标承诺和目标层次结构，这与意图一样，特别适用于人类。

动机的现代含义

我在两个相互关联的含义上使用“动机”一词，即：（1）作为一种人格特质；（2）作为对一系列环境条件的反应。

动机是人格特质的表现。第一印象与一个人需求或讨厌的东西有关。成年人带着既定的、相对稳定的价值观和目标来到适应环境，从这个角度出发，动机是一种人格特质。目标层次结构是在个体发展过程中建立起来的。目标层次结构的改变通常伴有内心斗争，通常只发生在目标承诺失败之后，这可能是由于社会变化或发现目标承诺无效。往往发生在早期个体形成自我认同的过程中，或者发生在生命后期能力和角色发生变化时。当动机被视为特质时，是潜在的，是在特定环境条件下为实现目标而努力的倾向。

从特质角度出发，目标承诺强度指代着特定目标的重要性和相比于其他目标我们愿意为实现特定目标付出的努力。目标层次结构为个人提供了一个评价利益得失的标准。对任何一个个体来说，这样的等级结构提供了我们所认为的最重要和最不重要的标准。如果人们没有带着欲望、渴望、愿望、需要或目标承诺，就不会有情绪产生。在同一条件下，目标越强或越重要，情绪就越强烈。

价值观指的是我们认为某一东西值得或不值得、好或坏，但价值观不一定通过行动表现，所以如果我们把它们当作动机，它们充其量是微弱的动机。例如，我们可能认为诚实、有孩子或富有是好的，但环境可能不支持我们实现这些价值观。“价值”甚至“目标”，并不能说明我们为了获得我们认为有价值的东西愿意付出多少努力；这个目标也可以不算重要，但对于我们而言它是目标。我喜欢“目标承诺”这个词，因为它意味着，在追求目标的过程中，尽管会遇到挫折、拖延、压力和痛苦，但我们始终坚持不懈。承诺也是布里克曼使用的一个术语，他认为承诺赋予了消极和积极生活体验的意义，并指导个体如何生活以及为什么而生活。然而，在他的理解中，承诺指的是关于个体以及个体所认可世界的总体认识，而不只是在万千目标中选择一个去追寻而已。

我还要补充一点，目标层次结构有水平和垂直两种结构。每个人不仅致力于实现不同目标，比如实现成就、好的社会关系、自我认同（水平结构），而且在每个目标中，人们的欲望可能都仅仅围绕着某一小方面，与之相对的是广泛的、整体目标（垂直结构）。价值观可能更多与整体目标相关，这可能就是为什么垂直结构的目标不能很好转化为行动。

因此，要充分理解一个人的情绪反应，很重要的一点是要知道人们面对什么样的目标（水平结构），以及水平结构的目标与垂直结构的目标之间的关联性。因此，两个人对同一件事会有不同的评价和不同的情绪反应——比如，学校作业做得不好——即使他们都认为这是一项与成就有关的任务。尽管对不同个体而言，有所成就是重要的承诺，但一个人可能会把这项任务视为未来成功可能性的关键测试，而另一个人则不认为这件事有多重要。因此，不仅要知道个体在目标层次结构中致力于哪些目标，而且通过了解某层次中每个子目标之间的功能联系和意义特征以及实现这些目标所需的步骤，也很重要。

关于价值观和目标之间的差异问题，比尔纳特认为动机会激发行为的产生、定向和选择。一个人积极地追求一个目标，敏锐捕捉与目标相关的线索，并快速学习达到目标所必需的东西。成就价值并不能服务于这些功能，但它们可以影响个体对行为做出选择并甄别他人对自己的评价。例如，与成就价值感低的人相比，成就价值感高的人更容易受到权威影响，并对那些世俗定义的不成功者有更多负面印象。

麦克莱兰、克斯特纳和温伯格（1989）也一直在努力解决价值观与目标或动机之间的分歧。他们集中讨论成就动机，这是麦克莱兰长期以来一直关注的话题。虽然其他研究人员使用问卷来测量成就动机，但他对“成就需要”的测量是基于主题统觉测验（TAT）中的故事或想象。麦克莱兰等人认为，TAT测量的是内隐成就动机，而不是自我归因的成就动机，或者比尔纳特所说的价值观，这些价值观是通过问卷调查或直接访谈来测量的。他们胸有成竹地提出，自我归因的动机代表了人们对理想目标的表面信念，与人们可能不知道或模糊意识到的内隐动机不同。

麦克莱兰和他的同事们认为，测量成就动机的两种方法之间没有显著的相关性。通过想象故事来评估的内隐动机，似乎更能预测一段时间内的行为趋势——例如，与成就相关的活动的频率，或者斯金纳所说的可操作性行为。另一方面，自我归因的动机与即时选择行为和有意识关注等行为更相关。

麦克莱兰等人提出，自我归因的动机反映了社会中大众认可的有价值的东西。言外之意，这些都是个人自我概念的有意识方面，所以当一个人被问及这些问题时，答案假设了一个人对重要个人价值观的意识。相比之下，内隐动机或多或少是无意识的或潜意识的，而且更原始，与内隐动机相关的活跃脑区是中脑而不是大脑皮层。在第四章中，我考察了产生意义的有意识方式和自动化（无意识或前意识）方式之间的区别。在第十一章关于评估的讨论中，我说明了诺沃切克和我一直用于评估动机个体差异的问卷调查方法，以及麦克莱兰的TAT故事方法。麦克莱兰等人总结了他们对内隐动机和自我归因动机的看法：

> 这些数据可以合理地解释为，内隐动机是在生命早期通过重要的非语言情绪经验获得的，而自我归因动机是在语言发展之后，基于父母关于什么是重要的更直接指导而获得的。关键的观点是，内隐动机似乎是在情绪经历基础上获得的，因此在以后的生活中仍然会被相似的情绪经历所激发，而不是被外显的

社会刺激所激发。同样，自我归因动机是从社会的、语言上的概念化指令中获得的，并在成年后一直保持。

我们想象一下，在任何情况下，可能存在一种基于对某一事件中利害关系的有意识评价，以及另一种基于自动化、潜意识的或无意识的评价。这意味着可能存在两种处于不同心理层次的情绪过程——在同一心理层面上，这两种情感过程之间存在冲突。据我所知，目前还没有任何研究探讨这一可能性，我也不知道在研究中是否以及如何解决这个问题。我将在第四章讨论无意识评价。这种区别也表明了儿童社会化的两种模式需要进一步对比——成年人所说的如何思考和行动（有时称为正规教育）和成年人关于适宜思考和行动模式的榜样示范（有时称为非正规教育）。我将在第八章详细说明这一点。

动机是对环境条件的反应。“动机”一词的第二种含义是指在特定的事件中，心理与行为努力的实际动员，以实现目标或防止受挫。从这个意义出发，动机是对环境要求、限制和资源的反应。这里也有一个认知因素，因为对环境做出反应意味着感知它，了解它，并评估其对个人幸福的影响。

这种反应性动机是情绪过程的一个特征，因为一种情绪一旦产生，就包含了强烈的行为趋向性（如弗里达1986年提出的行动倾向概念），无论这种冲动被认为是情绪的固有特征，还是一种对人—环境关系适应性要求保持敏感并受其塑造的应对策略。投入行动后，个体必须关注那些揭示特定情境下目标实现的可能性和与目标走向相关的环境信号。同时还必须关注如何应对这种情况，由此情绪产生。

因此，动机的第二种含义是交互的或关系性的，而不是以性格或特质为中心的，也就是说，它依赖于适合的环境来确定动机特质所包含的倾向性，这是我之前提到的第一个含义。简单来说，交互意味着具有某个动机特质的人参与到与其习惯性目标相关的环境事物中。那些具有成就动机、特质或倾向的人，只有发现自己处于实现成就相关的环境背景时，才会有兴趣。如果环境与实现成就无关，动机特质就仍然保持不活跃的倾向。

换言之，他们在这次事件中获得了成就相关的利益，但在其他与动机特质无关的事件中则没有。它既需要特质又需要合适的环境，来激发个体在心理及生理方面付出努力，使个体有动力追求利益。我刚才所说的是将动机作为性格（特质）变量的标准化处理模式，这种特质通过一系列适当的环境条件（可以说是功能等效的）在人与环境的交互中被激活。这个概念很大程度上受到麦克莱兰的影响，他提出激活成就动机要营造合适的环境背景，通过鼓励让个体通过竞争不断追求卓越。

动机特质和相关环境背景也可以从个体间或个体内的角度来看待。从个体间的角度来看，一些人的目标比其他人更强烈，这使得前者更容易达成成就目标。另一方面，如果我们从个体内的角度来看，不得不说，在一个给定的目标层次结构中，成就目标比其他目标更强大。

动机的两种含义——潜在的动机特质和交互状态——对理解情绪过程都很重要。从第一种角度出发，一个人在特定情境下的目标可能为挫折（伤害）或满足（利益）奠定基础。只有当一个人认为挫折或满足已经发生或者即将发生时，情绪才会产生。

倾向性动机或特质动机是情绪产生的前因条件。正如埃蒙斯和迪纳所表明的，目标重要性和目标实现是人们在情境中所花费时间以及在这些情境中的情绪积极与否的最佳预测指标。埃蒙斯进一步证明，积极情绪与个人目标追求和过去的成就达成密切相关，而消极情绪与未来低成功可能性或目标追求冲突相关。

在交互动机中，当伤害或威胁实际上引发了消极情绪——比如愤怒、焦虑、羞耻或内疚——就激发了个体对消极状态采取行动。这就是情绪作为驱动力的含义。这一点让人想起了第一章中有关情绪的组织和紊乱方面的讨论：当行为的持续模式被新的适应性需求中断时，要么是因为目标突然受到威胁，要么是因为新的满足机会出现了，人的注意力就会转向新的适应性需求。原来的情况发生变化，因此个体必须有动力面对新的变化。

情绪过程中存在两种交替但相互关联的方式，这使得在考虑动机和情绪的概念时，我们有必要弄清楚我们所指的是什么。这两种方式的存在也使得对相互依赖的变量和情绪过程进行描述并保持其概念和实证独立性的任务变得复杂。我将在第五章中更多地讨论动机、情绪和认知的区别和相互依存性。

总的来说，动机原则是指，在其他条件相同的情况下，在特定事件中激活的目标承诺越强或越重要，投入的努力越多，随着目标实现的推进，积极情绪与满足感相关性越强，而随着目标受阻，情绪困扰也越强。主观上，朝着目标实现的迈进呈现出受益和积极的情绪状态；目标受挫、受到威胁以及意外延迟则呈现出消极情绪状态。因此，正如动机原则所暗示的那样，情绪似乎取决于是否有强烈的目标承诺，这种承诺受到生活条件的阻碍还是支持，结果是积极的还是消极的，对应着产生积极情绪还是消极情绪（见第一章关于积极和消极情绪的讨论）。

个体和群体差异

由于我们的共同生物构造，有一些目标是人类共有的。然而，另一些目标更多的是学习和社会发展的产物，而不是生物遗传的产物，这些目标在不同群体中的重要性各不相同，但群体内的个体成员拥有共同的文化和社会结构。社会将一些价值观和目标视为重要的，而将其他价值观和目标置于从属地位，这是社会帮助个体塑造情绪生活的一种方式。

然而，尽管受到共同的影响，但由于不同的生活经历与生物遗传会相互作用，即使在同一/单一社会中，目标层次结构也存在相当大的个体差异。对一些人来说，特定的目标取得成功，是至关重要的，而对另一些人来说，这个目标可能相对不那么重要，或者它的重要性被低估了。对情绪的正确理解在于把握个体内和个体间目标组织的差异。

关注情绪的心理学家经常把这些关于个体差异的说法视为老生常谈。然而，个体之间的差异在动机中的作用偶尔会在实证研究中受到关注。例如，沃格尔、雷蒙德和拉扎勒斯证明，对成就有强承诺和对关系有弱承诺的学生，当学业表现受到评价时，在心理生理上表现出更大的压力反应，而当他们在社交场合被同龄人评价时，这些学生的压力反应则较小。相反的承诺模式也导致了相反的压力反应模式：对社交评价的高压力和学业评价的低压力。换句话说，当目标承诺强烈时，压力反应就会很大；而当目标承诺不强烈时，压力反应就会较小。

伯格曼和马格纳森后来证明，瑞典高中的优等生（被老师评为极具野心）在一个成就导向的情境中比同班其他男孩分泌更多的肾上腺素。卡斯尔、伊文斯和尼德曼发现承诺的重要性在于，它是导致西点军校学员传染性单核细胞增多症的风险因素。高学习动机和差学业表现的组合预测了这一病症的高易感性。

动机的个体差异原则及其心理生物学结果是很重要的，因为人与人之间、群体与群体之间以及同一个人在不同时间或场合，目标层次变化都会导致情绪多样性。这一原则意味着，在同样的环境背景下，一个人可能会感到被威胁，而另一个人可能会感到被鼓舞，还有一个人会毫不在意。这一点被认可，因此在讨论情绪时，形式性陈述通常会被省略，或者只是粗略地描述。

因此，如果一个理论家说丧失会引发悲伤，或者意外事件会引发惊讶情绪，为了将这一概括性的说法应用于实践中，研究人员或临床医生必须确定对于所有个体或群体来说，什么是丧失，以及它对该个体或群体有多重要。因此必须评估个人和群体的目标层次，以定义什么是丧失，从而可以从实际出发进行检验预测：丧失引起的悲伤程度取决于依恋强度；受到冒犯引起的愤怒程度取决于保护自我认同的需求。

一个可以检验的命题是：在其他条件相同的情况下，一个人的自我认同感越弱，就越容易发怒。当然，一个人可能有强烈的自我认同，但仍会因为不公正和被强烈攻击而感到愤怒。另一方面，自我认同脆弱的人可能会对即使是轻微的挑衅做出愤怒的反应，而其他人可能几乎不会注意到或做出反应。关于这一点的更多内容见第六章。

动机与自我或自我与认同

谈到人类动机的话，让人想起希尔加德将自我视为一个统一的原则，他组织了多种动机，并规定了它们的相对重要性和参与阈值。例如，他指出，没有自我就不可能有自我防御机制的概念。在我讨论评价过程的第四章，以及讨论个人情绪的第六章和第七章中，读者将会看到，我非常重视两个观点：第一，在事件中的利害关系是情绪过程的关键特征；第二，自我认同（我更喜欢用这个词，而不是自我）通常以不同的方式参与到每一种情绪中。这两种动机特质是情绪及其产生的思想变得热烈而非冷淡的原因。我也在第八章中指出，情绪需要一些基本的或日渐明显的自我认同感来推进和保护。这是在庆祝威廉·詹姆斯的《心理学原理》百年纪念之际写的。詹姆斯强调自我是“被忽视的詹姆斯/马库斯”。在讨论这一点时，他认为：

在詹姆斯的《心理学原理》的章节中，即在有关思维流的内容，他认为：

……可能应将个人自我而不是思想视为心理学中的直接数据。普遍的有意识事实，不是实际存在的感觉和思想，而是我思考和感觉到的。无论如何，没有心理学能够质疑个人自我的存在。詹姆斯声称意识始终是个人意识。“我们自然处理的意识状态只存在于个人意识，心智，自我，具体的个体‘我’和‘你’。”

马库斯继续指出詹姆斯在其著作中强调的自我对情绪的重要性：

每当刺激涉及自我系统时，随之而来的过程都可能受到自我本身性质的影响。例如，除了由大噪声或明亮光引起的恐惧，或由甜味产生的愉悦感外，可能很少有情绪与自我本身没有直接关系。从詹姆斯关于情绪的章节内容来看，很明显情绪感受不是纯粹依赖于生理感知。体验到什么取决于正在体验的“我”的本质。如果我感到悲伤，我的悲伤性质将取决于“我”的性质及经验自我或“我”的本质。动机也是如此。成就、归属、权力的动机不是纯粹的、无个性的或本能的实体，动机在人们之间的差异不仅仅是数量上的差异。如果“我”想赢，我的动机确切来说——是力量，是特殊的，是行为后果，简而言之，一切有趣的东西都取决于在那一刻的“我”的本质，而这又是从“本我”和“自我”发展中总结出来的。“本我”和“自我”一起为心理发展提供背景和基础。心理发展的各个方面或多或少都会受到这种个人化的影响。

我在第八章讨论的自我或自我认同感的发展，无疑是幼儿情绪发展的一个重要特征。自我将动机和态度根据其重要性组织成等级制，这可能会持续一生或一生中的大部分时间。目标彼此之间并不是孤立的，必须明确以哪个目标为中心，哪个目标是从属的或滞后实现的。任何个人目标受到威胁，归根结底都是对自我的威胁。如果要将目标区分为属于自我的目标和不属于自我的目标，这基本说不通，因为所有目标在某种程度上都是个人的属性。因此，自我或自我认同在很大程度上是一个动机概念，目标层次结构由人格决定，协调和调节一个人的欲望或构建不同于世界其他人的自我图式。

读者会注意到，这里以及后续章节“自我”、“认同”和“自我认同”会交替使用。因为我认识到，关于自我和自我认同的概念有着漫长而复杂的历史，这些术语的含义也有很大的重叠和分歧。虽然我的重点可能是指导思想和行动在信念、图式、意义或承诺，以及人格执行动力等概念之间转换，但我使用了一个可变的术语，因为自我和自我认同这几个词在情绪的含义上有很大的重叠。

在第六章和第七章对个人情绪的讨论中，读者会看到我使用了自我卷入和自我认同的概念，而不是“自我”这一概念，特别是在讨论愤怒、焦虑和羞耻时，愤怒是对个人轻视或侮辱的反应，焦虑是对涉及本质意义的存在主义威胁的反应，羞耻是对未能实现自我理想的反应。

为什么我更喜欢“自我认同”而不是“自我”？在我看来，“自我”这个词的问题在于，它通常被用来描述表面的东西，而埃里克森的“自我认同”概念涵盖了人的社会角色、关系和社会功能。所以我以后会尽可能地使用自我认同，除非上下文不同意。我在谈论那些自我中心者的想法时，偶尔会使用两种方法来表达我的矛盾心理。

我将在第四章、第六章和第七章中讨论个人情绪，这里也简要地介绍一下自我卷入的类型。我设想了一个人可能有6种自我认同类型。如表3.2所示，这6个方面包含了自我认同的含义，它们是：（1）自我和社会尊重，涉及对某些社会角色的承诺；（2）道德价值观；（3）自我理想；（4）本质意义和观念；（5）他人及其幸福；（6）人生目标。所有这些类型的自我卷入都是一些较窄的目标的集合，这些目标组合在一起，形成了包含我们日常生活中许多目标的广义抽象概念。任何特定类型的

表3.2 自我认同类型

1. 自我和社会尊重
2. 道德价值观
3. 自我理想
4. 本质意义和观念
5.他人及其幸福
6.人生目标

自我认同都可能涉及某些个人情绪，而不涉及其他个人情绪。正如第六章和第七章所指出的，某些情绪依赖于一种或另一种类型的自我认同。例如，内疚与道德价值观联系，羞耻与自我理想联系。

谈到自我，请允许我稍微离题一下，谈谈“空虚的自我”的概念，这是库什曼最近提出的社会心理学观点。库什曼借鉴了格尔茨、格根和桑普森等许多作家的观点，提出：“二战”后，西方工业化国家的人民，尤其是那些强调消费主义的美国人，开始失去与家庭、社会及其价值观的联系，以致依赖的传统被剥夺了，不得不独立生存。

根据库什曼的说法，丧失是传统文化用来让人们融入社会的情绪工具。这些工具通过提供一个“意义网络”，包括故事、歌曲、信仰、仪式、礼器、服饰和药品，将个人与社会文化框架重新联系起来。现代人被认为是与社会世界疏离的——也就是说，有一个空虚的自我。在第十一章中，将讨论我的情绪理论和元理论对心理治疗的影响。除了人们寻求专业化的帮助有困难之外，心理治疗师经常面临的另一个问题是来访者的空虚感和缺乏承诺。关于这种情况，库什曼认为：

> 内心的空虚可能通过多种方式表现，比如低自尊（缺乏个人价值感）、价值观混乱（缺乏个人信念感）、进食障碍（强迫用食物来填补空虚，或者通过拒绝食物来体现空虚）、滥用药物（强迫用化学物质引起的情绪体验来填补空虚）、长期消费主义（用消费品填补空虚的冲动，以及从世界中“获得”某种东西的体验）。也可能表现为缺乏个人意义。这可以表现为对心灵指导的渴望，有时表现为希望被上帝给予直达灵魂的指导、内心被宗教“真理”填满或被领袖或导师的力量和个性填满。例如，现代疗法中最受欢迎的一种是通灵，在这种体验中，据说这是一种个体被另一个“实体”灵魂或精神所占据的体验，通常被认为是一个神，然后他会说“重要的真理”。对于寻求心灵被填满并得到指引的愿望可能会使个人容易受到限制性宗教如邪教、有魅力政治领袖、不道德的心理治疗师，甚至是高度专制和控制欲强的恋人的欺骗。

区分自我和他人可能是生物的基本属性。这种特性甚至在植物中也能够表现出来，植物会使用复杂的蛋白质识别机制。免疫学的一个基本原理是有机体攻击外来组织，这预设了植物也具备识别的能力。尽管它可能会出问题，比如自身免疫性疾病和过敏，但如果没有经历认知上的或神经化学上的过程，动物就无法生存，这个过程在某种意义上类似于心理学家所说的区分自我和他人的过程。如果我试图将心理活动等同于神经化学水平的变化，我这个类比就没有说服力。

从前面的内容到推论的观点并不是一个很大的飞跃，即情绪代表了对人—环境关系的评价的反应，在某种程度上依赖于一个组织原则，即自我与非自我，或者自我认同与非自我认同是不同的，没有这个原则，那么对伤害、威胁、积极或受益的概念界定将会非常模糊。在成长中的孩子，情绪在多大程度上依赖于自我或非自我、认同或非认同的发展？

关系的概念本身就意味着自我和非自我，在一段关系被认为与幸福有关之前，我们必须在某个层面上对问题“对什么或对谁有益或有害？”做出回应，问题的答案是明确区分和界定每种情绪的具体伤害和益处的基础。在复杂的物种中，比如人类，还必须进一步区分“从什么意义出发有益或有害？”实际上，在对自我或自我认同的看法上我并不排斥动机原则，我们还必须具体说明影响个体或动物如何受益或受害的生物和社会条件。

一些读者可能认为，强调个人伤害或利益的动机基础是以完全自我为中心的情绪生活为前提。然而，我们也开始致力于关注我们关心的人的幸福，比如他们的想法、价值观和生活条件。由于承诺的出现，我们希望我们关心的人（孩子、父母或其他爱的人）幸福，但如果他们受到威胁，或者如果他们珍视的想法和价值观受到威胁或被贬低，我们就会像自己的幸福受到威胁时一样变得情绪化——也就是说，我们会设身处地地以同样的情绪反应如焦虑、愤怒、内疚、羞耻、悲伤或自豪去面对事情，就像我们自己的个人幸福受到威胁时一样。实际上，在这种情况下，我们无须考虑是否有利他主义参与其中。

情绪是一个过程

理论和研究必须考虑到人与环境的关系以及由此产生的情绪是随着我们生活条

件的变化而时刻变化的。虽然一个人可能会反复体验某些情绪——例如，愤怒、焦虑或内疚——但对情绪的研究主要是关于随时间和场合变化而变化的研究。这就是所说的将情绪看作一个过程。

最近，我看了一部普契尼的歌剧《蝴蝶夫人》，在我看来，这对“情绪是一个过程”进行了很好的戏剧化展示：随着剧情进展，女主角的情绪状态因为生活命运的改变也随之发生了明显变化，因为她对生活的评价也发生了变化。歌剧还揭示了戏剧中的不同人物对同一事件的情绪可能有所不同。

在第一幕的开头，观众被渲染了悲剧的氛围，讲的是一位美丽的日本少女，小小花（蝴蝶夫人），嫁给了一个看重诱惑、征服和及时行乐及不忠诚的美国海军军官，他已经向美国驻日领事宣布，他对这一段跨国关系并不重视，并且希望有朝一日能娶一个美国人。

我们看到蝴蝶夫人最初是忧虑和沮丧的。她的叔叔是一个佛教徒，因为她放弃自己的宗教和民族信仰而谴责并咒骂她。婚礼结束后，在她与平克顿中尉上床睡觉之前，她对中尉的感情和满足感似乎随着平克顿诱人的保证和自己不切实际的希望而加深。我看过这个歌剧的另一个版本，演员在结婚这一幕中表现出更多的忧虑，似乎在为蝴蝶夫人悲惨的未来做铺垫。一些女性，也许对男性的性剥削高度敏锐，随着故事走向，可能会对平克顿的大男子主义感到愤怒，除了担忧蝴蝶夫人，还会鄙视她的自我牺牲。舞台导演或女主角可以通过操纵角色表演中对希望、爱和忧虑情绪的表达，来增强或淡化这些主题。作为观众，情绪是复杂的，我感到悲伤、愤怒和忧虑，这取决于我是在关注小小花还是平克顿，甚至我有时对表演会感到兴奋。有时，我很难忍住眼泪，原因是复杂的，也是模糊的。

在第二幕中，平克顿早在三年前就离开日本回到了美国，但蝴蝶夫人始终坚持并希望他会回来，这种应对模式从当时的情况来看，像是否认。在这部歌剧中可能最著名的咏叹调是《一个美好的日子》，她创造了一个复杂而美好的幻想，当他回来时将会发生什么，当然（她相信或更确切地说希望）他一定会回来。在一个非常感人的场景中，当美国领事夏普勒斯带来平克顿的一封信时，起初，她似乎不愿意听，但当她被迫面对真相时（夏普勒斯问她，如果平克顿再也不回来她会怎么做），她瞬间感到绝望，并谈到要自杀。

突然，平克顿的船出现在港口，蝴蝶夫人表现出难以抑制的喜悦。她和她的女仆铃木用鲜花装饰房子，期待平克顿的到来，但铃木仍然感到忧虑（因为她可能和观众一样感觉到了真相）。我们知道平克顿已经娶了一个美国人，想要蝴蝶夫人放弃抚养孩子。在这一幕结束时，有一个安静但充满紧张感的音乐和视觉盛宴，蝴蝶夫人，她的儿子和铃木站在门口，几乎一动不动地俯瞰着海滨，等待平克顿。

黎明时分，第三幕开始了，平克顿还没有到。蝴蝶夫人回去后，平克顿带着他美国娶的新婚妻子和领事一起进来，商讨如何应对。不久，蝴蝶夫人发现平克顿回来只是为了让她放弃他们的孩子。在极度绝望中，她告诉平克顿半小时后回来接孩子，然后把孩子打发出去玩，最终以日本的切腹仪式自杀。蝴蝶夫人死去时，远处传来平克顿的呼唤。

和大多数故事一样，这个故事反映了无数的情绪转变。蝴蝶夫人的情绪从忧虑转变为满足，希望夹杂着否认、绝望、喜悦、蔑视，最终走向绝望和自杀。作为观众，我们和蝴蝶夫人一起受苦，为她哭泣，因为我们知道她的喜悦是基于错误的评价，但我们也能享受整个剧情，可能是因为我们能够通过与蝴蝶夫人保持足够的心理距离来保护自己。尽管如此，我们还是会被角色所传达的情绪所感染，音乐也更好地烘托了气氛，升华了感情。

我们忽略了我们只是在看一个虚构的故事，甚至忽略了扮演蝴蝶夫人的歌手（就像我曾经看到的那样）看起来至少有50岁，而不是15岁，而且她很丰满，而不是普契尼那样苗条和精致。尽管有这些干扰，但我们的情绪卷入证明了戏剧和音乐很精彩，演员、导演和布景设计师很厉害，以及我们对戏剧角色的认可。读者或许可以参考沃尔特斯和弗里达最近的一次交流，他们探讨了当我们坐在剧院或家中这种远离故事冲突发生地时，还能够对电影或戏剧产生情绪反应的原因。在第七章中，我再次提到这种非凡的与审美情绪相关的人类能力。

普契尼很会通过剧情影响观众的情绪。他在一场戏中牢牢抓住了观众的心理：蝴蝶夫人在美国领事告知平克顿不会回来的消息后，首先是激烈的否认，然后表现出极度的绝望。她的绝望更多地通过否认和短暂的歇斯底里来表现，而不是单纯的哭泣或对领事告知的可怕消息表示愤怒。不知怎的，普契尼正确地感觉到铃木的怀疑也让场景变得更加辛酸。我们也明白为什么蝴蝶夫人、她的仆人铃木、她的爱人平克顿，以及作为观众的我们，在经历同一件事情时会引发不同的情绪。认知—动机—关系理论试图通过核心命题来解释这一切，不仅在戏剧中，而且在现实生活中都能够解释。

如果我们仔细研究情绪产生和发展的各阶段，就能更好地理解情绪是如何产生和发展的。有4个过程：期待、激发、展开和结果。

期待

灾难研究人员将自然灾难分为3个阶段：预警、爆发和后效阶段。这些阶段与我已经确定的阶段相似——除了激发阶段，它只适用于个人情绪经历，而这又依赖于产生情绪过程的事件。虽然通常没有期待阶段——地震或爆炸通常是突然发生的——但这些阶段包括预期，因为我们经常接收到情绪事件即将到来或即将发生的信号或预警，从而导致对即将发生事情的期待。这些期待在情绪过程中很重要。

例如，随着现代气象技术的发展，飓风在一定程度上可以预测，人们在风暴来袭之前得到危险警告。当然，灾难主要涉及负面情绪，我并不是说情绪总是消极的，或者情绪的流动很容易预测。而是说，灾难中阶段的概念不仅为消极情绪提供了可参考的模型，也同样适用于积极情绪。

预警——无论是通过电视、广播、报纸和口口相传的传播，还是基于个人经验的推断——与没有提前收到可以预知未来的信号的人相比，可以极大地改变个体心理状况。布列兹尼茨在《狼来了》一书中很好地探讨了重复的虚假警报带来的可怕的信任危机。

对即将到来的危害或益处发出警告是一种强大的适应工具，尤其是对人类来说，他们能够从过去、现在和未来的角度思考，并依照预期予以应对。预见未来使我们能够为其做好准备，有时还能改变一些事情来预防或减轻伤害。在本章的后面，我还会详细讨论应对如何影响后续的情绪状态。

由于对未来的预期会产生对未来的期待，所以在经历情绪事件之前我们不一定要保持中立。情绪的认知—动机—关系理论将这种期待或信念视为情绪反应中的前因变量。例如，积极的期待会增加失望的可能性（因此也会增加悲伤和愤怒的可能性），而消极的期待会使负面结果看起来更积极（“真实情况可能会更糟”），或者使积极的结果看起来消极（“真实情况可能会更好”）。人们有时会防御性地设定低期望水平，以增加对结果的满意度或减少失望。

人们很容易认为，在预期和结果中可能存在不同的情绪，尽管它们可能同时发生。焦虑是一种典型的预期情绪，因为根据定义，它是对未来可能受到伤害的反应。相比之下，解脱是一种结果情绪，因为它预示着结果比预期好。然而，这种推理性的问题在于，预期和结果通常是交织在一起的。例如，如果我们感到失望，甚至是悲伤，坏的结果也会对未来产生影响。这就是为什么心理压力往往更多地由威胁或伤害的预期组成，而不是伤害本身。所以我们可能会感到悲伤，这指的是一个结果，但也许我们也充满希望或焦虑，这指的是一种期待。

此外，任何结果都可以在事情发生之前被预测到并产生情绪反应。因此，我们可能只是因为预料到事情的结果会很糟糕而提前悲伤，我们可能会对想象中即将发生的事情大发雷霆。当事情进展顺利时，我们感受到的是喜悦、解脱或懊恼，而不是愤怒；顺便说一句，喜悦、解脱或懊恼，也许是消极期待的结果，也许是实际结果。预期的应对方式也可能是微妙并且持续性的，而不仅仅局限于在极端的威胁条件下产生预期的应对方式。我们的行动过程和我们选择将自己放置的处境也可能受到对最终结果的预期反应，而不是实际的强烈情绪反应的影响。无论如何，由于我们倾向于前后来回地思考，预期情绪和结果情绪之间有趣并且有时有用的区分常常就分解在实践中了。

激发

激发是指个人认为的在环境中或个人内部发生的任何事情，经过个体的判断，都会改变人与环境的关系，使其朝着有害或有益的方向发展：包括未能改变现有的有害关系，危及现有的有利关系，或预示着未来有利或不利的关系。

外部或内部事件本身并不构成激发条件，除非它也意味着人与环境关系朝着积极或消极的方向改变。因此，他人的明显侮辱并不一定激发愤怒情绪，除非受攻击的人认真看待所说或所做的事情，并将其视为伤害性的侮辱。尽管许多人或大多数人都认为“冒犯”行为会激发愤怒，但这种评价取决于受害者的人格特质以及与行为相关的社会条件。事实上，他人的行为，或者期待的行为并未出现，很少有人会认为这是一种侮辱，但可能高需求的人或具有人格特质的人（比如所谓的“蛮横好斗”的人）会将其视为侮辱。

由于情绪的激发不可能单独由外部或内在引起，而是取决于诱发事件对人—环境关系的影响，我们被迫放弃，或至少大幅修改传统的输入—输出或刺激—反应的情绪公式。这种表述必须被这样一种观点所取代：在与个人幸福相关的交互中，人（或动物）是主动的行动者，而不是被动的接受者。人们在情绪事件中，寻求特定的条件或结果，特定的期待，关注和解释所发生事情的方式，以及应对的方式。在某种程度上，他们甚至可以选择事情发生的环境背景和时间框架。

人们常说，一种情绪可以仅仅由先前情绪状态或情境记忆产生，这可能说明了一种内在的而不是环境的激发。然而，关系性的解释与传统观点有所不同，传统观点认为记忆对情绪的激发完全是内在的。情绪相关经验的记忆每次被激活时都会以不同的方式重建。有两个原因。一是随着年龄的增长，我们会形成新的图式，所以对过去记忆的重建往往会发生变化。二是我们需要考虑记忆被激活的环境。从关系的角度来看，记忆的产生不是偶然的，而是在某种程度上与当下发生的事情建立功能上的联系。当下事情或其中某些特征以某种方式触发了相关记忆。激活记忆的特征可能是情绪反应模式，产生情绪的心理状况和个人意义，在某种意义上与早期经历的事件类似，某些片段或元素，如对方的外表或举止，或者情绪过程中所有内容的组织配置或背景。

事件的每个片段或组成部分似乎都对整个剧情梗概有贡献。也就是说，所有元素在心理上结合成一个复杂的情绪故事或脚本，尽管研究者可能只把注意力集中在某一元素上，但它总是整体的一部分，将记忆与当前情境联系起来，共同揭示个人意义。我倾向于关注情绪，即它对个人幸福的评价性意义，用摩尔术语来说，它是事件发生的核心关系主题。与我对情绪动机的关注一致的是，辛格也强烈主张，并提供数据表明，唤醒记忆的关键是它与“实现或未实现的个人长期目标”的相关性。

因为这是一种有意义的情节或剧情，我相信核心关系主题能帮助我们更好地记住过去的情绪经历，而不是只有一堆混乱的图像和断断续续、没有情节逻辑的想法。例如，当我看老式电视或电影时，通常需要相当长的时间才能确定是否看过，有时甚至要等到故事进行到一半。我问妻子：“我们看过这部电影吗？”她经常会说她不知道。然后刹那间，我们俩都会意识到我们确实以前看过。曾经有很长一段时间，我都不明白为什么会这样。然而，我认为可能是因为，一开始所描绘的事件和人物之间没有联系，在情节揭示之前毫无意义，因此我们无法记住它们——它们就像无意义的音节，没有有意义的联系——它们不能帮助我们回忆起这部电影。情节承载着情绪线索——故事主体——在它被揭开的那一刻，我们就会想起我们以前看过它。

罗莱斯、雷斯金德和拉涅在谈到他们的研究发现认知启动和情绪对记忆的影响时，提出了类似的观点。

情绪对记忆提取的影响有一部分可以通过以下方式解释：产生情绪的事件（如失败），发生并诱发情绪状态以及一系列相关的认知（如自我贬低）。事件产生的认知会直接或通过语义线索启动长期记忆中与之相关的其他项目（如生活经历），从而增加他们的回忆可提取性。换句话说，它可能是情绪相关的认知，而不是情绪本身，至少在一定程度上影响记忆提取。当然，这种认知过程不一定与稳态依赖学习过程矛盾，两者可以同时起作用。

劳德还指出，心境对记忆的影响与认知变量的影响没有什么不同，只有那些认为心境（和情绪）与认知活动截然不同的人才会感到困惑。这里隐含的意思是，心境和情绪是复杂的事件，“心境”被用来代表整体的某些组成部分（如唤起），而不是其他部分（如思想或意义）。尽管劳德没有提及应对，但他列出了情绪的6个容易区分的组成部分：诱发事件、对该事件的评价、自主反应的模式、表达行为、工具性行动和主观感受。这些因素总是相互联系和相互依存的，这也是我们将情绪视为一个系统的原因之一，这些因素中的任何一个或全部都可能通过情绪对记忆产生影响，或者是在适应环境的过程中完成已有记忆的提取。但我认为，记忆最有力的来源是核心关系主题——一种承载情绪意义的格式塔。

这个公式与我已经提及的关于情绪和记忆的内容一致，我将在后面更详细地讨论认知在情绪中的作用，以及情绪或心境对后续思想、行为和情绪的影响。关于心境在记忆提取中的作用和记忆在心境中的作用两者之间的理论争论源于，是否将情绪视为一种脱离更广泛个人意义的非实体反应成分或元素。

卡森·麦卡勒斯在她的短篇小说《外星人》中指出了某些情绪工作有休眠性，

比如哀伤，但它们会时不时被一些熟悉的片段意外地唤起，这些片段更可能是失去的爱人而不是持续的心理状态。她用管弦乐暗喻并认为：

> 哀伤就像管弦乐作品中一个次要但需要迫切表现出来的主题——一个不断重复的动机，通过节奏、音调和旋律结构的各种变化不断表现出来，时而通过弦乐的轻快飞扬中隐约表现，时而在英国圆号的田园忧郁曲调中表现，时而在低音铜管中发出刺耳但不同的声音。而这个主题，虽然在大部分时候被巧妙地隐藏起来，但它的内涵始终通过旋律表现出来，并且远比外显的主旋律更为重要。而且，在这部管弦乐作品中，有时这种压抑已久的动机会通过一个信号火山般地篡夺所有其他思想，使整个管弦乐队愤怒地重复之前的暗喻主题。但哀伤是不同的。因为没有一种固定的表现，如指挥的手发出的信号，能激活潜在的哀伤，这是在不经意间、间接性流露的。

这段文字引发了许多关于两种情绪事件（当前实际发生的和记忆中的）之间如何联系起来的未解决问题。例如，人们可能会争辩说，许多甚至大多数情绪事件都是过去关系中出现的问题的不断重复，这些问题对个体来说是核心的而不是次要的，并且涉及基本的适应主题，例如被爱或被拒绝，强大或无能为力，克服逆境或受到创伤，忠诚或背叛，失去或获得，失败或成功等，即使这种联系并不明显。

这种推理思路类似于弗洛伊德的强迫性重复概念，即过去未解决的情绪困难不断在现在重演以寻求解决。我不认为强迫性重复概念的特征可以作为一个模型，但关于过去的记忆或梦与现在发生的事情之间存在功能联系的原则（比如日有所思，夜有所梦），似乎是重要且有价值的。人们认为自己参与的大多数事件都是新的，但在一个人的头脑中必须有一般图式来决定是否需要类似或不同的评价和应对过程。神经症可以被视为对过去的一种僵化表现，而健康的应对意味着在适当的时候能够灵活变通。

我之前为什么会认为过去和当前事件之间的联系并非显而易见，原因很简单，因为尚不清楚是什么导致两种经历的相似性。刺激相似性问题是一个长期困扰学习理论的问题。这个问题在弗洛伊德关于小汉斯、汉斯的父亲以及象征父亲并成为他恐惧对象的马的临床观察中被提出。为什么马代表父亲？我们无从得知，尽管从临床角度展开解释似乎可以理解，至少在某种程度上，一匹雄马是一个强大的男性，可能就像小汉斯幻想的父亲一样，尽管其他共同的主观特征也会使这种联系变得合情合理，但在我看来，如果不参考其背后的关系意义，就无法理解相似性，因为这种关系意义通常是个人特有的。

展开

随着个体A情绪反应的启动，情绪事件的第二阶段——情绪展开或流动开始了。A的情绪反应（假设是愤怒）对B产生了影响。B对A愤怒反应的可能反馈是高兴、内疚、羞愧、愤怒，甚至冷漠。由于B的反应是通过语言和其他行为来表达的，所以A也可能会针对B的反馈再次做出反应，如此往复，直到其中一人离开现场或关键问题得到了解决。要应对B的反应可能带来的威胁，一种方法当然就是不去理会或者假装没有注意到它。

在交互过程中每一方如何反应，最后的情绪状态，取决于发生了什么以及各自的目标和信念。即使B的反应是模棱两可的、不相关的、未被注意的或不可见的，A也可能对自己的行为和情绪状态做出反应。情绪事件是一个持续展开的过程，通常包含许多复杂、瞬息万变的认知、动机、情绪和应对过程，由此每个参与者的人—环境关系都会发生变化。

结果

情绪事件的结果是产生一种情绪状态，这种情绪状态反映了我们如何从自己幸福的角度出发对所发生的事情进行评价。情绪结果取决于我们的目标和期望是否实现，以及以何种方式实现。情绪状态传递了这样的信息，即理解这一过程的个体身上发生了什么。一个成功的情绪理论应该基于已有的规则，将情绪过程与情绪反应联系起来，并对其进行双向推断。也就是说，观察者可以从情绪反应中推断出导致这种情绪反应的过程；反之，如果我们从产生情绪过程的变量入手，我们应该能够解释甚至预测情绪反应。

最终情绪事件结束，或者我们应该说，情绪会转移到其他事情上。也许什么都没有解决，但激发情绪的关系主题暂时结束了。但是也会存在一些反复出现的主题——生活总是让我们一次又一次地卷入类似的事情——当我们成熟的时候，我们的生活中需要处理的大多数事情都已经经历过了，随着个人价值观、目标和信仰的稳定，我们与世界相处的方式也稳定下来。

由于我们经历过无数的情绪事件，所以某个具体的事件和我们的整体心态之间往往存在着相当大的不一致性。因此，情绪事件对于一个人的整体主观幸福感、社会功能和身体健康可能没有多大影响，可能又有很大影响，这取决于这个事件是否在个体身上具有代表性，尽管许多情绪事件产生的累积效应对个人和他们所生活的环境来说都有重要意义。

应对

我之前说过，情绪总是在与环境的交互中不断变化，从而产生新的关系信息，这些信息的意义必须被评价。许多影响评价的变化是应对过程作用的结果，其功能是改变一个困扰的人—环境关系或维持一个理想的关系。

我所定义的应对方式包括认知和行为努力，以应对被评价为超出个人资源或负荷的特定外在或内在需求（以及二者之间的冲突）。尽管应对可能源于情绪，旨在改变情绪产生的条件或情绪本身，但应对也会直接或间接地影响后续的评价（重新评价），因此它也是后续情绪产生的前因变量。应对以两种方式影响情绪过程：

（1）一些应对过程改变了实际的关系，比如当攻击或侵略性的行为击退或消灭了敌人时。我和我的同事们把这种方法称为“聚焦问题的应对”。从某种意义上说，这些都是以行动为中心的应对方式。如果邻居家的树叶落在我们家的院子，让我们产生情绪方面的困扰，我们可能会试图说服邻居把树砍倒或修剪它。如果成功了，问题就解决了，情绪上的困扰也会随之减轻。当然，问题解决的前提在于假设这种困扰单纯就是树叶引发的。但如果我们说“我恨死他了”，这种情况就不仅仅是因为落叶引起的情绪困扰了。当然，应对的努力往往不能改善压力和困扰的根源，有时甚至会激发更多的压力和困扰；此外，对于正在解决的问题而言，这些努力可能是过度的，成本超过了潜在收益。

（2）其他应对过程只改变了关系的处理方式（例如，个体通过避免感知或思考来应对威胁）或解释方式（例如，通过否认或心理疏远来应对威胁）。我把这些策略称为聚焦情绪的应对或认知应对策略，因为它们主要涉及思考而不是通过行动去改变人—环境关系。它们绝不是被动的，而是与内部认知图式转变有关，有时甚至即使发生改变也无法实现承诺。尽管它们不会改变实际的关系，但它们改变了对关系意义的理解，从而改变了情绪反应。例如，如果我们不去思考让我们感受到威胁的事情，焦虑就会减缓。如果我们对所有事物有合理的认知，就不会体验到焦虑、愤怒、内疚、羞耻、嫉妒等情绪。在第十一章将介绍《应对方式问卷》中8个维度包含的条目，这是测量应对过程的一种方法。

读者应该注意到，在评价的概念和认知应对之间有一些重叠。应对指的是一个人在试图处理情绪事件时的想法和行为；评价是在情绪事件中对可能应该怎么想、怎么做的评价。两者都改变了情绪意义，因此在实践中很难区分这些概念，特别是在没有相关背景帮助我们区分的情况下。评价影响应对策略，而应对通过对人—环境关系、注意力的调配或被评价的关系意义产生影响而改变评价。事实上，认知应对本身就是一种评价，尽管它是自发产生的，有时是自我防御的。

我认为，情绪中应对的重要性在很大程度上被低估了，原因有两个：一是，这个概念主要与心理压力有关，而心理压力是一个理论和研究领域，它与情绪有广泛重叠但并没有得到充分的重视。二是，多年来，应对一直被视为对情绪的一种反应，也就是说，被情绪所驱动。例如，在曾经提出的心理学的学习驱力—强化理论中，认为焦虑会激活条件反射性的"应对"反应，包括工具性反应和自我防御反应，因为它们此前已经成功地减少了焦虑（驱力或紧张）。在精神病理学中，直到减少焦虑的条件性反应变弱，人们才能习得一种更具适应性的方法以替代神经症防御，这样人们才能面对焦虑的根源，并学会更好的方法以应对焦虑。

我提出的观点是，尽管应对确实来自情绪，并且经常针对情绪困扰的调节（如聚焦情绪的应对），但它也直接来自对伤害、威胁或挑战的初步评价，并可以影响后续评价，从而改变甚至阻断情绪反应。"阻断"（短路）这一术语暗含一种类比，即电流被转移到别的地方。

例如，如果我们对激发愤怒（如侮辱）的反应是重新评价，无论是基于证据还是因为我们误解了对方的意图，我们的愤怒就会平息，或者至少可以防止我们更愤怒。防御性重新评价（或精神分析语言中的自我防御）可以被习得并自动成为应对类似激发因素的方式，例如，由于愤怒本身具有威胁性，因此个体在没有极大焦虑的情况下是不太可能增加愤怒的。就好像个体想把别人的挑衅视为善意或不存在的。接着出现一个信号，暗示来自他人的工具，可能会引发防御，这样就阻断了愤怒情绪，使其被排除、抑制或压抑。因此，单纯地将应对概念化为对情绪的回应是不明智的，尽管事实可能如此，但如果我们将产生情绪的评价过程纳入情绪中，那么也可以认为应对会影响后续情绪的性质和强度。在第四章中我会进行更多探讨。

在福尔克曼和拉扎勒斯的一项研究中，可以找到对应对方式在情绪反应中起到中介作用这一观点的实证支持。在这项研究中，通过回溯性报告的方式，研究人员评估了人们在压力性事件开始时和结束时的消极和积极情绪。研究人员还评估了被试处理事件时的应对方式。我们发现，特定的应对策略（无论是问题聚焦型还是情绪聚焦型）都与情绪状态的改善相关，这表明从事件开始到结束，消极情绪如愤怒和焦虑在减少，而积极情绪如快乐和自信在增加。

如果我们假设由于其回溯性设计而无法在这项研究中证明是应对模式导致了变化——那么这些发现与我在这里所说的应对和情绪是一致的。博尔格最近的一项前瞻性研究提供了更有力的证据。克罗尔和迪托也为有关否认作为一种应对形式的两个常见观点提供了一些实验支持：首先，否认是对非常具有威胁性的信息的一种常见的第一反应；其次，否认最有可能被那些既相信威胁又没有使用问题聚焦策略应对方式的人使用。

在情绪过程中，应对还在行动倾向方面具有重要意义。这些倾向通常被认为是生物学上的行为冲动，用来区分一种情绪与另一种情绪。例如，考虑一下愤怒和恐惧的情绪。攻击似乎与人类和非人类动物的愤怒有生理学上的联系，就像回避和逃避似乎与恐惧有生理学上的联系一样。然而，正如我在第一章中所指出的那样，艾夫里尔对人类的愤怒情绪提出了质疑，他认为人们很少会真正攻击令他们感到愤怒的对象。另一方面，艾夫里尔的被试可能由于社会或内在压力而抑制了强烈的攻击冲动。

如果我们接受这种推理，那么某些情绪的行动倾向特征和应对方式之间就存在潜在的重叠和冲突。有人可能会认为攻击的生物性冲动是一种应对方式——也就是说，这是动物濒临灭绝时天生的、固有的应对方式之一。实际上，应对过程可以增强或抑制攻击的冲动——增强发生在应对过程与行动倾向相容时，抑制发生在应对过程与行动倾向相冲突时（例如，当存在对攻击的社会或个人禁忌时）。

以前很少有人关注生物性的行动倾向和应对方式之间的重叠和差异。生物性的行动倾向是自动化的、无意的、原始的。因此，我认为最好不要把它们与应对方式混为一谈，因为应对方式是一个更为复杂的、有意的、往往是有计划的心理过程，与天生的行动倾向不同，应对很大程度上依赖于对特定情境中可能发生的事情、可能有效的事情以及与社会和个人行为标准（例如，展示规则、行动规则）相一致的评价。我们需要更多地了解一个人如何评价和控制行动倾向，以及生物冲动如何转化为复杂应对策略。

正如我在第二章中所说，行动倾向的概念有助于我们理解情绪的一些应对特征。其他研究者也将情绪的表达特征和生理特征概念化，甚至可能将不同观念概念化，作为行动倾向的产物。例如，弗里达认为："那么，情绪可以被定义为关系的行动准备模式，要么以建立、维持或破坏与环境关系倾向的形式出现，要么以关系准备模式的形式出现。"

另一方面，正如我在第二章中观察到的，对于消极情绪（如悲伤）和积极情绪（如满足、放松和自豪），虽然很难但也并非不能提出一个行动倾向。我们必须更加重视行动倾向的概念，特别是在考虑情绪的生理调动和情绪变化时，并重视对评价和再评价有重要作用的应对过程。

劳克斯和韦伯提出，每一种情绪，或者往好里说每种认知—动机—关系配置，可能会以不同的方式影响应对过程——例如，处理愤怒与处理焦虑、羞耻或内疚相比。这些研究者一定程度上成功地发现，已婚夫妇中存在情绪特异性的应对模式，他们认为这种模式的出现是因为夫妇在特定事件中的意图可能有所不同。

劳克斯和韦伯认为，每种情绪下应对的意图是不同的，这是认知—动机—关系理论固有的，为了正确理解应对，我们必须理解在事件中受到威胁的具体目标，包括个体在事件之前就存在的目标以及在事件过程中产生的目标。因此，与焦虑事件相比，愤怒事件更有可能通过愤怒升级、自我提升或防御（保护自我形象）的策略来处理问题，从而强烈地表现出愤怒，而不是隐藏愤怒；另一方面，焦虑事件往往是通过旨在维护关系以获得安慰和情绪支持的策略来处理。在焦虑事件中，伴侣寻求情感亲近，更倾向于道歉，表现出关心，或者努力呈现一个需要帮助的自我形象。

除了这个正在进行的研究，应对和意图或目标之间的联系并没有引起那些研究应对过程的研究者的兴趣。然而，个体如何应对不仅取决于应对的可能性及其如何被评价，还取决于一个人想要在事件中达到什么目的。此外，随事件的不断发展也会产生新的问题，每个事件过程中都可能涉及不止一个目标，目标的优先级和突出性都可能发生变化。应对的研究永远不应该与动机分开，尽管在最近相关的研究（包括我自己的研究）和理论中，应对与动机分开讨论的情况已经存在，所以我们要明确的是，情绪是认知、动机和适应之间关系模式的复杂表现，这赋予了应对过程更多力量。

人—环境关系对情绪的影响

在转向核心关系主题的理论之前，我应该简要探讨一下其他人如何看待人类和非人类动物与情绪相关的关系。我们现在要处理的问题是将哪些关系考虑进来是合适的。

情绪关系是如何形成的

与情绪相关的关系范围非常广，但我们缺乏系统的列举和分类。物种特征无疑是一个强有力的因素。例如，一个动物是许多其他动物的猎物，但它们共享同一个栖息地，它面临的危险是一个天敌很少或没有天敌的捕食者所不会面临的。栖息地也将对人—环境关系产生重要影响。例如，生活在犯罪问题严重的社区的人，与生活在和平社区的人，在与环境相关的情绪关系上略有不同。对人类而言，栖息地还包括文化和社会结构，它们通过塑造关系和影响幸福感来影响情绪。关于这一点，我将在第九章中详细说明。

从生态学的角度出发，巴昂和布德罗提供了一个比喻，可以帮助情绪和适应理论的研究者更清楚地把握人—环境关系的概念。使用吉布森的“联觉效应”概念来指代动物物种通过瞬时知觉识别表达对雌性动物的接受，树是用来降温的，田地是用来放牧的，乳房是用来哺乳的，作者使用锁和钥匙的隐喻——与微生物学家谈论蛋白质、药物和病毒如何与神经受体结合时使用的隐喻相同——来代指特定的个体和特定的环境如何适应。他们认为：

> 从联觉角度来看，人格和环境以互补的方式产生联系，类似于钥匙和锁之间的关系。在这个隐喻中，人格是寻找“合适”锁的钥匙，而环境，包括其他人，是等待被打开的锁，以便实现其功能……从这个角度来看，人格是由人们可以作为钥匙激活的社会联觉和解锁人们提供给他人的机会共同定义的。

在第一次提到吉布森时，我和其他人都引用了他的观点，我应该说明一下，吉布森的联觉效应概念并没有假定知觉是在人或非人类动物，或视网膜或神经系统中发生的中介作用，而是一种“光学阵列”所固有的适应性意义——也就是说，在光的环境模式中，它传达了关于该环境性质的明确信息，并使有效的行为成为可能，而不需要多加解释。说句题外话，有趣的是认知心理学家和关注个体差异的研究者大量地借鉴了吉布森的理论，但没有意识到他并不认为感知是可解释的。

情绪的关系性观点涉及可能性，即一个人受到伤害或受益的具体方式有多少种，情绪就有多少种。乍一看，这些情绪的可能性似乎是无限的，而且会搞不清楚。有无限种情绪似乎符合逻辑，尽管威廉·詹姆斯支持这一点，但似乎并没有多少拥护者。相反，古典和现代的思想都将情绪分为不同家族，如愤怒家族、恐惧家族等，虽然同一家族里每种具体的情绪可能不同，但它们都有一个共同的典型特征。

例如，尽管愤怒有多种形式——如正义的愤怒或愤慨、幸灾乐祸、板着脸或受伤的愤怒、防御性的愤怒和报复性的愤怒——这些都表明了不同的人—环境关系——我们假设它们都属于基于共有特征的同一类别，其中包括激发条件和反应方式。同样，正如路易斯提出的，人们可以区分出许多形式的羞耻，如尴尬、屈辱、害羞和羞辱，可能都是因为没有实现自我理想而产生羞耻的情绪，但它们在重要性和细节的表现上是有区分的。

虽然动物行为学家通常所说的不是愤怒，而是攻击性或争斗行为，但值得注意的是，愤怒的情绪变化可能也适用于非人类动物。例如，人们可以区分防御性攻击（母亲保护孩子）、掠食性攻击（杀死猎物获取食物）和物种内攻击（同一物种内的统治地位斗争）。在表达上，也许从行为表现上看，每种攻击看起来都不同，每种攻击也有自己的激发条件。例如，一只靠近猎物的狮子要保持控制紧张感和隐匿的形象；保护幼崽的母亲可能会根据具体情况表现出具有威胁性的愤怒。

很难说不同物种在情绪和它们所隐含的关系上有多少相似性，而且我们很容易被行为层面上的相似性所误导，并且这些相似性没有内部逻辑。一些人类情绪很可能是在人类物种进化过程中第一次出现的，比如骄傲、羞耻和感恩，只能假定这些状态不在非人类动物中表现，因为我们可以与人类交谈，但不能与动物交谈，所以很难对物种之间共有或不共有的情绪做出明确的区分，而且这存在很大风险。

例如，一只狗可能会表现出我们界定的内疚或羞耻情绪——耳朵耷拉着，从它乱撒尿的证据中偷偷溜开——但是我们观察到的，很可能是狗狗对人类可能表现出的不满情绪的恐惧或焦虑。当然，我们也可以说内疚（和羞耻）是焦虑的一种形式。我们可以从社会背景、行为（例如，社会行动和表达）和生理表现上来做出推断。

关注人类情绪的动物行为学家和心理学家有充分的理由认为，非人类动物会产生一些与人类相同的情绪。例如，黑猩猩有愤怒（与攻击相对照）和嫉妒的迹象，甚至包括发脾气和生闷气。格里芬提出了一个观点，即相对简单的生物（如鸟类）会表现出复杂而灵活的适应行为模式，表明它们具有目标导向的行动和计划。因此，即使是所谓的本能或者说被某些称为诱发物的刺激而“释放”的行为，也可以被解释为有目的性的和目标导向性的行为——尽管这一观点从情绪跳转到意图是推断性的，但它暗示了情绪的适应性能力。例如，母鸟“折断翅膀”旨在分散捕食者对后代的注意。这种假装受伤看起来很严重，但只是母鸟在控制自己的行为并根据捕食者的行为而进行的调整。它会频繁观察捕食者，如果捕食者跟随，母鸟会继续朝一个方向前进，但如果捕食者不跟随，它会飞回捕食者附近。此外，如果捕食者靠得太近，母鸟也总能与其周旋。这种行为是精心策划的并且很复杂，母鸟根据环境做出行为调整暗示了对情境的有意识反应，而不是困惑和无助的。

普拉奇克表达了要谨慎对待不同文化和不同人之间的情绪术语的具体含义，但他并没有指出，物种间和从动物到人所做的共同推断可能同样，甚至更有可能是有误导性的。让我感到困惑的是，那些主张以科学为中心，并不喜欢通过个体自我报告来了解个体内心想法的心理学家，却不愿意对更容易产生推断错误的信息源持保留态度。

关系表述的一个主要任务，是要对人—环境关系及其产生的情绪进行分类。然而，大多数现有的研究将人与环境因素分开，只有一些比较基础的研究说明人与环境的关系。莫里在他的人格现象学分析中，也在寻找人与环境的关系，根据个人特征的需求和个人面临的环境压力进行分析。虽然需求和压力将人和环境分开，但莫里的主题概念（将需求和压力结合在一起）试图将不同的变量集以一种关系的、以影响为中心的方式结合在一起。

关系和交互的重点强调“行动者和情境是不可分割的整体”，这在早期的研究中就已经提到过，比如科夫卡，他区分了外部的或客观的环境和内部的行为或主观的环境。主观环境也是勒温场理论的核心，许多其他杰出的人格、临床和社会心理学家，包括莫里，都提出有机体和它所处的环境必须进行整合考虑，心理学中的一个最小单元是单一的生物—环境相互作用。对于社会学方向的读者来说，一个兼容的立场是符号互动主义的思想，它为社会互动的关系意义提供了重要的地位。并且，第四章的主题会围绕这些互动所隐含的认知表征。

对人—环境关系进行分类的两种最广泛的模式都聚焦于以输入为中心。其中一种方法区分了积极情绪和消极情绪，但并没有明确区分的基础是什么。另一种方法关注的是这个人在关系中是受到伤害还是获得利益。但这些模式提供的分类方式过于宽泛，无法单独区分一个人可能受害或受益的不同方式，以及可能产生的特定情绪。

另一个广泛的分类，接近于回避情绪，以输出或反应为中心，指的是交互过程中产生的行动或冲动。福克斯和戴维森提出：“趋近—退缩是一种基本的心理生物学二分法，情绪子系统在此基础上演化而来。”他们利用鲍比、施内尔拉等人以系统发育为中心的著作来支持他们的论点。

这种图式下的反应倾向过于宽泛，因为它暗示着以一种与我们理解这些情绪不一致的方式，对许多情绪进行分组。例如，我们可以看到，愤怒和爱是不同的表现，有非常不一样的行动冲动，在福克斯和戴维森的分析中，它们属于相似概念。然而，我们既要表达爱和接受爱的情绪，又要攻击对方这是矛盾的。有时，我们退缩是为了安静地享受某些东西，也可能是出于恐惧、悲伤或羞愧——这些退缩在性质和意义以及与之相关的情绪上都是完全不同的。

实际上，所提出的维度不足以让我们区分我们考虑的许多不同类型的情绪。我已经注意到弗里达证明了特定行动倾向或行动准备形式对每种情绪关键特征的表达具有重要性。在弗里达和德里维拉的案例中，行动倾向的概念并没有像其他概念那样因过于宽泛的分类而受到影响。如果有的话，弗里达等人列出的与行动准备相关的变量（见表3.3）包含了太多行动倾向的变量，所列出的清单已经明确说明哪几个变量不适用于作为行动倾向的变量。

归根结底，适应性情境的关系意义——人—环境关系对幸福感的影响——是

表3.3　行动准备变量：研究2

变量	项目
靠近（走向）	我想接近他，和他接触。
跟随（走向）	我想要亲近或保持亲密，接受某人。
保护（远离）	我想保护自己不受某人或某事的伤害。
回避（远离）	我不想和某件事或某个人扯上任何关系，尽可能少被它打扰，远离它。
参与	我想好好观察，好好理解，或者集中注意力。
距离（拒绝）	我想把一些东西挡在我的路之外，和它保持距离。
拒绝（拒绝）	我不想和某人或某事有任何关系。
漠不关心	发生的事情与我无关；我没有注意。
不想	我想要的东西不是这样，不存在。
内心沸腾（对抗）	我的内心沸腾了。
对抗	我想反对、攻击、伤害或侮辱。
反应（对抗）	我想去对抗障碍或困难，或者去征服它。

续表

变量	项目
打断（中断）	我打断了我正在做的事，或者我被打断了。
占用（中断）	我无法集中精力，也无法厘清思路。
命令	我高高在上；我觉得我在指挥；我拉着绳子。
帮助	我想帮助别人，照顾别人。
从视野中消失	我想沉入地下，从地球上消失，不被任何人注意到。
抑制	我感到压抑、麻痹或僵硬。
脸红（抑制）	我脸红了，或者是害怕脸红。
屈服	我不想反对，或者我想屈服于别人的愿望。
冷漠（低激活）	我什么也不想做；没有什么使我感兴趣；我很冷漠。
放弃（低激活）	我退出；我放弃了。
关闭（低激活）	我把自己与周围环境隔绝开来。
无助（无助）	我想做点什么，但又不知道该做什么；我很无助。
哭泣（无助）	我哭了，不得不哭，或者想哭。
兴奋	我激动不安，坐不住了。
旺盛	我想动，想生气勃勃，想唱歌，想跳跃，想做一些事情。
笑声（热烈）	我笑了，不得不笑，或者想笑。
休息	我感到很放松，觉得一切都很好，不需要做任何事情。

我的分类系统的基础。这个系统还包括输入端和反应端。每一种情绪的关系意义和行动倾向将在第三部分进行详细的研究。所有的研究者，包括我，都认为情绪包含着关系意义，并且坚持认为情绪总是与某种事物有关，并采取“认知—动机—关系”的框架来解读。有些人对此表述得非常清楚，如贝德福特认为：

情绪概念……不纯粹是心理上的：它们预设了社会关系和制度的概念，以及归属于判断、道德、美学和法律体系的概念。因此，在使用情绪词汇时，我们要能够将行为与其所处的复杂背景联系起来，从而使人类行为变得容易理解。

并非所有人—环境关系都是情绪过程的核心，尽管它们可能是相关的。例如，我们将人与人之间的被动依赖关系与攻击性关系进行对比；竞争性的、以自我为中心的关系，与那些以互惠性或群体性为特征的人际关系与独立关系共生，刚性关系模式和柔性关系模式杂糅在一起。如何对人—环境关系进行分类取决于研究者的分析目的，大多数的分析不能直接引导我们去了解每种情绪的基本心理关系——比如愤怒、焦虑、自豪等。为此，我们需要一种特定类型的理论。我建议在这方面讨论核心关系主题的概念。

核心关系主题

在核心关系主题的概念中，人—环境关系与个人意义和评价过程结合在一起。评价涉及对人—环境关系中的特定危害或利益的理解，以及对幸福感、行动和应对的多方面影响。在认知—动机—关系框架中，每一种消极情绪都应该在摩尔水平上提出必要且充分的涉及核心关系主题的研究问题，以及在分子水平上提出必要和充分的评估成分，说明其危害或益处以及可以采取的措施。后者结合成产生核心关系主题的模式，这在某种程度上类似于默里的主题。从分子成分和摩尔主题两方面考虑知识和评价，可以更清楚地理解和评价情绪之间的关系，而不是单独研究其中任何一种。

虽然必须通过对人—环境关系的个人感知和评价才能产生情绪，但如果我们暂时假设未来参考的是主观评估的关系而不是客观或实际关系，我们仍然可以不参考认知活动来谈论它们。

核心关系主题涉及适应性事件中每种特定情绪的核心关系伤害或利益，有害关系种类繁多，每一种关系都构成了一个核心关系主题，形成独特的负面情绪。还有各种各样的有益关系，每一种都构成一个核心关系主题，形成独特的积极情绪。每个单独的情绪或情绪家族都围绕特定核心关系主题。当个体评价核心关系主题对幸福感的影响时，每一个主题关系都会产生与核心关系主题和伴随的情绪相一致的行为冲动。

每种情绪都围绕着特定的核心关系主题、评价模式和行动倾向，这一前提使得许多基于内容特异性假说的临床研究开始流行，这意味着特定的情绪特质与特定的观念集合或如贝克和韦夏所称的认知扭曲相关联。尽管这一假设集中在精神病理学领域，但相关研究表明，核心关系主题等观点有越来越多的实证证据。贝克和韦夏确定了许多心理障碍的认知特征，其中一些具有不同的情绪模式。

尽管内容特异性与情绪特质相关，但并不能证明他们有认知上的因果关系——事实上，贝克和韦夏甚至警告说，“认知并不‘导致’抑郁或任何其他心理病理障碍，而是障碍的固有部分”——看待伤害或威胁的不同方式可能是负面情绪产生的基础。贝克提出获得性压力—素质模型——这意味着个体在早期发展阶段中获得了某些特质（在另一种版本中，它们可以遗传），这些特质使个体在压力条件下更容易出现痛苦和功能障碍——认为抑郁是人们在压力导致抑郁发作之前关于自己的某些负面认知的结果。尽管抑郁通常是多种情绪的综合体，但对比抑郁和焦虑患者之间不同关注点的研究结果，与每种情绪都有自己的核心关系主题、评价模式和行动倾向的概念是一致的。克拉克、贝克和布朗，格林伯格和贝克，哈曼、马克斯、马约尔和德马约，斯特劳曼和希金斯的研究探讨了情绪中的压力—素质因素变量。

表3.4列出了第二章提出的分类方案中每种情绪的核心关系主题。

以非正式的方式提到，有时强调的是单一的具体情绪。我相信人们对这些主题的研究结果有共识，尽管其中一些主题也存在争议，尤其是细节方面，比如愤怒。正如我们在第二章中所看到的，研究还表明，当人们在研究中被问及这些主题时，他们对许多主题尤其是原型主题很感兴趣。

在提出核心关系主题后，我开始注意到卢伯斯基的著作，其中讨论了“核心冲突关系主题”的概念。我不确定我的术语是否受到早期卢伯斯基作品的影响，但有一些重叠和不同之处。卢伯斯基揭示了困扰者身上表现出情绪功能障碍的核心且反复出现的人际场景，需要治疗师基于心理治疗中的证据来把握。人际冲突场景的一个典型例子可能是，不断需要在他人（包括爱人）面前坚持自己的主张，这通常会导致他人的不赞成或拒绝，而他人的赞成又是非常重要的，因此最终就导致缺乏自信者被挫败之后的回避——这是一个经常被称为“恶性循环”的例子。卢伯斯基的CCRT也类似于霍洛威茨的分析和他的角色关系模型。霍洛威茨的版本描绘了自我

表3.4 每种情绪的核心关系主题

情绪	核心关系主题
愤怒	这是对我和我的家人的侮辱。
焦虑	面临不确定的生存威胁。
恐惧	面临直接的、具体的、压倒性的身体危险。
内疚	违背道德戒律的。
羞愧	未能实现自我理想。
悲伤	经历了不可挽回的损失。
嫉妒	想要别人拥有的东西。
悔恨	因失去或威胁到另一个人的感情而怨恨第三方。
厌恶	吸收或太接近难以消化的物体或思想（比喻）。
幸福	朝着目标的实现取得合理的进展。
自豪	因获得一个珍贵的物品或成就（要么属于自己，要么属于我们认同的人或群体）而提升了自我认同。
轻松	令人痛苦的目标不一致情况得以好转或消失。
希望	担心最坏的情况，但渴望更好。
爱	渴望或投入感情，通常但不一定有回报。
同情	被别人的痛苦所感动，想要帮助别人。

与他人互动的图式或场景。对于任何一个特定的个体，都可能有许多这样的图式，这些图式建立在患病史、自我概念、愿望、威胁来源和环境的基础之上。霍洛威茨和卢伯斯基试图构建一幅患者生活中与重要他人之间的问题性关系的个体画像，这可以帮助治疗师和患者理解功能障碍和令人苦恼的情绪。

卢伯斯基或霍洛威茨与我的核心关系主题之间的差异，与情绪特质和情绪状态的区别有关。卢伯斯基和霍洛威茨关注的是情绪特质，因为在他们的工作中，临床上功能障碍和情绪痛苦的后果是稳定的，可以通过心理治疗来解决。我曾在其他地方讨论过这种区别；请记住，状态视角关注的是产生情绪的不稳定的情境因素；而特质视角强调的是稳定的内容（即重复的反应）。每种视角在处理自身的问题时都是有效的。

在情绪生成过程中，关于核心关系主题的摩尔概念的角色及其所包含的具体分子评价成分，仍然存在很多悬而未决的问题。然而，我在第四章对评价过程的讨论中更好地解决了这些问题。

核心关系主题之间的相互依赖关系

为什么爱和愤怒（爱与恨常常对立）在我们的情绪生活中如此紧密地交织在一起？同样，是什么让悲伤和愤怒、内疚和愤怒、骄傲和焦虑等同时产生，并且其中一种经常迅速取代另一种？例如，爱和恨是近亲，愤怒、恐惧—焦虑、内疚、羞耻、羡慕—嫉妒、悲伤—抑郁等情绪会与快乐、骄傲、爱、希望、宽慰和同情等情绪互相流动并混合在一起。为什么情绪之间，或者更确切地说，产生和改变情绪的过程之间存在重要的相互依赖性？

如果一个人被爱人贬低了，他就容易生气。然而，当表现出这种愤怒时，则是在告诉爱人他或她的行为是伤人的，这时爱人的一句道歉或示爱可能会让愤怒情绪瞬间转变为放松、内疚、焦虑或爱。一会儿是愤怒，有时是苦涩的愤怒，一会儿又转变成爱。换句话说，哪里有爱，哪里就容易有“恨”，哪里有恨，哪里就有爱。在这种情况下，精神分析学家提出，我们讨厌别人身上的某个特点，很可能是我们在潜意识中拒绝自己身上的那个特点。愤怒也可能转变为悲伤、焦虑或内疚，这取决于沟通的内容以及如何评价和应对。

对这些相互依存关系的解释其实很简单，并没有什么神奇的地方。这是因为我们很可能对我们深爱的人感到愤怒，因为这种关系对我们的幸福非常重要。当我们所爱的人让我们失望时，我们会感到愤怒，尽管我们更希望感受到爱。在这种关系中，积极情绪和消极情绪在某种意义上是同一枚硬币的两面，两者都表明了强烈的个人情感投入。积极的评价会增强爱和情感，而消极的评价则会引发愤怒、悲伤、焦虑、内疚、羞耻或嫉妒，这取决于发生了什么以及如何评价。换句话说，虽然这两种反应截然相反，但都是我们对重要他人的情绪反应。从某种意义上说，相对于跟我们关系一般的人，我们与高利害关系的人之间关系更紧密，使得消极和积极的情绪更可能同时出现。

这些看似矛盾的核心关系主题之间的相互依存以及它们所对应的情绪，凸显了动机原则。我们也可以用“权力”这个词来表达这个主题；因为我们已经把控制自己的权力让渡给了另一个人，所以他对我们所做的事情变得更加重要。

最后，当一段关系不再存续时，我们必须积极应对类似于哀伤的情绪并从中解脱出来，这样失望带来的心理痛苦或困扰就不再具有产生愤怒、焦虑、悲伤、内疚、羞耻或嫉妒的力量，就像它也不再产生积极的情绪，如幸福和自豪。活跃的关系会调动我们产生情绪，而沉寂的关系不会让我们再产生情绪波动，无论是积极情绪还是消极情绪。

总结

在本章中，我一直在研究人与环境的关系，以及是什么引发积极情绪和消极情绪。一个基本前提是，为了理解情绪，我们必须阐明每一种情绪类别背后特定的人—环境关系。我提到了将这些关系定义为核心关系主题的概念，它表达了每一类情绪（积极的和消极的）以及这些类别中的每一种特定情绪背后的关键关系利弊分析。

本章的大部分内容都致力于阐述动机在情绪中的作用，因为情绪的认知—关系—动机理论的一个基本前提是，只有当我们与事件结果存在利害关系时，我们才会产生情绪反应。换句话说，情绪取决于什么对我们来说是重要的——实际上是我们的个人目标层次结构。

我研究了动机的两个方面，一个是人们在适应性事件中稳定的目标承诺，另一个是事件中更为灵活的、交互的利害关系概念。我还讨论了麦克莱兰和他的同事对自我归因动机和内隐动机的区别。自我归因动机似乎更像是一种有意识的价值，依赖于语言和抽象思维，以及从社会中学到的东西。内隐动机似乎更像是无意识或前意识的冲动，更多地依赖于童年早期原始的、情绪化的且未说出来的经历。

这一章回顾了动机作为情绪的先决条件的作用以及其发展历史。我认为，理论必须考虑目标层次结构的个体差异，并且这必须被视为个体自我认同或自我的一个方面。其基本前提是，情绪在没有考虑到人—环境关系及其背后动机的情况下是毫无意义的。

人与环境的关系是不断变化的，随之产生的情绪也是不断变化的，这使得情绪是一个过程。情绪过程可以很容易地分为4个阶段：期待，激发，展开，结果（当有预警的时候）。虽然情绪可以被当成结构看待（也就是说，从稳定特质的角度来看，比如当我们谈到愤怒、焦虑或内疚的人时），但它必须首先作为一个过程来研究。

人与环境的关系不断变化，部分原因在于应对活动。有鉴于此，我还讨论了两种应对功能：问题聚焦和情绪聚焦。前者通过积极地对环境或人做一些事情来改变关系，从而改变情绪。后者通过注意力转移（如回避）或改变对情绪的理解来改变关系。虽然行动倾向可能有这些影响，但它们是天生的倾向，而应对则更应深思熟虑、更复杂、更需要用心思考，可以通过抑制或改变来转变行动倾向，有时要通过一系列复杂的时间序列计划。应对也必须在动机的框架内考虑，因为个体在适应性事件中的积极目标强烈影响应对策略的选择。

在我对人—环境关系，应对在关系中的作用，以及动机原则在定义针对特定个体而言什么是有害、威胁或有益的讨论中，我不断地提到情绪的认知—动机—关系理论的关键结构——评价。我没有对评价进行赘述，因为这个过程首先要考虑人与环境的关系，依赖于应对和动机。在介绍了人与环境的关系、改变这种关系的应对过程以及在一定程度上定义了每次适应性事件的动机原则之后，我将在第四章和第五章转向认知和情绪，特别是评价的概念。

第四章

认知与情绪

认知活动每时每刻都在进行，甚至在睡眠中也在进行，梦可以证明，也许只要我们没有昏迷，认知活动就会发生，但我们不能真正确定。因为至少有三种不同的方式来谈论情绪过程中的认知活动，所以尽可能精确地描述这个概念的使用方式是很重要的。在我看来，这些方法与以下内容有关：（1）认知在情绪中的功能和时间角色；（2）认知的内容和形式特征；（3）意义是如何实现的。

关于它的功能和时间角色，我将论证在心理事件流中，先有认知活动，后有情绪，两者是因果关系，而随后的认知活动也受到情绪的影响。作为原因的认知活动成为一个整体特征继续存在于情绪反应中。在第五章中，当我处理因果关系的问题时，我将讨论这不是一个简单的反复过程。情绪过程的反馈是一个连续的心流体验过程，包括体验作为原因的认知活动和情绪状态本身，以及被体验者感知的内容会进一步被评价同时影响后续的心理状态和过程，也会影响情绪。

实际上，认知活动在情绪中的时间和功能作用取决于我们观察的角度。在我们的分析和研究中，认知有时是自变量，有时是因变量；同样，情绪有时是自变量，有时是因变量。在这一章中，我关注的是认知和评价如何影响情绪，而不是情绪如何影响认知。

情绪过程中最重要的认知内容包括知识（即关于事物在一般情况下和特定适应性事件中如何运作的信念）和对影响个人幸福感的人—环境关系重要性的评价，无论是关于特定事件还是整个生活。个体对自身思想、行动倾向、身体变化的感知，以及个体情绪的主观感受，都是认知过程的附加内容，是情绪过程的一部分，有助于增进知识和正确评价。虽然我们大多数人习惯于认为知识是客观真理，但它并不仅仅指这一点，人们所认为的客观真理都可以是知识的范畴，这是一种现象学的立场。公认真理和私人真理之间的关系是一个重要的问题，需要进一步从哲学角度进行审视，但在这里详细阐述就离题了。

某些形式的认知活动也与情绪相关，因为它们与我们如何理解和调节情绪有关。有两种主要类型：一种是通常所说的认知风格，即人们感知环境以及与环境建立关系的一贯方式。克莱因关于“平等派和激进派”（那些忽略细节和区别、看到整体的人，与那些将注意力集中在细节和区别上的人）的经典思想，以及威特金对“心理分化”的分析，对人格和临床研究产生了重大影响。这两个研究项目都与精神分析和发展的思想密切相关，并认为认知风格与自我防御和神经症在功能上是相关的，例如，谢弗和夏皮罗著作中的临床例证。

另一种形式的认知活动与其在不同发展阶段的功能表现有关。弗洛伊德、皮亚杰和维尔纳都关注自我功能和智力发展的这些阶段。这体现在从儿童早期的具体和相对简单的思维形式到成人更高级、抽象的思维形式的相关研究论述中，这对适应和不适应具有重要意义。洛克温克尔提出的成人对自我发展阶段的评价也是我将在第十章中提到的，是认知发展理论的产物。

理解认知活动在情绪中的作用时，一个核心问题是在适应性事件中如何实现和改变认知。在本章的后面部分，以及讨论因果关系的第五章中，我将区分两种评价模式：一种是自动化的、不加反思的、无意识的或潜意识的；另一种是有意的和有意识的。可能还有其他模式，但这两者之间的对比尤为重要。在这两个层面上观察和评价的认知活动也可能与海德格尔的“情境中的存在”，以及梅洛—庞蒂所称的“具身智慧”形成对比，这两者似乎都比我们作为自己的观察者时更没有距离感。

在这一点上，我急于提出一个关于意义和认知活动的观点，我不想让读者错过或忘记——也就是说，天生的辨别能力和与之相关的生物既定反应之间是有联系的，但确切来说它们并不是认知，即使它们能够对危险和无危险的情境进行适应性区分。

当廷伯根研究的家禽被鹰状纸板模型吓到而不是被鹅状模型吓到时，这可能是一种天生的反应模式或反射，而不是真正的评价。实际上，这种辨别能力是家禽神经系统的特性，大概不需要或几乎不需要实际的经验和学习。

将这种内置的、对环境信号的固化反应视为认知，通过过度扩展概念内涵反而弄巧成拙，我都为自己曾经犯过这种低级错误而感到羞愧。表面上看起来像是判断，但其实不是，即使导致的适应性结果是相似的，但我认为把先天反射过程排除在我们所谓的认知之外是明智的。不这样做就是忽视了在第二章和第五章中提到的进化遗传原理，即人类的情绪取决于智力和评价，这实现了超越感觉运动反射和生理驱动的进化。认知方法的本质在于情绪在很大程度上是一种习得性反应，特别是在意义方面——也就是说，它是对世界上不断变化或反复出现的事物进行自我判断，并给予反馈。

在下一节中，我们将对认知、围绕认知的思想史以及认知与情绪的关系进行概览性的评述，然后，第四章将沿着以下的路线展开：我对评价进行了相当深入的讨论，包括其适应功能，情境性与广义性评价，评价理论从压力到情绪的转变，知识与评价之间的区别，以及塑造情绪反应的6个初级和次级评价成分。本章的最后和重点部分着眼于意义生成的两种模式：一是对这两种模式进行了对比；二是分析它们对毕生发展的影响。本章以对无意识评价的检验作为结束。

基本原理和一点历史

弗洛伊德和麦克道尔主要关注驱力，但他们也关注了认知问题，如果一个人对认知的解释足够广泛，它们也可以被包括在内。阿德勒显然是一位认知主义者，其他新弗洛伊德主义和精神分析自我心理学作家也是如此。

许多理论家和研究人员现在都接受这样一个前提，即成年人的情绪可以用认知的方式来理解。自1960年以来，许多心理取向的社会科学家已经明确提出了情绪理论的认知公式。尽管他们在研究重点和细节上有所不同，但都认可认知活动对情绪的中介作用。

在20世纪70年代和80年代之前的学术心理学并不太强调认知的作用，尽管所罗门指出："情绪类似于判断，并且在人类责任的范围内，这是一个非常古老的理论。"古典和中世纪的情绪哲学家不仅强调意识（动机或意志），而且他们也对人类经验感知和认知转变感兴趣。

所有这一切的奇怪之处不在于强调认知，而在于激进行为主义者的顽固努力，从世纪之交开始，持续了75年，竭力说服心理学界相信，将思维视为我们情绪和行为反应的中介因素是没有科学价值的。然而，有关认知解释的进展已经有很长的历史，以至于出现了一种危险的观念——把认知活动等同于思维，我已经对此做出过评论。

关于中世纪的认知、动机和情绪，加德纳等人认为：

> 至于情绪与认知的关系，有不同的观点，或者至少侧重点不同。所有人都认可，理解会伴随着动力倾向的变化，但是，尽管一些作家倾向于把对善恶的理解视为情绪的先决条件，但其他人则强调客体意图，即情绪对个人倾向的有利或不利关系，并强调理解在促进或抑制这些倾向方面的作用。

请注意，在这段引文中，认知活动被视为以自我为中心、可能是原始的生物冲动的一种约束或控制源，这是中世纪“伦理”主要的关注点。在这一时期，西方文化的观点主要受到教会对道德和人类理性关注的影响。

中世纪作家约翰·杰森提到，没有一种认知不表达情绪，也没有一种情绪不包含认知过程，两者相互依存并共同运作。目前关于认知和情绪之间关系的争论，有时认为认知和情绪是由独立的神经控制，这使得杰森的这一说法更加引人注目。但也有些人争辩，没有知识是完全冷漠的或没有情绪的，因为在知识的构建过程中总会有一些情绪的参与。

我的观点是，尽管情绪总是涉及认知——某种程度上即个人意义——当自我卷入较少，或对思想的重视程度较低时，认知就是相对偏冷的；不过认知也可能是热的或情绪化的。正如我后来在第十一章中所建议的那样。理想的心理健康包含三种主要心理结构——认知、动机和情绪的和谐整合——这些结构之间由于自我保护和自我防御也可能是脑损伤导致的分离，就等同于心理病理状态。

所罗门除了坚持认为情绪的产生需要目标承诺，以及情绪受主观影响外，还坚持强调认知的核心作用。我非常喜欢他对外围的以及以内在为中心的方法的陈述，因为它采用精辟的类比和尖锐的讽刺来说明两者间的关系。

情绪主要由其基本判断来定义，根据判断产生某种结构，由不同的判断形成特定的情绪（愤怒、爱、嫉妒等），通过判断，以某种“正式”的方式与其他信仰、判断和我们对世界的认识产生关联。在我看来，没有任何替代理论在解释情绪的核心特征方面取得了丝毫进展。例如，愤怒是在一个准法庭场景中进行分析的，在这个场景中，一个人扮演法官、陪审团、检察官的角色，有时还扮演执行者的角色。愤怒的对象是被告，犯罪是一种冒犯，整体情况就是一种自以为是的判断。有人可能会补充说，法院几乎总是袋鼠式的（一个非正式的、不公正的或不合法的法庭），自尊往往优先于正义。

对情绪中认知因素的广泛强调有很多论证，但不能完全相信权威而没有自己的思考。所以，虽然萨特的所有论证我并不完全认同，但没有人比他更清晰、更令人信服地谈论认知和关系特征在情绪中的融合作用：

事实上，显而易见的是，害怕的人是害怕某事。即使这是一种在黑暗中、在一个阴森恐怖的走廊里等情况下产生的那种不明确的焦虑，人们也是害怕夜晚、害怕某些方面。毫无疑问，所有的心理学家都注意到，情绪是由感知、表征—信号等引发的。但他们认为，情绪随后就从客体中撤出，从而自我消化。并不需要太多反思就能理解，相反的是，情绪在每一刻都映射在客体上，并在那里得到滋养。例如，在恐惧状态下的逃离被描述为，客体并不是最重要的，个体并不是逃离某个具体的客体，好像在谈论逃离本身时逃离的客体已经不存在了，就像它代表的主题和存在意义一样，都消失了。当谈论打人、伤害和威胁的愤怒时，怎么能不提到代表侮辱、威胁和打击的客观统一体的这个人呢？简而言之，受影响的主体和受影响的客体被捆绑在一个不可分割的综合体中。情绪是感知世界的一种方式。

萨特陈述中的推理，我认为是无可挑剔的，这让我认为评价不仅是情绪产生的原因，而且是情绪反应本身的一个组成部分。正如萨特所说，如果一个人所害怕的或感受到被侮辱的客体不再被视为有害或威胁，那么情绪就会消散。如果已有评价不复存在，对应情绪也就不再存在。

虽然上述立场遇到一些挑战，因为传统的亚里士多德立场强调，要将因果关系中的原因和结果明确区分开。但我相信，如果人们认可我关于情绪是对意义的反应这一观点，那么这是唯一可以采取的合理立场。此外，如果我们采用交互决定论的推理，并认识到原因与结果本质上就是有重叠的，只有在时间意义上或出于分析的便利性才是可分离的，这样我们就不必为将认知活动包含进情绪反应本身而感到困扰。然而，这并不意味着情绪等同于认知，因为其他过程，如动机、行为冲动和生理变化也参与其中。

虽然我强调的是认知和意义，但一个古老的智慧是，人类是产生意义的生物，需要与他人和世界建立联系。这与评价概念所暗示的更为有限的意义分析相关，但不相同。我现在提出这个问题是为了指出，寻求意义对人类生存来说是持续且重要的，无论是广义上对我们生活的定义，还是狭义上对影响个人幸福感的特定生活事件中所发生事情的评价。

无论如何，有些人会提出问题或担忧，而有些人则不会，有意识的质疑或担忧可能会发生在个体生命中的某些特定时期，个人意义对每个人都很重要。尽管生活的概念很模糊，但对实现生活意义的需求可能是促发人们对历史、考古学和人类学感兴趣的因素之一。鉴于所有人类文化都倾向于探究存在的意义和信仰问题，无意义生活可能是威胁和焦虑的根本来源。

许多作家都认可这个观念，包括弗兰克尔在内，他的心理病理学方法在很大程度上就是建立在这一主题之上的。也许将特定的伤害和威胁视为围绕着广泛的存在主题组织起来是有用的，即使这些主题并没有被意识到。为了深入了解这一点，对心理紊乱和死亡的恐惧，长期以来一直被认为是人类生存中的主要意识形态和情绪力量。贝克认为人类生活中的所有创造性工作和制度都是对未来不可避免的死亡的应对——也就是说，是对死亡含蓄的否认。我们的价值体系和神话，我们对来世的观念，以及我们对秩序而非混乱的追求，都是为了找寻安全感。

阿瑟·米勒在他的自传《时移世变》中认为，他不认可追寻意义，或者更恰当地说，意义的追求是美丽的泡沫，浮光掠影终成幻想。在我对否认和幻想的讨论中，我指出历代文学和戏剧的主要主题是，没有幻想的生活是无法忍受的，否认和幻想之间的区别是微妙的，很难简单地从心理病理学角度来看待。人们一直在努力延续各种关于生活、他人和社会的神话。米勒认为他的戏剧《价值》讲述的是两个兄弟长时间分离后重聚，分割已故父亲的遗产：

尽管我希望改变戏剧和生活似乎在告诉我的道理：我们注定要继续生活在我们的幻想中，因为面对现实付出的代价太大了。在剧尾，八十九岁的旧家具商格雷戈里·所罗门看着从兄弟那里购买的家庭财产，他找到一张旧的喜剧唱片，听着，不由自主地大笑，这种笑是怀旧的也是残酷的，他无法面对时间如此之快，如果是在幻想中，人们就不会这么痛苦。

评价

我早期关于评价的研究，主要集中探讨心理压力而不是情绪。为了使评价概念适应于情绪，必须对这一概念进行精炼，特别是为了适应许多不同的个人情绪，并对情绪所需的认知评价进行更好的区分。我后续的重点将转向情感理论，以强调为何情绪的评价过程与心理压力的评价过程不同，在心理压力中只需要区分3种状态：伤害或损失，威胁或挑战，或者在某些方法中讨论的高激活或低激活。

评价与心理压力

我和我的同事已经提到两种基本的评价：初级评价和次级评价，以区分个人对事件重要性进行评价的离散和互补知识源。

初级评价涉及某事对个人幸福感的重要性。只有当事件与个人损益相关时，比如短期或长期目标，比如社交或自尊或爱人的幸福，个体才会对正在发生的事情产生压力反应。为了区分个体情绪，初级评价已经扩展到3个组成部分：目标关联性、目标一致性或不一致性，以及自我卷入的类型。我稍后会对这些组成部分进行更多的讨论。

次级评价涉及应对选择——也就是说，任何给定的行动是否可以防止伤害、减轻伤害，或者产生额外的伤害或利益。评价的最基本的问题是："在这次事件中，我能做些什么，我做的事情以及即将发生的事情会如何影响我的幸福？"为了区分个体情绪，需要3个次级评价组成部分——指责或认可、应对潜能和未来期望，我稍后会回答这些内容。

因为所有与环境相关的事件都在不断变化，并对心理产生影响，初级评价和次级评价也在不断变化，这就是情绪总是在变化的原因。对环境的反馈，或者个体自身的行动和反应，构成了需要加以评价的新信息。我将进一步评价的过程称为重评。它与评价的区别只在于出现得晚，所以它与其他类型的评价基本上没有什么不同，只是它的历史和认知或情感应对具有自我生成的特征，就像防御一样，是由大脑构建的评价，用于调节情绪困扰或维护自我。重评也意味着对个体—环境交互的评价具有连续性，并强调评价的反馈作用。

评价的适应功能。关于感知的古典思想和现代认知方法，都将认知科学定义为个体与环境的互动如何开始、注册、编码、转化、存储和检索，从而导致个体决策。这个框架在很大程度上是真实的，因为兴趣的发生强调知识、行动和客观世界之间的相互匹配；规范性则关注群体如何处理与环境的关系而不仅仅关注个体层面；由于人们对情绪、个人信仰、动机和影响认知活动的社会文化因素几乎没有兴趣，因此是冷的而不是热的。认知心理学从未成功地吸收一种20世纪40年代和50年代曾被称为“新观点”运动，它强调（1）非真实性，并暗示认知活动可能意味着或导致心理病理问题。（2）选择性，即个体在关注的内容和环境信息转化方面的差异，以及由动机、选择性注意和自我防御等因素对环境信息的转化，这些因素使认知变成热的。

必须解决的一个问题是，任何给定的评价在多大程度上以及在哪些方面取决于环境现实或人格因素。如果强调选择性，并采取纯粹的现象学立场，即意义在于旁观者眼里的世界是怎样的，那么客观环境的作用不太重要了。如果个体做出了强调真实性的假设，那么意义就完全由环境塑造，而个体必须从环境中抽离出来，才能成功地应对生活和世界。我在第一章中讨论过的格根的外源性和内源性观点很适合这里，汤姆金斯对科学、文学和艺术的意识形态极性的相关分析也很适合这里。

这些观点都很极端，真相介于两者之间。如果我们的认知和评价与环境现实不相符，那么作为一个物种或个体，我们就不可能取得成功。然而，在很大程度上，我们还必须认识到个体、社会和物种的区分。有人可能会补充说，尽管现实令人沮丧，但我们有能力对前景持乐观态度，维持幻想，抱着一线希望，保持积极的士气，并不断努力，这些都是与生存息息相关的过程，有助于我们调动和维持适应性动机。

要整合这两种看似矛盾的观点，最终需要我们阐明主观评价、客观环境和个人事件之间的合理联系。我认为对此最好的概括是，健康的人通常能够顺利地、通过非常客观的方式感知和理解他们的世界——他们擅长对现实进行检验，同时也设法最大限度地减少痛苦，并对生活持乐观态度。帕特森和纽菲尔德强调了关于威胁评估的三个客观情境决定因素：事件的严重性或明显的危险、危险的紧迫性以及发生的概率。他们认为客观世界总是有压力的观点是讲不通的，除非环境条件和个人意义评估之间存在相当大的一致性。

然而，因为环境是极其复杂的，并不是每件事都能被关注，因为它经常是信息模糊的，但我们会基于目标层次结构和我们自我归因的方式，对相关信息进行选择性的关注和处理。现实也有许多，而不是单一的，我们千万不要习惯性地认为个性因素必然会扭曲现实。但是，由于各种可能性，个性因素会影响各种现实之间的关系；因此，苹果是一种食物，但如果你扔得足够用力，它也可以是一种武器，或者如果你是一个杂技演员，它也可以是一个道具。

关于所发生的事情对个人幸福感的影响这一评价任务，需要持续努力去平衡环境现实和个人利益两方面的力量。评价的主要功能是尽可能有效地整合这两者，而不是忽视任何一方。就像关于幽默的语义脚本理论，个人目标和信念构成一个脚本，环境刺激构成另一个脚本；评价就像一个笑话结尾的点睛之笔，调和了两者的关系。在心理病理学中，无论是环境现实还是个人事件，其中一方的系列特征，总会以牺牲另一方为代价而占据主导地位。但在健康状态下，它们会保持相对平衡。

在这方面，阿洛伊、奥尔布赖特、阿布拉莫森和戴克曼提出了一个惊人的主张，并回顾了一些证据，即抑郁的人比那些功能良好和乐观的人更现实。对此，阿洛伊等人认为：

> 抑郁的人可能会因为正常的乐观偏见的缺失或出现故障而受苦。抑郁症的适应不良特征，如低自尊、消极情绪、毅力减弱、压力应对能力差和绝望感，可能在一定程度上是缺乏健康的个人幻想的后果。事实上，有一位临床医生很久以前就意识到了这种可能性。引用西格蒙德·弗洛伊德的《哀悼与忧郁》：“当他（抑郁者）高度自我批评时，他把自己描述为一个狭隘的、自私的、不诚

实的、缺乏独立性的人，他曾经唯一的目的就是隐藏自己本质性的弱点，而如今他的负面评价可能是非常接近于了解自己；我们只是想知道，为什么一个人在生病之后，才能够接触到这种真实。”

在评价共同经历时，对个体差异的相关解释来自个人控制的概念，即一个人对事件中具体情节的控制能力。有一些相当确凿的证据表明，人们更喜欢控制生活中的事件和决定，对职业背景下的控制相关研究进行了分析；布赖恩特提出感知控制的四因素模型；以及米罗夫斯基和罗斯对控制和防御的比较。人们普遍认为，控制等同于健康，缺乏控制是致病的，或者是不可避免的痛苦根源。

然而，对自己的生活状况负责的感觉可以提升健康和士气的假设也受到了质疑。一些研究表明，对不良情况的个体责任感可能对个体有害，而且可能会出现基于妄想或内疚而执着于自我控制——换句话说，是一种自我防御形式的应对。米罗夫斯基和罗斯认为，困惑源于没能认识到关于这一问题的许多研究，都只关注个体对坏结果的责任感或控制，而忽略了对好结果的责任。他们有强有力的数据可以证明，对好结果和坏结果缺乏控制与抑郁有关。他们认为：

根据控制理论，宿命论者比工具主义者更抑郁。这一观点得到了支持。防御理论认为自责者比自卫者更抑郁，这一观点还未得到支持。我们预期的是控制理论和防御理论的基本假设都能得到支持，但事实并非如此。自卫者、自责者和宿命论者在平均抑郁程度上没有显著差异。在我们的研究结果中，对好结果、对坏结果或对两者缺乏控制感与抑郁有关。

福尔克曼对控制能力这一与评价相关的概念进行了细致的分析，指出尽管控制感经常被评价为是有利的，但也有许多例外。例如，关于乳腺癌不同手术方案有不同价值的确凿证据出现前，我们可以选择做根治性乳腺切除术、改良根治性乳腺切除术或肿块切除术，但我们也不得不承担责任，这不仅是因果责任，还要对这一决定的负面后果负责。许多人宁愿让别人来决定，因为对他们来说，控制是一把双刃剑。这一主题的一个文学变体可以在莱斯查克的一篇关于一场猛烈的夏季暴风雨的故事中看到。莱斯查克认为：

要集中精力思考需要有意识的、全身心的努力。我努力让自己相信宿命论，树可能会撞到我们，也可能不会。这个简单的道理很让人安慰，因为它承认有些情况超出了我们的控制。如果有棵杨树上有我们的名字，好吧，那就是生活。

我暂时放弃了对自己生活和命运的掌控。我无法控制自己，因此，我没有责任。没有责任就没有问题。我无法平息风，也无法避开落下的树；我无能为力。既然这件事不在我的掌控之中，也许它在别人的掌控之中。这种心态是祈祷的本质，我只需要践行我相信宿命的信念——相信我们不会受伤，坚信这不会发生在我们身上。

关于评价与环境现实的偏差，目前尚不清楚我们有多大能力能够测量个体对客观环境的反应程度。描述客观环境的唯一方法是基于生活在这种环境中的人们的共识，而里佩蒂发展了一个量表，可以有效测量工作中的社会环境，该量表经过一致评估，证明可以用来比较个体对该环境的看法与共识。

该量表由4个因子组成：（1）整体因子，表达诸如“人们似乎对组织感到自豪”“很少有人做志愿者”“上司倾向于对员工颐指气使”等观点；（2）亲密度因子，表现为“人们对彼此感兴趣”；（3）支持因子，表现为“你的直接上司/或工作中的其他人为了让你的工作更轻松，会在多大程度上不顾一切地做事？”（4）工作满意度因子，由“工作很有挑战性”和“工作通常很有趣”这些项目说明。

虽然这是一种合理而有趣的方法，但并不确定，定义一般人的社会环境的问题是否与我们可能感兴趣的特定个体有关联。然而，可以使用这个量表来比较个体的感知和评价与规范性共识的感知和评价之间的区别。里佩蒂的研究结果表明，实际上，社会环境的客观质量与员工的心理健康有关，但个体评价——主观评价，与抑郁和焦虑的相关性甚至比共识（客观）感知更强。我将在讨论评估的第十一章中介绍里佩蒂的量表。

有时评价是基于现实的，有时则不然。其中一个因素可能是情绪的破坏性影响。有大量证据表明，情绪可以扰乱思维，导致错误的结论。然而，另一个因素是，我们以一种看似非理性的方式思考或行动，仅仅是因为潜在的错误信念前提支撑了本来完全合理的推理。例如，亨利发现，当她的学生犯三段论推理错误时，这些错误是基于未表达的价值和信念前提，这使得这些“错误”变得可以理解和合乎逻辑。因此，对“客观”条件的错误评价可能是承诺和信念的结果，这些承诺和信念有时是未表达或未被认识到的，也不存在任何对推理过程的情绪干扰。

无论如何，评价是最接近个体真实情绪状态的过程，因为它反映了个体理解和关心的东西。因此，它将比个性特质和客观环境等远端前因因素更能直接而可靠地勾画出个体的情感生活画面。当通过自我欺骗或基于不同的信念和承诺模式，人们对事物的理解与实际情况之间存在不一致时，评价就成为更加重要的一个心理结构。虽然人们判断准确的概率往往高于不准确的概率，但如果不谈及在事件和情绪反应之间起重要中介作用的认知活动，没有一个情绪理论是完成的，因为认知活动整合了两组变量：环境和个人。

作为过程和风格的评价。对于幸福感意义的评价并非静态的；一旦完成了一次评估，它并不一定保持不变。相反，它应被视为一种暂时的、可变的认知结构，在环境条件和个体内部因素持续交互的过程中而不断出现和重现，并且在一定程度上会随着环境条件和个人的变化而改变。这就是评价作为一个过程的意义所在，在日常生活中，我们不断努力理解正在发生的事情，寻求一种答案，以保持我们在生活过程中已经形成的图式，并在我们的目标承诺和信念不再有用时改变图式以适应环境。当这种变化涉及个人可能性和参与领域的扩展时，个人成长就发生了。

虽然评价应该作为一个过程来研究，人们可能也会形成相对稳定的评价风格——也就是说，在某种程度上倾向于采用一致的方式对环境中正在发生的关系进行评价，尤其是面对模棱两可的条件下，例如，通常积极或消极地看待事件。远古的智慧和现代的大量证据支持这样的观点，即有些人是乐观主义者，有些人是悲观主义者。一致的评价风格很少得到研究。但它们反映了个体相对稳定的承诺和信念模式，以及个体应对威胁的认知模式。我将在第十一章讨论认知—动机—关系理论的评价策略，并将提供一些评价风格的测量方式。

与世界建立稳定关系的稳定风格反映了个人“现实观”的一面，这是安德鲁斯的观点；而刻意努力、转变经历、创伤或心理治疗的结果则可能催生另一种风格，正如荣格所假设的，人格的从属性会在后来的生活中显现出来并占据主导地位。安德鲁斯引用一篇报纸报道，以沃尔特·蒙代尔为例，说明了人的心理特征有多个层次，形式反转需要数小时的紧张排练、自我批评和指导的……（蒙代尔的顾问们理所当然地强调了候选人的功劳。）“是沃尔特·蒙代尔，他做到了……”一些助手试图淡化计划的重要性。所有给他的建议都是：“做你自己。”但在走上舞台之前，蒙代尔必须回答的关键问题是，他应该成为什么样的“自己”。有好斗的弗里茨——在讲台上声音尖锐，手臂挥舞，颈部肌肉鼓起。还有友好的弗里茨——一个具有幽默感、言辞干脆和放松魅力的人。

引文从对有意识的甚至辛苦的角色排练的描述开始。接下来，也许会担心这显得操纵性太强，蒙代尔的助手们描绘出多个同时出现又相互矛盾的“自我”，候选人扮演某一个角色，但同时也是“做他自己”。似乎这还不够，我们随后被告知“他（蒙代尔）做到了！”这个“他”是谁？不是他本人，也不是他呈现给观众的“自我”，而是另一个元自我——有点像“讲故事者”——他以某种方式精心策划了角色选择的整个过程。最后，这位报道者强调了，努力简单“做”自己的同时又可以选择体验各种潜在自我，这是一个实实在在的讽刺。

当蒙代尔选择成为一个敌对主导者或一个友好魅力者时，他也在创造现实观。不管他采用哪种身份，身份的选择者（讲故事的人）是不变的。因此，在自我作为内容的层面上，我们可以认同任何一个或者所有的……个性风格或世界观，但在自我作为过程的层面上，我们可以更多地将自己视为讲故事的人，而不是剧本给我们设定的角色。当我们转变观点时，我们也增加了个人的自由度。

评价风格的概念是第二章中对情绪状态和特质进行区分的一种变体。当一个人在一段时间内或在不同场合对环境的评价方式不稳定时，我们称评价为状态（或过程），因为它会随着情境的变化而改变；然而，当评价是稳定的时，我们称之为特质或风格。由于通常既有不稳定性又有稳定性，两个概念反映了对同一现象的不同视角，一个关注变异或变化，另一个关注稳定性。

情境性评价与一般性评价。一方面，评价受特定事件或环境的影响，并有针对性；班杜拉的自我效能感概念在这里很适合。另一方面，评价可能由超越具体情境的、与个人相关的一般性模式（认知和动机特质）组成。为了解释和预测情绪过程，我们需要对一般性认知倾向和情境性认知活动进行检查。为了明确这是如何运作的，我们必须认识到，信任或不信任、对自己能力有信心或缺乏信心等一般性观念，通过影响情境性认知和评价，进而影响急性情绪。

局限于特定环境的认知活动与适用于多情境的一般性认知活动之间的区别非常重要。后者包括个体在一生中获得的稳定的知识和信念。这些认知特质或思维方式会超越互动中所发生事情的具体细节，从而影响情境性认知和评价，并影响所体验情绪的类别和程度。

罗特曾做了一项关于个体对情境能够施加控制的一般性信念的研究。他根据社会学习理论提出的著名量表测量了一个人将控制的中心放在内部还是外部（环境中），并引发了大量关于控制作为心理变量的研究。它还影响了许多其他人格测量方法的产生——自尊、掌控感、坚韧性、乐观主义、心理一致感、建设性思维、抑郁归因风格和评价风格。

图式、信仰体系或脚本都包含了关于概念或经验的一般性知识。用爱泼斯坦的话说，它是一种指导我们注意和记忆以及如何解释新经历的个人理论。詹诺夫—布尔曼和蒂姆科也使用了这种类型的表述来分析否认的应对过程，安德鲁斯根据现实或世界观的4种广泛视角——浪漫的、讽刺的、悲剧的和喜剧的——回顾了个体差异，他认为对世界观的评估可以促进我们对人格、主观体验的理解，并寻找心理病理学的最佳治疗方法。

我的总体观点是，如果一个人认为别人不值得信任，或者认为自己必须在所有情况下都表现完美才值得被尊重，那么他的情绪过程就会与另一个不认同这些观点的人不同。在埃利斯和贝克的治疗著作和治疗程序中也发现了一个类似的前提，即消极信念是抑郁和焦虑的基础，治疗旨在改变这些信念，以克服功能失调和痛苦的情绪状态。

评价的早期研究。20世纪60年代，我在伯克利的实验室进行了大量的研究提供的证据表明，人们如何解释压力性电影所描绘的内容影响他们在观看时的心理生理反应。这项研究中使用的方法之一是在播放电影之前，制作电影原声配乐和定向段落并播放给被试，旨在鼓励被试对所刻画内容的威胁特征进行否认或理性的疏离。结果发现，与中性控制和增强威胁的段落相比，否认和理性化大大降低了主观的痛苦等级、心率和皮肤电。

这些段落的设计理念最初来自自我防御理论，但也基于对没有提前播放原声配乐或定向段落就直接观看压力影片的被试访谈。其中许多人似乎广泛使用否认和理性化的认知应对方式。例如，即使他们显示出明显的生理压力证据，他们会说，这并不困扰他们（否认），或者这部影片很有趣、很有启发性（理性化的疏离）。在一项研究中，被试还被邀请降低对压力影片的卷入程度或增加卷入程度；采用访谈来确定如何实现这一点。增加卷入程度的一种常见方式是主观地认同影片中所描绘的痛苦情节中的受害者，而通过与受害者保持距离（例如通过将受害者非人化）来降低卷入程度。表4.1显示了这些策略在两种情况下的应用程度。

随着研究的进展，我们的理论重点逐渐从自我防御转移到认知评价和重评的更广泛概念，通过这一概念，人们不断地评价他们经历的现实，并保护自己免受威胁。我们改变研究重点的原因是，我们意识到并非所有的评价都是自我防御性质的，因此评价似乎是一个更基本的过程，而防御是一种形式。

通过播放原生配乐和定向段落可以降低压力水平，无论是自我报告还是自主神经系统的反应，这在我与阿尔费特共同进行的一项研究中也得到了证实。被试观看了一部展示令人痛苦的外科手术过程（称为切割术）的影片。在没有麻醉的情况下，年长的男性用石刀深深地切割青少年的阴茎和阴囊，这其实是一种部落“成人礼”。影片展示了一系列这样的手术过程，还包括将蛆虫插入伤口和其他仪式活动。

否认性段落是在播放影片之前告知观看者这一手术过程并不是特别有威胁性、痛苦或危险，而且影片中的青少年们期待着这一切，认为这是迈向成年的重要一步。图4.1呈现了皮肤电曲线，其数据取自一组观看了17分钟影片的被试的平均值；控制条件包括：没有定向片段，观看影片之前播放否认的定向段落，以及在观看影片时播放否认的评论性段落。很明显，这些否认的陈述显著改变了对所发生事情的评价，从而降低了压力水平。

我们的证据清楚地指出了认知过程具有塑造情绪反应的力量，就像在早十年中，那时不同的利益占主导地位，证据指出了情绪会破坏认知过程。简而言之，影响是双向的，情绪影响认知，认知影响情绪。

这项研究之后，在其他实验室开展了广泛的实验研究，在涉及不同压力的情况

表4.1　使用特定策略被试百分比，以及将该策略列为第一或主要选择的百分比

	卷入组		疏离组	
	使用（%）	使用（%）	使用（%）	使用（%）
卷入策略				
1. 我试图将这些场景与我曾经或目睹过的类似经历联系起来	42.5	20.5	28.9	2.6
2. 我试着想象这一切正在我身上发生	72.7	49.0	60.5	42.1
3. 我试着想象它正在发生	27.5	5.5	36.8	13.2
4. 我试图想象并夸大事故的后果	50.0	11.5	34.2	11.8
5. 其他______________	37.5	13.5	31.6	13.6
疏离策略				
1. 我不断地提醒自己，这是一部电影，而不是真实的事件	57.5	39.0	55.3	28.9
2. 我看这部电影时，把注意力集中在制作过程中涉及的技术方面	50.0	18.5	55.3	26.3
3. 我集中讨论了事故发生的原因和可能的预防方法	10.0	0.0	18.4	5.3
4. 我告诉自己，工人们应该为所发生的一切负责	20.0	10.0	7.9	0.0
5. 我试图对所发生的事采取一种幽默的态度	17.5	2.5	34.2	7.9
6. 我告诉自己这样的意外是不可避免的	0.0	0.0	5.3	0.0
7. 其他______________	57.5	30.0	28.9	13.2

认知与情绪

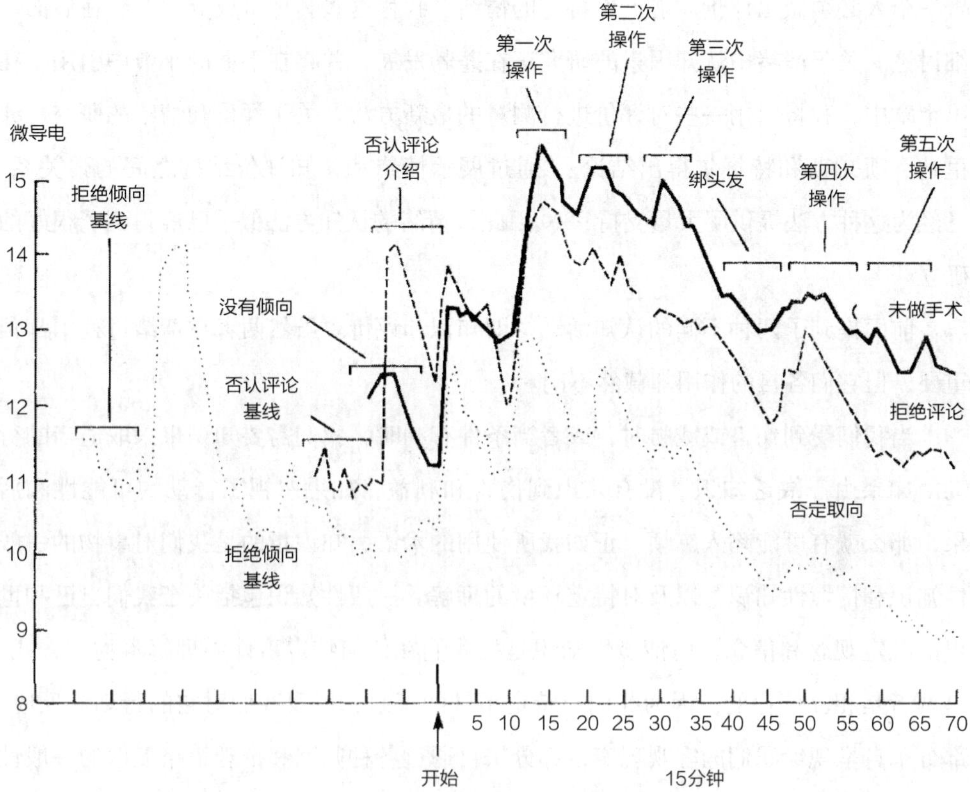

图4.1

下，评价被操纵，例如，攻击焦虑和失败威胁。纽菲尔德进行了一系列研究，采用信号检测方法来区分体验性压力和声称性压力。克兰茨后来的研究集中在大学考试中的次级评价（关于应对潜能）。布雷兹尼茨进行了一系列自然和实验研究，也证明了由虚假灾难警报产生的评价对情绪困扰和应对的影响力，并揭示了影响这些评价的一些条件。

评价概念从压力到情绪的转变

尽管早期的研究提供了许多关于评价对压力反应及其强度的影响的例子，但它并未涉及所产生情绪的性质或内容，比如愤怒、恐惧、内疚或自豪等。然而，进一步的推断是，评价将塑造情绪的性质，就像塑造压力反应的强度一样，尽管这需要通过实践来证实。

近年来，评价的概念在更细节的方向上经历了相当大的转变。目前正在研究是否一个人必须做出评价才能产生特定的情绪。我称这些为评价成分，并会在后面详细讨论。关于情绪中认知因素的研究正在蓬勃发展，并将在下面的小节中引用。在第十章中，我将引用一些对评价进行测量的最新方法。关于评价和情绪的研究，弗里达、凯珀斯和特舒尔得出结论："通过展示情绪和认知评价结构之间的强关系，已经为这种方法提供了大量支持……因此，情绪的认知方法似乎已经得到了很好的确立。"

前面提到了两种不同的认知活动，即知识和评价。虽然两者在情绪过程中都很重要，但它们各自的作用却截然不同。

当我们受到伤害或威胁时，或者当条件有利时，我们需要知识来采取适当的行动。如果由于缺乏知识，没有认识到伤害和利益，如果忽视了行动的可能性和后果，那么就有可能陷入麻烦。正如我所使用的术语，知识指的是我们对事物的一般性知识和情境性知识，以及对特定环境的理解。一般性知识包括关于我们自己和世界的既定观念和信念，而情境性知识是指我们在任何特定事件中理解事物的方式。这两者是相互依存的，因为我们对特定事件的了解，以及我们对它的行动和反应，部分来自呈现给我们的客观现实，部分来自通过各种归因和推理策略汲取的一般性知识。反过来，我们的一般性知识也来自我们从特殊事件中学到的东西。

知识有时可以用语言表达，但也可以是隐性的，甚至是无意识的（通过自我防御将知识停留在潜意识层面），无论是在被忽视或不可察觉的意义上，还是在更具争议性的意义上，知识可以是基本的、具体的、范围有限的，也可以是复杂的、抽象的、广泛的，它也可以是准确的或不准确的。在讨论意义是如何实现的以及无意识评价可能产生的过程中，我将对此进行更多阐述。

评价，是对正在发生的事情对个人幸福的意义的持续性评估。没有个人意义，知识就是冷冰冰的、没有感情的。然而，当知识触及个人幸福时，就变成了热的，或情绪性的。克雷特勒和克赖德尔很好地表达了个人意义和自我意义的特征：

意义生成是由两个焦点问题调节的："这意味着什么？"和"它对我来说意味着什么？""它以何种方式影响我？""我以任何方式关心吗？""我应该关

心吗？”“我个人是否参与其中？”“我应该参与吗？”“我是否需要采取任何行动？”“我到底要不要行动？”“在何种意义上，它会或可能会影响（或关注）我的目标、我的规范、我对自己的信念、我对环境或其任何方面的信念？”显然，“它对我来说意味着什么？”的表述仅仅是对这些问题的不同变体进行总结的一个标签。

这种对个人意义的概念化与我所说的评价密切相关。从对任何事件的意义分析中得出的最重要的理论和研究问题涉及一个人必须提出和回答的问题——对每一种情绪的初级评价和次级评价。

初级评价——正如读者所记得的那样，初级评价涉及某一事件是否与一个人的幸福相关，以及以何种方式产生关联——类似于克雷特勒和克赖德尔关于情境是否影响个体的问题。它是首要的，因为它为事件提供背景，它基于对正在发生的事情与个体的相关度，这反过来又取决于特定环境背景下的目标承诺和交互中的利害关系。其中一些关键问题是：是否存在伤害或威胁，还是我将从中受益？有哪些危害或益处？

次级评价是对个人应对当下情境和未来前景的选择和资源的评估，类似于克雷特勒和克赖德尔关于是否需要采取行动，如果需要，采取何种行动的问题。因为次级评价对于确定事件的整体适应性意义是必要的，它通常对个人情绪的体验具有至关重要的影响。一些关键的问题是：我的应对资源是否足以应付这些事情？结果如何呢？我是无助的吗？谁应该为我身上发生的或将发生的事情被指责或归功？我能做什么，或者我需要做什么，这样做的后果是什么？等等。

在关于认知在情绪中的作用的许多问题中，最被广泛忽视和误解的是知识和评价之间的区别，正如克雷特勒和克赖德尔的分析以及我前面论述的那样。采用评价概念的作者通常没有认识到，评价不是人们对抽象情绪的认识或信念，或者关于事物在现实世界中如何运作的认知归因，而是关于人们如何评估他们所知道或相信的事物的个人意义。

知识是构成个人意义的冷认知要素，直到对个人幸福的影响被提出，它才成为具有个人热度的评价。因此，单纯的知识并不直接导致情绪。另一个过程（评价）

是必需的，它涉及对正在发生的事情是否以及如何产生伤害或利益，以及如果有的话，以何种方式产生。克雷特勒和克赖德尔强调个人意义不能简化为知识，这是众所周知的，每一个不确定自己将得到心爱的草莓蛋糕还是珍爱的桃梨冰激凌的晚餐客人都知道。焦虑并不是源于存在多种选择的事实本身，而是源于其中一些选择所暗示的意义。当考虑以下一些选择时，这一点就变得明显："要么会上甜点，要么会有入室抢劫打断晚宴派对。"相反，即使是非常精确的信息，也不一定能通过其精确性和充分性来稳定系统并减少恐惧和焦虑，从"明天你将被处决"的信息中可以明显看出完整的信息也不能减少个体的恐惧。这表明信息理论的核心概念，即选择的数量、它们各自的出现概率以及最终的选择，这些信息与个体心理的相关性远不如信息背后的意义。

未能认识到个人意义和评价的这一点，使得卡尼曼、斯洛维奇和特沃斯基关于判断和决策中的启发式和偏见的研究变得有影响力。需要重申的是，与认知心理学中对规范和真实的强调相反，思想不一定是客观的，尤其是当个人价值观受到社会因素的强烈影响时。

关于知识和评价概念的混淆在最近关于情绪中认知活动的概念化和相关实证研究中有所体现，这种混淆可以通过审视一些最著名的认知维度来加以佐证，其中一些是知识而不是评价的例子，一些是情绪反应的组成部分而不是其前因，一些是评价，或者至少更接近于对正在发生的事情对个人幸福的意义进行的热评价。

内在愉悦的认知维度，由谢勒和其他人提出，诠释了混淆的三个来源。谢勒将这一维度定义为"刺激产生的固有愉悦或不愉悦，并不依赖于特定时刻与机体目标的关系"。正是因为这种认知维度，用谢勒自己的话说，独立于有机体的目标，应该仅仅被视为知识，必须在个人意义方面进行进一步评价，然后才会产生情绪。

知识需要评价才能产生情绪的一个很好的例子，是疼痛性肌肉疲劳。正如我说过的，快乐和痛苦是感觉状态，而不是情绪；只有当它们的重要性被评价时，才会引发情绪，而由此产生的情绪性质取决于评价的性质。对于一个运动员来说，肌肉疼痛可能会被评价为积极的，因为他认为这是锻炼或练习的可取目标；然而，在比赛中发生这种疼痛时，它会被评价为消极的，因为在这种情境下，疼痛和疲劳表明了获胜岌岌可危。当疼痛意味着生理损伤或疾病时，它也会被消极评价，其消极程度取决于对生命和功能威胁的严重性判断结果。换句话说，对疼痛的感知可以根据它的评价方式来区分在情感上的积极或消极意义。

严格地说，情绪反应的性质属性，如愉快或不愉快，不是评价的维度，而应被视为反应的描述成分。它们是评价的结果，而不是情绪的原因。当然，它们确实为随后的评价提供了信息，就像之前运动员评价肌肉疼痛的例子一样。但它们本身并不是评价。关于这一点存在长期的混淆。

在区分知识和评价时，我并不想暗示这两个认知过程遵循预定义的顺序。最好把知识和评价看作一个瞬时过程的不同方面，虽然在性质上不难区分，但在时间上却难以区分。我对初级评价和次级评价也提出了同样的观点，它们在情绪过程中在功能上相互依赖，可能同时发生，也可能先进行次级评价再进行初级评价，不一定遵循既定的时间顺序。

情绪研究者研究的大多数实际认知维度都涉及因果归因，这是一种知识而不是评估。韦纳等人探索的归因维度，如控制点、稳定性、可控性、意向性和整体性，以及类似的认知维度，如因果主体、责任点、因果主体的可能动机、感知公平或合法性，以及控制点——这些都是知识而不是评价。关键点在于这些归因或知识形式在所有情况下对每个人的幸福所代表的个人意义是不一样的，而个人意义具有情绪相关性。要预测随后产生的情绪，则需要将特定个人或群体，在某种特定的情境下，对幸福的意义具体化。

克雷特勒和克赖德尔早期关于确定性和不确定性的引用也是一样的。我请读者再读一遍他们的声明。不确定性不是一个评价维度，尽管它经常被认为是评价维度，因为它只是为个人意义提供了事实依据，而没有阐明意义本身。有时我们会发现不确定性加剧了威胁，但在其他时候不确定性又给了希望的空间时，这一点变得更加清晰。如何在个人层面上评估不确定性，这一点至关重要。

另一个有趣的例子是控制点，它与产生的情绪类型有明显的相关性，但缺乏评价或个人意义。一些研究表明，当对伤害进行外归因时，与内疚相比，个体感到愤怒的可能性更大，如果个体感到内疚，那就是个体将伤害进行内归因了。然而，到底是愤怒还是内疚，除了控制点之外，还需要进行责任评估。虽然它们与因果归因点有重叠之处，但这些概念并不完全相同。正如麦格劳和谢弗指出，这些概念绝不是相同的。

在成人中，故意性、合法性和可控性的知识或推论与因果归因点结合在一起，以复杂的方式影响着是指责他人还是指责自己，因此产生愤怒或内疚情绪。例如，在伤害的情况下，当人们将行为解释为无意的、公正的或不可避免的时，他们为自己的行为承担责任的可能性会更小。尽管词语可以有多种用法，但指责通常意味着怨恨，这更像是一种评价，而不是对谁应该对结果负责的冷认知。关于功劳也可以提出类似的论点，它对自豪的积极情绪至关重要。不认识到这一点，就会继续混淆知识和评价。

出于这个原因，正如将在下文以及第六章和第七章中展示的，我已经引用了责任归因的概念——对伤害或利益的责任以及关于个体是否实际上能够控制自己行为的归因。如果对有害行为的控制归咎于自己或他人，那么责任就变成了指责；如果对有益行为的控制归咎于自己或他人，那么责任就变成了功劳。换句话说，这是一个关于功劳或指责的热评价，如何利用关于责任和控制的冷知识。

从这一分析中得出的结论是，一些认知维度是真正的评价过程，因为它们直接涉及对个人幸福感的评价，而其他维度则涉及知识，需要额外评价其个人意义。责任和归因控制是知识或归因的体现，而指责和归功是真正的评价；因为后者的含义与个人幸福感直接相关，因此它们是热的。另一个重要的启示是，在情绪过程中，知识是远端变量，而评价是近端变量。

知识与情绪之间的联系比评价与情绪之间的联系更松散、变异性更大。因此，应该有可能证明，在预测情绪反应的个体差异方面，后者比前者更可靠、更必要。例如，我注意到，韦纳（1985）承认归因—情绪关系（即知识—情绪关系）并不是完全不变的，这意味着需要其他因素作用，如评价。韦纳认为：

> 需要谨慎……因果归因并不一定导致相应的情绪产生……因此，我们所持的立场是[归因]维度与情绪的关系并不是不变的，这在我们的文化中非常普遍，也可能体现在其他许多文化中。

归因理论的研究者在某种程度上可以根据对控制点等变量的共有或普遍规律来

解释和预测情绪，但对于因果归因评价的方式上存在的跨文化差异和个体差异，仍然缺乏关注。例如，将学校考试失败归咎于缺乏努力或能力，西方学生与亚洲学生有不同的个人归因方式，因此情绪反应也不同。西方学生似乎更容易将考试失败归咎于能力不够，而亚洲学生则更容易将考试失败归因于缺乏努力，西方人甚至把不努力当作失败的借口。同样，尽管同一社会中的许多人对于努力还是能力的归因存在共识，但毫无疑问，社会中仍然会存在巨大的个体差异。在多元化的社会中，这种差异可能会更加显著。在一个人的一生中，努力的意义也会发生变化。在我看来，要真正理解和预测情绪反应，理论家和研究者需要更加关注（近端）评价而不是（远端）知识。

这可以从加德纳和利维的研究中得以体现，该研究考察了自尊心的个体差异，以及努力和能力在个人归因方面的不同解释。他们发现，当一个人在考试中表现不佳时，自尊心强的人会认为，如果付出了努力，那么能力就会更强；自尊心低的人对努力和能力的认识就没有进行这样的区分。这表明，正如我一直所强调的那样，个性的差异会导致个体对努力和能力的解释不同，从而导致评价和产生的情绪有差异。

沃勒特也表达了同样的观点，他在对临床抑郁症的理解方面认为：

> 我认为仅仅确定归因的内容——例如，失败归因于内部因素——不足以全面理解抑郁症。我们还必须知道这种归因对个体来说意味着什么，这是否意味着个体触发了一种批评性或保护性的自我评价？这是否意味着个体应该放弃目标导向的努力，还是要加倍努力？如果这些关联能被更清晰地指明，那么归因在抑郁症发展过程中的作用也可能被澄清。

初级评价和次级评价的成分。我现在开始检验6个评价成分，我将在第六章和第七章中使用这些成分来探索每种情绪的评价模式。选择这些成分有两个目的。一是，我的目标是将我早期在心理压力理论方面的工作与当前的情绪认知—动机—关系理论（例如，次级评价成分之一涉及与应对相关的条件）相结合。二是，我还借鉴了一些概念，这些概念要么借鉴了他人在评价和情绪方面的新兴研究成果，要么与他人工作同步开展。

有3种形式的初级评价和3种形式的次级评价，它们与弗里达、罗斯曼、谢勒以及史密斯和埃尔斯沃斯提出的一些认知维度重叠，这些可以被认为是评价的成分，而不是知识的成分。3种初级评价的组成部分是目标关联性、目标一致性或不一致性和自我卷入的类型。

目标关联性指的是事件与个人目标的契合程度，也就是说，在这次事件中是否涉及个体目标实现，或者是否涉及个人获益。如果事件与目标没有关联性，就不可能产生情绪；如果有的话，根据事件的结果会出现其他情绪。

目标一致性或不一致性是指事件与个人期望的一致或不一致的程度，也就是说，事件会阻碍或促进个人目标。如果事件阻碍目标实现，就是目标不一致；如果有助于目标实现，就是目标一致。目标一致性会促发积极情绪。然而，具体的情绪取决于进一步的次级评价。

自我卷入类型是指自我认同或个人承诺的不同方面。我在第三章中列出了6个方面，包括自我和社会尊重、道德价值观、自我理想、本质意义和观念、他人及其幸福、人生目标，所有这些都归为自我认同的范畴。正如我们将在第六章和第七章看到的那样，自我认同可能涉及所有或大多数情绪，但根据事件的不同，自我参与类型也不同。举几个例子来说明：在愤怒情绪中，一个人的自我或社会自尊受到了攻击；在焦虑情绪中，个体感受到威胁（对人们所投入的意义结构）；在内疚情绪中，个体感知到坚持的道德价值观念被违背；在羞愧情绪中，个体感知到未能实现自我理想；在悲伤情绪中，个体可能感受不到自我认同；在幸福情绪中，个体感受到安全感和幸福感；在自豪情绪（一种与愤怒相反的情感）中，个体感受到自我认同的自我和社会尊重方面的增强；等等。

次级评价的3个成分是指责和归功（可以是外部的，即针对别人的，也可以是内部的，即针对自己的）、应对潜能和未来预期。

指责和归功源于个体明晰谁应该为挫折负责；如果这种知识伴随着关于挫折行为是否在责任人可控范围的知识，就会赋予指责或归功。

应对潜能指的是一个人是否以及如何处理事件的需求或实现个人承诺。我要强调的是，应对潜能并不是实际的应对过程，而只是个体对做某事或思考某事的前景进行评价，这种评价反过来可以改变或维护人—环境关系。

未来预期是对未来事件的积极/消极预期（即未来事件与目标的一致程度）。

这里要再次强调指责和归功的概念，以及责任和归因控制的概念，并阐明知识和评价在情绪产生中的相互作用。责任和归因控制是知识的成分；指责和归功是评价的成分。知识在个人影响方面通常是不确定的，如果没有进一步针对知识如何影响个人幸福感的评价过程，就不会产生情绪。知道我们要为社会所重视的事情负责并不会让我们感到自豪，除非我们因此获得了声誉。例如，如果发生的事情是偶然的，我们不能轻易地邀功。同样，如果别人让我们挫败，我们也不会责怪他们，除非我们也相信他们本来是可以控制自己行为的；如果我们明白他们是别无选择、不得已做出挫伤我们的事情，我们就不会责怪他们，也不会对他们感到愤怒，尽管我们也可能通过其他替罪羊来宣泄愤怒情绪。我们将在第六章和第七章中具体讨论愤怒、自豪和其他情绪如何起作用。

请注意，评价成分的排序方式是这样的，从广义概念开始——例如，是否会有一种情绪（评价目标关联性），这种情绪是积极的还是消极的（评价目标一致性或不一致性）——逐渐精确区分一种情绪和另一种情绪，最后明确产生的情绪。这种决策树模式将在第六章和第七章中用于识别个体情绪的评价模式。

既然我认为评价不是连续的，为什么我要使用决策树？它会让人联想到一个人在评价的列表中逐步向下，直到明确产生某一种情绪。答案是，决策树有助于读者理解评价的理论或解释逻辑，但不能描述一个人在现实世界中如何进行评价。这是一种说教手段，而不是对事物运作方式的描述。当然，对于评价决策实际上是如何做出的，没有既定的答案。对此，我想谈两点看法：

第一，我们不必在每次遇到新的适应性问题时都经历整个评价过程。当我们事先了解了某些条件及其对幸福感的影响具有偶然性时，我们就会根据对这些偶然性的了解，对最小的线索做出即时的评估。生活中的许多事情都是对过去挣扎的重述，这是我们个人经历的表现，也是情绪过程的一个组成部分。实际上，许多评价决定已经做出，只需要适当的环境线索来触发它们。评价这些实际情况不需要深思熟虑，因为评价模式似乎已经事先确定了。

第二，目标层次和信念模式使人对某些情况敏感，而对其他情况不敏感。这种先行加工是一个加速评价并使其选择性的先验过程。然而，这更适合在下一节中进行讨论，即意义的范畴下。

无论如何，即使我在第六章和第七章中将其作为决策树来展示和使用，我们也不能将评价过程视为按照任何固定顺序逐步进行扫描组件的过程。我们可以非常迅速地利用已有的对环境、个人变量以及它们之间关系意义的各种存储信息，这是如何做到的仍然是一个谜，但我们确实必须自动地做一些类似于我所说的事情，否则情绪就无法适应于特定环境，我们的情绪表现也会比现在更加混乱。

意义是如何实现的

我承认，我对评价的讨论，尤其是没有考虑到特定情绪反应的具体例子（这是留给第三部分的任务），让我有一种不完整感。也许让我感到不安的是我谈论评价这个概念的方式，它似乎过于依赖于成人深思熟虑和反省思维这些概念。我之前曾说过，评价的概念并不意味对情绪的认知过程的理性、审慎或意识。因此，我们现在应该更仔细地了解意义是如何实现的。

一个基本主题是，认识事物的方式不止一种。我引用本纳和弗鲁贝尔对海德格尔关于认识的看法：

> 海德格尔认为，人演绎着自我角色，即人不是预先设定好的，而是在生活的过程中逐渐被定义的。海德格尔提出个体是在以毫不费力、非反思性的方式理解世界中的自己。人们之所以能有这种理解，是因为他们总是处在一个有意义的环境中，并且能够领会意义。这并不是说人们没有进行深思熟虑或概念性的思考，而是说深思熟虑的抽象思维并不是人们认识世界的唯一方式。事实上，如果一个人没有置身于一个有意义的环境中，他就不知道如何处理这种抽象的、概念性的思维。但很容易理解为什么有人会相信所有的知识都是反思性的知识，因为每当一个人站在情境之外时，他就处于反思的位置。但海德格尔的关注点在于阐明当一个人不在情境之外，而是置身其中时，会发生怎样的认知。这一关注点是至关重要的，因为在他看来，一个人的大部分存在都置身于特定的情境中。

在海德格尔的分析中，我们直接根据情境理解自我的意义，我认为这是在评价中最常见的情况。这一概念与巴昂和布德罗在借用“联觉效应”概念时所指的内容有重叠，它也与具身智能和隐性知识有关，但并不完全相同。

说到具身智能，我总是想起我使用键盘打字的那种奇特而又常见的经历。我很多年前就学会了打字并且技术娴熟，速度很快。大多数时候，我的手指能像任何一位优秀的打字员一样自动按到正确的键。最近，在某人的敦促下，我试图从记忆中找出键盘上字母的位置，结果惨败。我甚至无法确定很多字母是在键盘的右侧还是左侧。然而，以某种奇异的方式，我的手指准确“知道”字母的位置，以至于我即使在快速打字时也很少出错。人们在说不清规则的情况下却能做出正确的反应，例如，关于语法或如何打字或骑自行车，他们说不清道理或规则却能够熟练掌握这些技能。换句话说，正如布鲁因所说，存在一种“言语知识和任务表现之间的分离”。

海德格尔的主题“置身于情境中”的一种表达方式是今天认知理论中广泛认可的命题，即存在两种不同的评价方式（也许是系统存在的）：一种是有意识的、有意的，受意志控制的；另一种是自动化的、无意识的，无法控制的。我认为自动和无意识不一定是必然联系在一起的，尽管在讨论时它们经常是相关的。因此，基尔斯特罗姆提出了自动意义生成模式的标准，即该过程是无意识的、非自愿的、不费力的、自主的，而且超出了意识的范围。

如果我们认真对待这两种意义生成模式之间的区别，我们可以同时相信矛盾的事情——例如，乘坐飞机是安全的，同时也是非常危险的。像我这样的人在起飞和降落时的想法被大脑自动处理，这种处理将起飞和降落视为危险，与此同时，我在意识层面上知道，这是小概率事件。但如果出现一些不寻常的声音或动作，我就会立即提高警惕。然而，我内心深处知道——根据死亡率统计数据——在大多数情况下，我在商用飞机上比在日常生活中的许多情境下更安全，比如开车，对此我有一种自我掌控的错觉。关于这类事情，布鲁因认为：

> 这样一个系统既能解释动物的条件反射，也能解释某些人类恐惧和恐惧症的非理性本质。人们只需要假设，在非理性恐惧中，人对事件的有意识回忆与无意识因果知觉自动产生的表征不符，发生这种情况的原因可能有很多。例如，

关键事件可能发生在童年早期婴儿阶段，或者事件令人痛苦以至于被防御性地排除在意识之外。也可能是因为无意识表征理论上是基于完整的感官输入阵列，加上记忆中的相关材料，而由于加工过程的限制，意识表征将基于更少的信息量……此外，社会压力可能会影响人们对其经历进行有意识的解释。

与有意识的评价模式相比，无意识的评价模式意味着什么？弗洛伊德用“初级过程”和“次级过程”这两个术语，一方面指的是年幼孩子原始的、渴望的逻辑，另一方面指的是现实取向的自我过程，这些过程通过成熟过程和对世界的经验发展而来。理性规则支配次级过程思维，而非理性规则支配初级过程；因此，初级过程思维是片段化的、浓缩的和神奇的——就像在梦境和精神病中一样。

弗洛伊德并不是唯一一个以这种方式思考的理论家。沃纳区分了实现相同适应结果的发展性原始认知过程和高级认知过程。例如，一个孩子能够“说时间”；当母亲说早上6点半起床时，孩子在熟练地掌握数字加法的基础上读钟表上的数。当孩子说现在是早上6：30时，他明白半小时或5分钟是什么意思，如果你在时间上加5分钟，它就变成了6：35。另一个孩子也可以“读”时钟，并根据提示起床，甚至可能会说现在是早上6：30。然而，孩子们并不理解这意味着什么，也不理解时间的可加性，这个孩子只是学会了重要时间点的名称，并在时钟上认出了它们。如果不仔细观察，两个孩子取得的成绩看起来是一样的。然而，一种是发育的原始过程体现，另一种代表发育已经进行到高级过程。

皮亚杰也是一位发展心理学的先驱，他描绘了认知发展的生成阶段。作为两个广泛的适应性过程的结果——顺应，儿童调整自己以适应物理世界的要求，以及同化，儿童根据自己的需求改变那个世界——抽象的思维形式出现，并最终在发展过程中替代早期的具体思维形式，占据主导地位。这些抽象的形式让我们从此时此地的具体事物中获得认知距离。现实和象征性的思考取代了刺激约束的冲动行为，帮助成年人获得对过去、现在和未来的感知，并提供对人—环境关系的控制以及参与未来规划的能力，所有这些使人类成年人独特地具备了卓越的适应能力。

如果我们要完全理解情绪是如何产生的，我认为我们需要更多地关注像“通感”这样难以用语言表达的过程，即愿望或幻想与实际经历之间的“通感”，即使在成年人中也是如此，以及复杂的、抽象的匹配和功能等价。由于缺乏更贴切的术语，通感指的是对我们内在世界与外部世界的某种联系的无形或无法形容的感觉。谢泼德将“通感”一词作为隐喻，与吉布森的联觉效应联系起来。谢泼德认为：

与其说有机体捕捉到完全存在于感官阵列中的联觉效应，不如说由于生物进化和个体学习的结果，有机体在任何给定时刻都被调谐到与对它具有重要意义的不变模式产生共振。到目前为止，我并没有明显偏离吉布森本人可能说过的话。此外，有了选择性调谐的概念，就可以涵盖联觉效应的概念，从而解释即使有不同需求，不同的生物体如何捕捉到世界上共有不变。

这听起来很像自动化加工。我相信情绪产生的过程通常是自动化的，而不是刻意和意志控制的。无法确切说出评价和情绪中有多少是基于认知活动的模式，也许大多数成年人的评价兼具两种模式。同样，我们很可能低估了通感或自动加工的重要性，甚至在成人情绪中也是如此。虽然它们具有等效性，但我们不应将自动化加工与原始加工完全等同起来，因为自动化加工可能涉及复杂、抽象和象征意义，这些意义可以通过经验浓缩为即时意义。当我在第五章讨论认知在情绪中的因果作用的论点时，我会重新讨论自动化和有意的意义生成模式之间的区别，并提到其他几位情绪理论家，即巴克、莱文索尔和谢勒，他们也做出了类似的区分。

有时我们最初的评价是草率的和没有经过深思熟虑的，但如果给予时间和机会，我们会重新评价，结果与我们初始的评价不同。福尔金斯在我的伯克利实验室进行的一个实验很好地说明了这一点，当时大家对这个实验的关注较少。不同的被试在实验室里等待电击，但等待的时间不同，有30秒，1分钟，几分钟，甚至更长，然后记录下他们的主观痛苦和心理生理反应。一开始，每个实验对象都看到一个写着“30秒内电击”的标志；“1分钟内电击”，以此类推，对应不同的等待时间条件。

研究发现，压力反应在最短的等待时间段内最为强烈，但在3分钟或5分钟的等待期间反应较弱。访谈显示，等待时间较短的被试产生了警觉性，而当给予足够的时间时，这种警觉性会被各种各样的重新评价缓解。例如，等待时间分别为3分钟和5分钟的那一组被试，会利用这段较长的时间重新评价实验中发生的事情，对自己说，进行这项研究的教授不敢真正伤害他们，而且感应线圈产生的电击不能成为引起恐慌的有效原因。实际上，当时间很短时，被试会感到一种基本恐惧；当有足够的时间进行深思熟虑和重新评价时，他们会考虑各种现实的和令人安心的想法，这减少了所经历的压力和痛苦。现在把它叫做认知应对。

在20世纪50年代早期，人们通常对无意识的自动识别或阈下知觉的实验演示感兴趣，就像麦克利里和我在其中一个演示中提到的那样。“阈下知觉”这个词被用来表述，不是有意识的知觉，而是一种选择性的、习得性的危险识别，而人们并没有意识到，它就已经发生了。

我们的研究参照其他几项研究，最著名的是麦金尼斯的研究，他证明了皮肤电反应对情绪化或威胁性词汇（如妓女、婊子和强奸）的反应比在视动镜（一种改变曝光速度或亮度的装置）下呈现的中性词汇更强烈，因为呈现速度太快，根本无法有意识地识别。这一发现似乎表明，在实验对象没有意识到的情况下，威胁词的含义以某种方式被识别出来了。然而，有人可能会争辩说，麦金尼斯的研究对象很可能是出于动机而隐瞒了他们对社会禁忌词的报告，甚至怀疑他们是因为面对一位正直的教授，从而解释了威胁词和非威胁词带来的GSR差异。

因此，麦金尼斯和我对一组无意义音节进行了痛苦的电击条件反射，然后在后续的实验中比较了这些音节与从未与电击相关联的无意义音节的皮肤电反应。我们用无意义的音节来避免被试回避禁忌词的问题，我们把一些音节与痛苦的电击建立联系从而制造威胁情境。我们发现，即使被试对屏幕上闪过的音节是什么的报告是错误的——因为速度在他们的识别阈值之下——他们对被电击的音节产生了比未被电击的音节更大的皮肤电反应。

这似乎证明了即使在被试对实际呈现的刺激没有意识知觉的情况下，也可以区分威胁和非威胁，正如被试对该刺激的错误识别所示。此外，由于没有理由隐瞒对所见内容的报告，因为刺激是无意义的音节而不是社会禁忌或威胁性词语，阈下知觉实验似乎毫无疑问，威胁和没有威胁之间的区别发生在前意识或无意识层面，正如选择性皮肤电反应所证明的那样。换句话说，被试在没有意识的情况下进行了自动化评价，即使在不可能进行正确的有意评价的情况下（因为出现的音节低于有意识识别的阈值，而报告的音节内容是错误的）。这些发现见图4.2。

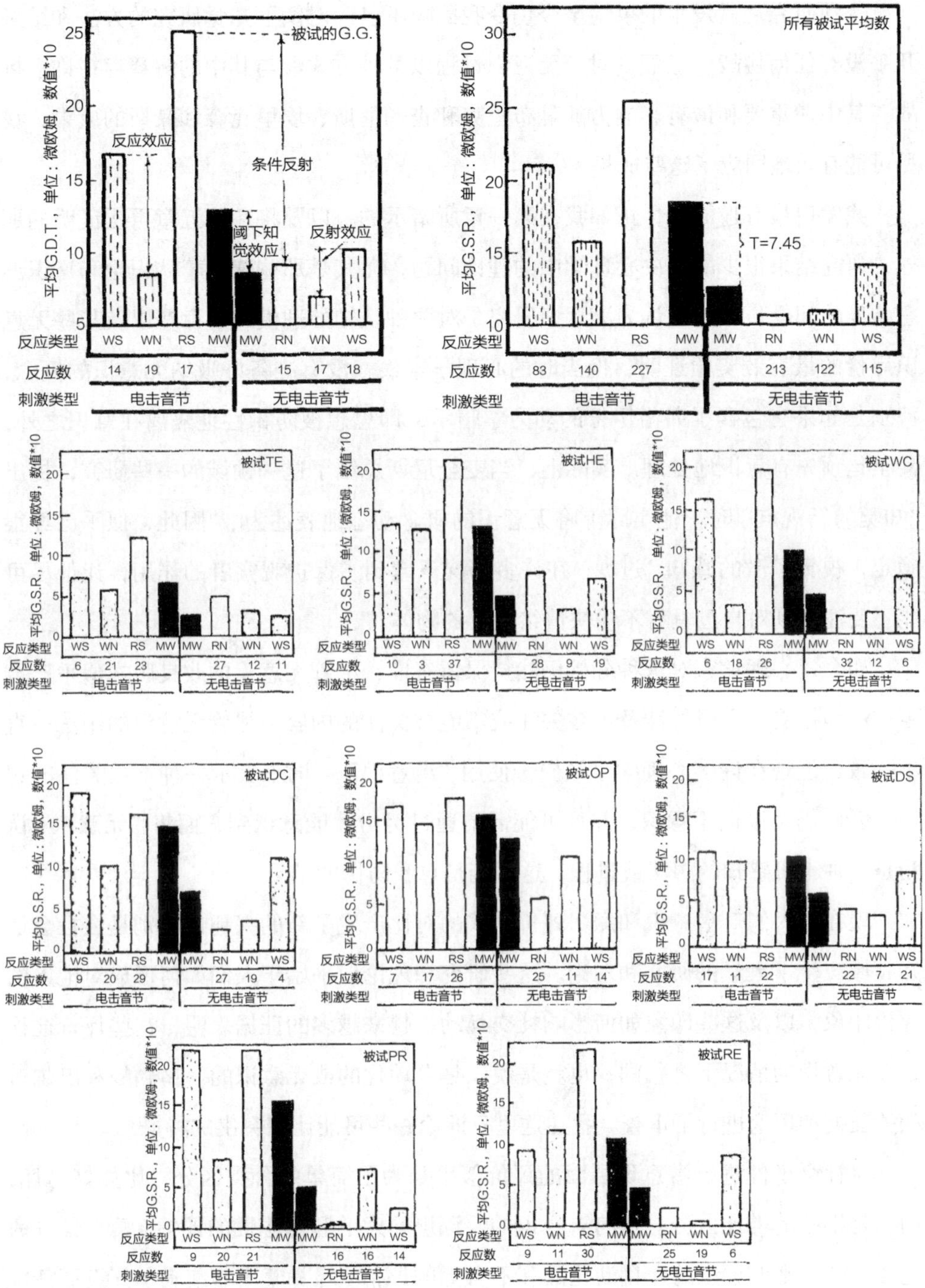

图4.2　最后测试阶段的GSR（皮肤电反应）数据

（来源：R. S. Lazarus and R. A. McCleary, “Autonomic discrimination without awareness。” Psychological Review, 58. Washington, DC: American Psychological Association, 1951。）

这项研究之后发生的事情至今仍令我回味不已。对阈下知觉研究的方法和结果几乎没有任何挑战。然而，对于无意识过程以某种方式参与其中的解释存在许多挑战。其中最重要和最有影响力的是布里克和查帕尼斯、埃里克森和豪斯的成果，我尽可能有效地回应了这些成果。

我发现最有趣的是，正如我在第一章所暗示的，以及将在第五章再次证明的那样，研究结果很少能解决心理学中的理论问题，尤其是那些依赖于认识论和意识形态差异的问题。虽然我认为潜意识研究是对两种认知处理模式的存在以及某些无意识评价的最有效实验证明，但当时的心理学家根本没有准备好吸纳无意识的概念，特别是如果它包含了弗洛伊德的动力学暗示，即思想被防御性地隔离在意识之外，甚至是预先有意识地处理。实际上，当麦金尼斯总结了这一领域的一些研究，提出“知觉的新观点”时，他实际上将无意识的概念动态地表述为：“因此，似乎已经很确定，视觉刺激的感知‘过滤’在许多情况下起到了保护观察者的作用，让他尽可能不要注意到对自己具有不愉快情绪意义的物体。”

如今，心理学家对这种分析仍然持保留态度，尽管无意识的改良版本似乎已被更广泛地接受，它可能涉及不被关注或不能被关注的内容。尽管无意识的用法一直不一致，但现在许多心理学家倾向于使用“潜意识”一词来表示一种不被关注的想法，因此仍然接近于意识，并且可能需要通过努力才能意识到，而将“无意识”认为是一种不可感知的想法或过程，这可能是自我防御的结果。

现在，人们对潜意识和意识评价模式的对比产生了新的兴趣，特别是在社会认知领域产生了大量的研究和理论。这些研究和理论似乎始于人们如何形成对他人的评价印象，以及这些印象如何影响社交互动。越来越多的证据表明，这些评价往往是在无意识的情况下进行的，也就是说，是自动化的或无意识的。乌勒曼和巴尔对相关证据和理论进行了审查。我在这里只评论一些可能比较突出的特征。

对社会事件进行潜意识层面的评价似乎是为了简单的分类区分，比如好与坏，而不是细致的类比区分。这与有意识的、深思熟虑的和意志性的评估（具有语言的优势）可能比无意识的、自动化的和不自觉的评估（容易草率和模糊）分级更精细的观点是一致的。后者通常被认为是原始的、发育较早的、皮层下的。

意义生成有两种模式，这有助于我们理解价值观和目标如何可能影响人们所关注的事情，并自动化地、不假思索地评价社会危害、威胁和利益。社会心理学家琼斯和蒂博是这样表述的：

> 如果我们能够成功地识别出行为者在互动情境中所追求的目标，我们就可以谈论一些他将关注的线索，以及他最有可能赋予这些线索的意义。

从所有这些研究中产生的基本主题，在社会认知中通常不会，但可能会明确指向情绪过程，这是关于计划和目标如何影响普通适应性社会互动中的评价的问题。我希望读者在这里看到，关注社会认知的心理学家正在努力解决的问题——如何从人—环境关系中提取个人意义，这与情绪的认知—动机—关系理论家正在处理的问题本质上是相同的。请允许我引用巴尔的话来证明这一点，他将相关变量汇总如下：

> 因此，这里提出的机制是，社会环境可能通过记忆中动机和目标的表征（以及也与其相关的目标和计划）与过去频繁追求的动机所处的社会情境表征之间形成直接和自动化的心理联系，从而有可能控制判断、决策和行为。

这种自动联想联结的结果是，只要环境中存在相关的触发情境特征，动机—目标—计划结构就会被激活。被激活的目标和计划可能会引导个人的社会认知和互动，而个体可能并没有意识到动机的引导作用。

这种类型的分析似乎对情绪理论至关重要，并且与这种理论的联系应该明确说明：要感受一种情绪，如愤怒、焦虑、内疚、羞耻、悲伤、喜悦或自豪等，认知的过程——无论采取何种形式的认知过程，无论是自动的还是有意的，都必须让人找到与特定情绪相关的特定核心关系主题或意义。我们可以通过海德格尔定义的自动的、无意识的认知过程，或者通过深思熟虑的、自我控制的、抽象的认知分析，得出评价和核心关系主题。然而，无论人们通过何种方式，要体验特定的情绪，认知的过程必然与该情绪的心理生物学意义相关。

有意识和无意识评价过程的适应性后果也可能不同。一个重要的区别是，由于无意识的评价通常不太容易获得，因此或多或少难以进行理性分析，尤其是当它们是自我防御的产物时，依赖它们的人可能更容易做出糟糕的决策和应对，从而更容易出现心理问题。

对毕生发展的启示

在结束关于情绪过程中认知活动的组织这一系列非常重要的问题集之前，我还应该为多种意义生成方式对发展的影响的论述奠定基础。近年来，人们对早期认知—动机—情绪发展以及更广泛的毕生发展（包括老年期）重新产生了兴趣。与成人相比，两种意义生成模式的对比对婴幼儿以及成年人的情绪有着深远的影响，这里应该简要提及。我之前对6个评价成分的讨论似乎表明我认为评价过程仅依赖于高级和复杂的认知活动，这些活动只适用于成年人，对于婴儿和幼儿可能不适用。在这里要澄清一下。

因为如果是这样的话，那么我将陷入一个难以自圆其说的境地，就无法解释儿童的情绪是如何被激发的，尤其是如果非常年幼的孩子无法掌握某些情绪所暗含的社会和心理意义——例如，谁应该为挫折负责，以及负责的人是否可以控制破坏性的行为？婴儿是否能以某种自动化、无意识和非反思的认知活动来理解这些意义？一个年幼的孩子能感觉到他的自我认同受到威胁或者认为某人应该为此受到指责吗？一个孩子在生命中的早期阶段能否将控制或缺乏控制的责任归咎于某人？这些问题的答案深刻地影响着不同年龄的幼儿可能体验的情绪。

一些初步的答案正在从对婴儿的研究中浮现。例如，对婴儿的研究认为，3个月大的婴儿对约束只表现出苦恼；然而，在4个月大的时候，婴儿的举止和面部表情中似乎带有明显的愤怒，婴儿会看着控制他的手腕，表明他们对外部责任有了初步的了解。在7个月大的时候，婴儿看向约束他的人的脸。现在看来，婴儿已经准确地拟人化了挫折感的外部来源。然而，我怀疑这样的婴儿是否能像成年人那样判断约束他的人是否应该为此负责。在这个过程中是否存在某种基本的自我意识？如果我们认真对待巴里克和沃森的研究，我们不得不说，在5个月大的时候，婴儿似乎意识到自己的动作和电视监视器上显示的动作之间的关联，因此他可能有一种初步的自我意识。

根据这些观察，也许我们应该说，一个非常年幼孩子的愤怒与成年人的愤怒表现是不同的，成年人对控制的推断对愤怒非常重要。尽管如此，6个初级和次级评价成分都在婴儿意义生成的能力范围之内，尽管婴儿无法像年长的孩子或成年人那样以复杂和抽象的方式评估这些成分。但情绪中重要的是意义，而不在乎如何实现意义。

关于后续的生命发展阶段，我深受拉布维—维夫、哈基姆—拉森、德沃和舒伯莱因的影响，他们也探讨了至少有两种产生适应性意义的一般方式：一种是相对原始和具体的，类似于自动的、无意识和非自愿的加工方式；另一种更为抽象和符号化，类似于深思熟虑的、有意识的和自愿的加工方式。

这些作者指出，意义的实现方式通常被认为是分层组织的，自动模式首先出现在儿童发展中，但后来被抽象的、有距离的、情绪调控性的、符号认知的操纵所取代。在弗洛伊德关于初级和次级评价过程的讨论中，在皮亚杰关于顺应和同化的讨论中，以及在沃纳关于面相学和形式化技术思维模式之间的区别。

拉布维—维夫等人将传统的分层发展观点总结如下：

> 大多数发展理论都认为童年到成年发展的过程是两种意义形式逐渐分离，个体逐渐适应符号语言的过程。通过这种分离和分层的过程，起源于有机体的、感觉运动的、形象的、动力的、个人化的意义系统逐渐被抽象的、概念性的、稳定的、习俗的和客观的系统所取代。的确，人们常常认为前者是思想不成熟的特征。

他们还引用了兰格的话，他认为：

> 凡是超出分析性、命题性和形式思维范畴的东西，都仅仅被归为感性的、非理性的和原始的……我们的头脑所完成的其他事情都被视为与智力进步无关；它们是残留的、干扰情绪的，或者是退行的，表明倒退到一个前逻辑状态。

皮亚杰认为内部语言是低劣的或幼稚的，而且与其说是建立真理，不如说是个人的，没有交流性的。随着发展的进步，人放弃了私人化的、个人化的符号，而采用了集体符号。弗洛伊德也将初级过程视为原始的。最终必须放弃原始过程，转而采用次级过程或现实的、抽象的思维。拉布维—维夫等人认为，皮亚杰过分强调了发展过程中适应性应对的形式，暗示最终孩子会将内在幻想和个人意义屈从于外部现实要求。这意味着随着成熟度的提高，人们会更加关注环境及其需求、限制和资源。

一些弗洛伊德的信徒也写到了以自我和创造力为目的的退行。在这种退行中，我们似乎回到了原始、幼稚的自我状态，这是可以接受的，只要我们最终回到次级过程的思维，并依照现实使用原始思考过程。怀尔德的一个有趣的实验阐明了心理健康的人们如何进行创造性的智力活动，虽然表面上看起来是病态的，但实际上代表了以自我服务为目的的退行。她将教师、精神分裂症患者和艺术系学生在智力、教育程度、性别和年龄方面进行对比，比较了他们处理单词联想和物体分类任务的方式。任务表现是在3种条件下观察的：（1）鼓励自发思维的标准测试条件；（2）按照常规、有秩序的指示进行规范思维的条件；（3）模仿怪诞或幻想的人进行测试，这种人能够产生新奇和独创的思维，换句话说，是无约束思维的条件。

怀尔德发现，在适当的时候，艺术系学生在适当的情况下能够充满愉悦和热情，以更自由、更自发和无约束的方式发挥功能，而教师或精神分裂症患者不能。学生们可以采取相对原始的认知活动形式处理问题，例如，把气球和烟斗结合起来，想象地称它为“气泡烟斗”。怀尔德认为，能够想到并自如地表达看似疯狂的想法需要一个强大、健康的自我——这也意味着，原始的和成熟的意义生成方式并存，更重要的是，它们可以在适应中结合起来发挥功能。

虽然这两种意义生成模式通常被称为原始和高级模式，后者最终在心理发展过程中顺利而不冲突地取代前者，但拉布维—维夫等人认为，这两种模式的整合是持续性的整合斗争的辩证结果。我们也可以将它们视为不是按层次结构组织，而是以平行或水平的方式排列，两者持续运作，也许是冲突的，或者在心理健康的成年人中平稳地整合。

尽管这两种思维模式是依次出现的，在个体全面发展时可能会存在冲突，但发展的任务之一就是以某种方式尽可能地将它们整合起来，使人们在日常生活中能够适应性地利用它们。作者将此称为“重联”，或者像特纳用皮亚杰的术语所说的“再中心化”，即将逻辑思维与机体核心意义重新连接。总之，我们可以选择将两种（或更多）意义生成模式视为层次结构，随着个体发展，一种模式取代另一种模式，或者将其视为并行的，具有冲突或整合的潜力，作为相互补充的认知形式，它们基于生活的辩证斗争而一起出现和运作。

无意识心理

尽管可能会有一些持反对意见的人，主要是基于其方法学上的难以证明性，但如今学术心理学家对无意识心理活动的概念可能比以往任何时候都更广泛地感兴趣和接受。我相信，心理学，特别是情感和适应的子主题，如果没有提及无意识或潜意识过程，将严重影响其发展。

认知心理学家、社会心理学家和临床心理学家活跃的理论和研究活动，以及思维推理自由的增加，无疑激发了研究者对这一问题的极大兴趣。对无意识意义的深入研究可以在最近的一些著作中找到，包括埃德尔伊、弗雷斯克和萨宾尼、格林伯格和萨弗兰以及圭达诺和利奥蒂的著作。鲍尔斯的一篇文章以及特刊展示了心理学对无意识过程的不同分析，并诠释了对无意识研究的浓厚兴趣。

正如埃德尔伊和其他许多人指出的那样，无意识至少有两层含义。第一层含义是，我们根本没有意识到许多影响我们行为和认知的想法和思维过程。第二层含义是更具争议性的弗洛伊德概念中的自我防御，其中假定某些认知过程被积极地排除在意识之外，以应对威胁和避免情感困扰。

然而，这里存在一个理论上的困境。在弗洛伊德的信号焦虑概念中，自我防御被视为对情绪的反应，而不是原因。但是我们的大脑怎么激发防御呢？在没有暗示（即在控制事物并且可能被带向无限退行状态的大脑内的想象脑）的情况下去问这个问题，触发防御的机制是什么？精神分析理论家认为，防御需要无意识焦虑的存在，而无意识焦虑是危险的信号。与无意识的评价或应对过程相比，无意识情绪的概念在逻辑上和经验上都存在问题。问题在于，情绪既是一种体验，也是一种过程，怎么会是无意识的？如果我们假设防御过程及其概念内容是无意识的，而情绪体验是有意识的，那就没有问题了。正如奥特利所说，“大脑存储的是思想，而不是情感。目标可能是无意识层面。但情绪通常不是通过这种方式被压抑的（尽管存在个体生气但没有意识到的现象）”。

吉勒特试图反驳弗洛伊德的信号理论。吉勒特提出了“触发防御”和“激励防御努力”过程之间的区别。他利用了我对初级评价和次级评价的区分，这使得在心理冲突理论中可以不采用无意识焦虑的概念。发起防御只需对威胁进行评价。

想想威胁意味着什么，当我们预料到一个有害的行为时，我们会进行次级评价，这与应对的选择有关，这反过来又有助于预期应对即将到来的伤害。然而，基于我们所学到的，我们也会预期我们应对过程可能成功或失败，这是次级评价的一部分。尽管威胁足以激活应对过程，但对危险的预期（初级评价）和对我们应对可能成功或失败的预期（次级评价）对决定焦虑的情绪状态是必要的。

在那些我们非常确信自己能够成功避免危险的情况下，就不需要焦虑，没有焦虑就不会触发防御性重评。在那些我们预期危害发生的情况下，这种危害的预期就足以激活应对或防御。我们不需要体验一丁点焦虑来触发应对或防御，我们只是对威胁进行初级评价，然后再对我们是否能够控制它进行次级评价（或期望）。我们不需要假设无意识的焦虑是触发应对或防御过程的信号。

早在20世纪60年代之前，我就描述过，通过实验操纵改变被试对电影中威胁内容的解释方式的效应称为威胁短路（中断）。在这些研究中，通过自我报告和自主神经系统指标，与对照条件相比，观看紧张电影时，看电影前做出的否认或理性陈述显著降低了观察到的压力水平。

短路的概念是一个比喻，指电荷从主电路分流出去，因此被称为短路。在短路中，当预期会产生焦虑的威胁情况被赋予了积极意义时，例如通过某种自我防御过程，焦虑情感就不会在预期的时候出现。对危险的决定以及对其进行的防御，在人的生活中实际上是由先前的学习结果决定的，并且同时只需要恰当的线索来触发。

巴尔也借鉴了这一观点，尽管他似乎不知道这个先前的用法和研究，但他引用了威伦斯基的一段话，这段话进一步证明了评价中固有的意义系统可能是自动触发的，而无需刻意或自愿的加工：

如果标准计划与发生在特定情境中的目标相关联，那么直接将这个计划与该情境相关联，并在选择目标的同时选择该计划会更加有效。这将使规划者能够“短路”部分计划算法，并在注意到重要情境时立即提出计划。

无论如何，今天的大多数认知心理学家似乎都认可信息和思想存在着无意识的加工过程，但检索可能需要一定程度的努力。这是埃德尔伊对无意识的一种理解。然而，这些心理学家中的许多人怀疑甚至拒绝将自我防御概念作为无意识的基础，这是对无意识的第二种理解。

研究者对意识形态内容的可及性有不同的看法，但通常将无意识的内容和过程区分为更深的不可及层和更表面的潜意识层。例如，布鲁因指出，这些心理内容可能是无意识的，仅仅是因为我们选择不去注意某些事情，或者因为它们是“大量感觉、形象等自动被过滤出我们有限意识可能获得的材料”的一部分，所以它们可能是潜意识层面获得的。如果我们注意到它们的存在，这些内容将很快变得可及。

即使是那些接受自我防御观点的临床心理学家，在如何接近潜意识或前意识内容的问题上也存在分歧。然而，弗洛伊德学派认为，这些内容中的大部分将永远保持无意识状态，或者只能通过巨大而持久的努力才能被意识到，而其他人则认为可以通过适度的努力更容易地获取这些内容。

吉勒特也选择了一种结构性的立场，认为因为心智—大脑功能的关系，非经验性的心理实体和过程在任何条件下都不能成为意识，但潜意识的心理内容通常可以变成意识，而被压抑的心理内容可以在强烈的体验或心理治疗和领悟的基础上将压抑提升到意识层面。即使在可能是意识评价的情况下，评价内容也可能是潜意识的或前意识的——也就是说，正如我之前指出的，接近于意识，但可能需要努力才能获取。

这揭示了无意识的第三种含义，即一个人只能意识到心理活动的内容，而不能意识到实现这些内容的心理过程。奈瑟尔似乎也提出了同样的观点：我们无法参与大多数与经验登记、存储和转换有关的认知过程，但我们可以意识到其中一些过程。吉勒特注意到，从历史上看，神经生理学家拉什利也曾声称，所有的心理过程都是无意识的，只有内容——这些过程的产物——能够成为意识。桑德勒和约菲首次在精神分析中引入了经验性心理内容和非经验性机制、结构和能量之间的区别，后来，他们和沃勒斯坦认为，非经验领域不是无意识的一部分。在我看来，这似乎是一种合理的思考方式，即关于什么是可意识到的和什么是不可意识到的。

无意识评价的启示

我假设，与环境的互动可能被评价为有害或有益，从而产生情绪，而人们没有意识到有操作性动机过程和认知过程或环境对评价的影响。从强调自我防御过程深度心理学来看，第三章中对核心关系主题的分析以及后来在处理个人情绪的第三部分中使用的分析过于落后。缺少对个性化的认知—动机—情绪—关系配置的考虑，这些配置以隐藏的、非理性的或扭曲的意义塑造了我们对人际和自我关系的评价，因此产生的情绪似乎不符合旁观者观察到的情绪，对于旁观者来说，可能对正在发生的事情有一个共识。当隐藏的前提和过程在起作用时，个体的反应是强烈的愤怒，即使没有充分的激发条件，同样也可能产生悲伤或沮丧、焦虑、内疚或羞愧情绪。反过来讲，也有可能由于这些隐藏的前提和过程，个体在受到伤害或威胁的情况下未能表现或体验通常应有的情绪。

在他对两本关于精神分析中的情绪和记忆的精神分析书籍评论中——一本是埃德尔伊（1985）写的，我已经引用过了，另一本是韦格曼写的——奥特利对弗洛伊德语境中目标或愿望的重要性进行了精彩的分析，他指出了一个中心观点，即弗洛伊德正在为动机心理学奠定基础，并且正是意图（或动机）在与不赞成的环境或个人价值体系（超我）相关的威胁中起着重要的作用。他的说法在我讨论威胁和防御以及我在第三章关于动机方面所说的内容中是值得引用的：

记忆在精神分析学中确实占核心地位，但弗洛伊德对它的理论关键在于他将其视为与人类目标有关，正如他所称的愿望：我们有时表现得好像有意识，但却否认它。弗洛伊德的方法是通过倾听患者的故事来研究目标和计划。一个故事只有在了解主人公的目标和计划时才有意义。是的，弗洛伊德对恢复记忆感兴趣，但精神分析学家为填补故事中的空白所提供的解释并没有填补任何旧的空白，它们专门填补了那些由于缺少意识而留下的空白。他们提出了可能已被遗忘或否认的目标，但这些目标可能使原本难以理解的行动序列有意义。

从核心关系主题的角度来看，以这种方式做出反应的人无意识地、自动化地评价了这段关系，这与他们有意识地、在意志控制下或他人视角如何看待这段关系不同。因此，所经历或表现的情绪似乎没有什么意义，因为有意的前提是隐藏的。即使客观条件是让人放心的，让人产生安全感的，但我们仍可能会感到焦虑；即使在他人看来，社会环境是良性的或支持性的，但人们观察到的仍可能不是友好的，是愤怒的，即使没有明显的自责理由，人们还是会感到内疚。甚至当我们似乎有理由高兴时，我们的反应却是悲伤或沮丧；对于任何一种情绪，无论是积极的还是消极的，都是如此。就好像我们对一个与他人或我们自己意识中的实际情况不符的世界做出了反应。对于参与其中的人来说，原因可能是难以理解的，体验到的感觉与看起来更合情理的感觉不同。尽管有许多相对简单的原因可以解释这种情况，例如文化和个体差异或对信号的混淆，但一个频繁且自洽的解释集中在自我防御的运作上。

在我对情绪过程的微妙意义和纵向或深度分析的讨论中，有一个假设（并不总是明确的），即有意识的意义可能与那些由于防御过程而在潜意识层面的意义有很大的不同。对一种情绪单纯进行表面分析存在危险，特别是如果它完全基于一个人的主观报告，因为我们可能会误解所观察到的东西，因为它是表面的，而不是在更深层次的无意识或潜意识的层面。

我认为，防御会改变评价的意义，但假设的每一种情绪的意义可能仍然适用，如果我们要在情绪交互的分析中利用它，无论一个人是否意识到了所假定的无意识含义。这种可能性使我想到一个引人注目的命题，即两种评价可能同时发生，一种是无意识的，另一种是有意识的，在某种意义上，两者都可能是有效的。这种情况可能发生的一种方式是矛盾心理。另一种方式是谈论同一事件的不同心理阶段，在这些阶段中，对相反的情绪过程有意识的侵入。例如，在丧失或创伤后的一个阶段，一个人会否认并经历情绪麻木，而在另一个阶段，创伤经历会浮出水面并侵入性地存在于个体的思想和行动中。

深度心理学家指出，无意识的冲突，尤其是在童年时期，使一个人的一生都处于扭曲的解释中。正如瓦赫特尔所指出的那样，在童年的发展过程中，这些冲突被他人加强和维持。在弗洛伊德学派中，这些现象被视为未解决冲突的结果，尽管无法意识到，但仍以某种方式保持活跃并影响评价。荣格用“复合体”这个词来指代它们，弗洛伊德在心理治疗中称之为移情。在这个过程中，有问题的病人对治疗师的反应就好像治疗师是他们的父母一样；苏里文谈到了逻辑失调，即一个人对待他人时，会像对待父母一样做出反应。

无论一个人用什么概念语言来描述情绪过程被影像和意图所扭曲，反映出潜意识内容，人们都随身夹带着私人的和反复出现的个人意义，这些意义导致他们在遇到背叛、受害、拒绝、抛弃、匮乏或其他情况时做出不恰当的反应。他们根据私人的、通常未被认识到的意义来评价他们的关系，这些意义产生了愤怒、焦虑、内疚等核心关系主题，他们认为这些主题适用于他们与环境的适应性交互。

但是，当情绪产生过程由于防御而处于无意识状态时，会发生什么呢？情绪会没有变化吗？它会消失吗？它会影响有意识的行为吗？当然，我们不知道，但我们可以假设一个或另一个答案。弗洛伊德试图将神经症症状解释为压抑的反弹，从而采取了一种立场，即一些或所有的防御都没法成功地克制冒犯性的冲动或愿望。如果没有症状提醒我们令人痛苦的情感和功能障碍，我们就无法了解防御。许多人格心理学家目前正在寻找方法来区分那些积极表现自己且心理健康的人，以及那些积极表现自己但由于防御或自我表现策略而自我不健全的人。

深度心理学家在概念化和证明无意识过程如何影响我们日常生活中的评价方面，还没有取得很大进展。霍洛威茨、卢伯斯基和锡安山医院和医疗中心精神科心理治疗研究小组的著作展示了在临床术语中具体化这一复杂过程所做出的努力。

依赖于无意识过程的想法所带来的经验性问题是，当其是隐藏的结果时，很难准确评价，甚至更难追溯到其无意识意义和发展起源。另一方面，如果评价是通过自我报告方法进行的，那么获得的内容可能是肤浅的，因此不会成功预测显性情绪。观察到特殊的情绪反应的证据比理解它们的意义更容易。

正如我在第一章中提到的，临床医生使用了一些线索来解释这一点——例如，存在内心挣扎的症状、看似不合理的反应、来访者不时报告的矛盾内容，或者自我报告与行为和生理反应之间的矛盾。这些线索只能引起怀疑，即评价过程中可能发生了一些模糊的事情，需要进一步探索才能揭示这一点。

在认知—情绪关系的研究中，大多数程序化的研究都是针对在意识表面上容易观察到的过程。然而，强调无意识决定因素的深度心理学家会怀疑，如果没有深入、彻底的临床检查，就不能破译情绪的真正含义。我认为他们是部分正确的，这就是为什么我试图将评价理论与无意识的概念结合起来。这样做的问题在于，很难了解情绪表现何时是一个或另一个可检验过程的水平的结果。对于这个难题，我还没有找到准确答案。

总结

使用认知概念——如学习、感知和判断（以及与动机和享乐主义有关的概念）——来研究情绪有悠久的历史，可以追溯到古代和中世纪。认知活动有很多种说法，但对于情绪的认知—动机—关系理论来说，最相关的是从适应性的角度获得意义的过程，特别是与个人幸福感有关的意义，这就是评价的概念定义。这种理论的一个复杂之处在于，由于动机、认知和情绪这3种心智结构之间的重叠和相互依存，很难精确地区分它们，然而，这3种结构都具有不可复制的意义，并且它们在适应中都起着特殊的作用。

根据心理压力认知理论，有两种评价：初级评价，关注的是是否发生了与个人幸福相关的事情。次级评价，关注的是面对特定情境时的应对和选择。在20世纪60年代和70年代，我的实验室及其他实验室的大量研究已经证明了评价和应对在压力反应中的作用，而更近期的证据也支持了评价在情绪性质和强度中的因果意义。

评价的适应任务是将环境要求、限制和资源与个人利益整合在一起，不偏袒其中任何一方。功能良好的人通常擅长面对现实，同时努力最小化情绪困扰，最大化积极态度。个体差异源于需要应对的现实情况众多，以及自我保护或自我防御机制会扭曲现实。评价在任何特定个体中既是可变的又是稳定的（比如评价风格），两者是同一个事物的两面。

在研究情绪时，由于未能区分两种认知活动，即知识和评价，造成了许多混乱。知识涉及一般和特定情境中事物运作的信念。评价是对这些知识在特定情境或生命中的意义的个人评价。知识往往是冷的；评估则是热的，更接近情感，因为它涉及个人在特定情境或生活中的利害关系。

我假设情绪过程中有6个评价成分，3个初级的和3个次级的。初级评价成分包括目标关联性、目标一致性或不一致性和自我卷入类型。没有目标关联性或利害关系，就不会产生情绪。特定的自我卷入类型能够区分某些情绪，如愤怒、内疚和羞耻，但不包括悲伤。情绪的次级评价成分是指责和归功、应对潜能和未来预期。这些评价成分将在第六章和第七章中使用，以确定每个个体情绪的认知评价模式，包括那些目标不一致或消极的情绪和那些目标一致或积极的情绪。

评价并不意味着理性、深思熟虑或意识。处理这个问题的一个中心假设是，有不止一种认识方式，在情绪的产生中，这些方式可能是冲突的，或者可能同时受到两种评价过程的影响——一种是在没有意识或意志控制的情况下自动运行的，另一种是有意识的、深思熟虑的和受意志控制的。我们将看到，这种思维方式帮助我们处理关于认知在情绪中的因果作用的许多困惑。

发展心理学家通常认为这两种模式是分层组织的；也就是说，孩子从出生开始就会依赖自动和无意识模式，但据说这些模式在成熟时会被有意识、深思熟虑和自愿的模式所取代，这些模式不完全适用于此时此地的具体情况。然而，成熟和健康的特点可能是自动过程和深思熟虑过程的平行共存，这两种过程必须整合，以便个人可以和谐地利用两种认识方式，而不是只专注于对现实情况的准确判断或个人承诺。也许这两种模式可以共存，就像在冲突或和谐中一样，从而在不同的思想层面——意识、潜意识和无意识——对人与环境的关系产生不同的解释。情绪理论必须努力应对这些选择，也许必须比过去更多地关注相对不明确的过程，比如愿望之间的共鸣，或者对情境的幻想，以及在情绪状态的产生中意识和意志的努力。

面对无意识心理和情绪生活中的诸多困境，情绪理论既要纵向建构，又要横向建构；也就是说，它必须协调在意识、潜意识和无意识的心理活动层面上发生的事情。在本章的最后一部分，我探讨了无意识心理的意义，并试图将其与评价联系起来。

第五章

因果关系问题

本章我们首先讨论一个被推迟的话题，即认知、动机和情绪这3种心理结构之间的重叠和区别——这在之前没有得到有效的处理，因为在每个结构被作为情绪过程的一部分进行审查之前，这是不可能的。

接下来是一系列关于情绪过程中的因果关系的难题。主要有3个问题：第一个与因果关系本身有关，我将进行简单讨论。第二个存在激烈的争论，它与认知是否以及如何在情绪中扮演因果角色有关，我将与评价结合在一起更详细地讨论这个问题。我的立场是，评价是必要充分条件，评价所依赖的知识是必要的，但不是充分的，这需要进一步澄清和辩护。第三个是关于如何在情感过程中的生物普遍规律与习得的社会文化、发展来源的可变性问题之间进行调和。

本章的最后一个主题是系统原则在认知—动机—关系理论中的应用；因为情绪的基本系统变量现在已经讨论过了（虽然还没有应用到个人情绪上），所以我可以用系统分析术语概述情绪过程来结束这一章。

心理结构之间的重叠与区别

在第三章和第四章中讨论的3种心理结构（认知、动机和情绪）之间存在重叠，导致它们在心理分析中是否可区分存在一些不确定性。例如，动机的双重含义——倾向性和交互性，使我们更容易把情绪归结为动机，我认为这是不明智的，因为交互性动机的一部分——激活，似乎与情绪有重叠，因为情绪也有激活特征。在继续后续内容之前，这个问题需要更多地加以讨论。

情绪和动机之间的差异很容易被掩盖，因为，当动机是交互性时——也就是说，当它被定义为情境激活或动员以克服障碍时——这两个结构具有重叠的心理生理相关性；换句话说，当一个人生理被激活时，除非我们对发生的事情有更多的了解，否则我们无法自动判断这是出于动机还是情绪。这种重叠也导致一些人认为唤起（和动机），以及基于社会条件的标签，都是激发情绪的必要条件，这通常被称为双因素理论。如果我们意识到基于目标的激活与情绪的复杂认知—动机—关系配置之间只存在微弱的相似性，我们就可以区分这两个心理结构。情绪只会在动机利害评价之后发生。

情绪和动机在发展过程中的相互依赖进一步混淆了这两个结构的独特性。情绪在动机的发展中起作用，从快乐和痛苦中，我们学会了期待导致积极情绪的条件出现，并希望避免消极情绪的产生。这种重叠也促使早期研究者将动机纳入情绪概念，反之亦然。在我看来，这不是一个好的解决方案，虽然在本质上它们总是相互联系和相互依赖的，但情绪和动机都是独立的概念。

动机也与认知过程重叠。例如，价值观和目标包含认知成分，因为它们依赖于反馈、解释和调节决策，除了与缺陷或驱力状态有发展联系外。例如，成就目标包括关于实现目标的可能性（或概率）的知识、实现目标所需的步骤、必须克服的障碍等。一般来说，我们不会为明显无法达到的目标而奋斗。在任何特定的情况下，我们都必须在我们能够并且将致力于实现的目标中做出选择，并且通常需要通过理解实现期望目标的手段而制定一套计划。因此，目标不只是由弥散的驱动张力组成，而是通常需要感知、判断、计划和决策。

总之，动机本质上是激活和目标导向的融合，就像情绪是动机、知识和对人—环境关系评价的融合一样。没有认知的动机，只是没有知识和方向的激活。没有认知的情绪，也只是激活或驱力而已。然而，动机、情绪和认知之间的明显重叠不应导致我们将动机归结为认知，正如不应将情绪归结为认知或动机一样。在每一个结构中，都有一个不可简化的、独特的、重要的核心意义。

情绪过程中的因果关系

如果说情绪是评价的结果，显然表明了一种因果联系。在哲学术语中，将认知—情绪关系视为合成关系，而不是纯粹的逻辑或分析的因果关系。这里的合成指的是特定的评价模式会引起特定的情绪——逻辑形式需要不同的措辞——即某些评价模式在逻辑上暗示了特定的情绪，而没有任何必要的因果归因。

如果对每一种情绪的描述都包括产生这种情绪的认知评价，以及与之相关的行为和生理因素，就像前一章所说的愤怒包含了攻击者和应受谴责的人（或物体）的形象，而且这种攻击行为和指责也会导致愤怒，那么认知和情绪之间的两种因果关系（合成的和逻辑的）都适用，这避免了非此即彼的立场。这种推理与元理论的互惠因果关系概念是一致的，也与我不愿过分强调物质原因是一致的。

因为情绪是一种复杂的结构，在任何适应性情境中都会吸收和融合动机和认知因素，所以另一个问题涉及认知—情绪关系中的因果关系方向。评价会影响情绪，但由此产生的情绪也会对后续的评价产生因果影响。记住，在我看来，情绪总是包括认知——它是对某种特定意义的反应——但非个人的意义并不是情绪。因为根据萨特的说法，情绪总是包含认知，而认知是情绪的原因，所以说情绪也影响认知，看起来几乎是一个毫无意义的重复，特别是如果我们在谈论情绪作为导致某事发生时没有指定情感包括或不包括什么。

社会科学家有时不赞成将作为情绪原因的认知也包含进来，作为情绪的一部分；也就是说，他们不愿意将评价也看成一种结果。这种不赞成的一个原因是，传统上依赖于亚里士多德的逻辑：一个概念A不能同时是另一个概念B，而且我们习惯于认为因和果是绝对有分别的。顺便说一下，这种观点也支持这样一个命题，即情绪和认知发生在大脑的不同部分或系统中，这是另一种从物质上区分它们的方法。关于这一点，我以后再细说。

为了解决关于因果关系的两难问题，我们需要认识到，情绪是一个包含部分—整体关系的高级认知概念，但反之则不然。认知活动A——因为冒犯而指责某人——与生理反应和行为倾向B，在情感中结合成一个有机的配置AB。指责引起了愤怒情绪，并且成为持续状态的一部分。如果我们说愤怒（AB）——包括因冒犯而指责某人（A）的想法——是愤怒反应（AB）的原因是没有意义的，除非我们意识到这个配置中的一个成分A可以产生另一个后续的AB，而A是其中一个必要的部分。当我们说我们经历了一种情绪，比如愤怒，它包括因果认知评价以及行为和生理反应，而这种愤怒反过来又影响了随后的情绪状态，我们只是说，作为反馈的结果，情绪状态的一部分影响了随后的评价，形成了一个因果关系的时间序列。

这种分析在形式上与疾病的微生物学说并无本质上的不同。如果一种致病微生物存在于易感的生物体中，那么这种疾病发生的可能性就很高。这种疾病，我认为类似于情绪，当它们被身体的防御所战胜时，就会消失或像孢子一样休眠。实际上，导致情绪产生的原因之一是微生物（有机体易感性是另一个原因）一定会在疾病期间保持存在，就像认知原因一定会在情绪持续期间持续存在一样；然而，当认知原因消失或不再显著时，情绪也会消失。

我不应该试图在因果关系上讨论更多，因为要证明全面治疗是合理的，需要涵盖的内容太多了。例如，亚里士多德对物质的、效率的、形式的和最终的因果关系作了分析；其中的最后一个意味着行为必须根据其发生的目的来解释，或者用我的话说，必须根据目标或目的来解释。我一直对这一观点很感兴趣，就像我对里奇拉克对自由意志的看法一样，他强调通过目的或目标来指导行为，他用“目标响应”这个概念来表达。

在撰写本书的最后阶段，萨平顿发表了一篇关于自由意志和决定论的指导性文章，该文章综述了近期对自由意志和决定论问题的一些分析，包括班杜拉、斯佩里和塔格森等人的分析。例如，班杜拉谈到环境对个人行为的制约，这意味着决定论，但也表明这些人有能力影响自我选择，班杜拉认为人类能动性和决定论之间并没有根本的矛盾。我在这本书中支持的认知—动机—关系理论，其框架也基本上是决定论的，尽管这种决定论包括了个体根据个人目标和关于自我和世界的信念系统选择评价的能力。

情绪理论中的情境主义与机械主义

社会科学长期以来一直在努力解决科学理解的两种方式之间的重要对比，即情境主义和机械主义。它们之间的关系对我们理解情绪很有启发性。

从情境主义的角度来看，情绪以及其他心理现象只能通过参照其发生的特定环境或背景来理解。情绪过程中的情境变量包括即时环境的要求（主要是社会的），对思想、感情和行动的限制，个人可利用的资源，以及动机和信念等个性变量。情境主义者、辩证法研究者，以及那些致力于现象学和解释学的人都阐述了这个主题。不幸的是，正如机械主义者在某种程度上故步自封一样，情境主义者坚持自己的世界观而完全摒弃机械主义；而情境主义并不能针对事物的运作模式进行一般化解释，也很难将这种观点转化为超越只描述感兴趣对象的实证研究策略。

机械主义的观点长期以来主导着物理和生物学，它帮助我们理解和控制客观世界。它是一种对理解自然世界的普遍机制或基本规律的探索。继1942年的佩珀之后，它的根本隐喻是机器。无论是生物的、心理的、社会的还是物理的，机械主义是一种普遍的因果安排，在任何情况下都以同样的方式起作用。

机械主义可以通过伺服系统或反馈原理阐明，这一原理在家用恒温器和人体内稳态中都有应用。例如，当血糖含量低于某一特定水平时，我们会感到饥饿；当血液中的水含量低于一定水平时，我们会感到口渴。在将评价视为情绪的必要和充分条件时，我也采用了一种机械主义的理解方法，即特定的思维模式总是会产生特定的情感。

当我们考虑每一种认识论观点的走向时，关于情绪过程的某些问题就会得到澄清。在机械主义中，强调普遍性、结构性和过程性。要完全科学地理解事物的本质和工作原理，就需要同时掌握结构和过程。

一般来说，结构是指系统中各部分相对稳定的排列或模式，过程指的是部分所执行的功能——也就是它们做什么以及它们如何相互作用和改变。

机械主义思维的读者可能会想到内燃机的例子，汽车发动机有许多部件（结构），所有这些部件都连接到一个系统中，这个系统决定了能量如何从汽油的形式转化为车轮的同步转动（过程）。我们自然环境的地质结构（如山丘、河床、树叶）和地质过程（如水和风的流动、地球表面的剧变）也是结构和过程相互作用的好例子。陆地的构造引导着风和水的流动，从长远来看，风和水反过来又侵蚀陆地结构，从而形成河道和山谷。心理系统也可以用结构和过程来描述；我们把影响情绪反应的人的稳定属性称为人格结构，把想要、思考和感觉等可变状态称为人格过程。

结构和过程之间的对比暗示了情绪作为一种状态或特质之间更熟悉的对比，我在前面提到过。情绪作为一种状态总是在不断变化，从一个情境或时刻向另一个情境或时刻变化，没有两个情绪事件是相同的。如果我生气了，这不能仅仅通过参考我从前生气的场合来理解，而需要对当前生气发生的特殊情境进行审查。这种愤怒在某些方面总是独特的，这强调了情境主义，但在某些方面也像所有其他愤怒事件一样，这强调了机械主义的普遍性。

另一方面，情绪作为一种特质，是人与环境关系的一种结构性属性。严格来说，特质不可能是一种情绪，因为它是与某种情绪互动的倾向，而不是情绪本身。换句话说，它是对特定个体可能经历特定情绪状态的频率、强度或环境背景的预测。当同样的情绪反复出现时（这是常有的事），我们谈论的是生气的人、内疚的人、羞耻的人或快乐的人。在某种程度上，它在不同的环境中反复出现，或者遵循一种共同的生成模式，一种情绪可以被视为表达了一个人的心理结构或环境（例如，有攻击性的配偶或雇主）部分稳定的特质，或者更准确和完整地表达个人与环境之间稳定关系的特质。在同样的环境中，一个人可能会反复感到愤怒，而另一个人可能会经常感到焦虑或内疚。

如果一个人主要关心的是什么特质导致这个人生气，那么他就会在这个人身上寻找普遍的规律。如果一个人主要对让人愤怒的社会情境（状态）感兴趣，他就会寻求社会文化过程中的普遍规律。如果像我所说的那样，解释在于人与环境力量的结合，我们必须在适应性情境中寻找人与环境关系中的普遍规则或机制，这是研究情绪反应的合适领域。到目前为止，读者已经知道，我对情绪分析中所关注的心理单元是核心关系主题，这是通过评价过程得出的。

如果机械主义或情境主义的观点走向极端，情绪的关键特征就会被忽略。在寻找普遍机制的过程中，我们关注人们的相似之处，并将其归纳为适用于任何时间、任何地点的每个人。我们还试图根据情境在特定类型的人身上产生特定情绪状态的能力对情境进行分类。例如，我们可以观察到，愤怒总是发生在一种特定的人—环境关系中；在这种关系中，我们做出了评价性的判断，即我们受到了侮辱或贬低。只有当我们询问不同情境之间在情绪激发力度的功能等效情况时，以及特定的愤怒体验尽管在某些方面与其他愤怒体验不同，但在引发它的原因、外在表现和运作方式上具有可比性时，我们才能做出概括。

然而，当我们做出这种有用的概括时，我们也必须忽略或淡化在不同场合所体验的情绪变化，而这是情境主义关注的。解释学是情境主义的一种形式，过分关注独特性和情境，而机械主义过分关注超越可变情境的普遍原则。当关于情绪的概括受到情境变量的限制时，我们的分析变得更加复杂，但这也增加了我们解释和预测个体间和个体内变异的能力。

我的观点是，极端情境主义——这种“主义”使其成为一种教义，而不仅仅是对情境重要性的一种理智认识——不能被接受为一门完整的科学，因为它破坏了对情绪现象的一般概括的探索；极端机械主义作为一种学说破坏了对现象的变化及其复杂性的认识。在本章的最后，我们将看到，这是一种对情绪过程的系统理论方法的论证。

关于认知因果角色的三个问题

如果说认知活动是情绪产生的充分条件，意味着它能够引发情绪，但其他因素也能引发情绪。因此，如果它是一个必要条件，意味着没有认知活动就不可能有情绪。后者具有更强的因果关系表述。但是这些表述都是不完整的，因为我们必须考虑不止一种认知活动——知识和评价。

我在前面给出的建议是，知识包括对事物如何存在和运作的准确和不准确的信念，对于情绪产生是必要的，因为交互对一个人幸福的重要性取决于这样的知识。然而，知识不足以产生情绪，因为情绪的产生需要个人的评价，而这种评价不仅取决于所了解的事实（即知识），还取决于对这些事实如何影响一个人幸福的评估。自我认同感和对正在发生事情的自我兴趣（缺乏更贴切的术语）加入知识中，才足以产生情绪。因此，对于人—环境关系重要性的评价是必要充分条件，如果没有个人评价（即对伤害或利益的评价），就不会有情绪；当做出这样的评价时，某种情绪就不可避免地产生了。

尽管有相当多的人同意评价是情绪的充分条件——也就是说，它经常会促发并塑造一种情绪——但许多理论家反对评价是必要的这一命题。这种论点通常含混不清，因为辩护者通常在没有对知识和评价进行功能性区分的情况下过于笼统地概括认知活动。例如，在一本关于认知—情绪关系很重要的书中，伊扎德、卡根和扎荣茨认为：

> 关于认知是否是情绪产生的充分条件，没有争论；问题是认识是否是一个必要条件。

霍夫曼提出了同样的观点，他认为事先假定认知评价总是必要的没有多大意义，因为这种认知的类型并不明确。

为什么有人反对评价是情绪的必要条件？反对者提出了3个困难，在我看来是错误的：（1）在赋予思维过程在塑造情绪方面的核心作用时，情绪被认为是冷漠无情的。（2）据说，婴儿和非人类动物没有能力通过复杂思考活动来作出评价。药物以及疲劳和疾病等其他生理状况也会导致情绪变化并导致其他情绪产生，这通常被解释为情绪可以在没有认知中介的情况下产生。（3）情绪反应通常是快速的或几乎瞬间的。这种速度使得很难基于从环境中获取和加工信息的复杂过程来解释它们，认知心理学家通常将这种过程描述为相对缓慢、顺序进行，并将其建模为计算机的数字搜索、存储和检索。我认为，这个问题最好是通过提问是否只有一种机制可以实现意义来表述。我现在将依次讨论这些问题。

认知因素是否会使情绪变得冷酷无情

汤姆金斯将认知因果关系的观点视为一种过度智力化的方式，使热烈的情绪变得冷漠和苍白。其他人也犯了同样的逻辑错误，即假设认知方法将情绪纳入认知之下或将其等同于认知。这是一个稻草人谬误。认知因果关系中更精确和更有限制性的命题是，情绪具有认知的原因和组成部分，而不仅仅是认知的一种形式。当有人说，如所罗门和萨特（1948）提出，情绪类似于判断，或者是一种理解世界的特定方式，这些陈述，尤其是在脱离特定语境时，确实让人觉得好像情绪的热度已经被限制了。

我认为，对于那些在此基础上批评“评价是必要的”这一命题的人，其强有力的反驳是情绪依赖并包含知识，但它也包括其他（热的）成分，如一种增强的感觉（评价），即一个人在特定情境中涉及个人利益、行动倾向，以及源于这种感觉的生理变化。简而言之，强调情绪过程中的认知活动并不等于情绪就是认知。

另一个稻草人谬误，是对“情绪的首要地位”和“认知的首要地位”这两个模棱两可的短语的误解，这两个短语早期常用于关于认知在情绪中作用的辩论。一些读者错误地将这些短语理解为暗示要么情绪比认知更重要，要么认知比情绪更重要。我当然不打算通过首要地位来暗示其中一个在心理上比另一个更重要。

一些接受这些论点的人提出了一种解决方案，即情绪和认知是独立的系统，由不同的大脑结构控制。这一立场尤其吸引那些认为情绪是一种先天过程的人，以及那些愿意将心理活动归结为神经生理学的人。勒杜也支持情绪和认知功能上的独立性。相比于他写的“情绪可以在没有认知的帮助下进行”，我更喜欢“系统可以独立运行”。

情绪计算是对危险或良性条件的评价，因此是认知过程。这样的说法在我看来似乎是不合理的，我认为只要它们在某种程度上依赖于经验而不是先天的反射，即使评价是原始性的。勒杜在同一篇文章中似乎暗示了学习的作用，他认为：

> 因此，情绪系统的核心是一种计算刺激的情绪意义的机制。

诸如“计算”和“情绪意义”之类的表达肯定意味着某种意义上的评价或某种认知加工，即使在大脑杏仁核的水平上进行也是如此，我认为“情绪系统”的用法是粗心的，就好像它不涉及认知活动一样。因此，问题的一部分在于我们需要更清楚地了解认知的含义，并克服“只有一种方法可以产生评价或意义”。

然而，反对将认知和情绪视为独立的系统，并不是否定它们作为一个系统的概念，而只是关于其组织方式的争议。在本章的后面，在处理系统理论时，我建议谈论情绪系统确实是有用的，情绪系统是一个将多个变量和过程组织起来的综合体，从而使情绪不同于其他心理活动——例如，那些涉及普通的、非情绪的生活和适应性活动。

找到将认知与情绪分离的解决方案的第一个困难在于，情绪和认知都非常复杂，它们的机制作用广泛分布在中枢和外周神经通路中，在我看来，很难有令人信服的理由证明它们是独立的系统，就好像它们都有一个特殊的大脑器官一样。今天，神经心理学家似乎也认为大脑是由类似电话线路的电路组成的，而不是电化学场，后者可能会在一定程度上扩散并涉及大脑的不同部分。我不确定这两种类比是否完全合理，也不确定这两种类比是否就是我们理解大脑功能的最终方式。尽管最近取得了许多进展，但我们距离理解这个最复杂的器官（或多个器官）的工作原理还有很长的路要走。

这个论点让人想起了早期关于脑功能的整体功能与局部功能的争论，而这种观点的摇摆很盛行。目前，局部化占据优势地位。情绪和认知活动可以在功能上分离，比如当我们进行自我防御的动作时（比如疏远或理智化），或者在某些脑损伤的情况下，但是分离主义可能会过分强调神经定位和特异性，这是一种神经心理学上的解决办法。

第二个困难在于，生物体的功能通常是整合的，而不是分开的。头脑通常是快速协调和定向的，每个适应功能都是相互依赖的，而不是同时向不同的方向发展。有一个长期且合理的传统，即将健康视为一体化，将病理视为冲突和分裂。在我看来，分离主义的解决方案使我们无法提出正确的问题，这些问题与情绪过程中因果关联的认知活动类型有关，它如何运作，以及头脑中涉及情绪的相关过程如何协调。

在西方世界，将认知和情感分开的传统可以追溯到古希腊时期，一直延续到中世纪，并延续至今。

在20世纪60年代的反主流文化时期，在卢梭和其他人的浪漫主义中，这种关系曾一度被颠倒，即在工业世界中，人类已经过度受到理性价值观和社会规则的约束，而牺牲了他们的人性。因此，我们必须努力与被压抑的情感联系起来。在这里，就像在古典和中世纪时期一样，情绪和认知是分开和对立的，而不是相互依存和融合的。

也许当我们今天想到心理和大脑的时候，我们已经被这种意识形态所困住了。直到最近，关于情绪的心理生理学研究都集中在中脑下部结构，如网状激活系统和下丘脑。可以说，情绪被视为类似于原始的肠道蠕动反应，直到最近，人们才对边缘系统和大脑皮层在情绪过程中的作用产生了浓厚的兴趣。我们开始意识到，高级形式的认知活动在情绪中很重要。利珀是这样说的：

较早的心理学思想还认为情绪是低级的过程，部分原因是情绪被认为仅仅依赖于皮层下机制和自主神经系统，而高级脊椎动物的感知和认知活动通常被认为依赖于新皮层和躯体神经系统。

然而，任何这样的神经学二分法都应被摒弃。关于脑干网状结构影响的新发现仅仅是表明皮层和皮层下功能在认知活动和情绪过程中相互依赖的证据的一部分。

事实上，由于情绪功能在人类和黑猩猩这样的生物中最为发达，在狗中较少发育，而在鸡中更少，因此，大脑的新皮层部分对情绪特征的影响甚至和传统上认识的感知、学习和思考一样重要。

总之，我们的文化传统和哲学偏见强化了情绪和认知是独立系统，从系统发育和个体发育的意义出发，情绪是原始的，认知被视为是高级的，尽管这很可能不是思考情绪过程的最佳模型。

情绪可以不经认知中介而产生吗

这个问题的答案取决于情绪是否在没有相关知识和评价能力的情况下被体验。显然，如果婴儿和幼儿——以及低等动物——在没有能力评价适应性情景中发生的事情的情况下体验情绪，或者如果依照当前生理状态直接产生情绪而没有认知的中介作用，那么就很难论证认知是情绪的必要条件。伊扎德、卡根和扎荣茨认为，神经介导的“传入（感觉）信息可以在没有认知活动的情况下直接转化为情绪”。然而，由于方法论上的困难使得这个问题很难解决，其中最重要的是要从我们所观察到的事物中识别出情绪体验本身，因此很难找到证据。对于外周反应，其意义并不十分清晰，我们不得不推测婴儿和幼儿使用的认知能力和过程、非人类动物的认知活动，以及伴随生理状态（如药物产生的生理状态）的中介评价。

婴幼儿案例。在第八章中，我将更全面地介绍情绪发展的基础，所以在这里我只稍微提几个关键点，并且与我在第四章中关于认知中介的内容重合。许多发展心理学家认为，婴儿在出生时还没有能力表现太多情绪，但情绪在2个月到4个月大的时候就出现了，有些情绪比其他情绪出现得更早。据说，婴儿最早表现出的情绪状态是弥漫着的不安，其次是警惕或兴趣，然后是快乐、愤怒，最后是恐惧。羞耻感和负罪感的产生可能要晚得多，因为它们依赖于对复杂社会关系的高级理解，但是没有太多的发展观察可以参考，许多系统发育学家甚至不认为它们是初级情绪。

正如路易斯和萨尔尼以及其他许多人所指出的那样，情绪体验和表达之间存在着重要的区别，而后者被整合到情绪系统中。我们承认，儿童在早期表现出情绪化的表达是没有问题的，但这并不是说，婴儿在能够理解正在发生的事情对他们幸福的重要性之前，就一定会经历情绪。最重要的是，婴儿和非常年幼的孩子是否会有情绪，何时会有情绪，以及会有哪些情绪，这是一个尚未解决的问题，不应该被随意排除在外。

关于新生儿的微笑已经做了很多研究，但埃姆德的观察表明，早期的微笑似乎与外部事件无关，所以我们要谨慎地推断——基于面部表情，就认为婴儿在能够进行最原始的评价之前产生情绪。虽然这似乎是一个有经验支持的合理立场，但我在前面引用的埃克曼、弗里森和戴维森的分析也提醒我们，可能存在不同种类的微笑，这可能意味着完全不同的心理状态和过程。因此，不管人们如何看待证据的充分性，解读微笑可能比通常认为的更复杂、更困难，观察者可能会误解微笑的情绪含义。

此外，在我看来，认为言语交流的能力对体验一种情绪至关重要是不合理的。实际上，很小的、不会说话的孩子，其情绪是无法通过口头报告来测评的。儿童看起来会表达情绪，并伴随相关的生理变化，这意味着他们在生命的早期就有了情绪体验，即使这些体验没有在意识中呈现或用言语描述，也可以很好地记录下来，就像邓恩的行为学研究一样。

例如，邓恩和芒恩观察到，婴儿与母亲的情绪冲突非常普遍，并在14个月到24个月期间升级，如表5.1所示。一些孩子情绪反应的频率如表5.2所示。在后面的章节中，我会提供一些具体的例子，这些例子来自邓恩的研究，表明幼儿对情绪规则的掌握有多复杂。

换句话说，即使不使用口头报告，也可以提出一个实质性的案例，即儿童能够很早就做出认知评价，事实上，在最初的几个月里，他们很快就学会了重要的规则，认识到触摸对他们幸福的重要性。但是婴儿早期呢？坎波斯和他同事的研究表明，婴儿对高度的危险性评价取决于运动（爬行）的经验，这在发育的早期就发生

表5.1　每个家庭冲突事件的总数和平均频率

	不同年龄的平均频率（月）				
冲突事件	14	16	18	21	24
兄弟姐妹冲突					
研究1（N=328）	10.3	8.2	11.7	11.5	11.2
研究2（N= 656）	—	—	8.0	—	7.6
母子冲突					
研究1（N =298）	5.8	8.2	9.2	12.0	12.5
母亲与兄弟姐妹冲突					
研究2	—	—	3.0	—	4.7

表5.2　研究1：第二年兄弟姐妹冲突和母子冲突的行为变化

	不同年龄（月）的事件数目				
孩子的反应	14	16	18	21	24
兄弟姐妹冲突					
研究1（N=328）	16（6）	3（3）	6（3）	1（1）	—
母子冲突					
研究1（N =298）	—	8（5）	13（6）	7（2）	2（1）
研究1（N =298）	—	4（1）	9（3）	26（6）	20（6）
母亲与兄弟姐妹冲突					
研究1（N =298）	2（2）	7（4）	8（4）	17（5）	17（6）
研究2	9（3）	20（5）	29（6）	35（5）	37（6）

了。只有当孩子开始爬行时，他才会在视崖实验中表现出对高度的恐惧。在视崖实验的情境中，孩子被引导穿过一个透明的桌面，从而产生一种由高度引起的危险幻觉。

这些数据有力地表明，由于爬行经验，婴儿必须首先进行具体化的意义评价，就像在视崖实验中会体验到恐惧情绪一样，因为有摔倒和受伤的危险。以前有过跌倒经历的婴儿，或者当孩子站在悬崖边缘或楼梯顶端时，母亲说话或行动都很惊慌，他们比其他人更有可能表现出恐惧。如果母亲在看似“危险”的视悬一侧微笑，婴儿的恐惧程度就会降低，甚至可能会向悬崖较深的一侧移动，有时甚至会在悬崖的外缘爬行以避开它。后来，随着更多的经验和成熟，同样的婴儿会小心翼翼地越过视悬，这意味着他已经进入了一个应对阶段，这需要对世界有更多的了解。

事实上，我目前的内容还没有涉及太多情绪发展问题，这使得这个讨论是不完整的。在第四章中，我提出了我认为非常重要的区分方式：一方面是复杂的、有意的、意志的和有意识的意义生成模式；另一方面是更简单的、自动的和无意识的（或前意识）模式，例如，在通感的概念中。然而，我对评价成分的讨论可能看起来像是退回到评价是深思熟虑和需要反思的观点，这种观点只适用于某些条件下的成年人，而不适用于婴儿。

尽管在第四章中，我引用了斯滕伯格和坎波斯以及巴里克和沃森，简要地指出了婴儿的愤怒可能与成年人的愤怒表现不同，但我在这里重申，我一直在讨论的评价成分，会在后面继续使用的概念，不应被视为信息加工的高级形式，因为意义可以通过其他更基本的发展方式来实现。我认为这是站得住脚的，值得在这里再次强调的是，当愤怒产生时，4个月大的婴儿可能有基本的目标关联性、自我或自我认同、目标不一致性和外部责任意识；很容易缺乏归因控制，继而责备的能力，这可能只对成年人的愤怒很重要，但对非常年幼的孩子来说并不重要。

评价是如何发展的，情绪是如何产生的，将仍然是一个困难和有争议的问题，我们应该做好长期准备讨论不同的概念解决方案，因为我们不能通过必要的观察来明晰这些问题，同时社会科学家有不同的理论和元理论偏好。我在这里要表明的是，评价是情绪的必要和充分原因是合理的，不同年龄的婴幼儿出现的不同情绪反映了对自我和世界的理解的增强，而成人的评价是建立在这些理解的基础上的。

非人类动物的案例。一个类似的论点是，即使是相对简单的动物，也可能具有比通常认为的要大得多的认知能力来评价正在发生事情的重要性。格里芬所描述的鸟类断翼表现的行为模式表明，随着情况的变化，它们显示出精心策划的、类似于评价的、条件化的复杂性和灵活地对情况变化做出反应的策略，这显然是有关联性的。简单的动物，如廷伯根所研究的家禽和鱼类，能够根据环境“释放”来区分危险和良性条件，而这种“释放”似乎很少依赖于经验（尽管我们必须警惕对待遗传和学习的二元论处理）。正如比奇所指出的那样，先天神经反射在人类等高等物种中变得不那么重要，而更倾向于基于大脑可变和灵活的模式，这一主题将在本章后面更充分地展开。

生理状态的案例。分离主义和还原主义的推论：大脑活动可以在没有认知中介的情况下影响情绪，或者更确切地说，要在心理上理解情绪需要我们研究神经化学过程。这是我质疑的内容。此推论将情绪等心理过程简化为神经化学过程的倾向在解释诸如疲劳和疾病等身体状况，可卡因、锂和咖啡因等药物如何影响心境和急性情绪时得到了很好的阐明。

例如，微生物学家说，可卡因通过向突触（神经细胞之间的空间）注入多巴胺和去甲肾上腺素等化学物质来产生欣快感，这些化学物质促进了神经传递。这是关于药物作用的一个重要理论。然而，这些化学物质对情绪的影响是直接的还是通过影响评价产生中介影响的问题尚未解决。

据推测，由于神经传递更容易，有助于促进适应性功能，可卡因也被认为能增强自信、安全感和个人力量。从认知中介的角度来看，毫不奇怪，人们会感到欣快，因为神经递质的传递暂时增强了主观感知的功能力量。就像我之前讨论的聚焦情绪的应对过程一样，这是一种虚假的兴奋，因为人与环境的关系并没有真正改变，而在短时间后，当神经递质恢复正常水平或处于亚正常水平时，人们会崩溃，然后变得情绪抑郁。

不止可卡因，其他任何毒品都有这种功效，即药物会影响心境和急性情绪，但可以合理地假设它们对有感知能力的生物大脑的影响也要伴随评价之类的认知活动发生，除非该生物处于昏迷状态。

许多年前，我引用了赛明顿等人的研究。该研究表明，某些形式的无意识状态，如手术麻醉或临终时，消除了心理压力对肾上腺的影响。例如，由于受伤或疾病而死亡的人，只要在死亡过程中保持无意识状态，在尸检过程中就会显示出正常的肾上腺皮质状况。相比之下，在致命疾病过程中意识清醒并死亡的患者表现为肾上腺皮质改变。此外，格雷、拉姆齐、维拉里尔和克拉卡内尔表明，全身麻醉本身并不会导致显著的肾上腺皮质反应。

我在第二章中引用了梅森和他同事的观察结果，该研究的观察结果表明，这可能是对疾病心理意义的意识，这暗示了评价过程导致了谢耶提及的肾上腺皮质反应。一直令我惊讶的是，这些发现对理论具有潜在重要性，但那些关注压力和评价的人却没有更多地讨论它们。

在方法学上很难也可能永远无法将认知评价的作用与神经化学水平发生的事情分开。如果没有证据表明药物对情绪（包括情感）的效应是在认知中介的情况下发生，那么这些效应的证据并不能告诉我们它们是如何起作用的，也不能以任何方式动摇认知中介作用是情绪的必要条件的命题。尽管我的许多同事希望我采取不那么极端的立场，但坚持认为评价在情绪中的因果作用是清晰而有用的。一种合理但不那么吸引人的解释是，情绪产生有两种原则：一种是通过认知中介运作的，另一种是独立于评价而产生影响的。这个问题不太可能轻易解决，我们发现两边的理论家们各持己见。

那么疲劳、疾病和药物等生理状态如何在情绪中发挥因果作用呢？我认为生理状态的主要作用是增强情绪状态，而不是直接导致情绪产生，这需要对有害或有益的人—环境关系进行感知。疲劳和疾病，以及其他身体虚弱的状况，增加了普遍痛苦或消极情绪状态（如愤怒、悲伤等）的可能性，这取决于所产生的特定核心关系主题。积极的身体状态——例如，感觉休息好了或病后恢复精力——增强了积极情绪状态的潜能，如快乐、自豪和爱，这些状态中的哪一种会发生将取决于核心关系主题——当然，也受到人—环境关系中发生的事情的影响。

我想起有许多次在凌晨4点醒来，就开始思考第二天的任务和必须承担的责任。这些任务似乎没完没了、势不可当，这是焦虑的来源。最终，我会入睡，醒来时有着完全不同的主观感受，尤其是在开始工作并喝了一些咖啡后。我一直认为，这种常见的现象源于困倦、疲惫和不清醒所带来的脆弱感。与此相关的焦虑情绪，是由于身体暂时还未恢复从而容易脆弱，当一个人警觉或行动起来时，我们大多数人似乎是可以应付的。同样的道理也适用于年轻女性每月排卵周期有关的经前综合征（PMS），这在媒体上很受关注。生理周期中不断变化的生理状态，无疑是基于荷尔蒙的变化，影响着人们的评价，从而影响着情绪。

换句话说，身体状态和情绪一样，作为倾向，它们产生特定情绪的能力取决于这些倾向对评价的作用和影响，从而更好地适应环境，无论倾向是实际的还是预期的。它们不是直接的原因，而是像情绪一样，取决于人们如何评价正在发生的事情。它们告诉我们一切都在掌控之中，但没有定义具体的应对过程，或者我们应对的资源被削弱了，因为我们暂时缺乏能量和储备，因此，日常的要求似乎比正常事件过程中的要求更多消耗我们的适应能力。

在前面的讨论中，敏锐的读者会发现关于心理和身体相关的普遍哲学问题和还原论。对一些人来说，心理可以简化为生理活动，思想和行为可以解释为神经活动，而神经活动又可以进一步归结为细胞和微生物的过程，如果我们怀揣着统一科学的梦想，我想最终可以归结为粒子物理学或亚原子物理学。迪斯观察到还原论在今天的科学中占主导地位，但只有一小部分17世纪的科学家和哲学家认同这一观点。然而，正如通常所说的那样，如果不考虑影响心理和行为的心理条件（例如，环境的、内在的或关系的），它就无法解释。在我看来，它仅仅是指向下一个较低层次分析的一种形式。

当还原论与情绪相关时，它主要局限于生理学，因为与化学或物理相比，它仍然相对粗糙；生理学研究的重点是大脑结构和功能，以及影响神经细胞和受神经细胞影响的宏观激素物质——例如，肾上腺皮质激素和髓质激素，以及最近发现的神经肽（如萘卡肽），这些物质被人体用来缓解疼痛，有时被称为天然鸦片剂。吗啡的发现和其他药物起作用的神经受体是理解神经系统如何工作的重要一步。通常不会进一步进行还原主义的步骤，因为精神和行为的宏观概念不容易与微生物学的分子概念相结合。

有许多反对将社会科学简化为生物科学和物理科学的论点，不值得在这里长篇大论地把它们展开。然而，对这个基本认识论问题的一些讨论将有助于我们弄清楚这一点。生物物理学理论与情绪概念是相关的，因为很多关于情绪的文章都需要对大脑进行研究。在最极端的情况下，心理学理论必须与关于大脑的信念一致，尽管这些信念——通常被称为知识——是不断变化的；如果心理学理论不符合生理学规律，那么它必然是错误的。

在我看来，还原论的主要问题在于，不同分析层次上的概念不是平行的；一个概念不能影射到另一个概念上，因此可以在它们之间绘制有意义的功能联结。例如，网状激活系统的概念在行为层面上与早期关于驱动、注意和能动思考有意义上的联系，但当前的思维激活模式似乎不足以解释复杂的应对过程，特别是当认知中介参与其中时。

关于通过一种分析层次来影射另一种分析层次，目前对大脑生理学的了解还不足以与评价和应对的心理过程很好地匹配。在涉及情绪的认知过程方面，人们对皮层和边缘系统研究的兴趣越来越大，以及对情绪相关的割裂脑的研究也表现出兴趣。但现在判断这将在多大程度上缩小生理和行为分析水平之间的差距还为时过早。当我们朝着分子方向迈出更大步伐，远离心理学的宏观概念时，它们之间的功能联系似乎变得更加遥远。

我不想在这里被误解。尽管轻率的还原主义呈现出一些问题，但我认为，在科学层面的分析之间建立桥梁是非常适当和有价值的。帕里西提出了寻找功能联系是有用的，尤其当药物治疗或手术治疗是处理心理功能障碍的最佳方式时。然而，当我们试图通过从分子层面来解释宏观层面发生的事情时，问题就出现了。我们不能试图在生理的基础上解释心理，反之亦然，也不能采取错误的观点：认为较高层次能够反映较低层次上发生的事情。这样做不仅抑制和贬低对宏观层面的研究，而且产生一种暗示甚至明示，即心理和行为的理论必须符合当前关于大脑的研究，从而妨碍我们对理解的追求。此外，如果像我一样相信高层次的分析涉及低层次不存在的新兴属性，那么我们永远无法希望通过调用研究低层次现象时制定的基本原则来充分解释另一个层次的现象。

相比之下，通过从宏观水平下降到微观水平的单向还原分析，人们可以找到双向因果关系。例如，尽管我们通常认为心理反应取决于生理过程，但反过来也可能是正确的。埃德尔伊最近提出了一个惊人的想法，并在帕里西的研究中得到了验证。帕里西在讨论弗洛伊德将心理学置于自然科学框架内的努力时进行了非常深入的研究，帕里西说这一努力失败的原因是临床观察形成了弗洛伊德对癔症转化分析的基础，而这些观察表明神经学无法解释观察到的瘫痪和麻木，这些症状实际上并不符合已知的神经通路。帕里西是这样说的：

弗洛伊德得出的结论是，这些现象是不可能追溯到生物学根源的。在不支持某种神秘主义或二元论的情况下，他实际上得出结论，心理现象不能归咎于生理现象……思想在症状和行为的形成中起着因果作用。正如里奇拉克所指出的那样，这构成了通常设想的因果流的逆转，在这种因果流中，思想、行为和症状归结为生理。弗洛伊德在查罗的诊所以及他后来与布罗伊尔的合作中所看到的是，症状会减少思想的产生。

最后一个论点我称之为“反向还原论”，从不同于帕里西的观点出发。这个论点是这样的：没有关于心理功能的知识的脑生理学仅仅是解剖学。生理学研究的都是神经系统的功能，要应用于行为功能，就必须有心理参照。因此，与我们通常需要了解大脑才能理解情绪的命题不同，我们可以提出一个逆命题，即如果不深入了解我们的行为和反应，包括情绪，是如何产生以及为什么产生，就不可能有脑生理学的知识。即使我们试图在神经生理学的基础上解释行为，我认为这是一门糟糕的科学，要理解大脑，我们需要一些心理学的东西来解释，也就是我们如何行动和反应的规则。实际上，生理学家，更不用说神经心理学家，需要了解意识才能了解大脑。

实现意义的机制只有一种吗

关于情绪的认知因果关系的命题中存在明显的困境，因为事实表明，情绪经常甚至可能总是，是对刺激的一种几乎即时性的反应。一个非常快速的反应似乎可以避免连续的“信息加工”——这曾经是认知心理学家的主流观点——这与计算机类似，计算机包括对来自环境和人体内多个来源的无意义输入进行耗时的数字扫描，从而产生适应性行动选择所依赖的意义。如果这是意义生成的唯一过程，那么，确实会有一个两难困境：动物（包括人类）面对与其幸福相关的内容时会做出瞬时反应，尤其是在危险情况下。如果我们是以其他方式来构造，将无法长时间存活。

有两种可能的解决方案：第一种是假设评价过程必须能够通过比传统认知心理学提出的机制简单和快速得多的机制进行；第二种是假设情绪完全不依赖于认知活动——实际上，存在一个独立于认知之外的情绪过程。

我已经反对第二种解决方案。我认为最合理和自洽的立场是，必须有不止一种评价。有些情绪是耗时的、深思熟虑的、意志的和有意识的推理形式的结果，这些推理形式利用了我们抽象的、象征性的能力，而另一些情绪是非常迅速的、自动化的、无意识的认知活动的结果。我在第四章中对此进行了相当长的讨论。尽管大多数认知科学家一开始对信息加工有一个序列化的、有意识的概念，但很长一段时间以来，他们一直对并行处理感兴趣，这是后面讨论的意义生成问题的一种解决方案的变体。

在关于认知—情绪关系的公开辩论之后，其他情绪理论家似乎也得出了类似的结论。认知和情绪之间如何关联的问题由来已久。

在巴克对分析认知和合成认知的区分中，可以找到一个支持情绪过程中存在不同层次认知加工的例子。在分析认知中，通过线性扫描和数字分析进行刺激呈现时，原本无意义的组块积累出了意义。在合成认知中，是在对具有生态重要性的信息进行模拟检测，这与吉布森关于感知觉如何工作的观点类似。在这里，适应的意义是可以瞬间实现的，无需反思或多次操作。

莱文索尔对图式加工和概念加工的区分也有类似的观点。图式加工相较于概念加工更为简单，在图式加工中，当个体过去以一种特定的方式对知识进行持续的评价时，可能是由于积极或消极的适应结果，知识和评价之间形成了功能上不可分割的联系，似乎是融合的、瞬时的，此时评价是自动发生的，不需要复杂的认知活动。

在概念加工中，复杂的知识结构和评价通过抽象的、有意识的和深思熟虑的推理形式塑造情绪。这可以遵循预先设定的阶段，尽管我之前说过，这些是阶段性的想法，如谢勒的刺激评估检查概念，是有问题的。莱文索尔还提出了第三种，更原始的认知处理水平——感知运动，这可能类似于我在前一章所说的通感，或具身智力。

无论如何，认知活动都可以以简单、原始和快速的方式发生，也可以以更复杂和多过程的方式发生。在对共情情绪的讨论中，霍夫曼也假设几种认知活动，有些相对原始，有些非常先进，可以在情绪中发生，甚至可能同时发生。

由于试图追踪大脑中评价性认知活动的神经生理通路，因此认为存在不止一种意义生成模式的观点获得了更多的认可。虽然我对还原论的立场使我在引用相关证据时很谨慎，但这一点勒杜在其研究中也进行了阐释，他认为生理学家所相信的关于大脑工作方式的观点与实现意义不止一种方式的论点是一致的。勒杜认为：

不管一个人偏好认知理论、反馈理论还是情绪中心理论，情绪系统的核心是计算刺激的情绪意义的机制。由于这种机制是有意识的情绪体验的先驱，根据定义，它在有意识的意识之外运作。

与我在前一章中所说的两种评价模式相一致，勒杜补充道：

因此，杏仁核直接或通过皮质接收来自丘脑的感觉输入。丘脑—杏仁核投射似乎参与处理相对简单的感觉线索的情绪意义，而皮质—杏仁核的投射在处理复杂刺激时是必要的。

实际上，神经生理通路的研究表明，从丘脑到边缘系统的杏仁核，存在一条原始的或皮层下的神经通路，用于情绪加工，该通路可以独立于新皮层而发挥作用。这使得人们能够对环境中的危险做出快速、粗糙甚至仓促的判断，如果在更细致的认知分析中被证明是错误的，这种防御性反应随后就会被中止，这类似于神经生理学上的评价和重评。勒杜认为：

向杏仁核提供“快速而不精确”的外围刺激表征的通路在情绪处理中可能起什么作用？首先，粗糙刺激信息的快速到达可能足以启动防御（和其他情绪）反应，这些反应是通过杏仁核的传出连接组织起来的。然而，由于刺激信息是粗糙的，在某些情况下，防御反应可能会不合时宜地启动，但面对威胁，假阳性反应可能比假阴性反应更有利于个体生存。一旦在更详细的感知分析（通过皮质—杏仁核连接提供）的基础上确定威胁并不存在，防御反应就会中止。然而，在皮质感觉系统分析刺激之后再进行防御可能代价高昂。

如果我们确实认真地认为情绪中存在不止一种认知活动，那么瞬时情绪使我提出的“认知活动对于情绪发生是必要的”观点立不住脚。实际上，重要的是不要将认知活动等同于相对缓慢、渐进的，从无意义的刺激中逐步产生意义，也不要等同于有意的、有意识的评价，而是要认识到情绪意义可以通过多种方式产生。

我的结论是，意义总是（一个高风险的词）与情绪有关，因为大多数（如果不是全部的话）哺乳动物都能够对伤害、威胁和利益的基本分类进行简单的区分、经过学习进行评价。从逻辑上或实证上出发，没有理由认为认知活动不应被视为情绪的必要条件。

生物学的普遍性和社会文化的可变性

任何一种情绪理论，尤其是认知—动机—关系理论，都必须面对一个重要问题，即如何提供足够的空间来容纳情绪过程中显而易见的生物、社会和个体的贡献。让我换一种说法：要让情绪在人类适应中发挥重要作用，情绪过程必须是可变的、足够灵活的，以允许智力、学习和判断发挥作用从而更好地适应环境，同时又要与生物物种原则相一致。因此，该理论必须详细说明心理生物和社会文化因素如何在情绪过程中起作用。

调和的解决方案

我提出的解决方案是对前面章节内容的延伸，通过这种方式，我想调和生物学的普遍性与社会文化来源的多样性，即建立一个基本前提和两个子前提。基本前提是：为了生存和繁衍，动物（尤其是人类）在生物学上被定义为不断参与其与环境之间变化关系的评价。评价涉及对生活中需要采取行动的相关适应条件进行检测和评估。这些评价决定了情绪状态，涉及努力充分应对所发生事情的适应性意义。

在系统发育上更高级的物种，如人类，能够进行深思熟虑的、复杂的、抽象的和象征性的评价；更低级的物种可能会做出同样多的评价，只是没有那么复杂。同样，与幼儿相比，在遗传上更高级或发育更年长的个体将具有更复杂的意义生成模式。必须提出一套成熟的关系和评价成分和模式，就像我在第三章和第四章中提供的列表，我会在接下来的章节中将其应用于每个情绪家族。

那么，遗传生物学对情绪过程中普遍性的贡献是什么？我认为，它存在于以“如果—那么”公式的第一个子前提原则中：

人们以一种特定的方式评价个体与环境的关系，然后与评价模式相关联的特定情绪就会出现。一个推论是，如果两个人做出相同的评价，不管实际情况如何，他们会经历同样的情绪。我认为这是一种心理生物学原理，它为人类物种的情绪过程提供了普遍性，可能也适用于其他物种。我们的构造方式使得某些评价模式及其核心关系主题将导致特定的情绪反应。这种生物学原则在功能上类似于情感程序的概念，不过我很快就会对其进行评论，我的版本是高度灵活的，特别是在输入方面。所以，在情绪反应的具体细节上存在相当大的差异。

心理生物学原理对于情绪的认知—动机—关系理论至关重要，因为它暗示了情绪过程中一定程度的普遍性或共性，这在观察上似乎是显而易见的。人类生活的一个显著特征是，纵观历史，在不同的文化和生活条件下，相同的基本主题和情绪似乎反复出现。这促使我们思考情绪过程中的共性，但并不代表排除个体差异，而是要求我们厘清什么是普遍的，什么是可变的。

那么，社会文化、个性和个体发展对情绪过程突出的贡献是什么呢？我认为，它们存在于第二个前提中，这个前提分为两个逻辑步骤：

（1）个性/人格，包括对个人重要的东西（如价值和目标层次结构）和在生命历程中获得的一套信念，特别是在童年时期所塑造的。个体通过生活在特定的社会和文化中，并有选择地内化其中的一些价值观、意义和社会规则而形成人格——有人可能会说，它是由个人在努力从社会影响中创造意义的过程中构建的。

（2）情绪过程中的个体差异是基于人们如何评价他们的人—环境关系的差异所致，这就是“如果—那么”公式中的“如果”的基础。评价总是受环境和个性的交互影响，二者共同影响个体对一般知识和特定情境的认知，这种知识总是基于个人意义来评价。

换句话说，个体间和个体内的情绪差异是由于人们在特定情境和一般生活中对所发生事情的理解方式不同而产生的。

社会文化和生物主题共有的内容表现在个性上，接下来会进一步阐明。陈述中的“如果”提供了情绪过程中灵活性和复杂性以及其促进的适应性，这是由智力和文化所塑造的。陈述中的“那么”提供了将评价与情绪反应的性质和强度联系起来的生物学普遍性。当与环境变量和个性相关的“如果”发生变化时，由不同评价中介的情绪也会发生变化。

举个例子，想象一下两个在社交互动中受到不礼貌对待的人。如果其中一个人将另一个人的行为解释为无理由的冒犯，那个人就会生气；如果另一个人将同样的行为解释为是个人悲惨经历的结果（例如，他人身患绝症或是阿尔茨海默病的配偶），产生的情绪可能就是基于同情的同理心。一旦做出评价，情绪反应就是一个必然的结论，是生物学的结果。然而，“如果”中有许多决定性因素，这导致了相当大的社会文化和个体差异。在人与环境的持续接触中，“如果”也可以通过人与环境关系的变化和促使这种变化的应对而迅速改变。这一公式提供了灵活性和可变性，以及一定程度的心理生物学不变性，而不会使一个因素受制于另一个因素。

既然我已经确定了对评价的反应是一种与物种相关的心理生物学原理，那么文化作为塑造情绪的一个因素应该怎么解释呢？这是一个非常重要和引人入胜的问题，我将在第八章和第九章讨论发展问题。如果我们发现一种文化缺乏在其他文化中常见的情绪词汇，这是否意味着该文化中的人们不会体验到没有词汇表达的情绪？目前，我们还没有一个坚实的基础来回答这个问题，但可以通过观察与上述公式相一致的方式进行推测。

在我们自己的文化中，消极情绪的词汇比积极情绪的词汇多得多，其中愤怒的表达比厌恶、羞愧和嫉妒更多样化。对这些词汇的研究，除了它们可能告诉我们关于人性的东西外，还可能对我们关于每种情绪的文化价值观有指导意义。

卡尔霍恩和所罗门引用了人类学家吉恩·布里格斯的一项声明，即某些爱斯基摩部落的人不会感到愤怒，更不用说表达愤怒了。利维认为塔希提人很少用词语来表达悲伤、渴望或孤独。在这种文化中，这些概念被称为“低认知”——也就是说，语言和思想中没有得到太多关注。利维说，在塔希提岛，人们也很少认识到内疚。虽然塔希提人似乎有重度哀伤和哀叹的概念，但他们将失去亲人的经历描述为疲劳、疾病或其他身体上的痛苦。另一方面，愤怒和羞耻是“过度认知”，这意味着可以有很多词来形容这些状态，并且塔希提人对它们给予了很多关注。

问题是要判断塔希提人是：(a)对悲伤(或者我们想考虑另一个例子，内疚)做出反应，但用一种独特的、基于文化的词汇来标记这种反应；(b)体验到悲伤但否认它；(c)没有情绪反应(这似乎被他们身体上的抱怨所掩盖)；(d)用一种不同于悲伤的情绪做出反应，这种情绪可以被称为身体不适；(e)与其他文化背景的人相比，做出悲伤情绪反应的具体情境是不一样的。

我个人倾向于认为，无论文化是强调还是淡化情绪，所有的核心关系主题，以及与之相关的情绪，都是人类共同的，并且在成年后都会经历的，因为不管人们是否能用语言表达出来，不管一种情绪是否被识别或贴上了标签，人们都会不可避免地陷入某些基本的消极或积极的人—环境关系中。因此，大多数人都会体验愤怒、羞耻、内疚、快乐、自豪、宽慰、爱等。即使他们以其他方式给这些情绪贴上标签，或者不太关注它们。我们在生理上就是这样构造的，所以我们在不同文化和人类历史上都有类似的社会关系。在每一种文化中，所有重要情绪的基本关系主体都会伴随着相应的情感被体验，无论这种文化是否有一个词来形容它们。

我这么说，并不是否认语言的力量；相反，我强调的是，情绪主要是心理生物学现象，而不是语言现象。如果我们以定义某种情绪的核心关系主题的方式来评价人—环境关系，我们就会体验与之相适应的情绪，无论所使用的语言是否提供了对应的词汇标签，无论是否有一个在其他文化中给予它相同标签的词汇。

上述建议源自原则(1)，该原则侧重于“如果—那么”公式中的“那么”部分。评价不仅是语言或反思的技巧，而是对所发生事情对我们个人幸福感的意义的评价，通常是原始的、没有意识到的。语言发挥了一定作用，当然会使评价和分析更加敏锐，但不是唯一的。生物学原理只是说，作为每一种情绪的来源，一个物种被赋予了基本的意义，但是产生这些意义的社会条件在某种程度上仍然是文化上可变的和后天习得的。如果我们意识到有人轻视了我们，我们会感到被贬低，并做出情绪化的反应，可能是愤怒；这就是我们被构建的方式。即使人际关系场景被淡化或限定，情况也可能如此，但如果我们改变它的含义，情况就不会如此。

那么，文化是如何塑造情绪的呢？我认为最好的答案是，它帮助我们识别被爱的迹象，当一个人的认同感得到增强时(自豪)，当存在威胁的条件时(焦虑)，当我们被贬低时(愤怒)，当我们未能实现自我理想时(羞耻)，当我们违反了道德禁忌时（内疚），当确定什么是利他主义的礼物时（感恩），等等。简而言之，正如文化在每个核心关系主题发生时告诉我们的那样，它以物种规定的情绪反应形式告诉我们这些主题表达了什么。

情感程序的概念类比和对比

在关于情绪的心理进化思想中，已经存在一个概念，它与体现在“如果—那么”公式的“结果”中的心理生物学原理是平行的，即情感程序的概念。实际上少数理论家正式使用过这个术语，并且只有些许的阐述。然而，我相信，对情绪感兴趣的心理生物学家普遍认同这一想法。接下来，我试图探索这个想法中固有的一些困境，并提出一种对我来说似乎合理的思考方式。

情感程序最不灵活的形式，是一个复杂的神经化学和行为反应系统，被编码在大脑中，当正确的神经按钮触发时，可以或多或少地按照既定的方式运行。埃克曼认为，“情感程序”指的是一种存储这些复杂有组织的反应模式的机制，当被触发时，会指挥情绪的产生。据推测，该程序顺序性地以及结构化地协调了构成情绪的思想、行动冲动和生理过程。实际上，愤怒反应在所有人类中看起来都很相似，也许在所有能够有这种反应的动物身上也是如此，恐惧反应也是如此，等等。

虽然触发、指导或组织机制可能是后天习得的，但通常给我们的启示是，情绪反应的模式是遗传上预先设定好的，并储存在大脑中。正如我在第三章中所说的，应对是一个与行动倾向不同的概念，因为它更多的是学习和深思熟虑地进行策略选择的结果。最近，埃克曼（个人沟通）弱化了他最初关于先天心理生物学编码的立场。他现在似乎把情感程序的概念看作一个隐喻，而不是一个物质的、神经递质的、强制性的程序。然而，如果我们把这一点与他将杜式微笑作为真正幸福的内在指标的概念结合起来，一些不一致的地方仍有待解决。我并不认为在这里使用隐喻会像假设确实存在一种生物学上的东西那样有用，尽管这种东西具有很大的灵活性和适应功能。

最终，情感程序背后的假设鼓励系统发育学家谈论人类独有的情绪混合或组合，如内疚、羞耻和自豪，它们在心理和社会功能中如此重要。如果强调的是普遍的、天生的、面部或身体上的外在表现，那么不符合这套标准的反应模式要么不是情绪，要么是基本情绪的必然组合或混合。

埃克曼举了一个例子，努力用微笑来掩饰愤怒，让我们看起来沾沾自喜，一种快乐和愤怒的混合。当这类事情经常发生时，社会就会给它起一个名字——那就是装模作样。然而，对一个理论家来说可能是混合情绪，对另一个理论家来说可能是初级情绪。普拉奇克认为轻蔑是愤怒和厌恶的混合体，而埃克曼、伊扎德和海恩斯认为，现在有一些证据可以证明它的普遍性，这将把它提升到一种初级情绪的地位。

情感程序的组织到底有多严密还没有被仔细研究过，而这个问题正是生物学和社会科学研究情绪的方法之间解释竞争的核心。而它在整个情绪过程中有多少是预编码的，是另一个值得探究的问题。如果整个情绪过程是高度僵化和预先编码的，那么个体发育的——社会文化、经验和环境——变量可能只在情绪中或主要在诱发刺激或触发因素方面发挥重要作用，这些刺激或触发因素会影响评价过程，也可能促使某一情绪消失或转移到另一个情绪中。这是我之前“如果—那么”分析的核心。

一个情感程序的强制性程度，以及在其过程中受到修改和控制的程度，仍然模糊不清。情感程序可能被认为是遗传决定的，进而影响评价，尽管埃克曼认为它们也受到学习和社会因素的影响。当我们进行应对时（甚至是改变事件意义的聚焦情绪的应对），情感程序被关闭或改变，因为应对过程的反馈会改变评价。这几乎可以立即发生。

如果我们接受情感程序概念的最严格和扩展的版本——一旦被激发，一种情绪就持续整个过程——并且个体发展主要作用于情绪产生的规则，而不是情绪过程本身，那么我们就可以在情绪过程中适应可变性和普遍性。在正确的方向启动这台机器，程序就会按照神经系统的遗传结构预设的程序运行，直到发生状况时关闭或改变它。按下愤怒按钮，我们就会得到愤怒；按下恐惧按钮，我们就会感到恐惧。需要澄清的是，在运行和关闭过程中什么是可以修改的。有人可能会提出，有时由应对过程引起的评价变化，会导致按下不同的按钮和新的情感程序，这是一个全或无的过程。

在解释一个物种内部严格版本的情感程序中发生的事情比进行跨物种的解释，难度小很多。例如，很难说黑猩猩、猴子或非洲狮的愤怒在多大程度上是相同的，或者这种愤怒是否与人类的愤怒相似，或者它是否应该被称为愤怒。关于动物研究的社会意义，赫布和汤普森不久前认为：

例如，在老鼠身上，几乎不需要“愤怒”这样的术语来描述动物的行为。老鼠要么具有攻击性，要么没有，而攻击性在不同情况下大致相同。狗的情况似乎也是如此，尽管它偶尔也会表现出与灵长类动物的愠怒类似的行为。但是对于黑猩猩来说，如果要安全地对待它，就必须区分愤怒和长期恶意。人类特有的发脾气和生闷气的模式经常出现在大猩猩身上。狗出现攻击性的原因比老鼠更多样化，黑猩猩出现攻击性的原因又比狗多得多。最后，短暂刺激后的情感扰乱期也从老鼠到狗再到黑猩猩逐渐增加（例如，黑猩猩菲菲因为没有得到一杯牛奶而生气了三周，首先表现出彻底的愤怒，然后在一天内拒绝接受任何人的牛奶，然后持续三周拒绝接受没有给它牛奶的那个饲养员）。

社会心理学家海德尔对于以下感知问题，以非常不同的视角指出了同样的观点：

人们应该如何理解动物会生气的事实？难道“应该”不是属于一个更抽象的层次吗？一只保卫自己领地的狗会不会想：“这是我的财产，我有权这么做。别的狗不应该到这儿来。”

回答这个问题的困难在于，动物学家根本不愿意谈论动物的愤怒，而是使用更中性和行为化的术语，攻击性或竞争性行为。海德尔的质疑也强调，我们仍然必须确定引发人类愤怒的条件，这些条件很可能与狗的不同，甚至在人类个体之间也可能略有不同，尽管仍然可以归结为某些共同的主题。

如果我们寻找一种更灵活的方式来看待情感程序——在我看来，“程序”这个词的内涵是用来阐明评价和情感反应之间的心理生物联系，但太过刻板。为了阐明评价和情绪反应之间的心理生物学联系，可以想象情绪过程的成分安排是相对独立的，并对与持续互动有关的特定适应性要求作出反应，但这种安排会产生一个天生的、有组织的、普遍的情绪过程的外在表现。在我所偏好的这种观点中，每个成分都会以更灵活的方式发挥作用，尽管仍然遵循与任何行为序列的能量需求和稳态负荷相关的生物约束。

在这个选项中，我认为情绪系统是高度结构化的，其复杂且灵活。在特定的情况下，情感程序或系统总是对任何个体感兴趣的反应测量产生相同的效果，但这些效果中的每一个都只是由整体配置中的几个因素之一引起的。因此，在恐惧中，心率可能总是或通常会加速，但其他因素，如呼吸、体力消耗等，也有助于观察到心率，因此我们在恐惧中观察到的可能是心率大幅加快，甚至当相反的过程压倒了“程序”效应时可能是心率减慢。如果我们保持这些因素不变，我们总是或通常会看到恐惧导致的加速，就像当我们生气时，我们总是或通常会预期攻击的行动倾向一样。

实际上，一旦激发了情感的几个反应成分，它们必须协调一致——这是对系统的一种思考方式——但它们也必须具有一定程度的独立性，依赖于任何适应性情境中涉及的即时个人—环境需求、约束和资源的程度。也许每种情绪都有一个基本的反应模式，很容易被来自其他适应过程的“噪声”所掩盖。例如，在愤怒中，基本模式可能包括报复甚至要除掉冒犯者的欲望。然而，这种模式的一个例子是，冲动被拒绝或抑制，同时还有另一个例子，这在清晰的意识中是不冲突的。这些版本在观察者看来是不同的。如果存在一种普遍的心理生物学症状，那么它很容易被所有其他可能的应对活动所掩盖。

弗里达在他关于行动倾向的讨论中明确指出，将情感程序设想为过于固定和强制性是有危险的。他认为：

在某种程度上，如果行动计划是固定的和僵化的，就失去了它的大部分意义。情境只会引发行动；行动准备只存在于抑制可以阻止行动执行的程度。然而，如果程序是灵活的，那么行动倾向和行动准备就成为有意义的概念。灵活的程序是由可选择的行动方案组成的，允许情况的变化和执行行动的反馈。在这样的程序中，愿望、意图和目标已经独立于特定的行动。行动倾向也是有计划属性的，或者更准确地说，是一个在启动信号下准备就绪的计划。在这样的结构下谈论情绪是有意义的。

这种观点的问题在于，行动倾向越具有灵活计划的特征，越容易受反馈影响，它就越接近我所说的应对，这是一个比先天行动倾向更深思熟虑的心理概念，而反应模式看起来就越不具有普遍性。弗里达最近使用的术语“行动准备性”可能反映了他对行动倾向或冲动僵化性的担忧，因为每种情绪都伴随着各种各样的行动。无论如何，先天固定行动和基于反馈和计划的灵活行动之间的区别揭示了情感程序概念及其运作中固有的困难。

情绪包含5个基本的心理生物学成分和过程：感知、评价、应对行动（*如运动*）、可能涉及动员的生理活动、涉及合成代谢和分解代谢活动的稳态过程。除了情绪需求之外，每一种都能满足适应性需求。我们不仅仅是在对热、冷、节食或锻炼做出反应时才体验到情绪，即使在这些情况下，对生存至关重要的内稳态过程已经启动并协调起来。然而，如果我们把热或冷看作一种伤害、威胁或好处，那么我们就会做出情绪化的反应。这种情绪反应包含了与其他形式的适应相同的反应成分和过程，通过不断变化的适应要求进行协调。当情绪过程的成分服务于非情绪功能时，它们可能很容易被解读为情绪化，即使实际上没有涉及任何情绪。

埃克曼指出，每一种面部表情，比如扬起眉毛，都可以用于其他目的——例如，打招呼、表达惊讶，也可以是一种明确的情绪表达。他将这些称为象征。伊扎德承认，情绪表达可以发生在婴儿的脸上，在被编入情感程序的几个月之前就出现。因此，微笑的面部表情并不一定意味着婴儿是快乐的或正在经历快乐，因为面部运动动作，包括微笑，可以服务于其他非情绪的功能，并且在它们能够表明社会反应之前就已经发展起来了。尽管有这样的争论，然而，伊扎德假设情绪的不同反应成分之间以及它们与成人情绪体验之间存在紧密联系。

当然，这里有一个真正的困境，我们并不真正知道这一切是如何运作的，这就是为什么我们必须试图做出一个好的猜测，既要考虑到我们观察到的情况，还可以最后通过专门设计的研究来评估。甚至今天的计算机程序都是高度灵活的，有些人会称其为“智慧”。它们总是高度算法化的，但算法是灵活的，并允许根据偶发条件采取替代行动方案。他们的陈述类似这样：如果A发生了，那么就做A；如果B发生，那么就做B；否则，做其他事情。这种相互嵌入的条件语句可以产生一些非常复杂并适应情境的敏感结果。

无论事情如何运转，在情绪中组织反应成分的方式必须允许灵活的反应模式，因为每个反应成分也在为许多其他适应性任务服务。它们聚集在一起，为重要的持续互动提供服务（比如当一个目标受到威胁或目标实现受到促进时），这种适应灵活性需要在情感理论中被更多强调。没有灵活性选择的固定编码适用于相对简单的有机体，它们不具备抽象思维和决策能力。在更高级的物种中，尤其是人类，通过进化，固有的情感程序已经让位于复杂而灵活的过程。这正是机能主义者通常认为情绪在更高级的哺乳动物中所扮演角色的方式——也就是说，随着情绪从天生的、僵化的适应过程发展到越来越依赖于更高的认知能力。

为了理解这一观点，我们可以参考一下莱尔曼的一项令人印象深刻的研究。莱尔曼是一位鸟类学家，他对环鸽的繁殖周期进行了细致的观察和实验，极大地改变了社会科学家对本能概念的看法。复杂行为模式的僵化集合，曾经被称为本能，被认为是天生的，是神经系统固有的，但这种观点，在其最初的形式中，几乎是不可信的。传统上，环鸽的繁殖周期被认为是本能的，因为它表现出一种可预测的、刻板的模式——仔细观察就会发现，这种模式是可以改变的，而且取决于环境和激素刺激的性质和时间。

看似刻板的模式是这样的：当一只没有繁殖经验的雄性和雌性环鸽被放在一个有玻璃碗和一些筑巢材料的笼子里时，求爱发生了，雄性昂首阔步，向雌性鞠躬并发出咕咕声。几个小时后，它们会选择一个玻璃碗（或任何其他凹陷的地方），蹲在里面，发出独特的咕咕声。雄鸟为巢收集材料，雌鸟站在碗里筑巢。在一个星期左右的筑巢过程中，发生了交配，雌鸟似乎对巢穴产生了强烈的依恋，这一点可以从它拒绝被驱逐的事实中得到证明。它要下蛋了。在求爱开始后的7到11天，它通常在下午5点左右产下第一个蛋。它坐在蛋上，然后下另一个，通常是在第二天早上9点左右。在这一天，雄鸟与雌鸟通常轮流坐着，之后两只鸟轮流孵蛋，雄鸟在白天孵蛋约6个小时，而雌鸟其他时间孵蛋。在大约14天的时间里，蛋孵化了，父母用一种从作物内壁分泌的液体（它们食道里的一个袋子）喂养幼鸟。当幼鸟大约10天或12天大的时候，它们离开巢穴，但继续向父母乞求和接受食物，直到它们大约2周大，这时父母越来越不愿意喂养它们，幼鸟被迫学会啄地板上的谷物。这就终止了繁殖周期。当雏鸟长到25天大时，雄鸟再次开始求爱行为，整个周期持续6或7周，再次开始。

从明显的普遍性和生物学上的刻板细节来看，这种行为似乎很像鸽子的归巢或鱼和鸟的迁徙，它说明了一种内在模式，这种模式使早期的研究人员推断出本能。然而，莱尔曼的研究可能会为那些相信情绪可以通过内置的情感程序来理解的人提供有用的教训，这些程序同样被认为是刻板印象。

莱尔曼帮助确定了实际的内部（激素）和外部影响，它们依次带来了模式的每个方面。激素的影响可以通过以下事实来说明：当雌性环鸽第一次被放进笼子里时，她的输卵管重约800毫克，但当她在求爱和筑巢之后产卵时，它的输卵管重约4000毫克。同样，鸟类的嗉囊也会逐渐发生变化，这是为喂养幼鸟做准备所必需的，而雄鸟的睾丸也会逐渐发生变化，为交配做准备。

莱尔曼的研究还表明，生殖周期中的行为模式虽然很大程度上受激素影响，但也高度依赖于环境事件或刺激，如果事件在正确的时刻发生，就会触发这些激素的分泌，进而帮助启动适当的行为。例如，如果把鸟放在一个笼子里，笼子里有筑巢材料和已经下了两个蛋，鸟不会坐在上面，而是表现得好像蛋不在那里一样。它们不是坐着，而是依次去求偶、筑巢、产卵，然后才坐在上面。孤独的雌鸟不产卵，它需要看到雄鸟。单身的雄鸟对筑巢材料、蛋或幼鸟不感兴趣；它一定是受到了雌鸟的刺激。

因此，整个行为模式绝不是完全由内部预先编码的；虽然行为的每个成分在相当大程度上受程序影响，但它也取决于许多环境事件的发生时机，这些环境事件启动了内部（激素）过程，从而控制着筑巢、交配、产卵和喂养幼崽所必需的行为。简而言之，本能仅仅是一种以某种特定方式对某种适当的外部刺激作出反应的倾向，如果这个术语指的是一种复杂的、完全预先设定好的模式，这个术语就是具有误导性的。为了使物种的繁殖行为周期发生，刺激、激素变化和相互作用的正确组合是必需的，每一个都需要在适当的时刻发生。

我相信，这种对适应性行为中生物因素的修正概念（不再被视为严格的先天控制的行动序列）代表了从早期僵化的、内在的模式展开的观点向前迈出的重要一步。它鼓励科学家深入探讨生物和社会力量在适应性控制中的相互作用。这也是思考情感程序的一个很好的模型。如果我们认真对待它，我们现在必须考虑到更多的复杂性和灵活性，以及更少的完全预先编码过程，再也不需要将导致情绪复杂反应序列的任何因素用“按按钮”来隐喻。

如果我们接受这种功能主义的立场，那么我们如何理解每种情绪，就像环鸽的繁殖周期一样，似乎都被组织成一种普遍的配置，或者至少是在一个物种内广泛共享的复杂反应序列。情绪，就像环鸽的繁殖周期一样，似乎具有普遍的、刻板的和部分强制性的特征，这种常见的外观迷惑我们，使我们相信一旦启动，整个情绪过程的工作就是天生的预先编码。不必回到最严格和最简单的情感程序概念，一个合理的解决方案可能是，这种生物普遍性的表现，部分是因为在不考虑具体细节的情况下，每个情绪家族都包含两个共同的特征：

（1）适应性事件有一个共同的核心关系主题和评价模式。例如，愤怒情绪家族的所有实例都对正在发生的事情有一个共同的理解，当然围绕这个核心主题有不同的理解。同样，当我们快乐的时候，也有一个共同的核心关系主题和评价模式，还有其他的积极和消极情绪家族也是一样的。在定义情绪家族时，每种情绪之间的差异，并不像同一个情绪家族的共同认知特性那么重要。然而，如果人们发现自己处于一个或另一个核心关系主题所传达的心理生物学情境中，他们将经历生物上预先确定的情感。这重申了心理生物学原则。

（2）还有由核心关系主题和评价模式定义的共同意图和行为冲动——例如，恢复受伤的自信，可能通过报复的方式；赎罪；掩饰自己未能实现自我理想；维护有丧失风险的意义等。比如，愤怒时的攻击冲动，会激发一种特定的运动模式和心理生理反应，这反映了一个人的身心必须组织起来，以应对因受到侮辱或贬低而产生的困境。实际上，每一种情绪都包含独特的认知、运动和生理反应配置，这些配置是由人与环境关系的共同适应（心理和生理）要求所定义的。

组合了（1）和（2）的配置无论何时生成，看起来都很相似。没有必要把它想象成一个由序列组成的编码程序；相反，它是一个具有神经生理决定因素的功能性安排，也极大地依赖于人类和其他物种通过学习所认为必须做的事情来管理关系的适应性要求，这是由他们的生物本性决定的。这些需求在同一物种的个体之间或多或少是相似的，甚至在某种程度上具有跨物种相似性。系统发育较简单的物种比高级和复杂的物种的遗传性和僵化特征更明显，后者更多地依赖于学习和智力来做出适应决定，这增加了可变性，并倾向于模糊共性。

所以情绪反应模式出现了，在某种程度上，是物种固有的。的确，每一种情绪都会产生或多或少相似的生理变化模式、体内平衡过程、感知、评价和应对行动。遗传的可能不是反应结构或情感程序，而是系统运行的基本心理生物学能力和机制，每个单独成分的启动和控制规则，以及在任何一个基本类型的适应性情境中系统各成分的功能相互依赖。这些规则和功能的相互依赖性在评价和应对过程中发挥作用，运动（例如，在攻击或逃跑中）的心理生理学，运动如何影响能量和稳态过程，以及运动的元素和内稳态之间如何随着时间的推移而协调。当行动受到抑制，但仍需要努力时，生理过程就会看起来不同。

我所描述的情绪过程仍然会在物种内部或物种之间产生连续性，以及对每个情绪家族或多或少具有特异性的反应模式。当与幸福相关的新型关系随着大脑的进化发展和新社会结构的精细化开始发挥作用时，将允许在成分之间出现新的组织形式。有了这种系统，我们也可以更容易地理解，为什么相似的哺乳动物之间共享的情绪是普遍的，或者用系统发育学家的话来说是初级的。这种普遍性在某种程度上源于共同的适应性任务，因为这些任务被评价并配置了核心关系主题。

以这种方式理解情绪还有一个额外的好处，那就是鼓励研究者去探索，在适应性情境中的普通事件流中，通过应对产生和转化特定情绪的关系和认知条件。这将使我们摆脱将这种流程强行塑造成一种太过简单、太过生硬的计算机隐喻（按下这个或那个按钮会释放整个、一成不变的、内置的反应配置）。我们会提出疑问，每个情绪类别的不同形式，例如，正义愤怒与防御愤怒是否应该被赋予不同的名称，以反映它们的特殊认知和适应特征，或者基于共性比差异更重要的前提，这种变异是否最好保留在共同情绪家族中。最重要的是，这个概念将使我们能够将生物普遍性和社会文化来源的可变性包含进来作为情绪过程的重要方面，而不是诋毁任何一个。

从更广泛的哲学观点来看，灵活的安排避免了高等生物中僵化的固定模式，也更符合生物学的最新发展规律。尽管生物学的分子化程度越来越高，但对发展感兴趣的生物学家也对自适应系统组织原则的自下而上分析变得越来越不满，而对自上而下的原理更感兴趣。他们意识到细胞间组织原则的重要性，这些原则与我之前所说的观点有一些相似之处，即需要智慧来管理的目标（和意图）以及威胁对系统幸福的重要性。例如，勒温在《科学》中引用了悉尼·布伦纳的话：

起初，人们认为理解发育要从对基因控制的分子机制开始。我怀疑是否还有人相信这一点。分子机制看起来极其简单，它们并没有告诉我们想知道的东西。我们必须试着去发现组织原理，许多东西是如何被放在同一个地方的。我不认为这些原理会体现在一个简单的化学装置中，就像基因密码那样是复杂的。

我所说的情绪的关键组织原则——也就是说，它是基于物种和个体的适应性过程——与布伦纳所说的非常相似。这些过程受到个体与环境关系变化的影响和修正，它们依赖于核心的认知评价过程，通过这个过程，人们评价正在发生的事情对他们的幸福的重要性。这一原则不能从物种的DNA链中推导出来，也不能从一个物种宏观的自下而上的生理检查中推导出来，它要求对人类或其他动物必须如何应对所面临的环境进行自上而下的检查。

情绪是一个由相互依存的变量和过程组成的系统

我说过有一种趋势，从线性刺激的反应公式转向由大脑调节人类反应的公式。一种称为系统理论的、更先进的方法也开始取代早期的思维方式。麦奎尔描述了一种系统方法，与更传统的思维方式相比，它与社会心理学的相关性。他认为：

在将一些变量描述为自变量，其他变量描述为因变量时，收敛和发散风格都是“线性的”，主要因果流从自变量到因变量。另一方面，知识的情境主义理论呼吁采用对比的系统风格，使知识表征更充分地反映所代表的真实世界情况的复杂性，这些情况具有相互联系和远程反馈回路，允许多种和双向因果路径。因此，系统风格包括在研究设计中一组复杂的变量。虽然最初有些可能被概念化为自变量，有些是中介变量，还有一些是因变量，但所有这些都允许自然地共变，这对于检测复杂的关系是必要的，包括多个因果路径，其对协方差的相对贡献可以显示为在设计中由其他变量建立的不同环境中从一个到另一个的波动。

除了从相互关联的自变量、中介变量和因变量的多样性开始，系统风格通常对参与者保持低调，例如，在自然情境中观察人员允许被试开放性回应，允许他们选择用多种方式回应，而不是限制被试在研究者既定的维度上做选择。系统风格也鼓励采用时间序列设计，在几个不同的时间对被试进行变量测量，以追踪变量之间复杂的双向因果路径。

读者应该明白，一个系统意味着任何变量都可以作为一个过程中的先决条件、中介或结果，这取决于一个人进入心理事件流的点。例如，尽管人格变量和环境变量通常被视为一种情绪的前因，但它们可以随着情绪经历而改变，因此也会产生影响——就像环境配置一样，环境配置可以被人改变。

在系统的组成部分中，我们认为稳定的东西可能并不像我们认为的那样稳定。的确，人格是在人的发展过程中形成的，但它也可以被改变，从而成为一组结果变量和前因变量。同样，情绪状态可能导致疾病，但疾病一旦发生，也会影响人的情绪状态。这种互惠性也是我所说的交互和关系的一个特征。然而，我要补充的是，尽管人格有时是一个前因变量，有时是一个结果变量，正如前面和互惠性原则所指出的那样，它永远不可能同时作为前因变量和结果变量，这将构成一种不合逻辑的形式。

此外，一个人不仅仅是被动地对来自环境的输入做出反应（就像刺激—反应或线性思维所暗示的那样）。在某种程度上，我们积极地选择我们所回应的环境，并根据我们的个人议程选择性地关注环境的这个或那个方面。过度强调输入也是将大脑进行计算机类比的一个弱点，它必须被编程去做它所做的事情，但它不会启动行动，除非该行动已经是程序的一部分，或者被告知要这样做。与调节变量相反，调节过程在与环境的交互中以全新的、创造性的方式出现。

正如我一直试图强调的那样，系统原则对情绪理论有两个重要的含义：（1）情绪不能在外部以环境变量或对这些变量的简单反应来充分定义，也不能在内部以冲动或冲动之间的冲突来定义；（2）情绪的性质和强度取决于各种中介过程。然后，理论或研究任务是指定感兴趣的变量和过程及其相互影响的模式。

这就把我们引向了有关前因变量和中介过程的成本和收益问题。例如，如果人格和环境前因对情绪反应的影响与中介过程变量（如评价和应对）的影响一样大（后者非常昂贵且难以研究），那么可能会对使用成本较高的过程测量方法的价值产生合理的怀疑。我的理论分析的一个假设是，像评价和应对这样的中介变量是更近端的因素，因此，在预测方面比远端前因有更大的回报。

这一假设可以通过比较两种类型变量的预测成功来进行测试。当我或其他人已经能够进行这种比较时，在预测情绪结果方面，前因变量似乎比过程变量弱得多。我认为，造成这种情况的一个原因与典型的特质测量方法的局限性有关，这种方法往往忽略了特质发挥作用的情境背景。然而，成本并不是唯一需要考虑的；在无法深入理解的情况下，也可能追求预测效率。在任何情况下，系统分析需要复杂而不是简单的研究设计。

我在这里所说的大部分内容都表达了系统理论的倡导者们近20年来一直强调的观点。埃弗雷德是这样说的：

传统的因果思维构成了现代科学的基础，但在理解变化的任务上并不足够，而且越来越多的人感觉到它远远不够。假设一个独立的外部和先行因素，一组“导致”变化的因素似乎过于简单……正如贝尔塔兰菲所说：“我们可以说，作为现代科学的特征，这种单向因果关系的孤立单位图式已被证明是不够的。”因此，在所有科学领域中，出现了整体、有机体、格式塔等概念，这些概念都表明，我们最终必须根据相互作用的要素系统来思考……

直到最近，科学的主流观点……融合了对通用的、过去导向的前因解释的偏见。然而，在过去的二三十年里，存在主义、现象学、格式塔心理学和系统思维所具有的文化传染影响，已经使科学向更为现在导向、交互和感知的视角转变——至少在社会科学的某些领域是这样。

那些致力于以描述和过程为中心的情境主义和/或解释学的人可能会觉得奇怪，尽管我提倡流体系统分析和过程公式，但也应该适当考虑包含前因变量、中介变量和结果变量的传统因果关系参考框架。系统分析不接受传统的因果关系，尽管它是多因果的，以过程为中心的，并且在什么是先决条件或结果方面是灵活的。令人惊讶的应该是，人们不应该既是情境性的、交互性的和现象学的，同时又是机械主义的。然而，如果我们完全依赖于描述和事后解释，我们将永远陷入循环论证的困境。因为走出这个怪圈的唯一方法是证明一个给定的中介过程，如认知评价在某种程度上可以通过预先测量的前因变量来预测，一个合适的情绪元隐喻是两种通常表现为相互矛盾的理论的混合。

我希望大家清楚，我不希望盲目地支持任何单一认识论，而排斥传统上被视为不相容的其他思维方式的价值。我的立场并非源于中庸思想的折中主义，而是源于这样一种信念，即每一种认识论的产生都有充分的理由，并包含了一部分真理。行为主义的可操作性强调也有积极的价值，它提醒社会科学研究者注意测量心理变量和评价概念有效性的重要性和困难。决定论，以其过于简单的因果分析，保护我们免受盲目的情境主义的影响。而情境主义，以其潜在的混乱，保护我们免受严格机械化和还原论科学的限制。尽管线性模型无法应对相互影响，但它们确实指引我们朝向时间流的概念，没有这一点，将没法研究过程和变化。每一种认识论的拥护者都认为它们之间不可能进行整合，并试图将替代性公式化归于荒谬。然而，我相信机械主义和情境观点可以舒适地共存，甚至相互补充。

说到底，从系统的角度思考情绪仍然存在一个重要的难题。我注意到心理学早期倾向于将情绪作为理论和研究的一个合理主题，我提到了达菲等人的努力，他们用激活的单维度变量来取代它，达菲将其定义为“能量动员”——在我总结我对情绪的系统理论分析之前，请允许我稍微偏离一下达菲的观点，她的观点在许多方面与我的观点重叠。尽管她主张用单一维度的激活来取代情绪的概念。

达菲的情绪概念受到最大的挑战是，她认为情绪没有什么特别之处，我们在处理情绪反应时描述的就是“生活的全部”。因为在前一章我批评了将认知和情绪作为单独的系统，我在这里必须考虑我们是否应该将情绪变化视为一个重要变量和过程系统，而不是像达菲所建议的那样将其视为一个空洞的概念。

达菲认为心理学关注的是适应行为，生物体在面对来自内部和外部压力的威胁时，通过适应行为保持其内部平衡。适应性反应的基本属性是方向，对关系的反应，以及她想要用来替代情感的概念——能量水平或动员。当我们今天想到达菲时，我们记得的是后一点，她试图将情绪视为能量水平的方式，而我们倾向于认为是行为主义的偏好影响了这个提议。然而，如果我们读过达菲关于适应的陈述，它们可能是某个认知—动机—情绪—关系的理论家写的，我们已经忘记了她观点的一个方面。达菲认为：

> 如果个体想要达到他的目标，他必须对情境中的某些关系做出反应。只有当他的反应代表对与他的目的相关的那些关系的充分辨别时，他的反应才能是适当的。这种辨别不一定是有意识的，或者更准确地说，个体可能对他无法用语言报告的关系作出适当的反应，他可能并不能意识到自己会这样做出反应。

我所说的“反应关系”指的是刺激对个体有意义。当然，这种意义取决于它们与特定反应周期的目标之间的关系；同样的刺激在不同的行为周期中会有不同的含义。如果它们与周围不同的刺激同时发生，它们也可能有不同的含义。如果作出反应的个体过去的经验不同，它们的意义就会不同，因为个体是在其过去的经验基础上对当前的刺激情况作出试探性的解释或意义。那么，我们可以说，个体的行为是指向当前刺激的，不是作为离散和独立的实体，而是相互关联的，与个体过去的经验相关的，最重要的是，与个体当前目标相关的。

让我们考虑达菲的一个例子，在这个例子中，她质疑一个人突发奇想、以最快的速度从街角跑回他或她的家，和一个人站在街角、看到自己家的屋顶冒出烟，然后惊慌失措地冲向那所房子，这两者之间是否有区别。关于这一点，达菲认为：

> 所有的行为都是有动机的。没有动机就没有行为……被称为“情绪化”的反应似乎与个体的其他适应性反应并没有遵循不同的行动原则。内部或外部条件的变化，或对这些条件的解释的变化，总是导致内部的调整。所作的反应是

根据具体情况作出调整的，不受“情绪化”和“非情绪化”等类别的限制。……所有的反应——不仅仅是“情绪”反应——都是试图让机体适应环境要求的适应性反应。反应的能量水平随个体所解释的情况的要求而变化。弥漫性的内部变化（尤其是内脏）参与了这些能量水平变化的产生。但持续的内脏活动，伴随着能量水平的变化，是生命本身的功能，而不仅仅是一种被称为“情绪”的特殊状态的功能。

我认为这是一个有趣而合理的立场。然而，在我看来，即使这两个事件看起来非常相似，比如说，就自主活动而言，我认为它们之间有天壤之别，这使得我把第一个例子称为非情绪，第二个例子称为情绪。达菲给出的两个例子不同的原因是，在第二个例子中，不同的系统占据了主导地位，并为反应提供了动机。情绪系统遵循着自己的一些规则，这也是我在这本书中试图描述的。这两个例子中的许多行为成分是重叠的，但它们的组织方式是不一样的，它们在动机和信念、评价和应对过程中也有所不同；评价还与特殊的主观状态有关，如愤怒、焦虑、自豪等，这些都是不同于情绪的。情绪系统存在于我们的物种中，以确保个体能够适应生活中重要的事情并且学会生存，能够照顾自己。

然而，关于这一点还有很多要说的，因为我在本章的前面曾说过，我们不能把认知和情绪看作两个独立系统，并且我们通常想象的内在情感程序的概念过于僵化。我现在的立场可能与我先前所说的不一致。如果说情绪构成了一个系统或一组子系统，并不是要将认知、动机和情绪分开，而是要假设一种特殊的系统，当它参与时，将所有这三种心理结构作为整个过程的一部分。当我说系统的每一个成分都服务于其他主人，就像我在讨论莱尔曼关于环鸽繁殖周期的工作时所说的那样，当我说系统是由适应性需求灵活组织的，正如被评价的那样，我只是说系统是一个相对松散的组织，由许多心理生物学过程组成，这些过程以符合生物学和物理学定律的方式运作。

此外，还有许多其他的适应模型，其中一些被称为社会认知——例如，健康信念模型、社会信息处理模型、价值期望模型，所有这些系统中，个体通过评价，以确定情况是否与目标相关，并且能识别行动的阻碍或促进因素，从可用的行动方案中整理、选择和制定必须思考和做的事情。所有这些模型都非常理性，往往不会以任何方式关注情绪。

因此，为了证明我在第一章中的论点——情绪是人类适应性情境的中心结构，需要将情绪视为一个系统或一组独立的系统。这是我整本书的核心论点。情绪不仅是“生活的全部”，还是一种独特的、有组织的反应模式。虽然我们可以在不讨论情绪的情况下理解人类的适应，但一个完整的理性和生物学分析远远不能捕捉到人类动物的本质，而情绪是人类动物的一个复杂部分。

在本章的最后，我想更清楚但简短地阐述一下采用情绪过程的系统分析观点意味着什么。到目前为止提供的认知—动机—关系分析实际上是指一个多元系统，它由许多因果前因、中介过程、即时情绪效应和长期效应组成，所有这些都是相互依存的。我在这里提供了两个插图，图5.1和图5.2，它们的组织方式有些不同，都强调了构成情绪和情绪过程的变量系统的不同方面。图5.1在不同的出版物中多次出现，并展示了系统的主要变量，作为前因、中介和短期和长期的结果。在这个图中，事件流在时间1的引用中几乎没有被提及……时间n和事件1……遇到n。

如图5.2所示，情绪反应配置总体上包括评价结果、行动倾向、生理反应模式

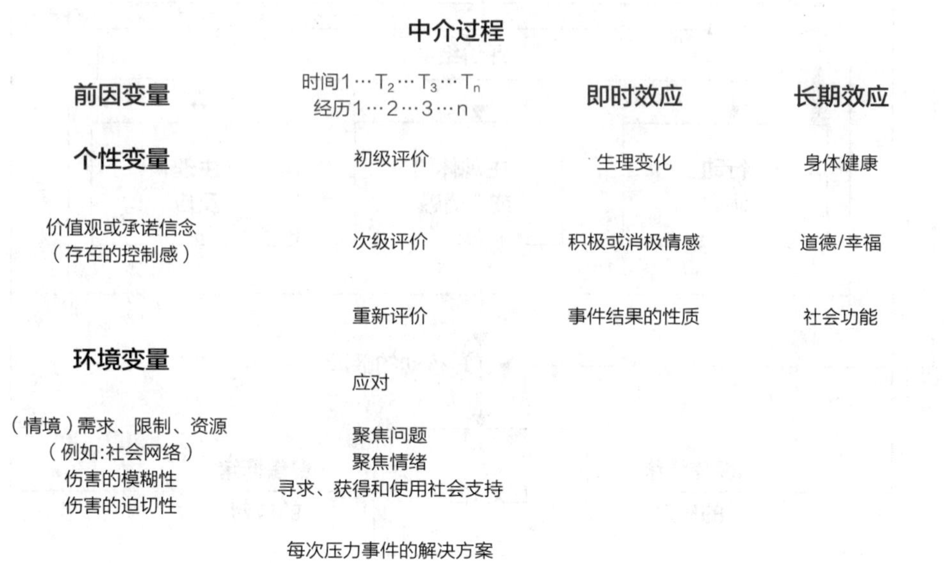

图5.1　对情绪系统理论的图式化

和通常被称为情绪的主观体验。所有这些都进一步转化为应对过程，评价后结果反馈给评价过程产生再评价（图中未示出），从而进一步影响情绪反应状态。一个人如何应对这种情绪，对这种情绪是否会发生、产生情绪的性质以及强度都有重要影响。例如，如果一个否认的认知应对过程成功地发挥作用，即使在巨大威胁的情况下，也会产生一种良性而不是痛苦的情绪状态。

在谈到将评价和应对看作过程时，我指的是随着时间和环境的变化。评价和应

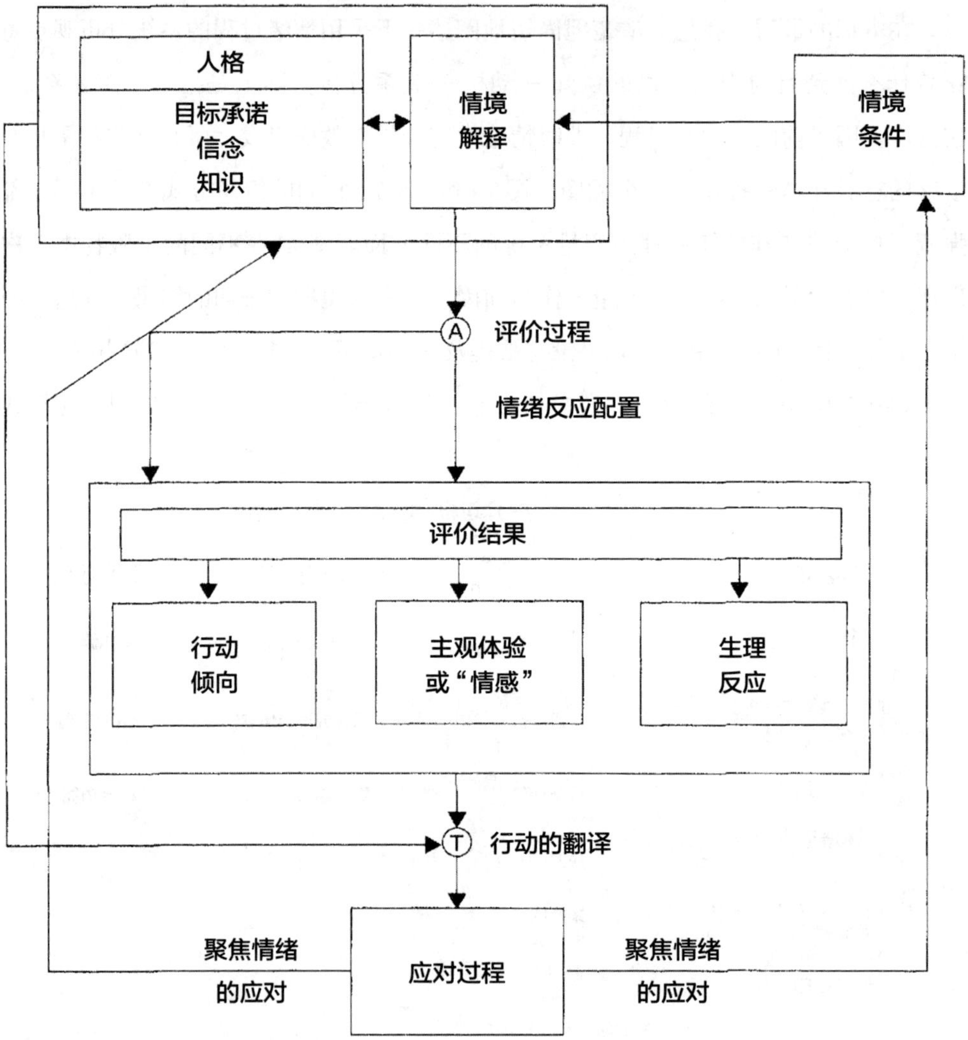

图5.2　认知—动机—情绪系统模型

对是中介，因为它们一开始并不是变量，而是从交互环境中生成的。由于它们是对当时存在的条件作出的反应，因此很难预测它们。实验中没有显示过程或时间的概念。然而，通过反复观察同一个人在不同时间段里的情绪反应，或者基于主题（例如，丧亲之痛）而彼此关联的不同事件的情绪反应，我们可以提供一幅情绪过程的画面——也就是说，事件的流动和影响这种流动的条件。例如，如果我们把一个人的情绪过程中涉及的因素以一系列图表的形式描绘出来，我们就会有一个随着时间推移而展开的情绪过程的三维肖像，而不是一个单一的静态时刻。因为我对流程图极其反感——我相信它们往往是模糊不清的，就像它们揭示的那样——我没有尝试创建一系列图表来表达正在进行的情绪交互中每一刻发生的事情，但如果有人愿意的话，这是可以做到的。

无论如何，系统过程分析的含义之一是，系统中的每个变量之间都会相互影响。在实验中，我们可以看到人格因素影响了评价和应对。如果我们只考察前因变量，而不考虑评价和应对，或者如果我们没有认识到情绪反应会对系统中的其他变量提供反馈，那么我们对任何特定个体情绪流的描绘最多是不完整的，最坏的情况下可能是扭曲的。

最后，上面所呈现的内容主要集中在心理层面的分析，但正如我在本章早期所指出的，情绪是一个跨学科的概念，还涉及社会和生理层面。为了能够更全面地解读，我们可以同时从三个层面分析情绪的变量和过程：社会、心理和生理。行为医学或心身医学在心理和生理过程的关联中起作用。社会心理学研究（那些研究社会结构如何影响个体及其情感的研究），以及心理社会研究（那些研究心理过程如何影响社会结构的研究），会在社会和心理分析层面的关联中起作用。

其他理论家可能会对他们认为最相关、最有希望的变量和过程做出不同的个人选择，或者他们对在情绪中相互作用的概念化可能与我不同。然而，我认为，在我们学会在一个系统框架内工作之前，我们对情绪过程的把握是不够的。此外，目前似乎有一种时代精神，在这种精神中，类似的变量和过程被大量作家和研究人员引用。我愿意相信，我们所看到的趋同反映了对变量和它们所处的理论系统的分析能力，而不仅仅是当前时代的产物。

总结

在本章中，我讨论了认知活动是否以及如何在情绪中发挥因果作用这一最具争议性的问题。我提出了三个主要议题——我们应该如何思考因果关系，评价是必要还是充分条件，以及我们如何协调情绪中的生物共性与学习的、社会文化和发展的变异来源。最后，我思考了系统分析对情绪理论的元理论贡献。

关于因果关系本身，我简要地提出了合成和逻辑或分析形式的因果关系。我讨论了认知活动作为情绪的原因，继而又成为情绪的一个基本成分的复杂问题。我利用了互惠因果关系和时间流的概念来表明，在这里没有不合逻辑或固有的循环。此外，我研究了情境主义和机械主义作为思考情绪理论的方式，并试图证明这种元理论的区别与情绪状态（情境主义）和特征（机械主义）之间的区别有关。在我看来，这两种元理论的观点都对理解情绪做出了重要贡献。

关于认知在情绪中的实质性作用，我提出知识是情绪的必要条件，但不是充分条件，评价既是必要条件，又是充分条件。有3种误解导致了许多研究者对这一观点的怀疑或否定，每一种误解都被逐一探讨过：

第一，认知因果关系的观点使情绪变得冷漠和苍白、完全基于计算，这是一个稻草人谬误，它建立在一个错误的前提之上，即将认知当作原因的话就等于把情绪等同于认知。

第二，认为认知是情绪的必然原因这一命题是错误的，因为情绪可以在没有认知中介的情况下发生。事实上，这是无法证明的，也是不可信的。也不能证明生理因素的影响是在缺乏认知中介的情况下发生的。因此说情绪体验是在没有评价的情况下发生的，这是不可能的，也不是最好的理论。

一种思想流派已经兴起，认为情绪和认知有独立的大脑结构和功能基础。虽然我同意这两者可以分开，就像在自我防御和某些病理形式中一样，但这些功能通常是，或者至少在理想情况下，是高度相互依赖的，这是我在本章中所论证的立场。

在这方面，我认为将心理过程简化为神经生理过程也是不明智的，正如埃德尔伊和帕里西指出的那样，一个很少被另一个很好地影射，而弗洛伊德已经对因果关系的方向进行了逆转。最近对脑生理学的研究和理解在检查评价过程的皮层和边缘系统通路方面比过去有了更多进展，但简化主义的危险仍然存在。无论如何，在我看来，现代神经生理学都没有提供任何依据，来证明情绪系统和认知系统是分开的，或者情绪可以在没有认知中介的情况下发生。

第三，情绪是迅速产生的这一事实并不能作为否定评价是情绪的必要条件这一命题的理由。现在，人们普遍认为，评价产生意义的方式不止一种。

关于需要调和生物共性与社会文化差异对情绪的功能影响，我提出了一个基本前提和两个子前提。

基本前提是，为了生存和繁衍，由生物决定的哺乳动物尤其是人类，能够不断地评价他们与环境之间不断变化的关系，以及这些关系对健康的重要性。

子前提以“如果—那么”语句的形式提出。第一，如果一个人以一种特定的方式评价个体与环境的关系，那么就会产生一种与这种评价模式相关的特定情绪。我认为这是一个基本的心理生物学原理，它解释了情绪的共性。第二，情绪过程中的个体差异是基于人们如何评价个体与环境关系的差异；这种变化很大程度上受到在发展过程中从社会文化影响中所学东西的影响。这会影响“如果—那么”公式中的“如果”。由此，我还认为，大多数人，无论其文化背景如何，都经历了每种情感所潜在的核心关系主题，他们从文化中学习到什么构成了贬低行为、爱的行为、无私奉献、未能实现自我理想、违反道德等。

这种解释与情感程序的概念有一些相似之处，我研究了情绪过程中强制性情感程序的作用，选择了一个相对宽松和灵活的系统，该系统基于每个核心关系主题和相关情绪的评价适应性要求，以及将各种生理过程连接在一起的心理生物学规则。

利用我在其他地方使用过的流程图，我以系统分析及其在情绪理论中作为一组相互依赖的变量和过程的使用来结束本章。

第三部分

个人情绪

在第一章中，我指出情绪理论必须做两件事情：（1）提供情绪的一般处理过程，必须考虑系统变量；（2）将这种处理应用于个体情绪。

在第二章中，我讨论了许多与情绪定义和分类有关的问题。

在第三章、第四章和第五章中，我提出了关于情绪作为一般概念的主要原则和观点。

在第六章和第七章中，我必须说明理论系统如何适用于每一种情绪。我应在此之前指出，情绪适应性事件通常不止一种，其很容易发生变化。想象一下，例如你走进老板办公室，希望得到升职和加薪。当你坐下时，老板出乎意料地说，现在公司面临很大的财务压力，包括你在内的很多人会被解雇。虽然刚开始的时候你只想做一件事——得到晋升和加薪，但现在已经戏剧性地转变为如何保住你的工作。其含义可能包括对世界不公的愤怒，对自己和自己能力的贬低以及由此产生的羞耻感，对未来就业和经济安全的焦虑，对失去工作及其他人的无奈，以及旨在自我认同的维护和社会尊重的防御。我们的情感生活是非常复杂的，无论是在给定的时间内运行多个目标，还是从一个时刻到下一个时刻发生的变化。为了保持清晰明了，第六章和第七章中的每一个分析都集中在一个单一的、个人的情绪上，而不是随着事件发展变化的过程，自然产生的并列情绪和情绪流。虽然在口头报告和从其他类型的反应中寻找共同数据是有用的，正如谢弗等人的研究那样，但我认为理性分析每种情绪内在意义的理论驱动是无可替代的。

在这一部分中，我尝试使用核心关系主题的概念、第四章讨论的6个评价成分、行动倾向和应对的概念作为每种情绪认知—动机—关系的基础。读者会记得3个主要的评价是目标关联性，目标一致性或不一致性，以及自我投入的类型。3个次要的评价包括指责或赞扬、应对潜能和未来期望。因此，对于每种情绪，最多有6个与评价相关的决策，有时会更少一些，创造了一个丰富多样的认知模式来描述关系意义以及与其他情绪的区分。当考虑到情绪的精神病理学临床数据，以及第四章中关于无意识评估和防御的问题时，得出的分析可能显得过于简单——我希望不要过于简单化。我将在讨论每一种情绪的最后补充一些简单的概括，以指出更深层次的、无意识的和防御过程产生的内在心理复杂性，以及我们丰富情绪词汇中固有的微妙含义。在接下来的两章中，对每种情绪的讨论遵循一个共同的路线：首先给出一套关于核心关系主题、评估模式和行动倾向的观点。接下来是一系列属于这种情绪的其他术语，对动力学特征（经历这种情绪后的事件流）、情绪家族的简要讨论，以及对常见病理学特征的简要评论。

第六章讨论目标不一致（消极）情绪，第七章讨论目标一致（积极）情绪，以及那些由于各种原因而存在争议的情绪。

第六章

目标不一致的情绪

目标不一致诱发的主要情绪有愤怒、恐惧—焦虑、内疚—羞耻、悲伤、羡慕—嫉妒和厌恶。用连字符连接的两种不同情绪是密切相关的，至少在传统上被当成是高度相似的。我对愤怒情绪的讨论比对其他情绪要详细得多，因为愤怒在很多情况下都非常复杂，具有高社会关联性和冲突性，而且围绕愤怒的诸多问题也适用于所有情绪。例如，情绪词汇在意义上的细微差别，在愤怒情绪中体现得淋漓尽致。虽然许多类似观点也适用于其他情绪家族，但如果对每一种情绪都强制性地进行细节描述，就会变得重复且枯燥，所以在可能的情况下，我将愤怒作为一个通用模型。当然，没有任何一种情绪可以充当所有情绪的原型。

愤怒

当考虑情绪对社会关系的深刻影响以及对情绪体验者的影响时，愤怒是最有影响力的情绪之一。在人类身上，产生、维持和调节愤怒的社会意义和习俗既可以是基础性的、强有力的，也可以是异常复杂和微妙的。亚里士多德研究愤怒的方法为现代、以人为中心、认知—动机—关系的情绪理论指明了道路。事实上，亚里士多德可以被称为第一个情绪认知理论家，他的分析含蓄地使用了关系、评价和行为倾向的概念。他在《修辞学》中认为：

> 愤怒可以被定义为一种信念，即我们自己或我们的朋友受到了不公平的轻视，从而使我们感到痛苦，并产生报复的欲望或冲动。

莱昂斯指出，令古典读者惊讶的是，亚里士多德是在《修辞学》而非《论灵魂》

中讨论的情绪，这说明他认为情绪在公共演讲中很重要，而且他对演说家和政治家如何操纵情绪感兴趣。《修辞学》中的以下引文说明了这一点：

> 以愤怒情绪为例：我们必须知道（1）愤怒者的心理状态是什么？（2）他们通常对谁生气？（3）他们生气的理由是什么？只知道其中一两点还不够，我们需要知道这全部三个问题的答案，否则，我们将无法激起任何人的愤怒，其他情绪也是如此。

在20世纪50年代和60年代，攻击被认为是对目标承诺受挫或受阻的反应，而愤怒也被视为攻击性的动机（驱力）。当时研究的关注焦点主要是攻击性，而不是愤怒。这种观点的一个问题是，对目标的挫败感可能会伴随着任何消极情绪，比如焦虑、内疚、羞耻、悲伤、羡慕或嫉妒。在某种程度上，未来可能存在伤害的威胁，这时可能会产生焦虑；当消极的条件是不可挽回的（导致无助感），也没法追究责任时，可能会产生悲伤；当责备对象是自己时，可能产生的是内疚、羞耻或对自己的愤怒；当我们自己受到伤害或损失，而其他人没有成为受害者时，可能产生的是对那些毫发无损的人或既得利益者的嫉妒或怨恨。

因此，弄清楚成人愤怒不同于其他消极情绪的诱发原因至关重要，尽管所有消极情绪都源于伤害、损失或威胁。诱发愤怒还是其他消极情绪的区别是如何归因，即指责是针对自己还是针对自己以外的人或事；当伤害或损失归咎于他人时，可能的结果是向外的愤怒；当归咎于自己时，结果是对自己的愤怒，好像我们自己是一个外部客体。

指责某人，而不是简单地让他们对伤害负责，还需要我们相信他们本可以采取不同的行动，控制攻击行为。因此，控制性就被当成另一个滋生愤怒的原因，正如我们将要看到的。其推论是，对方没有顾及我们的感受，是故意的，甚至是恶意的。

责任归属和控制性归因都是知识或归因方式，并非评价，而指责则是在威胁和挫折背景下产生的评价。对于婴幼儿来说，诱发愤怒的规则可能又是不同的，这也是为什么之前我强调的是“成人”愤怒。关于愤怒的另一个特殊主题是，特定目标—维持或增强自我认同—受挫。

请记住，大多数关于攻击性的研究和思考都是行为主义导向的，因此并不关注愤怒与其他消极情绪的区分，这可以解释人们为何会接受过度简化的挫折—攻击性假说，并试图用该假说来理解愤怒。为了弥补这一点，一些作者提出，只有当个体主观地将挫折行为解释为故意或恶意的时，才会引发愤怒，因此这暗示了愤怒情绪的产生是基于对冒犯者意图的推断。这一观点是当代认知—动机—关系思想的先驱，它重申了亚里士多德关于愤怒的概念，认为愤怒是个体对被轻视或侮辱的反应——实际上，是对自我认同的攻击。

这一观点在20世纪50年代则强调故意性和伤害意图的变量，大量研究证实了其在激发攻击行为（如果不是愤怒的话）方面的重要性。如果挫折感是由一个并不想伤害他人、有同情心的人无意中造成的，例如，一个残疾且只能坐轮椅的人，那么这样的挫折感（相比于由他人的考虑不周或恶意造成的挫折感）就不太可能让人产生攻击行为。例如，店员因其他顾客或其他事情耽误了而让我们多等了好长时间，不过店员没有表现出敌意或怠慢，因此我们虽然产生了挫折感，但相比因无聊和长时间等待而感到被忽视，激起愤怒的可能性更小。

在这项研究中，没有解决的问题是，在没理由抱怨的条件下，是实际上产生了愤怒但只是被抑制在公开表达之外，还是从一开始就没有激起愤怒。在对愤怒的核心关系主题达成任何共识之前，几乎没人对恶意和被侮辱或贬低的反应倾向进行研究。争论存在于两个派系：一派强调用认知调节来进行解释；另一派则支持行为主义的思维方式，强调可观察性和简约性。广义的认识论问题，如关于评价和意图等主观概念的科学地位，使人们对此仍难以达成共识。

尽管主流观点发生了变化，但伯科维茨坚持的理论立场是，愤怒并不只发生在个人或社会身份认同被贬低的情况。他认为，任何预期满足受挫都足以引发愤怒，尽管他也承认，故意、怠慢和恶意会增加愤怒的强度和可能性。伯科维茨更进一步指出："任何一种负面情绪，如悲伤、抑郁和烦躁不安，都会在高级认知加工启动之前产生攻击性倾向和愤怒的原始体验。"

卡尔森及其同事最近的一项研究反映了愤怒是如何被激发的，但这并不是最后定论。他们主要通过大量实验室研究的元分析，总结了情境性攻击线索对攻击性的影响。遗憾的是，他们的分析没有包含1966年之前的研究，而那时正是人们对攻击意图感兴趣的年代；他们综述的研究基本都倾向于支持挫折—攻击假说上，其中，大部分研究由伯科维茨提议或完成，并且研究的因变量基本都是攻击性而不是愤怒。

无论如何，他们的分析支持对愤怒—攻击行为的认知解释，而非动力解释。卡尔森和米勒认识到“挫折感和攻击性之间的关系实质历来是许多争议的根源，许多研究者认为挫折感本身与攻击性无关，或者充其量只与攻击性弱相关”。他们倾向于认为故意攻击（如无端侮辱）是导致攻击性和愤怒的主要因素。他们认为：

> 如果一个人受到了侮辱或批评，“优势反应”通常是反击。因此，非社会压力源（指武器、不愉快的身体特征和攻击性言论的存在）可能会增加驱力，从而成倍地增强攻击性，超出受侮辱或批评后通常产生的攻击性水平。

在我看来，卡尔森和米勒的论点完全颠倒了伯科维茨的主张。他们并不认为挫折是愤怒和攻击性的主要原因，社会因素只是使之增强；他们认为侮辱是主要原因，但非社会因素会使之增强。

伯科维茨观点的一大优点是，它将成人的攻击性（愤怒的表达更具争议性）与动物的攻击性以及人类婴儿的愤怒进行了统一，因此无须假设人的进化过程是高级的。对于行为主义者来说，该观点的另一优点是，受挫者无须推断造成挫折的他人意图。其缺点在于，它将成人的愤怒降级到人类幼崽和低等动物中的不成熟形式，这可能会掩盖不同物种、不同发展阶段的愤怒现象之间存在的重要差异。请大家回顾第四章的相关内容，其中提到了愤怒等情绪的发展特征。关于对愤怒（其他情绪也是如此）的评价中心导向分析是基于发展和进化过程中产生的意义，而我在本书中的主要论述对象是成人的愤怒。

从表面上看，我提倡关于愤怒的认知—动机—关系视角强调维持自我认同这一目标内容，这一点即使对于成人而言也是一个特殊问题——它似乎忽略了我们目睹有人攻击无助者（比如孩子）时所产生的愤怒。如果自我认同是成人愤怒的关键，为什么我们还是会有愤怒反应呢？当然，我们在类似事情发生的时候，可能也会产生恐惧、焦虑，甚至可能会内疚或厌恶。对上述问题，我的理解是，愤怒有时是对现实社会危险的一种替代反应。虐待一个无助的孩子也伤害了我们所珍视的价值观或意义——例如，基本的公平、正直和公正的世界——这些也都是自我认同的一部分。

如果我们不得不排队等待我们想要的东西，即使没有人在我们前面插队，等待的挫折感往往也会激惹我们。我们相信自己应该得到更好的对待，也许名人和富人并不会受到这样的轻视。假如我们把高尔夫球打偏了，我们可能会责怪自己无能，然后会做出人特有的行为——把自己当作外部客体进行斥责，或者相反，找一个其他的人或事情作为替罪羊，使之成为指责的对象。所有这些例子不仅关于挫折，还反映了我们想成为什么样的人，以及我们想得到怎样的对待。

对自我认同的攻击在激发愤怒中具有重要意义，这也指向了某些容易导致个体愤怒的人格特质。一个行为会让某人感到被冒犯可能源于这个人脆弱的自我认同，但这一行为并不会让另一个人感到被冒犯，因为那个人对所谓的冒犯行为并不在意或者对其进行了重新解释。这意味着并不是只有自我认同很脆弱的人才会生气——这虽然可能是很普遍的倾向——人格特征是一个促成因素，尤其当诱发条件不那么强烈的时候。记住这句话：温和的语言可以息怒。

于是，我们能理解因疲劳或近期被贬损经验导致个人愤怒易感性的变化，这让人想起詹姆斯·乔伊斯在《都柏林人》中的短篇小说《无独有偶》。主人公的自尊心在一天的经历中遭受重创：回家后，发现妻子不在，桌上只有冷冰冰的饭菜，他打了手无寸铁的孩子作为报复。当然，这种可悲的补偿行为除了让他受伤的自我认同稍微好受一点之外，无法改变任何事情。但这揭示了许多人愤怒的特点，包括其内在心理功能。

大量动物物种的优势等级也是相关联的。当动物测试它们在等级体系中的位置却被击败时——在人类语境中，我们可以说它们感到被否定、尴尬或羞耻——它们通常就会把失败发泄到等级较低、更容易被击败的动物身上。替代性攻击的出现往往在物种等级上有自上而下的特点。我确信在我养的威尔士柯基身上看到了这样的行为，顺便说一句，它是母狗，虽然跟人很友好，但与其他狗相处不好。

社会生物学家可能会认为乔伊斯的故事是一种替代过程的表现，它将人类维持和增强自我认同的动机与低级物种的统治斗争联系在一起。我并不反对他们的观点，只要不坚持认为人类的行为完全等同于低等动物发生的过程。在后一种情况下，不会提及也不需要提及自我。但是，我们需要研究这一过程发生的条件，以及这些条件在不同物种之间的差异，才能理解得更深刻，仅靠简单类比是不够的。

人的情绪具有复杂的个人含义，如愤怒，以及其他情绪，如焦虑、羞愧和内疚，可能会通过认知（或以情绪为中心）的应对过程得以转化，从而对指责和其他情绪背后的关键含义进行非常灵活的重新评价。人类在使用这些自洽的意义操纵方面有着超乎寻常的天赋，这是祸福参半的。为了理解人们的感受，我们需要研究他们如何思考和行动来应对环境中的要求、限制和资源，并实现诸如目标和信念系统之类的人格特征——所有这些都会影响评价和应对过程，从而影响特定的情绪体验。

核心关系主题

我认为“故意冒犯我和我的所有物”是对成人愤怒的最精简描述。故意的、轻率的或恶意的冒犯会让人觉得自己被贬低了；愤怒的人遭受了自我认同的损害或威胁，无论他是否意识到或承认这一点。虽然受挫有情感上的意义，但“冒犯”一词不仅指目标受挫，它还有特殊意义——对一个人自我认同的轻视或伤害。我认为成人的愤怒就是这样产生的。即便只是一次小小的挫折，也可能让我们感觉到自己没有得到认为或需要的重视和尊重。否则，我们将产生的就是不同于愤怒的情绪。

评价模式

我们可以使用决策树的策略，这是一种“如果—那么”形式的分析，来区分愤怒和其他消极情绪的评价模式或评价成分组合，它从最一般和最基本的区别，例如，情绪性和非情绪性的事件——逐步到消极情绪和积极情绪的区别——最后到愤怒不同于其他消极情绪的诱因。

为了避免误解，在继续讨论前，我再重申一下决策树的使用方式，按照从一般到特殊的顺序对每种消极情绪进行评价。这并不意味着一个人在现实生活中做决策时一定要遵循某个顺序。正如第四章所指出的，许多评价性决策都已经在过去完成了，留给我们的只是当前激活它们的线索（比如短路）。使用决策树是为了解释原因，而不是描述评价如何进行的过程。它作为一种对某个具体情绪的探索工具，遵循逐步缩小评估范围这样的理论逻辑，而不是描述人们如何评价。

从分析愤怒的初级评价成分开始介绍评价模式，即目标关联性、目标不一致性和自我卷入类型。

（1）目标关联性对包括愤怒在内的所有情绪都至关重要。如果目标在事件中受到威胁，就会产生某种情绪。然而，如果没有一个主动的目标，或者目标的重要性没在事件中凸显出来，就不会产生情绪。

（2）目标一致性或目标不一致性对于产生的是积极情绪还是消极情绪至关重要。如果存在（a）目标一致性，那么随之而来的情绪将是积极的；如果存在（b）目标不一致性，那么任何消极情绪都是可能的，包括愤怒，当然这也取决于至少3个额外的成分，这些成分将作为次级评价的成分来讨论。

（3）维持或增强自尊免受打击的基本动机，是自我卷入的一种，只有这种动机被激活了，才会产生愤怒。因此，如果自我认同的这一方面受到攻击或威胁，愤怒就会产生；如果不涉及这一问题，就不会愤怒。愤怒不仅取决于受挫，还取决于对个体的轻率或贬低性的冒犯。只有当挫折传达出我们被贬低的信息时，有时直接表现在言语或行为上，有时是遭遇挫折的方式，我们才会愤怒。如果没有这种特殊含义，挫折就同样可能导致焦虑、内疚、羞耻、悲伤、羡慕、嫉妒或厌恶等其他情绪。

与其他消极情绪不同，某些次级评价成分是激发愤怒的关键。

次级评价的一个关键成分是指责，这取决于谁（如果有的话）要对我们自我认同受损或威胁负责。如果指责是向内的——也就是说，如果我们认为是自己的责任——我们要么对自己生气，要么内疚，要么羞愧。如果没有人可以指责，我们可能就会悲伤。只有当责任指向外部时，我们才会对某人或某事物发怒。然而，即使如此，也不足以预测愤怒的产生，因为向外的指责也会出现在恐惧—焦虑、羡慕—嫉妒和厌恶等情绪中。归根结底，控制性归因也是愤怒产生的关键，因为它提供了与其他消极情绪不同的信息。

愤怒的关键在于指责，而不仅仅是找到责任归属，好比骄傲的关键在于好的声誉。因此，必须将控制性归咎于因受挫而指责的对象。从逻辑上讲，如果我们认为那些让我们受挫的人不能控制自己的行为，我们就没理由指责他们，尽管我们有可能实际上还是会找些借口指责他们。但是，如果那些让我们受挫的人本可以有其他选择，他们就很可能会受到指责。如果他们对于自己已经造成的伤害也做不了什么，那我们要么指责人家不合情理，要么就会因为其他原因将指责压下去；例如，有些人我们不想对他们生气，因为他们拥有控制我们的权力，不管这种权力是否自愿的。不过，这更多地体现在后面的动力学内容中。

继续前面的一个例子，商店店员因为一直在打电话让我们排队等候，这时就算我们不赶时间，也可能会很生气，因为他们对待我们的方式跟我们期待的不一样。他们明明可以控制自己的行为，但他们的怠慢让我们觉得不被尊重。然而，试想一下：如果我们一开始为店员的怠慢而愤怒，但后来发现实际上店员正在与急诊室的医生沟通孩子的病情，因为她的孩子出事故被送到了那里。现在，愤怒就会马上变成内疚、羞愧或与店员一起焦虑，因为控制性无法归咎于这位心烦意乱的母亲。假如店员因为其他原因而无暇控制自己——比如顾客太多——也无法指责她，我们也不会愤怒。

然而，由于我们仍觉得受挫，我们可能会把愤怒留给管理层或其他机构，甚至是我们自己，因为我们愚蠢到陷入了这种烦人的局面。例如，当我们把假期购物拖到最后一分钟时，自责就有了依据。判断谁（如果有人的话）应受指责可能是复杂而困难的，因为有太多的环境因素可以分配责任和控制，从而受指责。社会越复杂，判断就越困难，潜在的目标就越多。当责任和控制的细节模糊不清或过于复杂而无法解释时，我们可能会将愤怒指向“系统”。这是显而易见的，社会文化变量在愤怒的动力学中可能发挥重要作用。

当事情变得很糟糕时，即使没有现成证据，我们也常会寻找外部可以指责的对象，从而让我们自己心里好接受一点。既然这个世界虐待了我们，我们感到自己没有被认真对待，所以我们要把责任甩给其他人或事。经由这种投射而引发的愤怒可能会带来自以为是甚至权力感，这比无助感或无序感要好。当考虑用此方式将指责外化时，我们就将注意力转向了对伤害或威胁的应对过程中。值得重申的是，描述复杂的认知、动机和关系结构的词汇，称之为情绪，通常指的是行动倾向或应对过程，而这些都是情绪过程的重要组成部分。

当我们去踢将我们绊倒的石头或是推杆失败后将高尔夫球杆摔在地上时，实际上都是在攻击一个身份不明的对象。情绪通常是人际间的，无论是归因于真实的人还是想象的人。这个人可能代表了出于其他原因（或可能是无意识的）而怨恨的对象，而我们对这个人的愤怒又转移到某个非生物上面。这个过程确证了我们会赋予事物意义——比如我们对某人的恨或怕。这种行为也可以作为一种温和的自我肯定式惩罚：当我们踢石头时，我们很容易伤到脚或产生疼痛感；当我们摔高尔夫球杆时，它可能会被摔断。即使没有将其解释为防御性的指责转移，这种行为模式的高频现象也表明，愤怒的心理动力学在很大程度上依赖于应对和评价过程，这就为由简单的输入—输出解释转向系统理论分析提供了很好的理由。

如果责任归属和控制性归因指向的是自己而不是他人，就会感到内疚或羞耻而不是愤怒，或是对自己的愤怒（就像自己是别人一样）。虽然内疚和羞耻经常被解释为对自我的愤怒，但在我看来，这两者之间并不完全相同。如果没有可以指责的内部或外部对象，往往会产生愤怒、内疚或羞耻以外的情绪——例如，悲伤（尤其是损失不可挽回的情况下）、焦虑（总是涉及模棱两可的威胁），或者一种不能明确归为哪一类情绪家族的情绪状态，这时我们可能会使用诸如沮丧、失望或仅仅是痛苦的模糊术语，因为无法指定确切的核心关系主题。

模棱两可的经历就像保险合同中的“天灾”：损害已经造成，但不能归咎于任何人。如果没有将控制性归咎于上帝，就不能指责上帝在使坏；对此，我们可能会对上帝感到愤怒，或者愤怒地拒绝承认上帝的存在。然而，大脑的运作方式与商业法则不同，人们经常试图找出某人或某事的过错，这使得愤怒成为一种非常频繁的情绪，即使在模棱两可的情况下，受到轻视的受害者都能找到替罪羊。

虽然前面提到的4个评价成分似乎足以描述愤怒的认知—动机—关系基本原理，并将愤怒与其他情绪（如悲伤、内疚或羞耻）区分开来，但增加次级评价成分有助于在愤怒与其他情绪之间以及不同类型的愤怒情绪之间进行更有效的区分。因此，在研究愤怒时纳入最后两个次级评价成分——应对潜能和未来预期——将更有成效。注意，应对潜能是一种评价，而不是实际的应对能力。

我认为与恐惧和焦虑相比，愤怒会因“最好通过攻击来应对贬低性的冒犯”这种评价而被强化；实际上，个体也会评价自己具备发起有利攻击的应对潜能，这也是与生俱来的行动倾向。如果不是这样的话，只要个体能够控制自己的行为，那么攻击就会被抑制，或者产生另一种情绪。应对潜能与班杜拉的自我效能感概念有重合之处。

类似地，当动物濒临危险时，如果它们觉得自己可以征服或吓倒对手，就会发出威胁，但当它们感觉对手太危险时，它们就会撤退或逃跑。这个决定是快速做出的，动物可能会在攻击或逃跑之间来回切换，这取决于不断变化的竞争环境。占主导地位的适应形式还受物种这一决定因素的影响，因为有些动物胆小，有些凶猛。大多数动物在面对逃跑或攻击的挑战时都表现出一定程度的试探——一种合理的纠结，就像它们不愿做出没有挽回余地的承诺。

这表明恐惧和愤怒是同一枚适应硬币的对立但又相互依存的两面，对应对前景的评价通常涉及到底采取哪种适应策略的决策。这种相互依存和摇摆也为经常与人类攻击结伴而生的焦虑提供了一个进化基础——担心攻击会将我们置于危险之中，无论这种危险是来自攻击对象，还是基于道德或理想化的自我概念。

我们必须认真对待影响应对可能性的各种环境因素，因为它们会影响个体是否出现恐惧、焦虑或愤怒的反应。这在亨利·詹姆斯引人入胜的小说《螺丝在拧紧》中得到了例证。在这个故事中，我早先认为会导致愤怒的恶意，最终产生了焦虑。照顾两个孩子的家庭教师对过去的鬼魂感到恐惧，这些鬼魂似乎让孩子们的行为越来越表现出恶意，她变得越来越焦虑，就像读者——或这个故事的最佳电影版本《无辜者》的观众一样。在这点上，故事呈现了令人不寒而栗的氛围，观众会间接感受到恐惧或不安，而不是愤怒。我认为造成了恶意最终产生的是焦虑而非愤怒的原因在于威胁的不确定性，进而导致了缺乏应对决策的信心基础。家庭教师和观众都不知道谁该为威胁负责，也不知道该怎么做，所以产生焦虑而不是愤怒，这是合理的情绪反应。

如果安全性的攻击可以战胜或改善产生愤怒的负性条件，那么这种应对策略仍然存在后续的问题，这是关于未来预期的问题。

与应对潜能一样，这一评价成分与班杜拉自我效能感概念中的环境方面有重合，后者与环境是否会对应对行为做出有利的反应有关。愤怒和攻击的代价可能是对后续的报复或社会的不满，甚至惩罚。未来预期和应对潜能在某些方面重合，但在限制类型上有所不同。应对潜能涉及个体能否发起可行的攻击；未来预期涉及环境反应所产生的攻击是否会有任何好处或者成本是否超过收益。

对愤怒的评价成分如表6.1所示。

表6.1　对愤怒的评价成分[a]

初级评价成分 1.如果存在目标关联性，那么可能产生任何情绪，包括愤怒。否则，就没有情绪。 2.如果存在目标不一致性，那么只可能产生消极情绪，包括愤怒。 3.如果自我卷入类型是为了维持或增强自我认同中的个人自尊或社会自尊，那么可能产生的情绪包括愤怒、焦虑和自豪。 **次级评价成分** 4.如果存在指责，这源于知道某人对伤害行为负有责任且这些行为本可以得到控制，那么愤怒就会产生。如果是别人的责任，愤怒就指向外部；如果是自己的责任，愤怒则指向内部。
5.如果应对潜能支持攻击是可行的，那么就会加剧愤怒。 6.如果未来预期对攻击的环境反应是积极的，那么就会加剧愤怒。

[a] 对愤怒的充分和必要评价成分是1到4。

行动倾向

尽管它经常因为个人和社会原因而受抑制，但鲜有人质疑愤怒的内在行动倾向就是对冒犯主体的攻击这一观点。我不想讨论攻击冲动有多强烈这个老生常谈的问题；对此，许多作家都表明了立场，将生物学与心理社会力量对立起来。弗洛伊德对人类的破坏性倾向以及升华或控制这些倾向存在的难度，持相当悲观的态度。尽管攻击的冲动经常被严格控制或转化，但它势必是强烈的，也可能是普遍的。它也有可能表现出非常愤怒，有强烈的报复冲动，尽管如此，仍可能因威胁、理智的利己主义或强烈的道德价值观内化而采取善意和建设性行动。

正如我在第二、三章中指出的，行动倾向表达了一种生物性的冲动，是认知—动机—关系框架的一部分，但在愤怒中，攻击的形式及其控制或重新定向也属于应对过程的范畴。一旦我们摆脱了与生俱来的行动倾向，应对过程可能会导致攻击策略，从次级评价的角度来看，这似乎能最大限度增加成功的可能性。这些可能性在相当长时间里可能又会变成实际行动，正如大仲马的小说《基督山伯爵》里描述的那样，伯爵对那些他认为导致他长期监禁的人策划了一套复杂、冷酷而充满仇恨的报复。应对过程远比与生俱来的行动倾向更具心理性——它更有计划、更深思熟虑、更理性、更依赖技能，并基于长期关系和特定事件中固有的战术和战略的知识。

其他术语

愤怒的情绪家族里包含着大量的词汇，可能比其他任何情绪都要多，这可能反映了我们的文化或人性。其中一些词，如狂怒、愤慨、暴怒、震怒、残暴、义愤填膺、激怒、恼怒、震惊和憎恨，至少在所表示的反应强度上有所不同，尽管其中的许多词也有意义上的细微差别。例如，义愤填膺和愤慨意味着受了冤枉，而激怒、狂怒和暴怒则不然。怨恨暗示着一种特殊的敌意动机。其他词语（例如噘嘴、幸灾乐祸、报复、固执、蔑视、讽刺和暴躁）的特点是强调特定的行为，这些行为也可能传达更深层次的心理动力学意义和可能性。

很多行为词汇的关系意义是有很多微妙差异的；例如，幸灾乐祸意味着在言语上或表达上享受他人应得的惩罚。讽刺与幸灾乐祸有一些重合之处，但缺乏因他人遭遇不幸而产生的快感。前文曾述，除愤怒的4个基本评价成分外，幸灾乐祸还涉及试图增强受伤或脆弱的个人认同感，这可能源于早先被贬低的历史，“雪上加霜”，过高的目标关联性（例如更高的认同感意义）或更大的目标不一致性（伤害比想象中更严重）。幸灾乐祸的人会因为他人的不适、伤害或失败产生快感（另请参阅嫉妒），并认为这理所应当，但这也有助于增强其受损的自我认同。这种恶作剧可能看似礼貌和微妙，也可能是带有恶意的嘲笑和得意的微笑。

惠特曼和亚历山大从精神分析的角度将幸灾乐祸者描述为“悲哀的赢家”。他们认为幸灾乐祸是基于童年时期对更成功的兄弟姐妹的嫉妒，也可能是模仿幸灾乐祸的父母。大概是想象或实际战胜了对手，幸灾乐祸创造了优越感的假象，增加了个人正义感或清白感。在精神分析的概念里，优越感是一种对抗反向解释的防御性错觉——我们能力不足、处于劣势地位。这种推理还暗示了愤怒、焦虑、羡慕、嫉妒、喜悦和自豪等情绪实际上是相互依存的。

在这一点上，注意细微的评价变化可将一种情绪从嫉妒转变为愤怒——如果一个拥有我们想要的东西的人来戳我们的痛处，或者从愤怒转变为焦虑——如果嫉妒的愤怒表达冒犯到对方，我们会因为担心我们做得太过而变得焦虑（如“攻击性焦虑”）。我在第三章简要讨论了核心关系主题和它们产生的情绪之间的相互依存，这是因为它们的利害关系可能是共享的，以及事件进展过程中可能产生评价的变化。

与幸灾乐祸相反，噘嘴是一种感觉不足和依赖的倾向，它会抑制公开的攻击，并将其转化为一种温和的责备，旨在获得或维持他人的援助。它表达了我们对一个在其身上寄托了更多期望或希望的人感到失望的想法。噘嘴时，相对那个让我们失望的人，我们处于劣势，但我们不能像幸灾乐祸那样为了增强受伤的自我认同而攻击他。

因此，噘嘴不仅表达了指责，还表达了需要，这就是它被视为幼稚的原因。当然，它又与讽刺完全不同，讽刺是一种关于愤怒的不加约束的、刺激的或诙谐的口头表达，几乎但不完全跟蔑视等同。如果一个人因为害怕进一步疏远那个自己仍需从其身上获得认可和关心的人而不敢攻击，那么他就会产生噘嘴的应对策略。从其发展起源和精神分析的角度来看，噘嘴是为了尝试再现童年，迫使母亲（爱人、后代等）来注意自己。

为了区分评价过程中的噘嘴和幸灾乐祸，我们只需关注不利的应对潜能和未来预期这两个次级评价成分，因为它们会导致焦虑、弱化愤怒和攻击倾向。噘嘴与其他形式的愤怒所不同的是，那些不加约束的愤怒表达会产生一种威胁（及其带来的焦虑）——报复和失去援助。

涉及无助和无能或其反面掌控或控制感的人格特征，有助于对幸灾乐祸或噘嘴进行深层评价。相似地，有些人不太容易产生攻击性焦虑或很容易克服它，而另一些人则因自己的愤怒而极度焦虑。此外，一些经历更有可能导致幸灾乐祸，比如愤怒的受害者至少在当下感觉自己是强大和安全的，而另一些经历则更有可能导致噘嘴，比如我们因愤怒的对象太强大而无法还击时——举个例子，一个非常重视和渴望从其身上得到认可和情感的人。虽然一个掌控我们工作或薪水的老板也可能具有威胁性，但我们不太可能在没有任何保护的情况下对其噘嘴，因为这会让我们在一个需要显得成熟的工作环境中看起来很幼稚。

如前所述，噘嘴和幸灾乐祸都可被视为应对策略，而不是情绪，尽管两者都与愤怒有关。这说明应对过程和情绪之间存在重合或相互依存，尤其当使用的情绪词强调行为语言时，如幸灾乐祸、噘嘴、讽刺、蔑视、怨恨、固执和暴躁。因此，情绪和应对指的是共同适应过程中可相互区分但功能上相互依存的特征。我始终对于只关注复杂情绪的单一功能或特征而忽略其他功能或特征持保留意见。

其他词语如轻蔑、厌恶、沾沾自喜、傲慢、憎恨和悲痛也说明了关系意义间的微妙变化。义愤填膺和愤慨是对不公正的愤怒，是一种正义、合理的愤怒；这些愤怒状态是由自我卷入、指责和应对潜能组成的。虽然一个人可以感觉憎恨，但这个词包含了对另一个人或群体的稳定情绪之外的含义，更近似于一种特质或倾向，却不一定是一种急性的情绪反应。

嫉妒很好地呈现了愤怒和羡慕两个核心关系主题的结合。虽然愤怒是其特点之一，但我后来将其视为一种独立的情绪，与愤怒或羡慕相关，但又不相同。憎恶似乎包含了恐惧和厌恶，但根据罗津和法伦的最新进展，我将厌恶视为一种独立的情绪。傲慢和沾沾自喜，尤其是后者，似乎结合了轻蔑（因此愤怒）和自豪，而悲痛结合了愤怒和悲伤，但也可能是一种特质或倾向，就像一个痛苦的人身上表现的一样。蔑视似乎既包含诋毁，也包含愤怒。正如第二章所述，它被埃克曼和弗里森视为一种主要情绪。

当我说“组合”时，指的是独立情绪的组合，每种情绪都有自己的核心关系主题，而不是情绪混合。混合经常被一些作家用于非常特殊的意义上，用以区分初级情绪和次级情绪。当我说沾沾自喜是轻蔑和自豪的组合时，意味着沾沾自喜既是对低于我们的人的蔑视，同时也为自己的优越感到自豪。含义并没有因最初混合的情绪而发生改变，所以我认为组合比混合更好。

以上所有情绪词似乎都包含了愤怒——要么是情绪的核心，要么是其他情绪的附属，要么集中在特定攻击行为上。然而，每种情绪都有额外含义，可以基于研究目的来考察，这些含义囊括了关于人—环境关系中发生的事件以及如何评价这种关系的重要临床信息。我们可以为每个词创建一个专门的情绪类别，但我不确定这是不是个实用的解决方案，正如第二章所指出的。如果各种关系意义都携带了关于情绪的重要信息——例如，人—环境的关系，以及个体情绪体验的心理构成——那么在某些情况下不能为了化繁为简将其归到更广泛的愤怒类别中而完全抛弃这些重要的具体信息。情绪类别的扩大或减少取决于个体的理论和研究目的。

动力学特征

我发现愤怒往往被压抑而没有得以表达，尤其是令你感到愤怒的人很强大，甚至可能会遭到报复时。在这样的情况下，如果我们把表面现象当作情绪状态的整体，就会产生误解。弗洛伊德描写了大量关于小男孩对他父亲的愤怒，父亲是家庭三角中的竞争者（俄狄浦斯情结），也因为可能会惩罚他的敌对愿望对他造成阉割（象征性的或真实的）威胁。弗洛伊德认为男孩为了获得安全感，最终会压抑敌意并通过无意识的认同过程内化父亲的观点，更普遍地说是男性的观点。

跟愤怒有关的评价在愤怒被压抑后是否仍然存在？虽然这很难回答，除非提出某些假设，但我认为答案是，有时是，有时不是。我在第四章也简要讨论过这个问题，引用了弗洛伊德关于回归的概念，用于解释被压抑的东西最后会变成症状出现。当防御完全成功时，它就消失了；如果防御不成功，当受到刺激时，它就继续出现，就像我们说的“我试图说服自己，我没有生气”，或者防御就不那么稳固，有时有效，有时无效。我们需要摒弃弗洛伊德过时的能量概念，这一概念将被压抑的愤怒视为即使没有刺激也仍然存在的未释放的能量，并认为在特定条件下感受到愤怒的倾向不会消失，而这些条件反映了有愤怒特质个体的信念、冲动和冲突。

如前所述，有时，我们压抑对上司的愤怒以免他们在工作中惩罚我们，压抑对所爱之人的愤怒以免他们报复，压抑对我们心悦臣服的爱人的愤怒。这些通常是有意为之的，也可能在无意识情况下发生。虽然为了追求人生安全以及心理的安全感我们表现得合作以避免愤怒出现，但愤怒仍能通过被动攻击策略微妙而间接地表达出来，如我们在工作中或者在对威胁性专家建议予以回应时偷懒、装病、做出愚蠢行为，最终打乱了老板的目标和计划。

众所周知，表达愤怒可能是有用的，也可能是非常危险的，如果不加以控制，不仅可能适得其反，而且从长远来看，甚至可能危及我们的身体健康和福祉。

哈特探讨了应对能力在愤怒诱发事件中对愤怒反应的影响，其针对青少年的研究表明，当强调“关注积极面”的情绪聚焦应对过程时，愤怒会减少，但那些在诱发愤怒的人际事件中思维偏激的人愤怒感会更剧烈。与其他研究一样，暴露于愤怒诱发刺激的情绪后果是通过应对活动来调节的，而应对活动的适应性取决于情境因素，如压力事件的性质。

我在第三章提出应对策略和意图密切相关，但它们依赖于个体正在体验的情绪。在那次讨论中，我引用了劳克斯和韦伯列出的已婚夫妇应对愤怒事件的潜在意图（或目标）清单，其中包括自我提升、防御性自我表现和寻求情感亲密（或保护关系）。

许多意图都是可能的，所以，实现意图的应对策略有多种形式，这取决于事件中的利害关系以及由此产生的情绪。为了说明在愤怒情况下它是如何起作用的，我将比较许多可能意图中的两种——保护关系，或维持和增强个体受伤的自我认同——并考虑各自的应对备选方案。

假设一个人A，轻视了他的朋友B，B因为受伤的自我认同而感受到愤怒的痛苦。在这样的互动里，B至少有刚才提到的两种应对选择，要么修复他受伤的自我认同，要么维持与朋友A的关系。如果他的主要目标是维持这段关系，原因可能是关系已经岌岌可危而无法遭受更多的打击，或是B感受到比A更多的独特威胁，尤其是担心由于自己脆弱的自我认同、对这个曾经保护过自己的朋友的依赖，或是糟糕的关系历史而失去这段友谊，那么他的主要目标如何实现？对于B而言，一种应对策略是隐藏负性评价以及由此引发的愤怒。这样，就不会有反击来加剧已经造成的伤害。

与维持友谊的意图相违背的事实是，A的冒犯破坏了B本已脆弱的自我认同，如果一个人的自我认同本就脆弱，他就更容易受到冒犯。为了改善这种情况，需要努力保护、挽救或增强自己的自我认同，使用的应对策略取决于其面对的是可能目睹冒犯行为的外在观众还是自我的内心观众。一种策略是通过表达愤怒和寻求报复来升级冲突，冒着所有风险来维持或增强自己受伤的自我认同。

妥协也是可能的，向对方表现出轻微的愤怒或指责（噘嘴），并呈现自己受到伤害的证据，在表达需要的极端情况下，可能包括恳求（“看看你是如何无缘无故地伤害了我”；“请对我多一些善意和尊重”等）。妥协也许有机会既维持关系，又维持自己的自我认同。当然，还有一种选择是，B表现出愤怒以免因表现出懦弱和需要而失去更多。在选择适当的策略以管理困扰的社会关系时，个人和文化价值观都在默默发挥作用。有许多可能的应对方式，但要取决于个人目标、对资源的信念以及对人际关系的判断。

我的意思并不是让B站在那里，在心里把每一种策略都过一遍，而只是在需要的时候，其中的部分或全部备选方案以及使用时的注意事项可以在脑子里提取出来。根据个人和社会目标、价值观、约束条件和生活经验，有的备选方案被提取出来的阈限更高，有的可能更低。愤怒事件的细节也与选择有关，包括轻蔑性刺激的清晰程度和强度、基于关系历史产生的期待和个人生活中其他近期事件的背景。情绪的时间流，包括评价和应对过程、关系的变化和正体验的情绪，可能且经常会持续到最终问题得以解决或解脱。由于每个人的目标和信念不同，过去的经历和环境也不一样，双方在情绪时间流中的体验往往也不同。在复杂的互动中，情绪可能会经历从愤怒、焦虑和内疚到羞耻、悲伤、喜爱、轻松和解脱，或者同时发生这些变化的任何组合，有时变化是非常迅速的。

这些变化可以被微观分析为独立却又相互关联的一系列互动，每一个互动片段都有自己的剧本、可识别的个性和情境前因、评价和应对过程，而这些因素造成的结果又形成反馈，塑造重新评价，产生新的个人意义，也产生了情绪变化。我为愤怒所绘制的这个框架图也可用于其他个人情绪，每种情绪都有自己的动力模式。

在愤怒的情况下，问题的复杂性和如何应对也体现在以下事实中：在社交中表达愤怒的方式很多，这些方式与一个人在情绪境遇中的意图、关于愤怒及其表达的社会文化观和人际关系历史有关。因此，尽管我们经常用言语攻击或身体攻击来表达愤怒，但我们也可能通过冷淡、懈怠、刻意的言辞和分心来表达我们的愤怒。准确解读他人传达的信息需要相当高的社交技巧，有时，只有通过个人内部的比较才能做出正确的推断——也就是说，非常了解这个人，以至于他的特殊模式因为太不寻常而凸显出来。

病理性特征

病理性愤怒的典型例子包括对他人放纵的、重复性的暴力，对孩子和配偶的言语和身体虐待，永恒的痛苦和持续的幻灭感，总是给人一种“愤愤不平”的感觉，将他人的行为过度解释为贬低，并且无法抑制愤怒的表达。采取伪装而破坏性的愤怒模式（如被动攻击行为）的人表现了另一种病理性。还有一种对立的模式，是即使在合适且有帮助的情况下，个体能感受到愤怒但不能表达自己的愤怒。这些模式之所以是病理性的，至少是潜在病理性的，是因为它们反复出现并导致功能障碍和痛苦。它们阻碍了对重要目标的追求，疏远了那些可以提供重要且必要支持的人，从而产生适应不良的后果，有时还会导致引发惩罚或更严重后果的暴力。

与所有这类判断一样，判断愤怒是否病态并不容易。其中一种方法是检验情绪反应与环境刺激之间的适配度，另一种方法是检验适应性的结果。消灭愤怒者的愤怒是一个典型例子。在某些情况下，愤怒是合理的，但表达愤怒可能会使人遭受报复，或是愤怒的表达方式不合适，就像我们所说的盲目愤怒，这本身就是自我毁灭。

愤怒最有趣的自我毁灭版本之一就是当愤怒被用来保护自我认同时，甚至当可以做一些建设性的事情以更好地接纳自己该承担的责任时却将指责外化。如果受害群体将指责外化，群体成员往往会自我感觉良好，但可能会错过更有效的适应方法，尽管他们存在社会障碍。受害者通常不会为自己做任何改变，因为要为自己负责通常与受害者的心理不相容。愤怒和狂怒必须是受到控制、有目的和现实的才能有建设性价值，而对现实的防御性分析往往只会维持现状或使情况恶化，即使在短期内它会让受害者感觉更好。

相比之下，自责——仅限于一次特定的事件，也就是詹诺夫·布尔曼所提出的行为自责——可能是一种有价值的应对方式，因为如果我们能看到自己是如何失败的，就很有可能在下次做得更好。另一种应对方式是对性格的自责，将失败归因于个人缺陷，暗示搞砸是不可避免的，显然是适得其反的，因此是病理性的。既不能在不现实的情况下把责任和责备指向自己，也不能不恰当地指责他人，这样可能是适应性的。

恐惧—焦虑

心理学倾向于将焦虑视为健康适应和精神病理学的关键情绪，这不得不让人震惊，尤其是后者。焦虑是一种独特的情绪，因为它的特点是主要源于其存在主义基础的模糊性（信息可利用性）或不确定性（由此产生的心理状态），使我们在应对时几乎总是不知所措。这种情绪在理论上与不确定性威胁的概念同义，艾夫里尔将其描述如下：

> 问一个害怕的人他害怕什么，他通常可以告诉你；问他想做什么，他也可以告诉你。相比之下，患有焦虑症的人不能说出他焦虑什么，或者他想做什么。

为了生存，人需要在混乱的世界中赋予事件意义，正如埃夫里尔所说，提供一个人与所处世界的关系地图。当存在的意义因生理缺陷、药物、内心冲突和难以解释的事件而受到破坏或威胁（象征性的，而不是具体的）时，焦虑就会产生。如果威胁是轻微的，并且危及的结构不是个体自我认同的核心，结果往往是轻微的不安。如果威胁是严重的，意义结构是核心的，结果很可能是一场全面的焦虑发作和重大个人危机。这一观点已经以不同方式被提及很多次。

焦虑被广泛地视为人类事务中的一种重要且主要动机力量。在弗洛伊德早期的理论中，当存在被刺激淹没的危险时，焦虑就会出现；阉割恐惧，可能是一种隐喻，意味着丧失抵抗生活需求的能力，也是对这种可能性的例证。淹没感或创伤感也是戈尔茨坦“灾难性反应”的核心信息，他将其描述为脑损伤导致的心理生理胜任感丧失。虽然现代人与弗洛伊德的治疗方法大不相同，但是对控制、掌握或效能感的关注在许多方面与弗洛伊德的观点重合，只不过排除了弗洛伊德精神分析核心的性心理特征。

宗教哲学家铁立希和其他存在主义心理学家和哲学家，如安格尔和艾伦伯格，一起推动了焦虑概念的普及，认为焦虑是一种独特的情绪，是对虚无或不存在的威胁的反应，是一种心理死亡。贝克认为焦虑是对死亡的恐惧，也是对人类所有事业动力的否认。贝克认为人类发展是为了否认最终的死亡。弗洛伊德强调来自口腔、肛门或生殖器冲动的冲突是焦虑的主要来源，而贝克则强调永远被困在一个逐渐衰弱、逼近死亡的身躯，这种感觉摧毁了个体的自我认同。信仰也许是获得永生感的一种方式，可能会让我们从生存焦虑中解脱出来。无论描述焦虑的方式如何，人们总是倾向于认为焦虑是思维的主要引擎。

并不是所有的心理学家都像我一样会将恐惧和焦虑进行区分，它们通常被认为是同一个术语，比如用害怕形容二者。我使用“恐惧”一词的原因很快就会明朗。恐惧和焦虑都聚焦于在未来伤害的威胁上。在我看来，这掩盖了它们之间的显著差异，因此在我的讨论中，我将这两者以及两者的评价都进行了区分。对此，我们可以采取两种不同观点：一种是假设焦虑和恐惧是两种情绪状态，具有相同的基本机制，但在重要方面有所不同，因此它们是同一情绪家族的变体；另一种则认为它们是完全不同的情绪。我认为这两种观点在解决问题的时候都有各自的优势。

核心关系主题

害怕，后文将称为恐惧，涉及具体而突然的威胁；因此，这是一种比焦虑更原始的反应。它的核心关系主题是具体的、突然的、无法抵抗的身体伤害。由于这种具体性和突然性，我更喜欢“恐惧”这个词，而不是“害怕”，因为“害怕”在通常的用法中已经变得模糊不清，有时指具体的、有害的社会和自我相关的后果，有时指具体的身体危险。与焦虑一样，不确定性或模糊性一直是恐惧的特性，因为伤害总是指向未来还没发生的内容。由于危险的到来是具体而突然的，且个体的反应时间有限，所以在恐惧中，不确定性并不像在焦虑中那样明显，因为恐惧中的威胁是象征性的、存在性的和短暂的。

恐惧时，我们害怕即将到来的突然死亡或受伤。用“即将到来”是因为尽管我们可能对死亡感到焦虑，但我们并不害怕它，因为它似乎很模糊、很遥远；我们可以把它抛诸脑后，除非在极端危险的情况下，比如当我们乘坐的飞机突然冲向地面，所有的引擎都失去了动力时。这一险兆不禁提醒我们，人终有一死。

焦虑的核心关系主题是不确定的、存在性的威胁。对于将会发生什么和何时发生的不确定性，使人们无法清楚地知道如何预防或改善这种情况。我们被抽象的、模糊的和象征性的自我认同威胁所困扰。与恐惧或害怕相比，焦虑总是伴随存在性的危险和不确定性。

恐惧和焦虑之间的区别也得到了希伯特和麦克纳利的研究支持，惊恐障碍患者（当他们焦虑时）似乎感受到身体伤害的威胁，而焦虑患者在焦虑时感受到个人能力不足的威胁。对焦虑时存在性威胁的强调也与斯皮尔伯格的实证研究结果一致，即焦虑的人比其他人更容易面临自我认同（他使用“自尊”一词）的威胁，但并不比特质焦虑水平低的人感受到更多来自身体危险的威胁。因此，斯皮尔伯格似乎认同焦虑是一种主要的存在主义情绪，至少在特质意义上。

弗洛伊德认为“神经性”焦虑的原因在于人内在不可接受的冲动，而“现实性”焦虑的原因在于人外部实际的危险。当我们从关系取向的视角看待情绪时，这种区别就不那么说得通。威胁始终是人和环境相互作用的产物，即使它与来自内部的、不可接受的冲动有关；这些冲动被认为是危险的，因为它们与环境的限制和禁忌相冲突，或者与内外的环境要求相冲突。因此，现实性焦虑和神经性焦虑的潜在机制应该是基本相同的。尽管如此，我要提出一个更基础性的问题——对威胁的评价在多大程度上是现实的？如果要使用这些术语，更符合逻辑的说法是，与现实性焦虑相比，神经性焦虑对危险的评价更不切实际，而无论焦虑的来源如何。

评价模式

遵循与愤怒相同的形式，对恐惧与焦虑的评价成分分别如表6.2和表6.3所示。为减少重复，此处不再赘述。

表6.2　对恐惧的评价成分[a]

初级评价成分
1.如果存在目标关联性，那么可能产生任何情绪，包括恐惧。否则，就没有情绪。 2.如果存在目标不一致性，即对身体完整性构成威胁的突然的、具体的伤害，那么只可能产生消极情绪，包括恐惧。
3.自我卷入通常与恐惧的产生无关，尽管它可能在评价个体如何应对恐惧事件的重要性方面很重要。 无必要次级评价成分；指责是不相关的，应对潜能是不确定的，未来预期也是如此。

[a] 对恐惧的充分和必要评价成分是1到2。

恐惧可能是唯一一种情绪，在第3种主要评价成分——自我卷入类型上的评价是缺失或不相关，至少没有直接的关联，所以当不存在跟自我卷入的相关时，潜在的情绪就仅限于恐惧。补充说明，恐惧本身会加剧对自我认同的威胁，当我们感到恐惧时，会有丧失自尊、内疚或羞耻的感觉。因此，我们可能在恐惧性事件发生之后或期间体验到存在性威胁，但自我认同与恐惧的产生并不直接相关。

表6.3　对焦虑的评价成分[a]

初级评价成分
1.如果存在目标关联性，那么可能产生任何情绪，包括焦虑。否则，就没有情绪。 2.如果存在目标不一致性，那么只可能产生消极情绪，包括焦虑。 3.如果自我卷入类型是为了保护个人意义或自我认同免受存在性威胁，那么情绪可能仅限于焦虑。
无必要次级评价成分；指责是不相关的，如第3点所示，应对潜能是不确定的，未来预期也是如此。

[a] 对焦虑的充分和必要评价成分是1到3。

另一方面，如果在事件过程中的自我卷入类型是对自我认同或个人意义结构的保护以抵御存在性威胁，那么情绪就可能仅限于焦虑。

所有次级评价成分对焦虑都不是必须的，但也可以列举它们可能的作用。指责肯定不相关，如果我们指责某人，可预期的情绪是愤怒、内疚、羞耻或嫉妒。如果我们不知道将要发生什么或何时发生，这与存在性威胁是一致的，那么就可能产生焦虑。

这些评价成分能够区分恐惧和焦虑以及二者与其他积极或消极的情绪之间的差别。我不认为额外的次级评价成分会对恐惧和焦虑的区分有很大帮助，但它们对于焦虑程度增加或降低的区分有一定作用。

虽然焦虑的标志是不确定性，但危险的来源通常被认为是外部的；知道将要发生什么以及何时发生提供了一种通过采取具体行动或寻找应对资源来暂时克服焦虑的方法。无论适当与否，焦虑中的存在性威胁来源提供了一种强烈的动机，通过参考外部、具体的危险来源，如失业、未通过考试或工作面试后未被录用、被拒绝或被排斥等，将焦虑具体化。

事实上，有证据表明，即使在几乎或者完全没有效果的情况下采取对抗危险的行动，也比不确定和不作为更令人安心，就像外化指责比内化指责在心理上更舒服一样。弗洛伊德将神经性焦虑描述为一种自由漂浮的状态，即使它有内在心理根源，也可能附着在某个具体的威胁上。然而，当个体将焦虑归于外在因素时，其根本来源仍是存在性的，由对我们所承诺的意义结构的威胁构成。

应对潜能在恐惧和焦虑中都是不确定的。如果我们能够避免或逃离突如其来的危险，恐惧就会中止或迅速缓解。如果我们能够预防或克服存在性威胁，焦虑也就无从谈起。当然，问题在于，焦虑的真正危险是存在性的，我们刚克服了考试或社会表现等具体化的威胁，就会有新的威胁出现。焦虑的脆弱性由我们与生活和世界的存在性关系构成，我们只能模糊地领会其本质。

焦虑的存在说明存在性威胁并没有被以聚焦情绪的（认知）应对方式成功控制；如果得到控制，焦虑就会“短路”。焦虑可能是人类最普遍的情绪，抛开与认知应对相关的意义变化，除了学会如何忍受它，我们几乎束手无策。在持续或反复发生身体危险的情况下，例如在军事战斗中，我们经常使用神奇解决方案，如迷信和否认，正如格林克和斯皮格尔在“二战”期间对战斗机组人员观察到的现象。这些改变意义的方式都是认知应对的形式，精神分析学家称之为自我防御。

未来预期在恐惧和焦虑中也是不确定的。因为危险是突然出现的，所以在恐惧性事件中很难对未来产生明确的预期。这种情绪通常不会持续很久，当危险持续或反复出现时，它可能会转变为不安。在焦虑中，威胁的性质是不确定的，这再次排除了未来预期的作用，当然那些由认知应对努力产生的积极思考除外；此外，如果预期是积极的，就没有合理的理由焦虑了。

行动倾向

在恐惧和焦虑中，行动倾向是回避或逃跑，与之相反的是应对和攻击。由于在恐惧中的伤害是迫在眉睫的，并且是具体或外在的，所以想要摆脱这种危险的冲动并不冲突。另一方面，在焦虑中，由于不确定发生了什么，包括它的存在性来源，所以很难说什么样的行动是适切的。事实上，并没有什么具体的伤害需要回避或逃跑，这就使得焦虑更像是一种隐痛，而不是急性疼痛，是很难控制的。它是一种没有具体目标的行动倾向，因此是模糊和弥漫的，一种没有任何明确努力方向的逃避。

其他术语

虽比愤怒少，但也有大量的其他术语属于恐惧—焦虑情绪家族。与恐惧相关的包括恐怖、惊恐和害怕；与焦虑相关的包括不安、担心、忧虑和担忧；还有些词如恐怖、惊慌和恐慌，用法含糊，既可以指恐惧，也可以指焦虑。当我们对腐烂的尸体或具有威胁性的超自然形象做出反应时，恐怖可能将恐惧与反感或厌恶组合。敬畏，当作为一种消极体验时，似乎是害怕和惊奇的混合；但当关注它的积极品质时，它几乎和奇迹一样。

人们经常认为担忧不同于焦虑，因为担忧通常是有意识地针对日常适应中的具体问题而不是存在性的威胁来源。我对此持保留意见，因为它将焦虑状态的一个客观特征，对特定需求的有意识关注，从认知—动机—关系的整体结构中分离出来。为了更好地应对担忧，可以将其看作一种使存在性焦虑具体化和外化的尝试。只有当担忧与焦虑的其余部分不相关时，二者的分离才合理，但对此我表示怀疑。

和愤怒一样，焦虑与恐惧有多种含义，与反应强度、来源、模糊性、行动倾向以及其他意义的混合有关，比如恐慌、恐怖和敬畏。这些术语在不同个体和语境中可能有不同用法，但我们有理由认为它们有一个共同的核心意义。

动力学特征

与其他情绪相比，心理学研究更关注焦虑如何影响适应结果，如主观幸福感、社会功能或表现、身体健康或疾病。因此，它几乎是心理压力的同义词，很大程度上以威胁为中心。20世纪50年代至今，人们关注的焦点是焦虑作为技能表现的干扰因素，许多心理学家仍在对考试焦虑进行研究，这既是教育问题，也是个人问题。研究的一个核心问题是威胁及其引发的焦虑在何种条件下对功能发挥产生积极或消极影响及其影响机制。由于体验考试焦虑的人，总是容易因考试或评价而感受威胁（特质焦虑），所以我认为考试威胁更准确。关于这一点，我在关于情绪和健康的第十章有更多论述。

病理性特征

恐惧的病理是什么？过度恐惧的人，比如恐惧症患者，表现出的是病理性痛苦和功能障碍。行为主义者认为这些症状是条件反射的结果，而治疗策略以去条件反射为目标。恐慌也被一些人认为是一种遗传性神经化学障碍。心理动力学理论认为恐惧症是自我防御的产物，是无意识冲突的一种症状。第十一章会探讨治疗策略。各种各样的心理策略被用来控制焦虑，这使得人们很难根据表面上观察到的情况来评估真正发生的事情。例如，应对威胁的反恐惧策略可能会导致勇气、大胆或无畏的表面现象，而不是恐惧或焦虑。否认和合理化的应对策略可能会创造出积极的心理形象，但现实中使用这些策略的人可能深陷困扰。这就好像某个人在说“我没有问题，有的只是症状”。我们必须透过表面现象，对这些应对方式和其所针对的威胁来源做出准确评估。我将在第十一章讨论这些变量及其过程测评。

一个悬而未决的问题是，成功否认或压抑焦虑和警惕或疏远焦虑是如何维持适当功能的。临床医生通常认为两者都很危险，尤其是压抑或否认焦虑，比如可能会导致所谓的创伤后应激障碍，其功能障碍可能在急性应激期不明显，但后续可能会出现。传统观点认为，创伤发生后，应该立即给予当事人宣泄和探索所发生事情的机会，以免创伤被埋藏在大脑深处，后续反复出现，导致精神障碍。当引发焦虑的威胁淹没了人们的应对资源时，我们一般称之为创伤或危机，而不是压力。

内疚—羞耻

内疚和羞耻通常被视为重合的情绪。内疚在过去得到了更多关注，但现在，人们对羞耻越来越感兴趣。这种新的兴趣反映在将羞耻和内疚作为一种人格特征进行评估的努力上。两者都涉及违背已内化的社会禁忌思想或行为。

传统的精神分析观点因没有充分区分这两种情绪而受到批判，但仔细分析就会发现这两种情绪揭示了不同的人—环境关系。刘易斯对内疚和羞耻进行了密切的临床研究，他认为内疚源于内化的是非价值观（即父母和社会希望个体成为的样子），羞耻源于个体的自我认同（即现实自我和理想自我间的差异）。考夫曼的新书关注了关于羞耻的临床综合征治疗。关于内疚与羞耻作为情绪的独特性问题，与争论焦虑和恐惧是一种基本情绪的两种变体相同。

核心关系主题

内疚，是因做了或想要做一些我们认为在道德上应受谴责的事情而产生的，这种表述可简化为仅仅违背了道德准则。当我们认为自己的行为有违道德时，就会感到内疚，如果还冤枉或伤害了无辜的人，就会更加内疚。不一定发生实际的违背，即使是幻想的罪过也会产生内疚。也不一定有他人在场，我们观察到自己的罪过就够了。

以上是我对内疚的描述，关于它的理论研究有几种不同的重点。扎恩·瓦克斯勒和科汉斯卡对内疚进行了广泛的研究，重点关注内疚的社会和发展起源。他们指出，关于内疚是先天的还是后天的，是功能性的还是问题性的，是状态性的还是特质性的，或是强调情感的、行为的还是认知成分，理论各不相同。

主要的理论观点有3种：(1) 精神分析的观点认为内疚是对自身不可接受的冲动的反应，可追溯到童年时期由于害怕惩罚和失去父母的爱而被压抑的敌意和性冲动；(2) 内疚以亲社会情绪和共情他人痛苦为基础，逐步演变为希望他人发展得好；(3) 内疚主要是认知性的，在儿童学会感知和理解违背行为标准的社会意义时产生。我认为这些关于内疚作为一种情绪的观点彼此重合，因为——根据核心关系主题——违背道德准则总是产生内疚的感受，即使它有不同的动力和起源。

羞耻因未能实现自我理想而产生。尤其是在那些对我们有着重要影响的人眼中，比如父母或替代性父母，我们会感到耻辱或羞辱，是因为他们是苛刻的自我理想的原始来源。根据弗洛伊德的理论，社会耻辱和自我耻辱都是超我功能的表现，代表着一种威胁和焦虑。由于很难区分二者，羞耻和内疚很容易被混淆，即使从主观和行为上看二者似乎大不相同。

在羞耻中，我们很重视对我们的失败会持批评态度的人是否认可我们。实际上，我们让这个人失望了，通常这个人是我们的父母（当然），是自我理想的内化版本，因此我们也让自己失望了。就像内疚一样，如果我们只是觉得自己不符合理想自我，这就足以让我们羞耻。“父母”不需要到场目睹我们的“羞耻”，甚至不需要在世；我们只需想象他会对我们所做或未做的事情有什么反应就够了。

让我们回顾下第三章的关系原则。在我看来，羞耻和内疚等情绪都是以社会关系为基础；我们所有人，尤其是儿童，经常将发生在我们身上的事情甚至是物理世界拟人化。他人会对发生在我们身上的事情给予赞扬或批评，我们的所作所为有种被人监督和评判的感觉。

羞耻基于内化的理想，内疚基于道德上的违背，这样说并非其他（无论现实、预期还是幻想或想象的）"不赞成的人"没有参与。感到羞耻的人可能会看到反对的形象，比如母亲、父亲或其他人，这一形象可能并不准确或扭曲了这些形象的真实反应。虽然情绪似乎可以在没有他人在场的情况下产生，但我认为它们总是与其他有关，情绪过程依赖于这些人过去和现在的关系情况。情绪是一种社会现象，内疚和羞耻尤为明显；冲突总是关于对道德违背或对未能达到自我理想的反对。

评价模式

表6.4和表6.5分别列出了内疚和羞耻的评价成分。

表6.4 对内疚的评价成分[a]

初级评价成分
1.如果存在目标关联性，那么可能产生任何情绪，包括内疚。 2.如果存在目标不一致性，那么只可能产生消极情绪，包括内疚。 3.如果自我卷入类型是为了控制道德违背，那么可能产生的情绪就只剩下愤怒、焦虑、内疚和厌恶。
次级评价成分
4.如果指责指向自己，那么可能产生的情绪只有内疚。
5.如果应对潜能是有利的，那么内疚可以通过道歉或赔罪来弥补。 6.如果未来预期是有利的，那么内疚可能会缓解或减少。

[a] 对内疚的充分和必要评价成分是1到4。

如果指责是内在的——也就是说，违背道德的责任归属自己，我们认为自己本可以控制这样的行为——剩下的情绪可能只有内疚。所有涉及外部因素的消极情绪，如愤怒、羡慕、嫉妒和厌恶都被排除。悲伤也被排除，因为没有人可以指责。

羞耻也被排除，因为它的目标内容已被去掉。

表6.5 对羞耻的评价成分[a]

初级评价成分
1.如果存在目标关联性，那么可能产生任何情绪，包括羞耻。 2.如果存在目标不一致性，那么只可能产生消极情绪，包括羞耻。 3.如果自我卷入类型是为了处理未能实现的理想自我，那么可能产生的情绪就只剩下愤怒、焦虑、羞耻和厌恶。
次级评价成分 4.如果指责指向自己，那么可能产生的情绪只有羞耻。
5.如果应对潜能是有利的，那么羞耻可以通过承诺加倍努力来缓解。 6.如果未来预期是有利的，那么羞耻可能会随着抛弃威胁而缓解或减少。

[a] 对羞耻的充分和必要评价成分是1到4。

经过4个评价步骤后，我们获得一种单一情绪，其中，额外的评价成分做出了一定贡献。例如，如果我们认识到道歉可以弥补内疚，那么可能导致道歉的应对潜能——越卑下越有效——有助于减轻内疚。如果未来预期是赔罪会恢复道德声誉或能在未来更成功地实现自我理想，我们也确实期望这一积极预期能转化为应对行为，那么内疚和羞耻都能有所缓解。我们经常在应对想象中这么做。

弗洛伊德提出关于内疚的一个悖论，大多数有内疚感的人实际上比普通人更不应受到指责。充满内疚感的人虽然很少或根本不会斥责自己，但他们会觉得自己比别人更应受责备，这可能使他们不太可能做出违反道德标准的轻率或应受谴责的行为。想必人们的行为往往是为了防止痛苦、内疚或羞耻。目前，尚不清楚人们这样做的频率，也不清楚这种预期应对在防止内疚和羞耻方面的重要性。

对弗洛伊德来说，内疚主要是一种神经性困扰，而非基于现实的自我感知，需要通过心理治疗来克服。然而，莫瑞尔却持相反意见——感到内疚的人实际上已经违反了道德，心理治疗应着眼于探索当事人未来应该避免的实际罪过，以便成功得到帮助。

根据刘易斯的观点，拒绝或抛弃是羞耻发展的基本威胁，是对未能达到父母标准的假定惩罚，并且已经内化。这意味着容易频繁感到羞耻的人特别关注拒绝和抛弃，这是一个因果过程，且往往是无意识的。我们意识到羞耻的体验却不一定意识到其家庭、发展根源或潜在动机。

行动倾向

内疚和羞耻的核心关系主题呈现了二者在行动倾向上的差异。在内疚中，行动冲动是为对他人造成的伤害进行补偿、赔罪或赔偿，也可能是寻求惩罚，尤其当对他人造成了严重且不正当的伤害时。虽然这可能是一种普遍的行动倾向，但聚焦情绪的应对策略可能会削弱这种倾向。例如，避免去想关于受伤者的事情。应对内疚相关事件的另一种方法是否认控制或将责任推给他人，这样就不用自己承受。通过将受害者非人化，让自己不必为他们的痛苦而痛苦。读者可能还记得，精神分析学家称同样的认知应对过程为投射，愤怒和焦虑也适用，只是这两种倾向可能是将指责从自己转向具体、外在的来源，这种形式在心理上更易处理。如果这些应对策略成功，就没有理由内疚。

我认为，与内疚相比，羞耻的行动倾向是隐藏起来，避免让任何人看到自己失败，特别是那些对自己很重要的人。公开暴露自己未能实现自我理想的行为，有被否认甚至拒绝的风险。关于应对的研究发现，如果个体在压力事件中的利害关系涉及他人福祉，常见的应对策略是寻求社会支持；但如果利害关系涉及维护或提高自尊或社会地位，个体就会避免寻求社会支持，因为我们会为自己有这样自私的目标而羞耻。

以往对焦虑和羞耻的研究，有一个很有趣的发现。沙赫特的一项著名研究表明，当实验被试在等待痛苦的电击时，他们更愿意与面临相同压力源的被试一起等待，而不是独自一人。沙赫特基于此发现，提出社会归属感是由焦虑驱动的。然而，萨尔诺夫和津巴多后来的一项研究发现，如果等待的压力源是要进行社交尴尬的行动，被试们更喜欢独自等待。

内疚使我们想公开赔罪，而羞耻则鼓励我们藏起来，这一原则似乎与选择独自等待或跟同伴一起等待，以及在焦虑而非羞耻的情境中寻求社会支持的研究结果一致。简而言之，如果我们基于研究进行推断，内疚和羞耻这两种密切相关的情绪，其区别不仅在于人—环境关系和促成这种关系的评价模式，还在于与之相关的行动倾向。虽然环境很可能会改变这一点，但羞耻使我们想要隐藏自己，而内疚使我们面向世界声讨自己。

其他术语

懊悔总是作为内疚的同义词出现，后悔、感到抱歉、感觉糟糕和愧疚似乎也属于同一情绪家族。请注意，懊悔、感到抱歉和感觉糟糕这三个词关注感觉状态及其认知支持，而后悔和愧疚这两个词关注行动倾向。因此，严格来说，这些词语不是同义词，它们涉及的是以内疚为中心的关系结构的不同方面。感到抱歉和感觉糟糕太过模糊，无法被正式定义为内疚；一个人可以对某事感到抱歉而无须承担责任或责备。当我们为他人的不幸感到难过时，这可能是真的，但我们并不总是为自己在其中所扮演的角色感到难过。

羞耻的其他术语有羞辱、尴尬、屈辱、懊悔和感到可笑，每一个词都有不同含义。刘易斯认为还有羞怯；谢弗等人将后悔归在悲伤的子类，其中包括内疚和羞耻，而斯托姆和斯托姆将其与内疚和感到抱歉归在一起；但后悔（就像感到抱歉一样）在关系意义上过于模糊，除非有其他证据证明它的确切含义，否则不能被包含在内疚或羞耻家族里。与许多所谓的情绪同义词一样，与羞耻相关的词在其关系意义上也不尽相同。最明显的区别可能是反应的强度：懊恼和尴尬好像比较温和，用起来更随意；羞辱和屈辱则更强烈。

动力学特征

因为内疚而道歉有时是基于制度化的做法，不涉及情绪，作为一种行为正确的方式。我们可以对所发生的事情说抱歉，而丝毫不责备自己，事实上我们经常把说抱歉作为应对内疚的一种策略。例如，想想那些似乎总是在道歉或说对不起的人，他们这样做并不是真心赔罪，而只是在迎合，可能他们是强烈怀疑自己的社会接受度。当道德上的过失伤害了某人时，道歉并不总能让受害者满意，因为受害者可能会识破道歉背后的意图是保护自己免受指责；然而，如果过失一方在受害者面前表现得足够可怜，这就为形式上的道歉加分了。

这里的互动，或埃里克・伯恩所说的人际游戏，有时很复杂，显得做作，甚至可能有点讽刺性。例如，内疚的人已经卑躬屈膝地道歉了，但受害者似乎仍然无动于衷，这时内疚的人就会变得愤怒，指责受害者出于敌意而夸大问题，导致双方努力“原谅和遗忘”，以恢复表面的岁月静好。

内疚和羞耻都被认为会助长符合高社会标准的亲社会行为。内疚通常被视为正当行为的催化剂，因为它是一种令人痛苦的情绪。更准确的说法是我们通过道德行为来避免内疚，尽管正如我已经说过的，这一点的实证证据似乎不足。有些父母是内疚诱导者；也就是说，他们利用内疚让自己的孩子社会化。羞耻也是令人痛苦的，它可能会推动个体去实现父母强加给他的、内化的自我理想。如果孩子达不到一定标准，就会不被认可，或者让母亲不高兴。

病理性特征

刘易斯提供了以羞耻和内疚为中心的神经症的临床描述，他从精神分析的角度认为：“神经症症状的爆发是由生活中的艰难体验引起的：失望、失败、挫败、无助和道德失范，这已经是老生常谈了。”羞耻感或内疚感也可能导致人们对自己与他人关系做出糟糕的社会判断。被特质性的内疚或羞耻（这些状态反复出现）折磨的人可能会表现出过分的完美主义、慢性焦虑、反复的自责和消极的自我认同。此外，那些被特质性羞耻所困扰的人也可能对他人的拒绝表现出过度敏感，有时会以敌意和蔑视来应对，这又会反过来导致人际关系困扰。

莱文从精神分析角度写了关于羞耻的文章，谈论了羞耻作为一种情绪的痛苦本质，并探讨了个体如何将自我压入防御机制，以减少羞耻事件的经历、抑制反应、从亲密关系中抽离情感并通过愤怒和攻击进行防御性应对。他使用“羞耻焦虑”一词，意味着人们为了保护自己免受批评和拒绝的威胁付出了很大努力。

莱文还指出，内疚的当事人往往会大声喊叫并想要寻找痛苦的来源，而羞耻的当事人则会把真相隐藏在防御性应对策略背后，这会阻碍治疗。后者还假设治疗师会像他们的父母一样拒绝他们，他们可能会公然或通过复杂的阻抗逃避治疗。

也许我还应该再提一下无意识情感的问题，因为在精神分析写作中，特别是在所谓的“道德受虐狂”现象中，内疚是一种经常被提及的“无意识情绪”。在第四章里我就提出无意识情绪存在逻辑问题，并且在关于信号焦虑的理论中，我主张威胁评价这一概念是应对和防御的前兆，因此不需要无意识情绪这个自相矛盾的概念。

虽然受虐狂通常被认为是一种性变态（见厌恶），但这里讲的是道德上的受虐狂，意味着需要遭受痛苦来抵御无意识的内疚，这是精神分析的关注重点。对道德受虐狂来说，他们可能既没有意识到内疚，也没有意识到他们寻求痛苦的事实。所谓的受虐防御，要么是减少有意识的内疚，要么是阻止内疚的产生。在第四章中，我也提到过对内疚的评价可能会触发防御，并且这种防御过程一定是无意识的。个体学会预测何时某种特定类型的评价会产生内疚，然后防御过程会自动阻止诱发内疚的心理内容变得意识化。因此，没有必要假设无意识内疚的存在，正如没有必要假设无意识焦虑的存在，因为在情绪性的内疚产生之前，防御可以自动对无意识诱发内疚的愿望作出反应，这种认知被评价为是具有威胁性的，第四章称之为短路。

最后，在结束有关内疚和羞耻的部分前，必须提一下它们偶尔产生的一种后果，即自杀。认为所有的自杀都是病理性的说法有点冒险，因为引发自杀的生活环境似乎存在文化差异。对一些人来说，过度的丧失和绝望会导致自杀；对另一些人来说，巨大的、不可挽回的耻辱会导致自杀，尽管这也可以被解释为丢“面子”。

悲伤

悲伤是一种特别有趣而又让人费解的情绪，它通常被认为与丧失有关，比如所爱之人的死亡，核心生活价值或角色的失败，或失去他人的积极关注。这个概念可能包含若干重合的状态，这些状态与导致丧失的条件以及是否可以应对有关，因此可能会落在丧失应对或丧失威胁维度连续体上的某一点，这可以被称为参与程度。

在“参与”维度的高水平，丧失的事实或威胁会导致其他情绪，这些情绪的特点是采取积极应对的可能性，只要不是无力改变现状的程度，人们就会努力避免丧失、找回失去的东西或控制痛苦；这些努力很可能不一定伴随着悲伤，而是伴随着愤怒、焦虑、内疚、羞耻、嫉妒或希望，这些都是适应性挣扎的情绪。霍洛威茨、克林格、马里斯、尚茨、沃特曼和布雷姆等人在论述如何应对丧失时也有类似观点。

例如，在亲人去世后的最初几小时、几天、几周甚至几个月里，常见的应对模式有寻求帮助和情感支持，通过各种方式（包括幻想和否认）努力找回失去的人或物。渐渐地，当这些努力都无法挽回失去的人或物时，人势必要经历一个漫长而复杂的哀伤过程。根据挣扎所处的阶段和动力学特征，包含愤怒、内疚和焦虑在内的复合情绪发挥着突出的作用，而无论是否感到悲伤。这种复合情绪通常被称为抑郁（具有精神病理学含义）或哀伤（包含主动和长期的应对挣扎）。

悲伤属于“参与”维度的低端，是一种无可奈何而非挣扎的情绪。此时，人们已经开始接受丧失并从丧失的执着中解脱出来。这个阶段的情绪更像是伤感，而不是深深的悲痛了。我认为悲伤只会发生在转瞬即逝的时刻，或者通常发生在人们意识到丧失无法挽回的时候。因此，悲伤是迈向认命的一步，是在艰难的应对挣扎中产生的，在这种挣扎中，情绪面貌往往是矛盾的、脆弱的和不断变化的。只要人不是主观上感到无助，就更有可能产生悲伤以外的消极情绪。马里斯认为，即使寻求改变时，丧失也会威胁稳定的永生意义，而哀伤是接受丧失的过程，尤其是意义的丧失。当完成了哀伤过程时，旧有的、珍视的意义保留了下来，并与更适合新生活条件的新意义融合在了一起。

核心关系主题

如前所述，悲伤的核心关系主题不仅是丧失，而是不可挽回的丧失；换句话说，对丧失的恢复有种无可奈何的感觉，这就是用“不可挽回”这个词的原因。在这种情况下，我避免使用“绝望”这个词，因为当一个人对丧失感到绝望时，往往会感到抑郁而不是悲伤。

如果认命或接受现实了，相关的情绪痛苦最后会减弱，或者多半已经消散。当人接受了丧失时，悲伤就消失了，因为已经放弃了对丧失的执着。这是过去的一部分，当丧失被铭记时，剩下的大多是平静的回忆和思念。这种情况的发生可能取决于对生活条件变化进行适应调整的质量。

如果丧失并非不可挽回，那么愤怒、焦虑、内疚、羞耻、嫉妒或希望这些与恢复行动的可能性相关联的情绪就更有可能出现。这一推理表明，悲伤通常是一种暂时的心理状态，直到被彻底处理。当悲伤几乎成为那些不愿认命或接受的人的永久性心理状态时，就可能是抑郁或冲击性的哀伤。

哀伤和抑郁也是对丧失的反应，它们必须与悲伤相区分，并彼此区分开。在哀伤中，重点是努力应对丧失的痛苦，而且涉及多种情绪，典型的是悲伤、愤怒、焦虑和内疚。在抑郁中，我们不仅关注丧失，还关注丧失对我们整个生活的影响，根据应对过程的性质和阶段，我们可能还会感到无价值感（内疚和羞耻）、焦虑和愤怒。与哀伤一样，抑郁也涉及多种不同的情绪。我认为哀伤是一种应对丧失的过程，而抑郁则是一种对哀伤的复杂情绪反应，带有悲伤的色彩。

在抑郁中，丧失已泛化到整个生活，临床上称为无望感，与无助感形成对比。当出现此心理状态时，人们认为自己没有继续活下去的任何正面理由。正如我在第三章讨论急性情绪和心境时使用的“图形—背景”比喻，无助指图形，即具体的丧失，无望则是将不可挽回的丧失的影响泛化到整个生活中，从而使其变成一个生存性的议题。

如果丧失是因为所爱之人的死亡，或者是人生角色（可能发生在老年时期）等重大承诺的失败，那么这种丧失的影响在很大程度上具有生存性，毫不奇怪。对于终生的承诺——比如，婚姻中的双方早已非常相互依赖，以至于在这段关系之外，任何一方都没有什么生活空间——因死亡或离婚而结束这段关系会带来巨大的丧失和随之而来的哀伤就不足为奇了。对于一生奉献的工作和事业，这几乎成为对自我的一种定义，那么退休或因残疾而无法检修工作也会带来巨大的丧失和哀伤，这一点也不足为奇。福尔摩斯和拉赫列出最大的压力性生活事件是配偶死亡，这一事实证实了上述内容。然而，一个很好的假设是，如果关系中的一方或双方有大量无法共享的婚外承诺，那么就不太可能对丧失以如此泛化和关乎生死的方式做出反应。

根据上述分析，悲伤应被视为一种独特的情绪，它与抑郁有重合之处，但又有所不同。我认为二者的不同之处在于悲伤时要放弃挽回丧失的想法并做出新的承诺。哀伤和抑郁的生存性痛苦在于尚未达到一种接近于接受的状态——认命，而其他承诺似乎还不适用。在悲伤中，虽然有不快乐，但没有挣扎的感觉——这与焦虑、愤怒和其他消极情绪截然不同。悲伤无疑是一种被动的情绪状态。我们对“认命”和“接受”作为应对丧失的认知方式所起的作用知之甚少，也不知道它们是如何产生悲伤情绪的。

评价模式

表6.6列出了悲伤的评价成分。

悲伤所特有的自我卷入类型是一种自我认同范围缩小的丧失。并非所有的丧失都属于这种类型（例如，轻微的丧失），但大多数重要的丧失也会导致自我认同的丧失。悲伤的独特之处在于它可能涉及6种自我认同中的任何一种。这就是为什么丧失可能是多种多样的：自尊和社会地位、个人及其福祉、道德价值、自我理想、意义和想法或人生目标。

表6.6 对悲伤的评价成分[a]

初级评价成分
1.如果存在目标关联性，那么可能产生任何情绪，包括悲伤。 2.如果存在目标不一致性，那么只可能产生消极情绪，包括悲伤。 3.如果存在任意类型自我卷入的丧失，比如自尊、道德价值、理想自我，意义或观点，人或他们的福祉，或人生目标，那么可能产生的情绪就是悲伤。
次级评价成分
4.如果没有任何指责对象，那么可能产生悲伤；如果指责是向外或向内的，那么可能产生焦虑、内疚或羞耻等其他情绪。 5.如果应对潜能是有利的，也就是说内疚可以通过道歉或赔罪来弥补，那么悲伤可能就不会产生，或者伴随着希望。
6.如果未来预期是有利的，那么悲伤就会是伴随着希望感的，不会产生无望感和抑郁。

[a] 对悲伤的充分和必要评价成分是1到5。

这些类型的自我卷入具体表现在所爱之人、工作、名誉、社会或职业角色、职业成功等方面。自我认同通常与其中一个或全部有关。任何重大的丧失，尤其是对我们在这个世界上的自我定位至关重要的丧失，都有产生悲伤的可能性。因此，可以说，如果一个人丧失了自我认同，就为悲伤的发生创造了条件，尽管某些次级评价也至关重要。

因此，悲伤和焦虑是相似的，都关乎生存。不同的是，在焦虑中，（意义的）丧失尚未发生，但即将发生。在悲伤中，（意义的）丧失已经发生且不可挽回。

只有当无法确定指责对象时，悲伤才会产生，这意味着不需要问责，且无关控制性的问题。如果指责指向外部或针对自己，那么更容易产生愤怒、焦虑、内疚、羞耻等其他情绪。记住，只有当人聚焦于已经发生的丧失时，悲伤才会产生；其他消极情绪，如愤怒、内疚、羞耻等，则在应对该为伤害负责的主体时出现。

悲伤是一种独特的情绪，因为我们凭借应对潜能将其与其他消极情绪加以区分：如果可以做些什么来消除伤害或挽回丧失，就不会产生悲伤，而是一种努力改变目标不一致状况的情绪——例如愤怒、焦虑、内疚、羞耻、羡慕、嫉妒和厌恶。另一方面，如果无可奈何，个体对丧失无能为力，悲伤是唯一会产生的情绪，这隐含在悲伤的核心关系主题中，即不可挽回的丧失。

最后，只有当哀伤中的人感觉到或相信未来有希望停止痛苦并恢复积极的生活状态时，悲伤才会发生。与此相对应，当抑郁发生时，未来预期是暗淡和空洞的，看不到希望。实际上，如果未来预期是充满希望的，我们就会觉得自己可以克服丧失的痛苦，接受它的不可挽回性，并重新做出承诺。

我还有些对悲伤状况的不确定性想要提出来。正如我前面提到过的，我们不可能长时间处于悲伤状态，除非我们同时感到抑郁，而这就有可能继发病理性症状了。除此之外，我想再谈三点。

首先，我们在生活中可能经常使用“悲伤”一词，但不一定是在表达情绪，而是对他人遭遇不幸的一种形式上的社会认可。我们会心里想或嘴上说“我对你的遭遇感到难过”之类的话。

其次，当我们经历丧失时，我们很少感受到像悲伤这样的单一情绪。我们悲伤、愤怒、焦虑、内疚、嫉妒甚至充满希望、变得防御——所有这些都是应对丧失的挣扎的一部分。虽然在这种复杂的状态下可能会有悲伤的元素，但丧失的不可挽回感不会轻易到来，需要时间。也许这是我们的文化偏好想要控制和操纵世界的一种功能；如果是这样，生活在宿命论文化中的人可能更容易或更早感受到悲伤。无论如何，当我们最终认命并接受丧失时，悲伤可能已经几乎消失了，或者它可能变成个体心理状态中短暂而温和的部分出现，可能只在周年纪念日、夜间幻想、孤独的守夜、伤感或怀旧时刻等特殊场合出现。

最后，把悲伤当作一种心境而不是一种急性情绪状态可能更准确，正如其对立面幸福一样。我认为悲伤的状态通常不集中在单一事件上，而与生命的存在特质融合在一起，反映出与世界的总体关系，就像图形—背景关系中的背景。请注意，如果将悲伤视为一种心境，那我们就不必解决类似于明确行动倾向这样的难题；将行动倾向归因于某种心境可能不恰当，因为心境是弥漫的，很少持续或单独地与特定适应性事件或其中任何一个单独的片段有关。

行动倾向

我已经考虑过把所有情绪都强加给内在行动倾向的问题。而我们即将讨论的就是第一个难以假设行动倾向的重要案例。在悲伤中，似乎没有明显的行动倾向——除了懒散或者自我封闭，这似乎与心境的概念相一致。从环境中退缩也与人们对悲伤姿态的刻板印象相一致，垂头丧气，就好像一个人正在远离所有人，用动作来表达自己在世界中的认同感正在萎缩。我认为将这种退缩称为行动倾向是恰当的，但它似乎又与回避、逃避或羞耻中的退缩截然不同，后者更积极一点。

如果丧失不可挽回，那么确实没有什么可调动的。就好像我们通常会在悲伤发生或即将发生时，努力消除悲伤的任何痕迹，试图用等同于其他情绪状态的应对行为来克服悲伤。这使得悲伤具有欺骗性和模糊性：一方面，它有一个容易把握和认同的核心关系主题和评价模式；另一方面，悲伤中的行动倾向和生理反应模式是模糊的。当悲伤持续存在且与个人生活有关时，我们更倾向于称之为抑郁或绝望。

其他术语

有许多词可以表达悲伤作为一种情绪体验的各种特征，比如痛苦、绝望、阴郁、不快乐、忧伤、苦恼、悲惨、惆怅、忧郁、低落、闷闷不乐、凄凉、疮痍满目、心碎、哀伤、愁苦、黯淡、绝望、悲痛、冷漠和怀旧。其中有些词，如忧郁、冷漠、心碎、无望和绝望，用来表示抑郁和哀伤。有些词，如不快乐，没有任何挑衅的含义。有些词，如心碎或哀伤，意味着丧失。还有一些，如绝望和冷漠，意味着一种生存危机，但没有任何特别的因果关系。与其他情绪家族的情况一样，悲伤的众多术语表明我们需要特殊的评价成分和不同的细微差别来区分相关的关系含义。同样值得注意的是，对所有这些术语的浏览显示，没有任何与行动相关的概念，而这些概念在所有其他因目标不一致而产生的情绪家族中都存在。

动力学特征

如果悲伤是一种除了懒散外没有任何行动倾向的心境，那么它就不会导致聚焦问题的应对，而会产生聚焦情绪的应对。研究表明，当人相信无法改变陷入困境的关系时，就会激发这样的应对。从某种程度上说，哭泣意味着一种挣扎，它更可能发生在哀伤和激越型抑郁中，而非悲伤。我们对哭泣知之甚少，它似乎跟丧失、与我们以为已经失去或感到即将失去的人重聚有关。

大团圆结局时的哭泣与怀旧时刻的哭泣看似矛盾却与上述观点不谋而合。韦斯认为大团圆结局时的哭泣说明了社会环境的变化，使人可以安全地体验之前被封锁的情绪。

西尔伯沙茨和桑普森举了一个例子：一个人在观看一部爱情电影时，当恋人争吵时，几乎没有什么情绪，但当看到他们重归于好的大团圆结局时，却感动得热泪盈眶。发生这种情况的原因可能是，观众在不知不觉中认同了其中一位恋人。当他们在电影中分离时，观众受到了悲伤冲动的威胁，因此加强了对悲伤情绪的防御。然而，当这对恋人重逢时，观众就没有理由再悲伤，他可以安全地体验悲伤，因此放弃了对之前被封锁情绪的防御。作者认为，在心理治疗中，患者会做出许多类似的无意识决定，允许自己体验之前被封锁的感觉。

因此，我们可以说，就像微笑一样，哭泣的功能不止一种。我们还必须考虑悲伤是在对丧亲之后哀伤的哪个阶段出现的。我一直在表达的是，悲伤，与积极应对有关的情绪不同，它发生在哀伤的后期，也许是接近尾声的阶段，而且是在哀伤过程中经历了许多情绪变化和起伏之后出现的。

有人可能会说，悲伤具有激发他人给予帮助的进化功能。其实，这通常是哀伤而非悲伤，悲伤似乎比哀伤更退缩、更安静。总之，悲伤似乎提出了一些迷人而独特的问题，与其他因目标不一致而产生的情绪家族相比，悲伤的动力学特征更不稳定。

病理性特征

鉴于我对悲伤的看法，确定病理表现形式可能自相矛盾。病理学的概念更适合抑郁（尽管情绪化并不是真正的情绪），抑郁有丰富的临床观察结果，其中掺杂着各种功能障碍和无意识动机、认知和应对过程的例子。

如果我们只考虑与抑郁相关的状态，我们可能会将凄美视为病态，它是一种苦乐参半的情绪，与丧失和对丧失对象的思念有关，被视为未完成哀伤的结果。所谓的微笑型抑郁指的是一个人无法忍受悲伤或抑郁，因此，通过持续的快乐甚至躁狂来抵御，这可能是悲伤的另一种病理形式。

我在讨论内疚和羞耻时提到过自杀，现在谈及抑郁也应提及。在我看来，自杀应是一种应对艰难生活状况的策略。对一些人来说，自杀带有复杂的文化或宗教色彩——例如，道德沦丧或软弱无能、绝望、非理性和精神疾病。除宗教因素外，反对这种应对办法的主要原因是，生活往往会变得更好，尤其对年轻人来说，与丧失和绝望相关的抑郁可能会消散。自杀则会断送这一切。

我们大多数人都会对我们所认识或所爱之人的自杀感到震惊，很难不带着巨大的痛苦、冲突、矛盾和内疚去面对它，尤其当自杀被认为是一种无言的指责，指责我们没有足够关心或没有适当关注自杀者的需求。这也是自杀未遂经常被称为求救信号的原因之一。无论如何，需要指出的是自杀与抑郁以及难以摆脱的内疚和羞愧有关，尽管引发自杀的情形各不相同，但无望和绝望构成了这一行为的底色，不论导致个体自杀的想法是否基于他们对自己的生命应该结束的现实评估。

羡慕—嫉妒

羡慕和嫉妒通常被放在一起，但我认为基于人—环境关系以及对它们的评价，它们应被视为不同的情绪，我也是这样操作的。十诫中贪婪为首，而羡慕长期以来一直受到道德质疑（显然很有道理，因为我们不仅要考虑它所带来的痛苦，还要考虑它在人类社会关系中的潜在破坏性）。特别是当它涉及嫉妒时，它还可能包括愤怒和潜在的攻击。嫉妒总是存在于人际三角关系中。在嫉妒的人看来，当渴望得到的感情——或其他珍视的东西——去到竞争对手那里时（这可能被视为背叛、拒绝、丧失或丧失的威胁），就会产生嫉妒体验，而伴随的一个标志就是愤怒。

史密斯、金姆和帕罗特提出了一个有趣的观点，即人们之所以混淆二者并倾向于认为二者有重合是因为在英语中，“嫉妒”一词既可表示嫉妒也可表示羡慕，而羡慕往往只用于消极的社会比较中产生的感觉。无论如何，当对手既被羡慕又被怨恨时，羡慕和嫉妒就会同时出现。重要的一点是，二者的评价模式是可以明显区分的，正如史密斯等人的研究所示，应将它们作为独立的情绪对待。关于羡慕和嫉妒的最新研究和思考，读者可以参考以下内容：克兰顿和史密斯；胡布卡；林德；马瑟斯、亚当斯和戴维斯；沙洛维；沙洛维和罗丹；斯特恩斯；怀特及怀特和缪伦。

核心关系主题

羡慕的核心关系主题是想要别人拥有的东西。嫉妒的核心关系主题是由于失去某人的喜爱或与某人的感情受到威胁而怨恨第三方。涉及竞争对手的三角关系是嫉妒的重要组成部分。在此我要说明的是，虽然浪漫爱情可能是嫉妒最常见的情境，但竞争对手对任何珍视的价值造成威胁都可能引发此情绪；因此，教授可能会嫉妒通过走后门获得稀有课题资助的同事。

评价模式

对羡慕的评价成分如表6.7所示。

表6.7　对羡慕的评价成分[a]

初级评价成分
1.如果存在目标关联性，那么可能产生任何情绪，包括羡慕。 2.如果存在目标不一致性，那么只可能产生消极情绪，包括羡慕。 3.如果他人拥有的东西涉及6种自我卷入中的任何一种，且严重缺乏，那么可能产生的情绪就只有羡慕。
次级评价不是必不可少的部分；然而，如果未来预期是没有希望的，那么就容易产生悲伤甚至愤怒，这取决于应对过程和由此产生的评价。

[a] 对羡慕的充分和必要评价成分是1到3。

虽然我们可以羡慕别人拥有值得拥有的东西，但如果我们相信自己需要并理应得到别人所拥有的东西，却没有得到这些东西，我们就会认为自己无足轻重或一无是处，这就成了一种自我卷入，使其与其他消极情绪截然不同——除了嫉妒，因为它可能将羡慕与指责相结合。实际上，如果我们沉溺于他人所拥有的东西，嫉妒就会加剧；反之，嫉妒就会减少，甚至根本不会存在。自我卷入的类型可能并不重要；我们可以羡慕任何我们珍视的东西。

当然，我们最看重的是那些包含自我认同的内容。从这个角度看，一个有趣的问题是，我们是否可以在没有自我卷入的情况下产生嫉妒；如果可以，嫉妒肯定是温和的，而且没那么重要。

指责与羡慕和大多数其他消极情绪之间的区分无关，因为被羡慕的人是否对好运负有责任在很大程度上与羡慕无关。无论是否将所羡慕的好运归功于对方，还是责怪自己没有好运，我们都会羡慕。然而，正是这种无关性使得羡慕不同于嫉妒，后者认为他人应该为自己缺少或失去的东西受到指责，这就是为什么愤怒是嫉妒的一个重要特征。

如果我们相信自己可以改变目标不一致的情况，那么我们就会被调动起来（怀着强烈渴望）去寻找我们羡慕的东西；因此，积极的应对潜能会促进羡慕，因为如果希望渺茫，我们更容易感到悲伤和沮丧而非羡慕。羡慕不像悲伤那样被动。

如果我们对自己所渴望的东西的未来预期充满希望——例如，我们可以拥有别人拥有的东西——那么嫉妒就会持续下去；如果毫无希望，我们很容易放弃嫉妒，而感到气馁和悲伤，或者采取聚焦情绪的应对方式，如贬低我们不能拥有的东西，就像伊索寓言中酸葡萄的故事。

对嫉妒的评价成分如表6.8所示。

虽然这是一个没有定论的问题，但我怀疑在关乎嫉妒的事件中总会涉及自我卷入，而且可能与愤怒中的自我卷入类型有很大重合。如果自我卷入类型（3）是渴望得到他人有争议的青睐或喜爱，而自己没有得到，我们就会认为自己无足轻重或一无是处，那么嫉妒就很可能出现，尽管不排除会有愤怒、焦虑、内疚、羞耻和悲伤。

与羡慕一样，嫉妒也意味着自我认同的缺乏或丧失，但是别人拥有，这就更让人恼怒。

这种缺乏或丧失可能涉及6种自我卷入类型的任何一种，即自尊、道德价值观、自我理想、意义和想法、他人及其福祉以及人生目标，但我认为嫉妒中最重要的是个人价值感（实际上是自尊或社会地位），当他人未能给予我们提高幸福感所必需的关爱和青睐时，这种价值感就会受到损害。

表6.8　对嫉妒的评价成分[a]

初级评价成分
1.如果存在目标关联性，那么可能产生任何情绪，包括嫉妒。 2.如果存在目标不一致性，那么只可能产生消极情绪，包括嫉妒。 3.如果渴望得到他人的喜爱或青睐，而这种喜爱或青睐有可能被他人夺走或已经被他人夺走，从而对6种自我卷入类型中的任何一种构成重大威胁，那么就会产生嫉妒。
次级评价成分 4.如果指责是向外的，那么可能产生的情绪只有嫉妒。
5.如果应对潜能是有利的，则有助于适度保持嫉妒，但并不重要。 6.如果未来预期是消极但并非无望的，同样有助于保持嫉妒，但并不重要。

[a] 对嫉妒的充分和必要评价成分是1到4。

如果指责指向外部，产生嫉妒的可能性会增加，但仍不能排除愤怒、焦虑甚至羞耻，而嫉妒总是会涉及另外两个人，其中至少有一人对威胁或丧失负有责任。

如果应对潜能是不利的，但仍抱有希望，嫉妒以及伴随的愤怒和报复冲动会保持活力。如果应对潜能是无望的，则要么放弃所爱对象及其伴随的消极情绪，要么出现破坏性行为。

如果对获得爱人青睐的未来预期是消极的却充满希望，那么嫉妒就会持续下去。如果我们相信在嫉妒三角中没有出现有利结果我们也能生活，那么嫉妒可能会减轻，并产生更多的适应性解决方案。

与悲伤的无助和懒散不同的是，羡慕和嫉妒中隐含着采取行动、改善现状的应对潜能。存在于嫉妒而非羡慕中的额外且重要的归因，是控制性，即指向对手或被爱人偏袒之人的指责。有人可能因此认为嫉妒不过就是愤怒，核心目标是获得他人青睐，这也是为什么羡慕和嫉妒经常被放在一起讨论。嫉妒中的愤怒感是其最突出的特征之一，而羡慕通常没有愤怒或将其视为不合理加以压制。这种愤怒的感觉及其成因与标准的愤怒是相似的。

然而，尽管嫉妒有其特殊的渴望特征，并伴有丧失感或失去他人青睐的威胁感，但最好在理论上保持它与羡慕的联系，并将其视为对背叛的愤怒的一种特殊情况，以及应对丧失感或失去他人青睐的威胁感的一种形式。因此，我认为羡慕—嫉妒的情绪家族涉及两种与环境相关但又独立的关系，这取决于不同的评价模式。这证明了将它们以连字符的形式放在一起是正确的，正如内疚—羞耻，但根据核心关系主题和评价模式又需要将它们区别对待，正如前述内容。

一些作家对比了二者的目标不一致性，例如，羡慕涉及个体没有或从未拥有的东西，而嫉妒涉及失去曾经拥有或认为曾经拥有之物的威胁。托夫·鲁阿在以应对为中心对嫉妒的论述中，举了个例子，嫉妒的人传递的信息是双重的：即，“看着我！”（求关注）；就像自杀未遂是一种求救信号，“如果我摔倒了，接住我！”——是对帮助和保护的需求，类似于噘嘴。这种需求也可能与指责和怨恨有关，或者当它得不到满足时会导致怨恨。诺伊对嫉妒及其与羡慕的联系进行了深入分析，引用了斯宾诺莎关于嫉妒是羡慕和愤怒的结合的论述，如下所示：

> 如果我想象爱人与另一个人通过同样的或比跟我在一起有更紧密的关系纽带，我就会对爱人产生仇恨，并会羡慕另外那个人……当这种对爱人的憎恨与羡慕相伴而生时，就叫做“嫉妒”，因此，嫉妒不过是一种由爱与恨共同产生的心绪波动，并伴随着对我们所羡慕的另一个人的看法。

诺伊还提出，有时羡慕是恶意的，在这种情况下它与愤怒融合在一起；有时是欣赏的，在这种情况下，个体更想变得像对方那样或更值得对方拥有的好东西。前者被称为幸灾乐祸，意为因他人的痛苦而喜悦、因他人的成功而痛苦。

关于嫉妒中的丧失威胁，我认为这也是将其作为一种独立情绪对待的重要理由，诺伊引用弗洛伊德的话如下：

> 正常的嫉妒……是由悲伤、失去爱人的痛苦、自恋的创伤（区别于其他创伤）、对成功对手的敌意以及或多或少的自我批评（试图让主体自我对丧失负责）组成的。

这段引文也强调了我之前表达的观点，即情绪很少是单一主题的体验。情绪事件通常很复杂，有多个主题或方面，会产生不止一种情绪。

羡慕—嫉妒似乎是人类的普遍情绪。我相信它们也可能出现在哺乳动物中。虽然把情绪安在动物身上有一定风险，但许多狗主人观察到狗体现嫉妒的反应模式，比如当狗狗们所依恋的配偶爱抚床伴时，它们会积极阻挠；有时，甚至会咆哮、威胁或攻击对手。在灵长类动物身上也观察到类似模式，不足为奇，因为它们具有高度社会性和智慧。心理学家更关注嫉妒而非羡慕——戏剧和文学作品中充满了经典的例子（如《奥赛罗》）——原因之一是三角关系常常导致暴力。嫉妒在心理上具有破坏性，但当嫉妒导致强烈的愤怒和暴力时，社会就会陷入危险。

行动倾向

羡慕的行动倾向是寻找并拥有非常重要的人，尽管这种冲动很难转化为明确的行动模式。寻找的主观状态可以被描述为一种向往、希望或想要，类似于对希望的渴求，在第七章，我将其看作一种独立的情绪。

嫉妒中最突出的行动倾向是带有攻击冲动的愤怒，愤怒有希望的一面也包含渴望，这也是爱的行动倾向，第七章会讨论。如果我们认真考虑弗洛伊德认为嫉妒包含悲伤和自我批评的观点，也许应把嫉妒看作一种非常复杂的情绪，具有多种行动倾向，取决于当前哪种认知—动机—关系特征受到关注。我认为将其成分分离为不同情绪状态进行分析很有意义，其中任一情绪状态都能在特定时刻占主导。

其他术语

我不知道该如何解释羡慕和嫉妒同义词的相对缺失。斯托姆和谢弗等人将羡慕和嫉妒列在一起，却没有提供其他词语。对于羡慕，我只能想到觊觎；对于嫉妒，我只能想到“绿眼怪物”，它表达了嫉妒的贪婪、不悦和危险。

动力学特征

当他人拥有的比我们多时，我们可能会愤愤不平，尤其当羡慕中的消极比较产生不公平时。此外，当我们受到癌症等严重疾病威胁时，注意到他人比我们更糟糕可以获得适度的心理安慰。而当我们责备受害者时，往往又会为自己幸免于难而内疚。

社会心理学家在社会比较和公平理论以及早期相对剥夺主题的框架内对这些认知和社会过程进行了研究。这些理论都涉及将自己与他人进行向下或向上比较的过程。它们与羡慕和嫉妒的认知基础有很大关系，尽管社会心理学的研究和理论对情绪方面的讨论不多。

虽然羡慕会产生积极影响，比如我们通过模仿来寻求被他人赞赏或是加倍努力实现目标，但嫉妒在人际关系中几乎总是有害的，它与某些形式的愤怒一样。通常情况下，愤怒以及努力从对手那里夺回失去或从未拥有的东西，最终（尽管并非总是如此）似乎会导致恶性循环：表达怨恨，所爱对象进一步退缩，更多的怨恨，最终被拒绝。虽然相比嫉妒，选择成为殉道者在内心和精神上有一定的优势，但这同样是有害的，这是和嫉妒之间有趣的心理对抗。

病理性特征

特质性羡慕是一种非常有害的心理状态。那些认为自己比他人拥有更少的钱、才能、健康、幸福、更糟糕的工作、更不理想的配偶等，且为此而苦恼的人往往都是痛苦和不快乐的。第一，这种观念之所以病态或致病，是因为它是功能失调的，是痛苦的根源；第二，尽管这种观念在规范意义上可能并不正确，但如果一个人总是羡慕别人，准确的现实情况检验也毫无用处；第三，这些痛苦的情绪不仅给经历这些情绪的人带来厌世的痛苦，还可能对与这些情绪有社交或情感联系的人际关系有害。

虽然嫉妒在现实中常常是合理的，比如当深爱的配偶不忠时，但当它成为一种性格特征（即一种特质）并且偏离现实时，就不合理了，并且很显然是病态的。那么，所发生的一切，包括应对过程，都是不合理的。嫉妒的人，尤其是经常嫉妒的人，通常会贪得无厌地坚持要忠诚、支配、救助、战胜所有对手。这一点在莎士比亚笔下的奥赛罗身上体现得淋漓尽致，在拉戈的恶毒怂恿下，他未能认清自己与心爱的苔丝狄蒙娜之间关系的真相，指责她的不忠——顺便说一句，这是如此明显的愚蠢妄想，以至于观众往往很难接受——他最终杀死了她，也杀死了自己。虽然莎士比亚没有提供明确的线索，但很容易就推断出这个英雄人物愚蠢行为的动机：一是异域文化中少数民族的偏执——奥赛罗是黑人，是生活在伊比利亚白人社会中的非洲摩尔人。二是奥赛罗作为一名士兵和刽子手的性格特征，他不是哈姆雷特——他是冲动型而不是沉思型。

虽然嫉妒是一种常见的正常现象，但据说它源于神经质的、自恋的、永远无法满足的需求。梅拉妮—克莱因认为嫉妒源于恐惧刺激下的贪婪。嫉妒的人是贪婪的，而且总是对想象或实际的剥夺心怀怨恨。因此，羡慕、嫉妒、被剥夺感和贪婪是紧密相连的认知—动机—关系状态。

厌恶

生理厌恶是一种强烈的、与生俱来的冲动，以避免或摆脱令人不快的东西。引用罗兹和法伦的话，生理厌恶的典型诱发物是“人体和动物身上的废物”，他们提到安雅尔和普拉奇克等人也采用了类似观点。因此，生理厌恶似乎是一种相对僵化的反应模式，类似于感觉运动反射。生理学意义的厌恶被当作一种条件反射，并由此产生了心理厌恶，它的生物学用途可能是保护哺乳动物免受有毒物质的摄入。罗兹和法伦使用“生理厌恶”一词指代反射，而心理厌恶指代情绪受到学习、意识形态或隐喻等因素的影响。关于情绪与感觉运动反射之间的区别，我已在第二、五章中进行了探讨。

心理厌恶（后简称厌恶）是一种情绪，从进化的角度来看可以说是基于生理厌恶，而生理厌恶是一个与嗅觉和味觉相关的感觉运动功能的术语。自从达尔文关于情绪的著作问世以来，系统发育学家就把它视为一种基本情绪，有着自己特殊的表达特征和激发因素。

罗兹和法伦认为厌恶是一种与生俱来的与食物有关的情绪，它有一种特有的面部表情、适当的行动倾向（远离或驱赶让人不快的对象）、独特的生理反应（恶心）和特有的感觉状态（反感）。正如他们所指出的那样，心理学家大多忽视对厌恶的讨论，也许因为它相对原始，似乎比其他情绪对心理和社会的影响更小。

考虑到刺激的范围有限，厌恶似乎比愤怒、焦虑、内疚、悲伤、羡慕和嫉妒等目标不一致的情绪在内容上更受限制、诱发特点更僵化，因为在那些情绪中，不同的个人意义起核心作用。如果我们认为厌恶是一种与生俱来的情绪并且比其他情绪更接近于反射，这种观点可能就存在问题，因为有研究表明厌恶在人出生时并不存在——罗兹和法伦指出发育中的孩子需要长到七八岁的时候才能完全发展。例如，父母们发现年幼的孩子似乎并不排斥粪便，可能还会用自己的粪便在卧室墙上画画。然而，在嗅到或摄入某些物质时，成年人普遍会有一定程度的排斥。

罗兹和法伦列举了厌恶情绪产生过程中拒绝某种物质的3种可能动机：（1）认为该物体具有负面的感官特性；（2）预期摄入该物体会造成伤害；（3）食物的来源或性质——例如，在某些文化中，吃蚂蚱或蚂蚁会令人作呕，仅仅因为它是蚂蚱或蚂蚁。请注意，这些动机表明意识形态因素或认知评价在厌恶情绪中起着重要作用。我们可以学会接受令他人反感的物质，也可以学会拒绝令他人接受甚至有吸引力的物质。在我看来，这些认知评价使我们有理由将厌恶视为一种情绪，而不是真正的感觉运动反射，如快乐、疼痛和惊吓。

核心关系主题

厌恶的核心关系主题，即使在狭义的定义下，也是接受或太过靠近一个难以消化的物体或想法（隐喻的说法）。

评价模式

罗兹和法伦引用的动机为厌恶的主要评价模式提供了基础——一种远离物质以保持身体完整性的强烈愿望。对厌恶的评价成分如表6.9所示。

我不确定“自我卷入”是不是厌恶的必要或实质性条件，尽管我认为这有道理。如果自我卷入类型有可能被难以消化或“有毒的想法”污染，那么就可能产生厌恶，而不是其他情绪。与悲伤一样，厌恶中难以消化或有毒的东西可能与任何类型的自我卷入和价值或其目标关联性有关。

厌恶（就像羡慕）在评价术语上基本上是一种非常简单的情绪，不需要额外的评价成分将之与其他情绪分开。

表6.9 对厌恶的评价成分[a]

初级评价成分
1.如果存在目标关联性，那么可能产生任何情绪，包括厌恶。 2.如果存在目标不一致性，那么只可能产生消极情绪，包括厌恶。 3.如果6种自我卷入类型中的任何一种有可能被“有毒的想法”污染，那么就会产生厌恶。
没有必要的次级评价成分。

[a] 对厌恶的充分和必要评价成分是1到3。

次级评价成分对厌恶的分析没有显著影响。然而，只要我们能通过认知应对消除物体的恶心，就不会产生厌恶并吃下在其他文化中被珍视但令我们反感的食物，如蚱蜢、鱼眼、蚂蚁和昆虫，甚至还能学会享受它们。我清楚地记得在日本的一次经历：当我正津津有味地吃着一条刚被切成刺身的活鱼时，它突然出现反射运动，我立刻感到恶心，无法再吃下去。我想，鱼的动作让我觉得它还活着，直到这条鱼不再动弹我才能继续吃，我意识到是什么导致了我的痛苦。这个小插曲逗乐了我的日本同伴，因为他们发现了西方人和日本人在食物口味上的文化差异。

当我们面对令自己反感的事物时，就会产生厌恶，但这种厌恶却无法通过预期应对来避免。例如，如果我们看到血会反感，那我们就不会做护理人员或外科医生。关于厌恶，还没完全解答的问题是，人类是如何学会厌恶的呢？或者同样重要的是，人们又如何克服厌恶情绪？这一过程可能包括远离通常会产生痛苦的画面和气味。

例如，医学生和护士要么必须学会这样做，要么从一开始就不受其影响。比如在医学解剖的培训程序中就需要从制度上认识到这一问题，建立保持距离的常规程序。例如，除了要解剖的部分外，尸体都会被遮盖；不鼓励绞刑架幽默——程序是严肃而专业的——要尽可能避免透露死者的个人身份。在讲述法医故事的电视剧《昆西》的开头，昆西揭开尸体时，一群看尸检的男实习生几乎都晕倒了，这让人感到一丝讽刺的幽默。我听说，出现这种反应的医学生很容易被劝退。

行动倾向

如果要模拟不自主的厌恶反射过程，厌恶的行动倾向是恶心，以及通过呕吐排出令人反感的物质或想法的强烈冲动。避免接触令人反感的物质的强烈冲动通常与恶心相伴，是一种与呕吐同时出现的反应。

其他术语

与厌恶情绪家族相关的词汇包括：嫌恶、令人作呕、反感、易恶心的、憎恶和不舒服。在斯托姆的列表中，还有讨厌或恶心，这是我的孩子们小时候最喜欢用来形容令人不快的物体或社交场合的词。

由于罗兹和法伦非常坚持生物学模式，这就依赖于普遍或近乎普遍的厌恶来源，于是我们很难理解某些景象、想法和事件——与具体物质相对应的意义——是如何产生厌恶的。正如我所说，大多数情绪都是由高度多样化、受文化影响但往往又有特异性的想法和物体引发，这些想法和物体都具有会产生愤怒、焦虑、羞耻等情绪的个人意义。我们需要更全面地了解导致厌恶的隐喻术语和符号，以及在如何产生和管理这种情绪方面的个体差异来源。

动力学特征

从生物学意义上讲，生理厌恶显然具有保护作用。然而，作为对社会环境的一种情绪反应，厌恶会导致人们无法享受或欣赏他人（无论是个体性的还是其他文化或亚文化中的规范）认为令人愉悦的事物。因此，厌恶可能成为社会关系、性唤起和性享受的障碍，也可能迫使人们回避许多本质上并不令人反感的情境和经历。

病理性特征

与罗兹和法伦的做法相反，精神分析学家非常关注充满厌恶情绪的性爱和敌意冲动之间的冲突，或对这些冲动的防御。有时，通常令人厌恶的身体物质会被忽视，甚至获得性爱价值——比如口交或肛交，后者是同性恋活动的一个重要特征，这对许多人来说很难理解，因为他们对粪便持标准的消极态度。

恐怖的情绪反应似乎与厌恶有一定关系。尽管恐怖电影会让很多人产生逃避和趋近的矛盾倾向，但恐怖感似乎往往是主观的和个性化的。精神分析学家认为恐怖及某种程度上的厌恶与性、攻击性和死亡等焦虑来源密切相关。这些来源揭示了我们自身邪恶的、破坏的、肮脏的部分以及对无助、阉割、死亡和衰败的恐惧。

总结

在本章，我将总体的认知—动机—关系理论应用于每一种主要的目标一致性或消极情绪——愤怒、恐惧—焦虑、悲伤、内疚—羞耻、羡慕—嫉妒和厌恶。虽然恐惧和焦虑密切相关，但它们都被视为独立的情绪，其他连字符情绪也是如此。

每种情绪都遵循同样的框架，情绪概述、核心关系主题、评价模式、行动倾向、其他术语、动力学特征和病理性特征。评价模式以决策树的形式呈现，遵循"如果—那么"的分析推理，从是否会有情绪、情绪是积极的还是消极的最一般性决策开始，然后逐步缩小范围，直到得出将该情绪与其他情绪区分开来的必要且充分的评价成分。表格总结了每种情绪的评价模式。

在第七章中，用同样的理论框架讨论目标一致或积极的情绪。

第七章

目标一致和问题情绪

本章将讨论（1）由目标一致性产生的情绪，即积极情绪，以及（2）有争议的情绪——那些具有特殊的不确定性使其性质值得商榷的情绪。积极情绪包括幸福/快乐、自豪、爱/喜爱和轻松。与第六章使用连字符表示不同但密切相关的状态不同，我在幸福与快乐、爱与喜爱之间使用斜线，意味着它们所代表的是几乎相同的状态。有争议的情绪包括希望、怜悯和审美情绪。稍后，我将探讨使它们有争议的原因，这要具体情况具体分析。

积极情绪在历史上一直不被重视或被淡忘，这其中的原因还不太清楚。我猜测目标不一致或消极情绪比积极情绪对适应和主观幸福感有更明显、更强烈的影响。同样的推理也解释了现代社会科学、生理学和医学对压力关注的原因；压力可能是一个强大的干扰因素和病理学的根源。当我们关注为什么有些人能够在心理上相对舒适和谐地度过一生，而有些人却在长期或反复的痛苦和功能障碍中挣扎时，我们将焦点放在愤怒、恐惧焦虑、内疚、羞耻、悲伤、羡慕、嫉妒和厌恶上，而不是幸福、自豪、爱和轻松上。积极情绪，也许爱除外，通常也比消极情绪的强度和影响更弱，而且由于显著性较低，指代它们的术语也较少且含混不清。

然而，我们有充分的理由相信，在为生存和发展的斗争中，积极情绪也具有重要的适应功能，充当调节者（摆脱威胁的机会）、维持者（促进应对和保持士气）和恢复者（允许愈合和恢复）。因此，它们可以被称为消极情绪破坏性后果的缓冲器。我认为积极情绪在人的总体心理资本中非常重要，因为它们作为心理现象而存在，所以我们应该像关注消极情绪一样关注它们。

瑞微诺、波塞尔、韦雷特和维纳在一篇有趣的文章中阐述了这一点，并提供了一些数据，试图区分兴高采烈和高兴，虽然快乐与这两种情绪的进一步区分并不那么有说服力。他们认为：

虽然积极情绪术语可能少于消极情绪术语，积极面部表情的种类也少于消极的，但英语里有100多种不同的积极情绪状态标签，除非要传达重要的区别，否则不太可能继续使用不同的词语。由于这种区分对个人幸福、社会关系、认知过程以及我们对情绪的理解都有重要影响，因此，尝试解释积极情绪之间的区分似乎很重要。

我所列的积极情绪清单或其他任何清单，都不可能是最终版，因为它们之间的区别必须得到实证支持。事实上，像瑞微诺等人所做的区分反映了寻找微妙和多样关系意义的依据的容易程度，以及需要考虑的反应变量的数量。要认真对待情绪间的合理区分，就不能仅从语言学角度出发。我自己的决定说明了这种困境；虽然轻松可能是幸福的一种变体，但我将其视为一种独立的情绪。我忽略了感恩——尽管也有些顾虑，因为在某些情况下，它可能是一种强烈的情绪状态。

幸福/快乐

幸福和快乐几乎是同一个词，但又不完全相同，有许多不同的原因，正如许多版本的谚语所说，“幸福是——一辆新车；好女（男）人的爱；从事富有成效的工作；得偿所愿”，诸如此类。与“幸福”相比，“快乐”这个词似乎指的是对更具体的事件产生的、更强烈的即时反应，但这两个词有很多重合。“幸福”这个词，也是我后续要用的词，本身存在歧义。如果满足是幸福，那它是一种温和的、没有唤起的变体；而快乐，我想可以延伸到狂喜，是一种强大的、全身心投入的感觉。

从历史和哲学角度看，幸福带来了一些有趣且独特的理论难题。即使在相似的积极生活条件下，人们追求幸福的能力也各不相同，它或许应被视为一种并非人人都能拥有的伟大天赋。有人认为，幸福是当下难以实现的目标，只有通过回忆和希望才能实现。也有人将幸福怀旧地定格在童年或学生时代，或从养育子女的责任中解脱的自由中。就像一句玩笑话：当孩子离开，狗死了时，幸福终于来了。追求幸福有时与是否一定要贤惠联系在一起。

包括我在内的一些人都认为幸福本身不能被当作目标来追求，而只是其他目标追求的副产品。最近的一本探讨幸福的意识形态和态度的选集表明社会科学界对这一主题重新产生了兴趣。该书的广告宣传册上的一句话很有引用价值，它列举了对幸福是理想目标这一意识形态的两种反对意见。

第一种反对就是幸福的价值受到质疑：认为痛苦更有价值，愉悦的生活肤浅而无意义。第二种反对就是，有人声称幸福会损害其他有价值的东西：幸福会把人变成知足的懒虫，幸福会破坏社会联结。

第一种反对意见属于审美问题，无法做出判断。第二种反对意见至少部分是事实问题，因此可以通过经验来验证。

我们必须记住，关于幸福，有急性情绪和心境这两种情绪在争夺我们的注意力。在所有的哲学变体中，幸福似乎是一种普遍的生活状态，一种稳定的特征，而不是一种急性情绪状态，来去匆匆。在最常见的例子中，心境（或下面我要讨论的主观幸福感）这一概念用于描述幸福或许更恰当。虽然两者都依赖于评价，但急性情绪是对适应性事件的反应，而心境则是对存在状态或生活条件的反应。

然而，如果我们从引发幸福的特定适应性事件的角度去看待幸福——也就是说，从个体生命这个更大背景来看待——并且如果我们像第一章假设的那样，认为图形和背景相互依存，那么我们必须认识到，即使发生了积极的事情，幸福也可能被淡化；而当发生了糟糕的事情时，总体上感到幸福的人可能也不会情绪低落。换句话说，当烦躁不安的人遇到好事时，他们可能也不会欣赏；而当心情愉悦的人遇到糟心事时，他们可能也不会产生预期的痛苦。

幸福作为调节日常生活中起起伏伏的背景倾向或心境，这一观点引发我们去思考与之密切相关的话题——主观幸福感。主观幸福感似乎更倾向于一种情感或特质，是对整个人生中的正面和负面因素的主观评价，而不是一种情绪状态。测量主观幸福感的方法是让个体对一段时间内（无论是某一天、一周、一月、一年还是更长的时间）情绪的起伏进行整体评估。虽然我们可以认为情绪（包括心境）是基于主观感受，但把主观幸福感称为情绪是不恰当的。为了进行比较，需有统一的衡量标准提供经验证据，证明它们相同或高度重合，并且有相同或不同的前因。这还没有得到系统性的关注。

最近的观察数据表明，积极的幸福感与消极的幸福感或痛苦有不同的前因后果。换句话说，让我们感觉良好的东西与让我们感觉痛苦的东西不同，也许彼此独立。主观幸福感的另一特点是，客观上生活富裕（在共识意义上）的人往往对自己的幸福感做出负面评价，而客观生活条件艰苦和匮乏的人往往对自己的幸福感做出正面评价，这一点令人困惑。这就是我们必须在“幸福感”前面加上“主观”一词的原因，表明客观形式和主观形式在很大程度上相互独立。

对于这一明显悖论最合理的解释是，人们习惯了积极或消极的环境，并形成了有利或不利的预期，这些预期往往会在随后的评价中被混淆。这些预期的影响，或者如赫尔森在“适应水平”概念中所概括的那样，当好事发生时，并不一定会提升情绪，因为事情一直很好；人们把积极条件视为理所当然并预期它们继续存在。但是，当积极事件发生在那些处于消极环境中的人身上时，他们往往会产生比预期更强烈的积极情绪。甚至在只产生小苦恼时，与积极的个体内部标准及其产生的积极预期形成的反差，也会导致个体对消极事件产生比预期更强烈的痛苦。这一结果为以下原则提供了依据：幸福取决于人的背景心理状态——预期和生存情绪的整体模式——如果不参考该背景，就无法很好地预测幸福。

核心关系主题

虽然幸福在不同人身上产生的原因各不相同，但它有一个简单而共同的核心关系主题，即我们已经获得或正在获得我们渴望的东西。换言之，当我们认为自己在实现目标的道路上取得了合理的进展时，我们就会感到幸福，前提是这种进展必须在总体上良性的生存背景下发生。也就是说，如果我们的生活总体上是消极的，那么一个积极事件很难让我们高兴起来。

评价模式

对幸福/快乐的评价成分如表7.1所示。

为减少重复，此处不再赘述其细节，不过我在文中详细阐述了其中的一些特定成分。表7.1中关于目标一致性（与目标不一致相反）的陈述——可能的情绪仅限于积极情绪，包括快乐——需要特殊的限定条件；人们在遇到积极结果时会感到快乐，有时也会感到内疚，或担心积极情况可能会结束，因此也会感到焦虑。例如，如果我们认为我们的好运会招致怨恨或我们因此而受到惩罚，那么幸福的状态就会掺杂着焦虑或内疚，并在某种程度上被削弱了。

表7.1　对幸福/快乐的评价成分[a]

初级评价成分
1.如果存在目标关联性，那么可能产生任何情绪，包括幸福。
2.如果存在目标一致性，那么只可能产生积极情绪，包括幸福。
自我卷入类型（评价成分3）不相关。
次级评价成分
指责和应对潜能（评价成分4和5）不相关。
6.如果未来预期积极，我们期待好运继续，如果整体生活前景总体上有利，那么生存背景就是感到幸福的必要条件。如果未来预期（和生存背景）令人警惕或不利，那么幸福感就容易被抑制或削弱。
包括自我卷入类型在内的所有其他评价成分都不是必要的。

[a] 对幸福的充分和必要评价成分是1，2和6。

一般来说，这些混合或矛盾的心理状态很大程度上受到人格特征以及文化和宗教因素的影响。例如，在婚礼等宗教仪式和其他幸福的场合，犹太人被要求不要忘记他们作为一个民族的历史苦难或其他没有理由幸福的人的苦难。逾越节仪式上的苦药草是一个例证，婚姻仪式上的碎玻璃也是，它象征着人际关系的脆弱，提醒新人要努力维系他们的婚姻关系。

自我卷入类型与幸福感的相关性无疑没有自豪感强，因为自豪感取决于自我认同感、责任感和控制感的增强，这使得为积极事情邀功成为可能。为幸福邀功有多重要，这是一个不确定的问题，我稍后会再讨论。

如果幸福中存在自我卷入，那么它很可能是在满足感、安全感和幸福感的背景下，涉及6种自我卷入类型中的任何一种或全部——例如，自尊、道德价值观、自我理想、意义和观念、他人及其福祉，以及生活目标（所有这些，我都在评价模式中称为“未来预期”）。

如果我们接受自我卷入在幸福中是最弱小或不重要的观点，那么3个主要评价成分就足以将幸福与其他积极情绪区分开来，使其成为认知上最简单的情绪之一。虽然次级评价成分指责和应对潜能似乎都与幸福无关，但如表7.1中所示，未来预期是相关的。这意味着，只有当我们在现实中感到满足、有安全感，并感觉到有未来幸福的根基时，我们才是真正的幸福。

行动倾向

幸福中的行动倾向难以确定。我初步认为，它包括行为和身体上对世界感到愉悦和安全，这种愉悦感和安全感在心理和行为上的表现具有扩张性和外向性。我们通常希望分享积极成果并接近他人。例外情况包括焦虑或威胁引发的内疚，我们的好运即将结束或因此受到惩罚，我在“目标一致性”中提到了这一点。

幸福与自豪的行动倾向相似性是对休谟的经典区分的挑战，休谟强调自豪包含自我认同的增强，但据我所知这一观点还没有得到任何实证研究的证实。零假设是自豪总是或经常与幸福有关，这可以解释表达方式上的重合。如果要人们列举幸福，经常举的是对自己在积极结果中扮演的角色感到自豪。

其他术语

幸福的常见同义词有喜悦、狂喜、享受、满意、满足、感激、高兴、无忧无虑、兴高采烈、喜气洋洋、欢欣、热情、极乐、快活、有趣、嬉戏、娱乐、欣喜、愉快、兴奋、欢乐、喜欢、欣快、欣喜若狂和得意扬扬。请注意，其中大多数是情绪类术语，尤其以快乐、极乐、无忧无虑、快活、嬉戏和欣快为例。如同悲伤的情况，如果不考察情节和一般生活条件的图形背景关系，很难区分作为急性情绪的幸福与作为情绪的幸福，我相信还没有人尝试过这种分析。

幸福的替代术语有时暗示强度的不同，有时传达额外的细微差别。例如，极乐和欣喜若狂意味着比开心和满足更强烈的反应；另一方面，极乐几乎是虚无缥缈的，与其说是兴奋，不如说是欣喜若狂，而逗乐（不像幸灾乐祸）则带有愉快的、稍微超然的反应的额外含义，有时包含温和的批评甚至讽刺。胜利意味着战胜逆境，也可能是一种自豪感，这是斯托姆和斯托姆的看法。

动力学特征

近年来，心理学家对积极情绪状态对能力表现和亲社会行为的影响产生了兴趣。这种兴趣表达了与几十年前心理学家关注的焦虑和其他目标不一致情绪的负面影响相反的观点。幸福也是一种具有社会吸引力的情绪。我们希望和幸福的人在一起，避免和不幸福的人在一起，这些状态似乎有一定传染性。目标一致性情绪，例如幸福，或者它们在挑战评价中复杂的认知—动机—关系结构，似乎会导致慷慨、渴望、扩张和自由支配自身资源的结果。这些与伤害—丧失和威胁相关的压抑和防御以及它们所产生的目标不一致情绪形成了鲜明的对比。

病理性特征

幸福有病理性的吗？精神分析学家格林森在讨论热情时暗示了这一点，他将热情视为一种与心境相关的特质。热情给人一种充满激情、兴高采烈的直观印象，其特点是兴致勃勃，不像极乐那样安静或被动，而是主动和热闹的。当热情几乎连续不断，尤其具有强迫性时——也就是说，似乎是从内部推动而不是对环境的选择性反应——人们可能就会说这是病理性的。躁狂和微笑型抑郁症就是例子。

格林森将强迫性热情视为服务自我的一种退行，一种前意识或无意识的防御机制，以对抗导致悲伤和抑郁的认知结构。它的起源被假定为生命早期过度满足的历史，后来经历意想不到的严重剥夺。我不太看好这个假设；在我看来，如果早年生活条件是负面的，包括被拒绝，那么对积极思维的防御性运用和表现热情都是合情合理的，特别是考虑到社会的总体导向是支持开朗乐观而不是阴郁的人。

我在前面提到过，目前关于抑郁症的一些研究有一个看似自相矛盾的现象，抑郁症患者对现实的判断可能与非抑郁症患者一样好，甚至更好，这意味着拥有积极的幻想会更有积极意义，正如作家和剧作家（如尤金·奥尼尔和亨利克·易卜生）长期以来所建议的那样。西方工业世界的心理学家倾向于采用他们文化中特有的清教徒式观点，即我们必须以某种方式为自我欺骗付出代价，直面痛苦的现实和不快乐总比自欺欺人要好。个人和社会依赖积极幻想的倾向是否以及在多大程度上造成了适应性代价，尚未经过严格的实证检验。

无论如何，掩饰沉闷的态度和情绪，装出一副快乐的样子，这种病态似乎与否认痛苦、强迫性地声称自己快乐或平静的反应所涉及的对现实的扭曲非常相似。这大概不是真正的幸福，只是看起来像而已。真实的幸福和假装的幸福是否容易区分，是否会产生不同的适应后果，还有待证明。

我应该提醒读者们，要评价什么是病态或健康存在很多困难，这在第二章有关抑郁症的部分已经讨论过。就幸福而言，问题在于，当个体表现热情其实是将其作为一种应对策略，或强迫性地称其为幸福时，是否有坚实依据判断该模式是健康还是病态。我认为，要将其定性为病态，我们必须证明会继发某种特定的功能障碍。例如，当他人不在身边时，过度热情的人可能会溜回自己的私人世界并感到痛苦。又或者，社会否认阻碍了这些人正视潜在的抑郁过程，并获得可能帮助他们解决问题的治疗性领悟。

自豪

谢弗等人将自豪归入幸福的情绪家族，反映出二者常常被相提并论，比如“他（她）是我的骄傲和幸福”（见表7.2）。斯托姆和斯托姆的分析也把自豪归类为没有“人际参照”的积极情绪，鉴于自豪的高度社会性，这一归类令人惊讶。在他们的清单中，自豪与成功、胜利、有成就、特别、英勇和勇敢归为一类。

从历史上看，正如我所说，自豪有其特殊含义，自休谟以来，哲学家们一直将自豪与幸福感区分开。两者的关键区别在于，与自豪相关的因果事件不仅是积极的、令人振奋的，而且还能确认或提升个人价值。关于自豪的其他讨论，读者可参阅伊森伯格和泰勒。

核心关系主题

自豪的核心关系主题是因为获得重要的物品或成就（可以是我们自己的或我们认同的某人或群体的——例如同胞、家庭成员或社会群体）而引以为豪，从而增强了自我认同感。

评价模式

对自豪的评价成分如表7.2所示。

表7.2　对自豪的评价成分[a]

初级评价成分
1.如果存在目标关联性，那么可能产生任何情绪，包括自豪。
2.如果存在目标一致性，那么只可能产生积极情绪，包括自豪。
3.如果自我卷入类型是提高个人的自尊和社会地位，那么情绪就会缩小为自豪、幸福和轻松。
次级评价成分
4.如果功劳属于自己，那么就会产生自豪。
没有其他相关的次级评价成分。
包括自我卷入类型在内的所有其他评价成分都不是必要的。

[a] 对自豪的充分和必要评价成分是1到4。

与幸福和轻松不同，当我们为积极事件负有责任或获得荣誉并体验到自我提升时，自豪便会产生。需要重申的是，这一评价因素对区分自豪和幸福至关重要。正如泰勒所说：

> 比方说，我可能会因漂亮的房子而感到愉悦，但不会感到自豪。如果我要感到自豪，还需要满足一个最低条件，那就是漂亮的房子在某种程度上是属于我的。

只要一个人自我认同的某些方面因感知到某种价值而得到提升，也就是休谟定义的自豪产生的原因，那么这个人就会做出自豪的反应，而不仅仅是幸福。在休谟的分析中，漂亮的房子是自豪的对象，而非原因。我们为它感到自豪——它是属于我们的，它扩展了我们的身份——才是原因，这才是自豪的真谛。

行动倾向

与幸福的情况一样，自豪的行动倾向也很难明确。我们似乎可以合理地认为，自豪中的表达冲动既包括扩张性，也包括公开指出其来源的冲动——例如，告诉他人、吹嘘、炫耀。正如伊森伯格所说，“自豪是一种‘膨胀’；自豪的人‘昂首阔步’或‘趾高气扬’”。吉尔伯特和沙利文的音乐剧《皮纳弗号军舰》中的船长就唱道：一想到他的角色和他的船，他的胸膛就自豪地膨胀起来，他的几十个堂兄和阿姨们也是如此。自豪的膨胀与躲避羞耻的冲动形成鲜明对比；在感到自豪时，我们达到甚至获得了我们所向往的个人和社会标准，而不是辜负了重要他人的期许。

有时，自豪与谦卑形成对比（当然，不是为了塑造形象而故作谦卑）。然而，谦卑并不等同于羞耻，而是认识到自己的局限性，就像自豪是认识到自己的优点一样。谦卑也是我们（和神职人员）可能向往的，是一种“更高的”情绪或心态。自豪时，我们可能会傲慢并采取相应行动，但我们不会对感到谦卑的事情傲慢，除非是出于自卫。请记住，这些关于自豪、谦卑和羞耻来源的陈述不是关于客观事实，而是关于体验这种情绪的人如何主观评价它。

其他术语

自豪的同义词似乎不多。也许正如斯托姆和斯托姆所建议的那样，胜利是其中之一，尽管它还有其他内涵，在某种程度上改变了其含义。由于一些不明原因，英语中“自豪”这个词承载了这种积极情绪状态的全部独特含义。

动力学特征

自豪的动力学特征与幸福重合，但是自豪中向他人炫耀并不是幸福的重要特征。然而，炫耀可能会造成社交尴尬；自我炫耀可能会让他人感到低人一等，而这与幸福似乎并不那么相关，尽管人们常常羡慕幸福。自豪是一种竞争性情绪，因为它的核心是自我认同及其提升，正如愤怒是为了保护这种认同。虽然自豪通常具有积极的社交含义，但必须在“过分”自豪与不承认自豪之间谨慎行事，因为前者可能会遭到他人敌视，后者可能被解读为通过低调来虚伪地表达高人一等的愿望。

分析公众对娱乐界富豪和名人的反应以及他们为防止失去公众好感而采取的策

略，是对傲慢自负的社会危险的有趣实证。公众容易对名人的财富和名声感到矛盾，既羡慕又嫉妒。羡慕者可能会编制自我服务的神话来处理这种情绪——例如，名人是不快乐和孤独的人物，应该被同情而不是被羡慕。反过来，名人常常表现得非常谦虚，甚至强调并夸大自己的不幸，以及孩子生病、婚姻失败或为成功付出沉重代价的悲惨遭遇。记者在采访名人时，会表现出一种奇特的正面评价和故意贬损的混合。一些名人把这种混合看作缓解公众矛盾反应中固有问题的一种有效方式。

“骄兵必败”传达了对自豪的负面看法，既有道德寓意，也有警示意义。言外之意，不要以损人为代价自夸；谦虚，作为自豪的反义词，在某些文化中是非常受尊重的价值观。比如在日本，如果有人夸赞你的孩子或配偶，你会在某种程度上淡化他们的优点，仿佛在说，“我的妻子或孩子并没有那么出色”，以此否认自己的自豪。与此相反，在美国，人们会高兴地接受赞美，为爱人的美德感到自豪，当然也不能过分。因此，“过分”的自豪在不同的文化中似乎有不同的定义。

病理性特征

当为了捍卫脆弱的自我认同时，自豪所表达的与真正的谦逊大相径庭，而是对自己作为一个人的价值的潜在怀疑。如果我们没有什么值得自豪，我们可能会认同某个有声望的群体，无论是宗教、体育、政治、种族还是民族。通过这种认同来抬高自己、排斥甚至诋毁其他群体，这也被称为种族中心主义，它是偏见的一个主要因素。

在另一种意义上，自豪可能带有病理性色彩——有时被称为“倔强的骄傲”。它可能源于克服关于自己的消极情绪的冲动。争吵之后，许多人的自豪受到伤害，往往很难或不可能原谅对方并和解。即使这样做会弄巧成拙，“自豪”的人还是会固执地坚持自己的愤怒，或者希望对方先让步而不是各退一步。对于这种行为，我们有一个讽刺性的表达——“搬起石头砸自己的脚”。

爱/喜爱

“爱”与“喜爱”这两个词中间有一条斜线，意味着我将“爱”和“喜爱”作为替代词来表达大致相同的情绪状态。下文我将只用“爱”这个术语了。人们很容易将爱视为一种问题情绪。虽然外行通常将其视为原型情绪，但它包含不止一种，而是多种状态，其中尤为重要的两种是伴侣之爱和浪漫之爱。一个问题是，浪漫爱情与各种文化价值观息息相关，而且不同时代对它的看法也有很大不同。另一个问题是，当浪漫爱情涉及性时，它就同时包含了与繁殖有关的生理驱力以及其他情绪的功能。大多数情绪并不那么明显地依赖于某个特定的目标或需求。无论如何，我认为爱确实涉及一种明确的情绪状态，尽管我们需要尽可能清楚地了解这种状态是什么。

爱通常意味着一种社会关系而不是一种情绪过程或状态，这种关系在某些时候可能包含爱的情绪，而在其他时候则没有，也可能包含愤怒、内疚、羞耻和嫉妒等情绪。没有比这更好的情绪术语，在日常和专业使用中都既可能是一种特质，也可能是一种状态。例如，当我们说两个人是恋人时，我们指的是一种稳定的社会关系，在这种关系中，人们可能会在适当条件下产生爱的感觉，但这种感觉不一定是恒定不变的。如果我们问这些人是否爱他们的恋人，他们当然会回答"是的"，但他们表达的是一种感情，而不是一种情绪；如果我们要问他们是否在任何特定时刻都能感受到爱，他们很可能会说"否"。大多数关于爱和吸引力的社会心理学分析指的是一种社会关系，而不是情绪。

然而，当爱意味着一种情绪时，它是一个过程或一种瞬时状态，是一种来去匆匆的反应——尽管在爱情关系中，人们认为爱的感觉至少会偶尔，也许会经常反复出现，这取决于关系的阶段和质量。如果有人认为爱是复杂的，并据此来定义关系，那么这种判断在任何一个特定的时刻都可能是错误的，即使它在总体上是准确的——也就是说，作为一种感情，伴侣的感觉可能包括愤怒和内疚，而不是爱，尤其是在分手的初期。在一段真正的爱情关系中，有时——尽管诗人倾向于将其理想化——会有希望、激情、愤怒、冷漠、无聊、内疚、痛苦甚至是爱，这取决于与伴侣时时刻刻、日复一日的互动模式。一段关系也可能随着时间的推移从浪漫之爱转变为伴侣之爱，反之亦然。

正如前文所述，爱有不同类别，有不同情感色彩。其中一种是喜欢之爱，斯滕伯格将其描述为对另一个人的亲近、联结和温暖，但没有激情或重大承诺。另一种是浪漫之爱，其中有对伴侣的理想化和强烈的性吸引力，虽然后者不是必要条件，但也许有一定程度的承诺。伴侣之爱又是一种，根据斯滕伯格的分析，它包含亲密和承诺，但没有性激情，不过弗洛伊德主义者会说这种爱已经“无性化”了。也许，这就像我们对子女、父母和亲密朋友的爱。虽然这几种爱并没有穷尽所有可能性，但它们却是最容易区分和最常见的。由于每一种爱的心理条件各不相同，因此也可以提出一个问题，就像几乎所有的情绪一样，它们应被归入同一情绪家族还是分开处理。

斯滕伯格对爱情理论进行了回顾并提出了自己的分析，试图将各种不同理论和观点整合到一个单一、完整的体系中。他提出了爱的3个成分——亲密、激情和承诺——他将这三部分比喻为三角形的3个角，其相对权重和组合模式定义了8种不同的爱情现象。然而，在我看来，他的分析未能将作为社会关系中的爱与作为情绪的爱区分开来——也就是说，作为不断变化的关系主题或意义，爱可能在某一刻潜藏心底，而在另一刻被积极唤起。

斯滕伯格的体系中有7种关系类型，其中包括无爱，指人与人之间随意的互动；喜欢之爱，指在没有激情和承诺的情况下产生了亲密；迷恋之爱，指“一见钟情”，包括在没有亲密和承诺情况下的性激情；空洞之爱，产生于一个人爱另一个人的承诺，但没有亲密和激情，就像一段长期存在但已失去相互参与和吸引力的、停滞的关系；浪漫之爱，包括亲密和激情的结合，但没有承诺；糊涂之爱，是激情和承诺的结合，但没有亲密；完美爱情，在激情和亲密的基础上增加了承诺。斯滕伯格认为，在完美爱情中，三角关系中的3个角是完整的——亲密、激情和承诺，但不同情况对每个部分的相对重视程度会有所不同。例如，有时承诺强而激情弱，有时激情强而承诺弱。

把爱当作情绪而不是一种社会关系对待时，我们还必须意识到关系中的一方可能以某种方式体验这种情绪，而另一方则可能以不同方式体验或根本体验不到这种情绪。如果不同类型或模式的爱构成了可分辨的实体，把爱当作情绪的认知—动机—关系理论就必须明确任何一种个人情绪都有的核心关系主题、评价成分和行动倾向。

在沿用斯滕伯格的类型学并对之稍作更改以避免旧有含义和混淆的情况下，我们可以很容易地以最常见的两种爱——浪漫之爱和伴侣之爱——为例来说明问题。

读者必须牢记，尽管基本的社会关系和整体承诺可以被看作是持续的，如朋友、恋人、父母和子女之间的稳定关系，但在下面的评价分析中，我所谈论的爱不是一种社会关系，而是一种与关系相关的情绪状态。

核心关系主题

爱的核心关系主题是欲望或情感投入，通常但不一定得到回应。在浪漫之爱中，包括在某个特定时刻以高度积极的方式看待伴侣，可能但不一定伴随欲望或激情，以及寻求和渴望已经获得过的性亲密。关于性在浪漫之爱中的作用，在我看来，无须争论爱与性的区别以及二者能否或是否应当分开。

然而需要注意的是，情欲可能是不断变化的，独立于其他积极情绪和情感。也可能还有一种爱情没有性欲和性满足，如英国小说中描写骑士和妙龄少女之间的无性浪漫。这种理想的爱情在朗斯洛特和亚瑟王的王后格温娜维尔的故事中被贬低，他们的婚外情导致虚构的圆桌会议和亚瑟的乌托邦王国破裂。流行音乐剧《亚瑟王宫》就是在讲这些爱情故事。另一个文学例子是《堂吉诃德》，他的爱人杜尔西内娅的名字被翻译成“梦”。我想，我们都明白，婚姻中关于爱情配对的概念是18世纪末的发明。

肯尼斯·克拉克认为浪漫是罗马式的发明。关于这一点，他有趣地认为：

> 但是，哥特式骑士浪漫故事，从13世纪的克雷蒂安·德·特鲁瓦到15世纪的马洛里，包括其寓言和化身，无尽的旅行和通宵的守夜，咒语和神秘，都以宫廷爱情为线索，是中世纪思想特有的产物……两百年来，《玫瑰传奇》和《波爱修斯》是欧洲人阅读特别多的书。我不知道今天还有多少人真正读过，为了获得学位除外。当然，这些爱情小说对19世纪文学的影响是决定性的，无论是作为资源宝库还是逃避现实的方式，尤其是在英国：《圣艾格尼丝之夜》《冷酷的妖女》《国王的叙事诗》，更不用说19世纪末至关重要的杰作，瓦格纳的《特里斯坦与伊索尔德》了。我们可能不会阅读哥特式浪漫主义作品，但它们仍然在我们的想象生活中发挥着重要作用。

如果浪漫之爱转向了斯滕伯格说的“完美爱情”，当事人会承诺维持这段关系并为所爱之人的幸福负责。然而，以这种方式来定义，意味着接受我们的文化价值观，而历史上不同的社会对浪漫承诺的态度是不同的。承诺与作为情绪的爱几乎毫不相关。相反，它是对稳定的宣言，正如结婚生子的决定一样，这被视为有助于维护社会和促进养育子女。在一些社会中，结婚是一种经济和社会决定，而不是情感决定。在某种意义上，承诺的意图是为了忽视不可避免会出现没有爱的情感体验的时期或时刻，无论情感如何变化都坚持这段关系，尽管如果爱从未存在或关系不令人满意甚至令人痛苦时，承诺可能就会松动甚至永久解除。

如果一个人希望从他人那里得到爱，不断渴望或想念心爱的人，这种情感状态通常被称为“单相思”，比只在某些场合或对方在场时才产生的情感占据了更多心理时间和空间。许多关系或婚姻的失望来自不切实际的浪漫主义观念，认为爱是一种持续的心境，一种彼此永不停止的相互崇拜。爱与被爱是痛苦与狂喜交织的，诗人常常从这两个极端来描写它——要么岁月静好，要么愤世嫉俗。对一些人来说，爱是人类唯一值得培养的价值；对另一些人来说，爱是人类愚蠢的表现或为社会所接受的一种精神病态。在我们的文化中，我们很少对爱持中立态度，因为它在我们的价值观、神话、文学和戏剧中都扮演着重要角色。无论是高雅文化还是低俗文化，都充满了爱情及其变化无常的主题。

伴侣之爱的核心关系主题也是亲密和爱的感觉、相互接触的愉悦以及对伴侣福祉的承诺。然而，与浪漫之爱相比，伴侣之爱缺乏性欲激情。在亲子关系中，这种承诺可能非常强烈且相对单方面；也就是说，与普通的伴侣关系相比，较少依赖彼此的努力。乱伦的情况虽然并不少见，但在亲子关系中，针对亲子间的肉体激情存在社会禁忌，通常使这种体验保持在伴侣层面，至少在表面上是如此。弗洛伊德主义者的观点与此不同——他们认为伴侣之爱中缺乏性欲是乱伦禁忌所操控的防御性过程的结果——伴侣之爱避开了浪漫之爱中常见的爱欲特征。

评价模式

对爱（包括浪漫之爱和伴侣之爱）的评价成分如表7.3所示。

我认为爱中有很多自我卷入，包括希望自我身份的任何或所有方面得到肯定。

不过，这一点还有待商榷，虽然有时存在所谓的“无私的爱”，但我有点怀疑它是否存在相当程度的防御性。如果自我卷入类型也是对相互尊重的渴望，这是对我们自我身份的肯定，无论是否有性激情，整个模式的可能情绪都会缩小到爱。浪漫之爱和伴侣之爱的区别只在于其中的性欲成分。

表7.3　对爱的评价成分[a,b]

初级评价成分
1.如果存在目标关联性，那么可能产生任何情绪，包括爱。
2.如果存在目标一致性，那么只可能产生积极情绪，包括爱。
3.如果自我卷入类型是对相互欣赏的渴望，这是对我们自我身份的肯定，那么可能的情绪就仅限于爱（或至少是喜欢）；如果再加上性兴趣或激情，那么就是浪漫之爱而不是伴侣之爱。
除了未来预期外，不涉及任何次级评价成分，如果未来预期积极，则有利于爱，但如果消极（即对方没有回应），则会阻碍或破坏爱。

[a] 爱的充分和必要评价成分是1、2和3。
[b] 对伴侣之爱和浪漫之爱的评价相同，但性激情的作用除外，尽管在浪漫之爱中可能因为某种原因而缺失，这一点在文中已经讨论过。

如表7.3所示，与爱有关的唯一次级评价成分是未来预期，积极的未来预期有利于爱，而消极的未来预期——当伴侣不回应时——爱会在失望和不稳定的关系中消融。心理健康的人依恋会逐渐减少并决定通过尝试恢复爱或者放弃爱来应对这种丧失（一种悲伤）。无需其他评价成分区分爱和其他积极情绪。

显而易见的是，在伴侣之爱中，除了身体上的激情外，人们对所爱之人的期望是心理上的亲密感、安全感和对彼此的信心，这与浪漫之爱渴望的是一样的。父母也渴望相互关系，尽管他们对孩子的承诺可能更能抵抗失望；如果缺乏，他们会不开心，但不一定会收回承诺。心理健康的人对爱的承诺仅限于能证明恋爱双方彼此互惠的关系，并在关系中满足自己的需求，尽管这些往往并不清楚。

行动倾向

浪漫之爱的行动倾向是有一种强烈的冲动去接近、触摸对方，与对方互动以获得彼此的性满足，无论是同性恋还是异性恋，都会利用男性和女性特有的性心理特征，并依赖对方的温暖、温柔、兴趣和关心。当然，对方的吸引力具有高度文化差异和个性化。伴侣之爱中的社会和个人亲密关系方面也是如此，尽管这种爱是公开的非性之爱或至少是去性化的，它仍然依赖身体和心理上的温暖、温柔、兴趣和对对方关心的表达，而且可能也存在被抑制或压抑的性欲。

对亲密、承诺和互惠的渴望似乎是人类生物学的一个特征，并在一生的社会经验中得到强化，无论这种倾向是否像弗洛伊德所说的那样具有性升华的基础。这些表达爱意的方式向爱人传达了他或她在这段关系中是被重视和安全的。亲密关系似乎是大多数人社会支持的重要来源，它的缺失增加了孤独和寂寞对幸福和健康的破坏性影响。

其他术语

西方文化中有关爱的词汇很丰富，这在意料之中。谢弗等人的列表里，爱通常包括崇拜、激情或渴望、爱慕、喜爱、喜欢、吸引、关怀、温柔、同情和多愁善感等词汇。加上斯托姆和斯托姆提出的词汇，还要纳入情欲、欲望、兴奋、激情、感性、性感、诱惑、吸引、奉献、崇敬、安慰、关心和关切等。其中有些词更适用于喜欢或伴侣之爱的范畴，而另一些则更适用于浪漫之爱。还有一些词，如奉献和崇敬，经常出现在宗教情绪中，并具有强烈的文化色彩。

动力学特征

无论是伴侣之爱还是浪漫之爱，爱的表现形式都是社交中最有价值的，同时也是最令人困扰和讨厌的，如果得不到想要的回应的话。示爱会让接受者自我肯定并感到安心，也可能带来一个微妙的问题，即当对方不想要时如何回应。对于主动示爱的人来说，被拒绝的可能性或现实可能是主要的威胁，这可能产生焦虑和愤怒或导致无法主动示爱。当然，所有这一切都深受文化观念的影响，这里所描述的主要是美国人（或许也包括欧洲）对性的理解，尽管如赖斯所指出的，美国人作为整体对性有着特殊的烦恼。

在求爱初期，两种类型的爱中，积极的回应和对真诚、互惠关系的信心能够鼓励并增强发展心理亲密的过程，强化正在发展的情感；缺乏积极的回应则会令人苦恼和气馁，尽管有一种神秘感，这在男性中更常见，也为一些女性所共有。对于一些人来说，尽管遭到拒绝，但仍会继续努力与对方交往。在健康的充满爱意的恋爱关系中，求爱过程通常是循序渐进的，并依赖于互惠的证据；而在出现问题的恋爱关系中，某一方可能会在没有互惠证据的情况下过快或过慢地走向亲密和承诺，也许会使这个人陷入不可能实现的单方面关系中。失去爱情，尤其是在长期恋爱关系中，会引发接近死亡的悲伤。

病理性特征

以病理学为中心的爱情理论强调，某种基于不安全感或个人缺陷的强大而深刻的需求是无法放弃的单向依恋的核心。萨默塞特·毛姆的小说《人性的枷锁》就描写了这种病理状态：一个缺乏安全感、患有足癣的男人成了一个肤浅、轻率的女人的情感奴隶，女人没有回应他的感受，她的貌不惊人更凸显这种束缚。

弗洛伊德认为，爱的力量和强度来自对童年关系的重新唤醒和探索。伯格曼遵循这一思路，将爱视为儿童与父母之间共生关系的恢复，是两个独立个体的融合，每个个体都有自己的自我和自恋。他推断，当亲子关系有问题时，个体似乎会与后来的伴侣建立类似的病态关系，倾向于寻求支配、距离、依赖或矛盾的关系。这类人在关系中仍然是孩子气的，可能无法去爱，或者不相信自己是可爱的。将此与认知—动机—关系理论联系起来，从精神分析立场得出的结论是，与爱情有关的人际目标和评价可能在无意识中受到早期关系的影响。

轻松

我认为轻松可以被视为一种真正的情绪，而且是一种目标一致或积极情绪，但对它的研究很少，也很少有人注意到它。因此，我只对它给予最低限度的关注，只考虑它的核心关系主题、评价模式和行动倾向。

核心关系主题

作为一种情绪，轻松是独特的，因为它取决于正在展开的事件以及人与环境关系的改变，而不是一个特定关系困境。轻松的产生，首先必须有目标不一致的遭遇，然后状况得到改善，情绪困扰得以缓解或消除。简而言之，在轻松中，令人困扰的目标不一致的状况已经好转或消失。因此，可以说轻松是一种目标一致或积极情绪，但它总是始于目标不一致或消极情绪。

评价模式

对轻松的评价成分如表7.4所示。

表7.4　对轻松的评价成分[a]

初级评价成分
1.如果存在目标关联性，那么可能产生任何情绪，包括轻松。
2. 如果目标不一致，那么仅可能产生消极情绪；只有当不一致减少或向一致转变时，才会产生轻松。
包括次级评价成分在内的其他评价成分都不是必要的。

[a] 轻松的充分和必要评价成分是1和2。

轻松在各种情绪中的独特之处在于，只有在目标不一致被消除或缓解后，它才会出现，从而使情绪困扰消退。如果缓解了，那么与目标不一致相关的任何其他消极情绪（无论是愤怒、焦虑、内疚、羞耻、悲伤、羡慕、嫉妒还是厌恶）都会消除。我们通常会体验到所谓的“如释重负”，因为一些可怕的伤害、损失或威胁消失了，或者希望的事情实现了，这是一个从目标不一致到目标一致的过程。

描述轻松的特征并将其与其他情绪区分开来不需要其他的评价成分，这使得轻松在认知上成为最简单的情绪。例如，自我卷入是不相关的，指责和应对潜能也是不相关的；在某些情况下，可能会涉及未来预期，尽管它们通常并不重要。例如，如果一个人预期负面关系很快就会恢复，那他就很难感到轻松。

行动倾向

努力识别轻松的行动倾向所面临的问题之一是，任何行动都没有实际意义，因为需要行动的条件已不再相关。只要准备行动的理由消失了，肌肉就会从紧张转向放松。这让人从平常的烦恼中解脱出来。人明显地松了一口气，不是因为沮丧，而是因为停止了警惕，人们看到的是一种压力释放或全身解除紧张和警惕的状态。另一方面，我认为将其称为行动倾向也是恰当的，正如缺乏行动等同于悲伤，它没有改善状况，因为被人们视为无用，正如在没有目标不一致的积极情绪中也可能存在行动倾向。

轻松是一种情绪吗？如果我们将其视为一种情绪，那么，它是除了悲伤之外最肯定的情绪代表，在这种情绪中，唤醒度不增反降。轻松只有两个评价成分——目标关联性和目标不一致的停止——无论其依据是什么，这都有助于使轻松有别于所有其他情绪。

有争议的情绪

这里，我指的是3个与情绪相关、经常被他人视为情绪并对我们的情绪生活非常重要的概念——希望、怜悯和审美情绪。然而，每种情绪都有特别的理由使其作为情绪的地位不太确定，这也是为何我称它们为有争议的情绪。理由之一是，希望和怜悯从表面上看似乎是目标一致或积极情绪，但仔细观察，好像又源于不一致；另外，审美情绪同时包括积极和消极的特点。我将逐一阐述不确定的原因。

我还考虑过将宁静看作一种情绪的可能性，有点像但又不完全类似于轻松。它当然是一种重要而有吸引力的心态。与轻松一样，它也是一种解脱——也是一种休息——它意味着一切都很好，我们现在不需要做任何事情。然而，在此基础上，我们可以把它看作一种对抗情绪，因为如果假设某人通常处于某种亢奋状态，那么宁静可能就是一种解药。无论如何，虽然我的决定可能会受到质疑，但我最终还是决定不把“宁静”当作一种情绪。

希望

与其他情绪相比，关于希望以及我认为与之相关的渴望的文章要少得多。我不知道为什么会这样，尤其是希望作为绝望的解药在人们的心理资本中非常重要。有关这方面的其他讨论，读者可以参阅布雷兹尼茨、斯托兰和最近的艾弗里尔、卡特琳和京姆的资料。希望通常不被当作一种情绪，尽管我认为它应该是。

检验一种状态是否应被视为情绪的第一个标准是，我们能否为其构建一个核心关系主题和评价模式。第二个标准是，我们能否明确一种行动倾向。第三个标准是，我们能否识别生理变化。就希望而言，核心关系主题和评价模式都没有问题，但在行动倾向和生理变化方面却存在着相当大的不确定性，这在某些情绪中也是非常普遍的情况。

核心关系主题

我认为希望的核心关系主题是渴望改善可怕的结果。另一种更形象的说法是害怕最坏的结果但渴望更好的结果。在与他人讨论时，我发现有些人认为希望不应局限于消极或有威胁的情况，它也适用于任何渴望得到某些东西但前景不明朗的情况。也许是这样，我在讨论评价成分时也反映了这一特点。然而，在我看来，希望通常不是一种积极的心理状态，而是盼望或渴望从消极的处境中解脱出来，或是在机会较小的情况下渴望实现积极的结果。

我们认为希望是积极的，有两个原因：一是，与缺乏希望或绝望相比，希望无疑更积极。二是，它的社会后果往往是积极的，如可以维持建设性的努力、减轻情绪困扰和功能失调。在我认识的作家里，没有一位认为希望有消极后果，尽管他们也承认希望不是乐观主义，后者的风险更大。然而，希望的产生过程可能会阻止我们放弃所希望的东西，并在做出承诺后当损失不可避免时不会去止损。如果其他承诺依然可行，希望的能力可能会阻止人们接受现状，并继续追求其他承诺。稍后我将谈到希望与绝望的区别。

我们来举例具体说明积极与消极的混淆：当出现疾病症状时，虽然焦虑，但希望自己病得不重；当面临重要考试时，虽然担心结果不理想，但希望自己不会失败；当看到自己在重要比赛中体力不支时，虽然会焦虑，但希望自己能坚持到最后。我们用希望驱散消极的情绪倾向。

希望是积极还是消极，取决于我们关注问题的哪一面。请记住，在第一章，我们根据反应是否与目标一致而不是反应的感受基调来定义。希望通常（我敢说总是吗？）源自受到伤害或威胁的处境。当我们相信事情会有积极结果时，我们的感觉类似乐观主义，而不是希望。乐观主义忽略了希望中所包含的渴望和不确定性；乐观主义有双重危险：一是，它让我们对可能出现的现实感到失望；二是，如果基于乐观做出代价高昂的决定导致草率的评估，当事情发生变故时，代价则会很大。

艾弗里尔、卡特琳和京姆提出希望是一种消极情绪的历史观点，我也赞同这一看法。艾弗里尔等人认为：

> 当普罗米修斯从天上盗取火种并将它赐予人类时，宙斯下令塑造一个会给人类带来痛苦的女人。潘多拉被送给了埃皮米修斯（普罗米修斯的兄弟），埃皮米修斯不顾宙斯禁止接受任何神的礼物的警告，娶她为妻。潘多拉带来了一个装有人类所有弊病的盒子。当埃皮米修斯打开盒子时，所有弊病都逃之夭夭，只剩下希望。

潘多拉的故事具有歧义。希望是像其他逃出来的弊病还是留下帮助人类的恩惠？希腊人对希望的态度似乎很矛盾，但总的来说，他们更多将其视为祸害而不是福音。

这些作者还指出，柏拉图把希望说成容易误入歧途，欧里庇得斯称希望为人类的诅咒。

艾弗里尔等人还提供了关于希望的大量问卷数据，报告了4项研究结果，要求学生描述希望的特征，比较希望与愤怒、爱等情绪的差异，考察民间谚语、格言和日常俚语中使用希望的隐喻，最后比较部分国家学生对希望的看法。

他们的结论是，将充满希望的感觉说成单一情绪状态是误导。一个人可能会在失去某些东西的焦虑中充满希望，而另一个人可能会在对不可能发生的事情感到乐观时产生同样的感觉。因此，作者认为希望会随着事件诱发条件的变化而变化，希望感也会随着人们所希望的事物的变化而变化。我想换个说法：希望无法与所希望的东西区分，就像愤怒无法与愤怒的对象割裂开来。

他们认为希望也不同于乐观，这一点我已说过。我们的价值观是，不应该对可能性极小的事件抱有希望，反之，当事件的可能性接近确定时，也不应该抱有希望。这表明希望与所希望事件的可能性之间存在曲线关系。艾弗里尔等人认为，“民间智慧中包含大量警告，反对……空洞和愚蠢的希望”。另一方面，乐观与实现的可能性之间存在线性关系。他们说，希望也是一种强大的社会工具，“是一种‘坚守信念’的命令，即使在理性考量和经验证据可能引起怀疑时，仍保持忠诚，致力于行动，确保道德正义”。在困难时期，激励和支持着人们。

评价模式

有时，我们会用“我满怀希望”来表达这样或那样的好事会以某种方式发生。由于目标不一致而产生的希望，可能还有一个例外，那就是“美好的希望”，它可以传达一种积极而非消极的前景。再想想艾弗里尔等人关于非洲南端好望角的名称变化的论述。好望角这个我们现在所知的名称，是曾经被称为风暴角的委婉说法，因为许多船只在那里被毁，许多水手在那里丧失生命。

我不认为自我卷入与希望相关，除非它是关于维持或增强自我认同或其特定部分的希望。我们也可以说，当我们在逆境中能够怀有希望而不是绝望时，我们的自我就卷入其中了，而这种自我卷入可能会将希望作为一种应对方式。

行动倾向

希望是否适合称之为情绪尚不确定的原因之一是很难假定一种独特的行动倾向。如果我们最终认为行动倾向是情绪的具象体现，因此，要确定希望是真正的情绪就必须有明确的行动倾向及其生理相关性，否则就放弃将希望看作情绪。不幸的是，对积极结果的渴望只不过是我们所谓的处于互动性动机状态之中，并不足以构成行动倾向。我们需要的是一个受到威胁的目标，以及一种在不利环境下仍能实现目标的渴望。

也许接近（朝向而不是远离某种期望结果的想法或形象）是我们在提出希望的

行动倾向时最恰当的做法。从表达姿态的角度来看，我们满怀希望时目光是向上看的，而不是像悲伤那样目光向下看。另一种可能是，希望的关键在于保持警惕、动员和承诺，不放弃期望的结果。

因为我们所要迈向的结果往往是既复杂又弥漫性的——例如，活着而不是死去、保持健康、被接纳、被爱、成功等——在这种情况下，寻找行动倾向似乎有点勉为其难，正如焦虑一样，焦虑是对模棱两可的威胁的反应；不过，与希望一样，焦虑也可以具体化。当然，我们也可以幻想我们所希望的会实现，这可能涉及用行动方案使希望具体化。或许我们应该认同奥尔托尼等人的观点，即使没有明确的行动倾向，希望也可以看作一种情绪。不过，我还不想放弃行动倾向，也不会轻易放弃希望这种真正的情绪。与其他一些有争议的情绪状态一样，希望也可以被视为一种认知（聚焦情绪的）应对过程，而不是情绪，但我对这一解决方案也不完全满意，原因我在第四章和第六章已经讨论过了。

其他术语

尽管布雷兹尼茨和艾弗里尔等人回顾了许多关于希望的隐喻，但我仍然想不出希望的同义词。例如，布雷兹尼茨认为希望可以指一个小的心理飞地，在这个飞地中，尽管其他一切似乎都已经失去或是消极的，但仍有一些积极的东西；例如，绝症晚期，希望的可能性从治愈或缓解和恢复正常生活缩小到有一个美好的、无痛苦的一天或几个小时的安宁。其他的比喻还包括：找到摆脱危险或绝望之路的桥梁；看到生活或处境中积极特征的意图；有能力实现心愿的表现；以及让我们对生活感觉更好的目标本身。

艾弗里尔强调隐含的希望理论反映在格言、民间谚语和俗语中。为了对此进行实证研究，他要求大学生列举与希望有关的俚语，然后对隐喻进行分类。例如，“哪里有生命，哪里就有希望”和“永不言败”这两句耳熟能详的俗语就说明了希望的重要意义。希望是光和热的源泉，“隧道尽头的曙光”和“希望的曙光”说明了这一点。“寄予厚望”、“插上希望的翅膀”和“他的希望被击落”说明了希望作为空间的升华。希望是一种支持形式，如“被希望托起”和“抓住救命稻草”。“抱有希望”和“放弃所有希望”说明了希望是一种实体对象。希望是一个幻想，“希望是梦想的基石”和“希望会蒙蔽你的双眼”说明了这一点。“他的气球破了”和“他被压扁了”说明了希望是一种压力。其他例子还包括“希望的囚徒”和“振作起来”。

动力学特征

很少有研究或理论可以用来理解希望的产生。布雷兹尼茨一直在对以色列士兵进行实验，士兵们需进行很消耗体能的长途行军。在这项研究中，布雷兹尼茨操纵鼓励希望或绝望的条件并考察士兵们在看似濒临崩溃的情况下还能走多远。操纵包括提供关于他们已经走了多远、还需要走多远等虚假信息。当遥不可及的距离似乎无法控制时，放弃的人要比感觉终点触手可及的人多得多，尽管实际上行军的总路程一样。然而，当士兵获得准确信息时，他们表现得最好；大概这使得他们能够现实地决定继续行军还是放弃。

毫无疑问，乐观等人格特征也与希望模式的个体差异有关，但它们尚未在类似的实验条件下加以比较。将希望看作应对机制的产物也是合理的，这种应对机制主要处理那些本来可能被认为是无望的情况，比如一些癌症晚期患者努力关注那些看起来比他们更糟糕的人，或者泰勒和洛贝尔（1989）所说的向下社会比较。还不清楚希望在什么程度或在什么时候被认为与否认相似，因为有时希望可以说是完全虚构的。根据这一观点，斯奈德、哈里斯、安德森、哈罗兰、欧文、西格蒙、吉信步、吉布、兰格尔和哈尼也从性格或特质的角度研究和测量希望，将其定义为相信自己有能力制定适当步骤以实现目标的信念集合。

病理性特征

我所说的希望似乎与埃里克森关于老年人处于整合与绝望的对立观点以及人们在面对生命终结时，可能会在两极之间摇摆不定相一致。在绝望中保持希望的能力可能是一种重要应对资源。这样看来，希望似乎经常是一种自我生成、聚焦情绪的（认知）应对过程，受所面临的环境条件以及人格特征的积极或消极影响。由于当希望变得重要时的风险可能很高，因此在这种认知应对活动中存在着大量“热”，使得作为一种认知应对策略的希望不太可能冷静、超脱。这种想法鼓励我们把希望当作一种情绪和一种应对方式。

正如我前面所指出的，有人认为乐观、希望和积极思维是心理健康的人所特有的幻想，而悲观、绝望和抑郁则是经历过精神痛苦的人所特有的残酷现实主义观点。从这种观点出发，无法抱有希望因而倾向于屈服于绝望，应该是希望的主要病理表现。索卡里德斯讽刺地指出幻灭是一种保持失望的欲望（暗含自我欺骗性防御），这与失落、悲伤、抑郁甚至痛苦有关，似乎也与希望的病理有逻辑联系。如果害怕面对不可避免的"泥足"（致命弱点）而经历灾难性的失望，自我防御的选择要么是坚持幻想以保持希望，要么是屈服于幻灭，尽量降低失望的可能性。

怜悯

尽管最近的研究大多使用"共情"这一情绪概念，但一些作家和我一样，更倾向于使用"怜悯"一词而非"共情"，如布卢姆。在布卢姆看来，怜悯的关键在于对他人痛苦的无私关怀和减轻痛苦的愿望。不过，我还是从"共情"这个概念开始讨论。因为它在情感文学中一直很流行，对社会和发展都很重要。读者很快就会发现，我不认为共情是一种情绪，相反，它应被视为一种情绪能力和一个过程。

同情、共情和悲悯之间有区别吗？当然没有明显的区别。同情通常被定义为对他人的痛苦感到关切，而共情则被认为是在心理上能设身处地地体会他人的感受。在日常用法中，前者似乎比后者更冷淡或疏远。正如布卢姆所言，两者都是站在他人的角度，而不是站在怜悯、同情或共情者的角度。

然而，这三个词在字典中的定义却打破了这种区别。例如，同情经常被定义为与他人有同样的想法和感受，分享他人的情绪或利益，就像我们同情某人或某个团体，或者对他人的情绪（尤其是悲伤）敏感或受其影响。共情被定义为对他人主观状态的想象性投射，或对他人情绪的替代性体验。

悲悯也是一种同义词。它既可以表示对遭受痛苦之人的同情，也可以表示怜悯。然而，它通常含有一种不屑或蔑视的情绪，认为他人应受谴责、低人一等，或对自己的不幸负责。悲悯的另一个含义是对值得或不值得怜悯的人给予怜悯。在悲悯中，人将自己与受苦难的人区分开来，可能存在一定程度的居高临下。

尽管在心理学思想中形成的传统认为悲悯、同情和共情这些词是不同的，但如果我们认真对待这些定义，很难看出真正的区别。词语的使用往往受到文化的巨大影响，仅限于特定的一代人，有时甚至是任意的，而且我还没有看到对常见用法的实证研究，这可能有助于我们厘清所涉及的情绪过程。

霍夫曼指出共情有两种定义：一是作为对他人内部状态的认知觉察，不过后来他使用“共情痛苦”一词，以表明这是一种热觉察而不是冷觉察；二是作为对他人的替代情感反应，强调把自己放在对方的位置上，体验他的情感。虽然共情分析的重点往往放在他人的痛苦或悲剧上，但共情也很容易涉及分享他人的积极情绪以及产生这些情绪的条件。

霍夫曼认为只要一个人认同另一个人的困境，共情者和被共情者之间就会有某种情感上的契合，这就模糊了自我和他人之间的区别。除了替代体验之外，我们还可以谈论一种伪替代体验，即对他人的状态产生情绪反应，因为我们认为自己可能很快就会处于类似的境地，在这种情况下，我们的关注点其实集中在自己而不是他人身上。后一种体验不应被视为共情或同情。

核心关系主题

明确共情的核心关系主题立刻使我们面临一个困境，这促使我谈论怜悯而不是共情。排除伪替代反应的特殊情况，共情的个人利益是什么？假设是利他主义，那么就不应该涉及个人利益。另一方面，如果我们表现出一个体贴之人的自我概念，那么个人利益就是要实现它。如果我们相信“己所不欲，勿施于人”，当他人处于困境时施与援手会增加我们需要时得到对等帮助的可能性——这一观点更接近伪替代反应，通常被称为“开明的利己主义”。

无论如何，根据我在本书中提出的观点，共情（或同情）的核心关系主题必须涉及分享他人的情绪状态，不管是痛苦还是其他。最近，艾森伯格、麦克里和阿姆（1988）对儿童共情/同情的测量表示质疑，研究者没有充分区分痛苦和焦虑反应，依赖自我报告也使共情可能发挥作用的环境里亲社会行为的性质不明晰。

然而——关键的困难是——如果一个人分享另一个人的痛苦，那么就会出现一个悖论，因为对方体验到的情绪可能千变万化，比如悲伤或绝望、幸福、爱、嫉妒、羡慕、内疚、焦虑、愤怒、希望—渴望或这些情绪的混合。因此，共情不是一种特定情绪，而是一种可变的情绪反应，其内容取决于被共情者的经历。

从这个角度看，共情不是一种情绪，而是一种分享他人情绪的能力或倾向以及分享情绪的过程。当然，这是一种非常重要的亲社会能力和过程，它体现了人们设身处地为他人着想的能力。它具有情感性，严格地说，不是一种情绪。在这里，形成情绪困扰的过程是由困扰被觉察的那个人决定的，而不是共情者。

我认为，在与他人的痛苦相关并对其做出反应这一领域中，唯一具有单一核心关系主题的情绪状态就是怜悯。这不是分享他人的情绪状态，而是根据他人的情绪体验而变化，是一种自身的情绪。正因如此，我更喜欢说怜悯，而不是共情、同情或悲悯。

在怜悯中，情绪的产生并不是因为相信他人的感受，而是因为在他人的痛苦中感受到个人痛苦并希望缓解这种痛苦。因此，怜悯的核心关系主题是被他人的痛苦所打动，并想要提供帮助。

评价模式

怜悯的评价成分如表7.5所示。

我不认为自我卷入是怜悯的必要条件，尽管它很可能存在并是其中一个成分。例如，如果我们认为自己因怜悯和帮助受害者的努力而成为更好的人，或这使我们在道德上更高尚，那么怜悯的行为甚至是情绪，会得到强化或发生可能性变大。

我对次级评价成分指责的立场是，只有当我们没有理由指责自己或受害者的困境时，我们的情绪体验才会是清晰而明确的怜悯。换句话说，当我们指责受害者来安慰自己世界是公正的时，我们就与他们距离拉远，或者说将他们非人化了，这就违背了怜悯；甚至“受害者”这个词也暗示了无力防止伤害。

最后，虽然未来预期对怜悯并不重要，但受害者未来表现的感激之情可以为怜悯的表达或行动提供某种积极的强化，对于某些人和某些情况来说，这可能是主要目标。然而，我并不想讨论人们是否会有利他主义，或者利他主义是否可能是一种与生俱来但微弱的人类冲动。

评价成分中隐含的动机，包括目标不一致和自我卷入类型，虽然模糊不清，但也让我们想起了“好奇心趋同”现象。为什么人们会聚集在一起，审视灾难悲剧，

表7.5　对怜悯的评价成分[a]

初级评价成分
1.如果存在目标关联性，无论是因为替代体验能力（见我对审美情绪的讨论）、开明的利己主义、利他主义，还是让我们感到内疚的道德价值观，那么可能产生任何情绪，包括怜悯这一有争议的积极状态。
2.如果在另一个人的困境中存在目标不一致，那么可能产生的情绪就仅限于愤怒、焦虑、内疚、羞耻、厌恶和怜悯。
次级评价成分
4.如果有自我导向的指责，那么内疚的可能性就会增加；如果指责指向受害者，那么愤怒的可能性就会增加；如果没有指责，那么可能会有怜悯，这取决于人的人格特征。
其他次级评价成分都不必要。如果未来预期是怜悯的表达或行为会受到赞赏，那么怜悯就会受青睐。

[a] 怜悯的充分和必要评价成分是1、2和4。

凝视灾难中的人们？通常他们会开车绕过灾区，妨碍灾后重建工作、制造麻烦。我怀疑这种行为是否受怜悯驱使，不能排除这种可能性。对这种行为，更有说服力的解释是，把它看作一种警惕或一种预期应对，我们借此机会思考如果同样的灾难发生在我们身上，可能会发生什么，我们应该如何行动。例如，经常坐飞机的人会详细阅读有关飞机失事的报道，因为我们认识到自己的脆弱性，希望做好准备，知道如果同样的事情发生在我们身上会是什么样子，应该怎么做。

行动倾向

在怜悯中，行动倾向是一种伸出援助之手，缓解他人困境，帮助他人，表达同情，同时保持足够的超脱，避免自己被痛苦淹没的冲动。如果我们在怜悯的同时产生了幸存者内疚，只要它不影响我们帮助受害者的愿望，它就可能支持怜悯，因为我们希望为自己有幸没有成为受害者而付出或补偿。

其他术语

怜悯的同义词很少。悲悯是其中之一，不过正如我所指出的，它还有其他含义。其他术语包括共情—同情和感到抱歉，这两个词都出现在斯托姆和斯托姆提供的列表中，谢弗等人的列表中只有悲悯。只要我们不把共情和其他术语定义为分享他人的感受，这些术语都是可以接受的，这就把反应从单一的、可预测的情绪范畴中删除了。

动力学特征

人们会认为表现出怜悯的人会受到他人的高度评价，尤其是当这些人向那些需要帮助的人提供有效的支持和援助时，但这些人也可能会激发一些内疚或羞耻甚至恼怒，如果他们“好得不像真的”，或是受助者因此而被贬低的话。也有人说，利他主义的服务让他人感觉良好。表露怜悯也可能适得其反，当为了某种目的而表现怜悯时，会被认为不真实。即使是真诚的，如果表现拙劣，只会让受助者感觉更糟。这涉及第十章讨论的一个重要的临床问题，即社会支持的质量，包括如何在不加剧痛苦的情况下提供情感支持。

病理性特征

有些人无法调节自己的怜悯，过度卷入他人的痛苦以至于不仅自己受到严重的困扰，而且可能无法提供有用的帮助。以护士为例，可以很好地说明这一点。为了完成工作，护士必须控制自己在面对生病或垂死的患者和孩子时的痛苦。人们普遍认为，专业人士在不过度卷入客户痛苦的情况下可以提供更好的服务；因此，如果他们能够做到一定程度的超脱，就不太可能出现职业倦怠。

但专业超脱的帮助者很容易让受助者感到他们过于冷漠。职业倦怠的两个最重要的原因是：(1) 由于财政支持或组织不力，社会服务安排无法减轻受助者的痛苦；(2) 受助者和整个社会对这些努力缺乏感激。从他们的角度来看，社会服务专业人员必须经常在缺乏支持的条件下工作，有时甚至要超越职责范围，这就需要付出高昂的情感代价。

还有一个极端是那些没有怜悯之心的人，比如反社会人格，他们天生或后天就没有能力对他人的痛苦产生怜悯之心。这种缺陷的另一种表现是一种责备受害者的自我保护机制，并在这样做的过程中将受害者非人化，使他们不再需要我们的怜悯。这是一种自我保护。

审美情绪

当我们对电影或戏剧、绘画、雕塑、音乐、自然景象或宗教体验产生情绪反应时，就会产生审美情绪。虽然这一现象从未成为心理学的主流，但长期以来一直吸引着少数心理学家和哲学家的兴趣。他们对如何理解这一现象持有不同立场。这些问题过于复杂，在此无法赘述，但它们对于情绪理论非常重要。

有一种哲学传统将审美反应排除在情绪之外。18世纪英国美学家的重要信条是"超然不群"及后来的变体"心理距离"，这两个概念最早由沙夫茨伯里伯爵三世提出。审美被认为排除了任何形式的自私或个人欲望。换句话说，从这一观点出发，审美情绪需要超脱或置身事外的欣赏，欣赏者在其中没有个人利益。然而，如果欣赏不涉及个人利益，就很难将其视为一种情绪过程，而非纯粹的智力审美过程。

阿恩海姆持相反的观点——要想感受到审美情绪，就必须积极地参与到绘画或音乐作品的体验中，而不仅仅是超然地观看。从这一观点出发，审美状态是温暖的、参与性的和有生命的，这与情绪涉及个人意义或利益以及使情绪具体化的行动冲动的观点一致。

克莱因斯的著作中还有另一观点，他认为音乐欣赏是与生俱来的，主要与人的神经生理学有关（类似于感觉运动反射）。西肖尔提供了大量证据证明音乐天赋是遗传的，并为其评估开发了一套测试。克莱因斯似乎已经证明，音乐产生的情绪具有特定和普遍的表达性运动模式，其中愤怒的模式与爱或恐惧的不同，可以用与研究面部表情模式大致相同的方法来研究。

音乐给审美情绪带来了一个特殊的问题，因为人们不太清楚所体验到的情绪是由物理声音和遗传共振产生的，还是由这些声音的条件反射产生的，或者是由所体验到的内容（如歌剧）产生的。因此，当我们被《笑，小丑》（常被译为《悲欢小丑》）这首简短但情感丰富的咏叹调打动时，吸引我们的不仅是震撼人心的音乐和情感丰富的声乐表达，还有极富情感的故事内容。帕里亚奇奥在剧中扮演的是一个妻子不忠的小丑，而他在自己的生活中与一个同事和自己的妻子也遇到了同样的情况。当他唱到不得不以小丑的身份滑稽表演而内心却崩溃的痛苦时，观众对整个场景的反应，不仅包括音乐、手势和声音表达——咏叹调中卡鲁索的声音一度断断续续，增加了情绪——还有故事的内容，即使它只是一部没有音乐的戏剧，故事中的情感内涵我们也能理解。

审美情绪也被认为是条件反射的产物；由于经常与消极和积极的情绪体验联系在一起，某些景象和音乐最终会通过条件反射唤起与之相关的情绪反应。因此，当我们听到过去与恐惧、愤怒或绝望，或与喜悦、轻松或满足相关的音乐作品时，我们会感受到这些情绪，作曲家也会利用这些联想来唤起听众的某种情绪。当然，这些不同的解释并不相互排斥，它们都可能在审美情绪中发挥作用。

戏剧和电影能够使观众产生强烈的情感，这一现象带来了一些有趣的问题。最棘手的问题在于，我们对舞台或银幕上发生在他人身上的事情做出反应时，完全知道自己此刻在剧院或电视屏幕前是安全的，不会受到伤害。这是怎么发生的呢？大概是因为我们所看到的是可信的，也与我们自己的生活经历有关联，虽然我们可能会在观看戏剧时在某种程度上暂时搁置现实，但我们会认同演员的经历，因为这些情节在一定程度上适用于我们自己的生活，曾经或者可能未来会适用于我们的生活。实际上，我们看到的是一个故事，但不仅仅是一个故事；这个故事描绘的是一种个人现实，而我们可能很难置身事外。

例如，在阿瑟·米勒的《推销员之死》中，我们可以是那个悲剧的、自杀的父亲——也许他在某些重要方面像我们自己的父亲——像其中一个儿子，或者像母亲。剧作家创造了一个复杂、可信、有力的故事，许多人都认为这是发生在自己身上的故事。人们认为如果发生的事情和塑造的人物形象几乎没有个人意义，那么我们在观看时就不会有情绪体验，如果观众普遍无动于衷，那么这部剧就失败了。值得注意的是，心理学家对人类通过戏剧和电影代入式体验情绪的这种能力兴趣不大（请参阅1989年，沃尔特斯和弗里达最近的简短的交流）。

美学家们可能夸大了戏剧与现实之间的距离，而忽视了戏剧化的内容与个人真实生活之间的心理联系的事实。另一方面，在戏剧中，我们能够在一个“安全”的环境中探索我们过去、现在或未来对复杂、有害或威胁性遭遇的反应，在这个环境中，可怕的事件发生在舞台上的其他人身上，尽管这对个人也有意义。因此，我们在剧场中的情绪可能会比发生在我们自己身上的戏剧更温和。我们在为这些事件做准备时，也可以想象出自己对这些事件的印象，甚至可以看到它们的现场版本，就像我前面提到的好奇心趋同现象。在我看来，这些极其有趣的问题并没有得到科学家们的重视，但它们对我们的生活却有巨大的理论和实践意义。

从认知—动机—关系理论的角度来看，审美情绪的关键问题在于，它们不是一种情绪——如愤怒、焦虑、喜悦、敬畏或惊奇——而可能是任何一种情绪，其本质取决于赋予审美体验的个人意义。这就是我使用复数术语审美情绪的原因。这与我之前在共情中指出的问题一样；共情不涉及特定情绪，其结果是共情观察者与他人分享的任何一种情绪。除了我们已经探讨过的传统情绪的成因和产生过程之外，审美情绪中并不隐含任何新的或特殊的情绪。因此，审美情绪没有标准或规范的核心关系主题，因为这种主题取决于所产生的特定情绪。同样，也没有一套统一的评价成分或行动倾向，因为产生的情绪是多种多样的。

然而，正如在戏剧中，我们被所描绘的事件的视觉或声音所传达的个人意义所感动。在具象画中，例如，情绪可能来自人类悲剧、喜剧或宗教经验等普遍主题。我们为画中的人们在战斗中被屠杀或所有人都能理解和恐惧的痛苦体验所打动，正如戈雅的名画《五月三日》，艺术家描绘了拿破仑战争期间的一次处决。克拉克这样认为：

> 从未有哪次处决场面能如此赤裸裸地揭示这一极端时刻。这里所描述的是一名身穿白衬衫的受害者被一队没有面孔的行刑队击毙时，他伸出双臂、呆望前方的绝望而又英勇的姿态……他的死是荒谬的，他自己也知道这一点。

如果我们真正用心、投入地欣赏这幅画，我们体验到的情绪可能是焦虑、愤怒或绝望等，这取决于所欣赏内容的个人意义——如果有的话。我们焦虑是因为我们意识到自己也可能面临暴力侵害；我们愤怒是因为不公正；我们绝望是因为这幅画反映了人类漫长历史中无意义的野蛮行径——所有这3种情绪都具有深刻的生存意义，我们多少都感觉到了。我们想知道戈雅创作这幅画的动机是什么，并猜想那一定是巨大的愤怒，或许还有绝望。我们也惊叹于艺术家的想象力和精湛技艺。

我想提出一个有修辞色彩又令人深思的问题：为什么我们会对广阔海面上的船只、夕阳、飞翔的鸟儿或中世纪伟大的宗教绘画作品产生情绪而感到惊讶呢？它们的艺术魅力向欣赏者传达了一种神秘感、孤独感、宁静感、归属感或精神秩序感。宗教绘画或音乐的力量让我们中的一些人对不朽或上帝的存在感到安心。那么，科学家因发现自然规律的新原理而感到敬畏、惊奇或喜悦时，我们为什么会感到惊讶呢？想象一下人们的反应，例如，第一次在显微镜下观察到微生物在一勺水中游动，或者望远镜所显示的似乎无穷无尽的恒星，这放大了人眼的力量，远远超出了迄今为止所看到的任何东西。

我们也难以描述敬畏、惊奇和信仰—信任等状态，因为它们可以用于多种意义。例如，早前我将敬畏与恐惧—焦虑归为一类，因为它通常包含这些情绪特质。然而，有些人觉得宇宙的视觉特征或生物的非凡功能令人敬畏而不恐惧。对于这种状态，“惊奇”可能是一个更好的词，它似乎也很容易与信仰—信任相结合。当然，人们可以在爱的关系中体验到信仰和信任，或者在更加世俗的意义上体验到对物理和生物世界中的普遍秩序的信仰、信任和惊奇。

第二种可能的机制是，原型符号承载着所有人或部分人所共有的无意识或几乎感觉不到的意义，它们是在不太具体的、非具象的绘画、音乐等作品中创造出来的，这种机制更为短暂。符号的作用可能具有无意识意义，也触及人类心灵中鲜为人知的东西——原始的、也许是无意识的符号和思想，卡尔·荣格的一些著作和神秘主义者的探索都说明了这一点。这些符号所传达的意义可能是共享的，也可能是高度个性化的。要理解这些符号所表达的情绪，我们需要更多地了解人类心灵更深层次的、相对难以触及的方面。

我必须得出的结论是，审美情绪不需要任何特殊概念，这些概念在关于一般情绪特别是个体情绪的认知—动机—关系的表述中是找不到的，除了那些与使我们替代地认同所描绘的事物的原则有关的概念。这也许就是审美情绪一直不属于心理学研究范畴的原因之一，而且从某种意义上说，在那些愿意研究审美情绪的哲学家和心理学家眼中，审美情绪是自成一体的。

主要的谜团是我们如何以及在什么条件下能够被绘画、音乐、戏剧、文学、宗教或精神思想和体验唤起情绪。我相信，没有特殊问题不是一般情绪过程所固有的，如果我们理解了这一过程，我们也就理解了审美情绪。音乐可能涉及更多的心理生理学意义上的东西，除此之外，我们都是在对生活中情绪现实的描绘做出情绪反应。所描绘的东西越是贴近现实，我们在生活中卷入或挣扎得越多，我们就越像在现实生活中所做出的那样。

这也许就是为什么在人类历史上，戏剧、艺术和音乐始终扮演着如此重要的角色。我们谈论的不是奇怪或深奥的东西，而是生活本身的心理表征和参与。

总结

在这一章中，我将一般的认知—动机—关系理论应用于每一个主要目标一致或积极情绪——幸福/快乐、自豪、爱/喜爱、轻松——以及我称之为有争议的一组边缘情绪——希望、怜悯（作为共情的替代）以及审美情绪。

与第六章一样，每种情绪都遵循相同的框架，情绪概述、核心关系主题、评价模式、行动倾向、其他术语、动力学特征和病理性特征。评价模式以决策树的形式呈现，遵循“如果—那么”的分析推理，从是否会有情绪、情绪是积极还是消极最一般的决策开始，然后逐步缩小范围，直到得出将该情绪与其他情绪区分开来的必要且充分的评价成分。表格总结了每种情绪的评价模式。

第四部分

情绪发展

情绪发展这一主题既在系统层面发生，也在个体层面发生。不论是系统层面还是个体层面，关注的重心都是个体、亚群体或其他物种终身情绪过程的变化。系统发生指向跨物种的情绪过程进化；相对地，个体发生指典型个体或某物种的一个亚群体在其一生中情绪过程的发展和变化。

发展视角的独特之处在于，与所有其他研究心理问题的方法不同，它关注从出生到死亡这一进程中所有的重要构成，比如智力或情感。巴尔茨认为：

> 发展心理学涉及对人在生命历程中——自受精卵到死亡——行为恒常性和变化性的研究（个体发生的角度）。我们的目标是获得关于毕身发展的一般规律知识，了解在发展过程中个体间的差异性和相似性，以及个体发展可塑、可变性的程度和条件。

巴尔茨提出了一套实用的理论命题，它包含生物学和社会文化因素，体现出毕身发展心理学的特点。尽管巴尔茨专注于智力研究，但这些命题对情绪研究同样适用。它们被总结在表8.0中。

研究者们对情绪发展的兴趣随对情绪本身兴趣的兴盛而兴盛。我们在第一章中看到，曾经有一段时期，情绪的重要性是受到怀疑的，因此那时在社会科学家和生命科学家的理论和实证工作中，情绪相关话题是几乎空白的。近期，作为一个重要的多学科概念，情绪再次引起了人们的兴趣，相应地，这又使针对婴幼儿情绪发展的理论和研究显著增加。此外，人们对老龄化问题的兴趣不断增长。同时，他们日益意识到，人在整个生命周期中是以复杂的方式发生变化的，这一定程度上促进了对成年期和老年期情绪过程变化的研究不断扩展。然而，在情绪发展方面，科学研

表8.0　毕生发展心理学理论代表性命题总结

概念	观点
毕生发展	个体遗传意义上的发展是终生持续的。在发展规律前，没有人可以凌驾于自然法则之上。在发展进程中，在整个生命历程的各个阶段，连续性（习得性）和非连续性（自动性）的程序都同时运转着。
多向性	组成个体发展的各部分存在不同的方向，就算是同一个方面的发展，这种多向性也存在。因行为种类不同，发展的方向也有所不同。此外，在同一发展阶段内，一些行为系统有所增长，另一些则会在功能上有所减退。
作为收益或损失的发展	发展的进程并非如递增数列那样，以简单的方式不断朝更高效的方向迈进。相反，在一生之中，发展总是由收益（增长）与损失（衰退）共同组成的。
可塑性	在心理发展历程中，个体具有内在的可塑性（在个体调整能力范围内）。受个体生活条件与经历的影响，他或她的发展可以呈现出多种形态。对可塑性程度及其限制的探索也是发展研究的重要部分。
历史作用的嵌入	实际上，个体的发展与历史文化条件相适应。个体的发展（与年龄相关）进程受到一定历史阶段的社会文化的极大影响，而这种影响与个人发展相关，并随时间而演变。
情境主义范式	任一个体发展的历程都可以理解为以下三个发展影响因素相互作用的结果：年龄增长，历史推进，以及非常态变化。这三个系统的运作可以利用与语境理论相关的基本原则来进行分析。
发展领域的多学科性	心理发展需要被放在由其他有关人类发展的范式下、在多学科背景下进行审视（例如，人类学，生物学，社会学）。应该以跨学科的视野思考生命全程的问题。那种“最纯粹”的心理学视角仅仅提供了对行为发展的一部分阐释而已。

究的主力仍集中于出生到成年间的阶段。

本章关注的是在整个生命周期中，受到社会文化因素影响的个体发展过程。社会文化因素的作用以新生儿的生理和气质特点为基础，并与它们相互影响，进而形成独特的个性，极大影响着个体的情绪情感生活。第九章关注塑造情绪过程发展的社会文化因素。与这些因素相关，社会所包含的独特文化和规则将对个体情绪情感生活产生影响。

第八章

个人发展

那些研究认知、动机和情感间关系的学者通常分为两派，一派专注于成年期，另一派则专注于婴幼儿期，这两派之间很少互动。然而，描绘情绪发展及其影响因素的完整图表非常重要，因为儿童早期的情况与成年期并不相同。如果不对这些不同发展阶段进行系统比较的话，我们对成年人情感过程的理解就有扭曲的风险，因为成年人的情绪过程同时依赖于不成熟的和成熟的认知和动机性活动。实际上，有时成年人的情绪反应是婴幼儿时期反应的重演，有时则不是。因此，研究情绪情感发展必须覆盖这两个阶段，并对它们进行综合，从而获得更准确而深刻的理解。

在本章中，我将从婴儿期开始讨论个体情绪发展过程，它受到生物因素和个体在自然环境和社会环境中经验的双重影响。这给我们带来了巨大的挑战，其中最困难的事情是确定我们应该分析哪些变量的发展。

就像坎波斯、巴雷特、兰姆、戈德史密斯和斯滕伯格所观察到的，过去曾经流行用受布里奇斯影响提出的概念去研究婴儿时期情绪的产生。布里奇斯认为，新生儿只会表现出一般的兴奋，但在接下来的几周和几个月里，由于生理上的成熟、新的运动技能的习得及认知的发展，就开始分化出特定的情绪。例如，痛苦是在3周时从兴奋中分化出的，4个月时痛苦会分化产生愤怒，5个月大时愤怒会分化产生厌恶，六七个月大时厌恶又会分化产生恐惧。积极情绪也按类似顺序发展，3个月时出现喜悦，接着喜爱之情紧随兴高采烈而出现。情绪分化的模式展现在图8.1中。

正如坎波斯等人所指出的，最近的观察研究，尤其是那些基于面部表情和声音表达等新兴测量方法的研究，证明了新生儿出现情绪的时间比布里奇斯所认为的要早。例如，一些情绪——比如恐惧、愤怒和愉悦——很早就表现出来了，而另一些情绪，比如羞耻，则要晚一些。与恐惧不同，羞耻的产生需要个体理解来自他人（如父母）的社会信号的意义。实际上，要产生羞耻感，孩子必须能理解批评，这

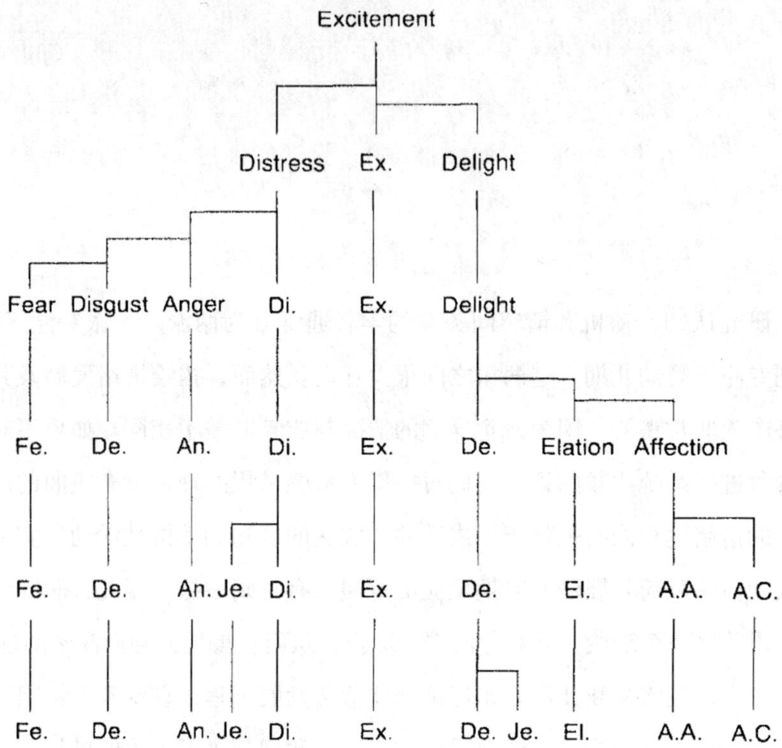

注：A.A.=对成人的喜爱，A.C.=对孩子的喜爱，An.=愤怒，De.=喜悦，Dg.=厌恶，
Di.=痛苦，El.=兴高采烈，Ex.=兴奋，Fe.=恐惧，Je.=嫉妒，Jo.=愉悦。

图8.1　布里奇斯对情绪发展的分析

样才能把握指责对个人的意义，正如要理解表扬才能把握功劳的意义。当代的情绪发展理论避开了布里奇斯认为特定的情绪都是从一般的兴奋分化出来的观点，而是认为情绪的出现取决于认知发展，这一立场与我的分析立场一致。

有人可能会说，就像坎波斯等人认为的，对面部表情的系统研究通过提供一套客观的、可信的、非言语的表达标准，在某种程度上跨越了文化界限，这为研究前语言期婴儿的情绪发展注入了一针强心剂。但是，这样做的缺点在于，在这种方法所描绘的发展过程中，证据主要来自一个单一的次级系统的反应，即面部表情。面部表情是情绪的一个组成部分，却不是情绪本身。除非我们假设表情和体验之间有一对一的对应关系，不然的话，当我们看到一张微笑的脸、一张痛苦的脸、一张兴致勃勃的脸、一张愤怒的脸等表情时，我们仍须解释其在情绪方面发生了什么。

关于是什么正在发展的问题，可以回顾一下我在第二章开头关于情绪的可观测变量和不可观测变量的阐述。请回想一下，可观测的包括动作、生理反应、主观报告，以及环境事件和情境；不可观测的包括行动倾向、主观经验、人—环境关系和应对、归因和评价过程。如今几乎每个人的情绪过程中都会包括这些变量。因为可观测的变量在情绪之外可能还服务于许多其他的主体，当我们开始把这些变量称为情绪时，我们就进入了理论推理的世界。这意味着关于情绪发展的理论和研究在很大程度上取决于理论构建者/研究者如何提出与回答什么是情绪、观测到的是什么在发展的问题。我认为追踪情绪发展并非易事，需要做出许多可行的假设。

我已经提出，评价和应对依赖于目标层次和信念体系，它们影响个体与世界的关系，并评价和应对可能诱发情绪的适应性事件。因此，我的关注重点是这些变量及其发展的过程，它们在很大程度上依赖于学习和智力能力的遗传表现，以及气质等生物社会因素。在我的情绪发展理论中，我还想回应其他人的研究方法，即使这些方法与我不同。

现在，我转向历史上对母婴关系的观察，接着是对几种婴儿情绪发展理论的探讨，然后是有关生物学和气质的问题。接下来，我将对4种学习机制及其与情绪发展的关联进行深入讨论。之后，我将阐述对认知—情绪发展理论在婴儿期之外的最新研究和思考。最后，我根据我在本章和前几章中所论述的内容，对情绪过程的发展过程进行总结。

母婴关系研究的方法

目前，已有几种宽泛的方式来考察母婴关系，它们可以作为当前对情绪发展的关注的近代史，我将非常简要地谈一谈这些理论。出于对新生儿和幼儿的重视，坎波斯等人回顾了最近理论和研究在“父母教养对儿童智力和人格发展的影响”这一议题上的转变。显然，儿童的智力和人格发展都会影响其情绪的发展。

这里所展示的母婴关系研究在分析层面上属于微观层面，聚焦于父母照顾者如何与他们自己的婴幼儿相处。从某种意义上说，这些研究可与第九章中对宏观层面社会影响的人类学、社会学研究并列，因为后者侧重于更为广大的社会和文化是如何影响行为和个性，进而影响情绪生活的。坎波斯等人按照时间顺序讨论了自20世纪30年代以来母婴关系研究的4种不同方法。

精神分析和社会学习

第一种方法将精神分析框架与耶鲁大学先驱性的社会学习观结合起来。这些交叉思维方式所产生的研究比较了母乳喂养和奶瓶喂养、需求性和计划性喂养、渐进断奶和突然断奶，以及宽松和严格的如厕训练之间效果的差异。这些育儿的变量反映了弗洛伊德的三个心理性发展阶段：口唇期、肛门期和生殖器期。

行为主义—依恋理论

第二种方法与已故的约翰·鲍尔比的理论一致。鲍尔比认为母爱是婴儿期心理健康与健康自我出现的关键因素。鲍尔比富有影响力的成果结合了精神分析和系统发育适应的关注焦点。他认为，婴儿和成人之间的情感纽带包括信任、信心和婴儿一方的安全感。婴儿期有四个关键功能：寻求与母亲的接触以获得保护和照顾（由依恋系统调控）、避免具有潜在危险的事件或人（由恐惧/警惕系统调控）、进行有趣的社交互动（由关系系统调控），以及对非社会环境的探索（由探索系统调控）。

鲍尔比认为母亲抚育的缺少或缺失对婴儿来说是创伤性的，但后来的研究对斯皮茨的弃婴研究中关于对认知缺陷的精神分析表示怀疑。直至今日，鲍尔比的理论仍旧影响着众多关于母子关系质量和母子间安全/不安全依恋的研究。这些在安斯沃斯的陌生情境实验中得到了深入研究。这是一种测试母亲离开一段时间后返回时儿童反应的实验。安斯沃斯的研究有众多特点，其中最独特之处在于，她重点关注的是母亲对婴儿发出关于自身信号的敏感性以及母亲对婴儿可及性的影响。

关于母亲角色本质的理论

第三种方法源于这样一个问题：在早年的母子关系中，什么是重要的，什么是不重要的？与弗洛伊德的心理性欲阶段论和鲍尔比对母子关系质量的关注不同，在动物实验中，猴子妈妈和老鼠妈妈被视为舒适、安全感和刺激的生理性来源。这种方法最明显地体现在哈洛的工作中，他证明了母猴提供的身体的舒适接触对于幼猴来说比乳头提供的食物和口腔刺激更重要。在当时这是令人兴奋的研究，它的结果带来了相当大的惊喜。猴子宝宝大部分时间都黏在他们毛茸茸但没有奶水的假母亲身上，只偶尔来吮吸带有乳汁的机械母亲。后来登伯格的老鼠研究也表明，对幼鼠的回应和刺激是影响其后期情绪性和适应性能力发展的重要因素。这项动物研究的结论是，实际上，母亲的主要作用是为孩子提供触觉舒适、安全感、回应或刺激。

关于适应性健康的理论

第四种方法，尤其在母子关系方面，很大程度上属于人类学。它的前提是，社会活动对适应性的促进不是通过增加社会互动实现的，而是通过增加进化式的适应性能力而完成的。动物行为学家认为，物种特有行为是为了社会沟通和调节而逐渐进化出来的。因此，微笑的意义在于开启并维持适应性社会互动。这种进化史观点带来的问题是，在亲子关系中的每一个重要概念都是以一种非此即彼的典型心理学方式提出的，但这两种思考方式都提供了理解复杂现实的重要视角。

情绪发展的理论

在最近关于婴儿情感发展的4项研究中，伊扎德等人都阐述了可能的思考方式。

伊扎德的理论

伊扎德提出了3个关键假设：（1）部分一出生就存在的独立情绪（例如，惊讶—兴趣，厌恶和痛苦），它们至少可以在动作表达层面表示孩子对照顾者有迫切的需要。面部表情也证明了这些状态的存在，伊扎德认为它们与情绪体验紧密相关。（2）情绪的出现是因为婴儿适应性的需要，特别是在婴儿与照顾者的沟通中。（3）发展的启动与运动能力、知觉能力和认知能力的变化密切相关；这些能力使情绪的产生成为可能，但它们不是因果关系。因此，当婴儿可以运动时（需要躲避某些事物），恐惧就可能出现；当婴儿可以伸手时（出手攻击），愤怒就可能出现。

伊扎德的第（2）点论断在情绪理论家中很少见，他断言情绪表达和情绪体验之间存在精确的对应关系，表达等同于体验。换句话说，恐惧的脸意味着有恐惧的体验，愤怒的脸意味着有愤怒的体验，以此类推。然而，目前我们对情绪体验和情绪表达之间的关系以及它们如何、何时存在相互关联的了解很少。坎波斯和巴雷特认为，在评估任何可能的表达和体验之间的对应，或者一个响应系统和另一个之间的对应时，都需要格外谨慎。我认为研究者和理论家普遍都会怀疑是否存在这种对应。这就是为什么根据表情反应来断定婴幼儿实际上所感受到的情绪是如此棘手的问题。

伊扎德还认为，情绪往往对知觉发展和认知发展比其他方面的发展更重要；长期以来，人们（例如弗洛伊德、皮亚杰）一直认为，因适应性压力而产生的情绪会促进认知发展。这个想法历史悠久，并且得到了许多研究者的认同，比如邓恩，他认为家庭关系带来的适应性压力为研究儿童对社会关系和人际之间情绪互动规则的理解提供了最佳环境。

根据伊扎德的说法，愤怒、惊讶和喜悦出现在0到4个月大这个区间内；1至3个月大时，喜悦的感受会与辨别社交和非社交对象的能力结合在一起。当孩子开始表现出自愿的手段—目标活动时，愤怒就可能出现并发挥作用，因为愤怒是面对挫折的反应。恐惧和害羞在6个月后才开始出现——伊扎德认为如果它们出现得更早的话会有破坏性，因为年幼的婴儿并没有应对它们的办法，而这种应对能力在婴儿对陌生人的反应中发挥着作用。同时，随着新的运动技能的习得，孩子可以爬到母亲的身边以获得安全，并远离威胁它的事物。害羞和自我意识稍后开始出现，并且在功能上相互关联。伊扎德与其他现代理论家一样强调情绪的功能性，这也是本书的基本前提；情绪不仅是一种现象，它还发挥着重要的适应性功能。

斯拉夫的理论

斯拉夫提出，新生儿在出生时至少表现出3种情绪：警惕—恐惧、暴怒—愤怒和喜悦—快乐。与布里奇斯和伊扎德相比，他更强调早期发展中发生变化的是婴儿的认知能力、表达情绪的能力（例如笑声）以及应对能力。例如，通过运动，婴儿能够靠近或远离使其痛苦的事物。与李维斯和迈克尔森以及我一样，斯拉夫认为，只有在自我意识出现后才可能产生成人那样的情绪过程。他将这个时间点放在9个月左右，但我怀疑它要早得多，并且是逐渐产生的。

根据斯拉夫的说法，婴儿来到这个世界时就预先带有某些特定的基本反应，但随着认知发展，婴儿的情绪变得更加复杂，他们会按照独特的意义组织情绪，而不是像布里奇斯所认为的从一般的兴奋中分化出来。具体来说，婴儿可以在两周大时区分陌生的脸和母亲的脸。在4个月大时，基于与熟悉的母亲的互动经历，陌生人会引起婴儿负面反应（比如戒心）。到了7个月，反应就不同了：陌生人不仅被认为与过去不一致，而且婴儿基于先前与陌生人的特定负面经历会引发恐惧，这在认知上比之前的情况更加复杂。之后，可能是基于对情境的基本推断，会出现没有任何具体事实依据的模糊性忧虑（焦虑），这是一个更加复杂的过程。斯拉夫认为，焦虑在12个月时出现；而羞耻——他将其与恐惧联系起来——在18个月时出现。

坎波斯、巴雷特及其同事的理论

坎波斯、巴雷特和其同事认为，斯拉夫并没有确切地告诉我们认知发展是如何与情绪发展联系在一起的。然而，他们认为斯拉夫的理论最缺乏的是对动机的关注，特别是追求目标、挫折、应对和情绪状态之间的心理联系。在本书的第二部分和第三部分，我深入分析了初级评价过程的模式。坎波斯等人以一项有说服力的研究表达了他们对这一遗漏的关注，他们认为：

与斯拉夫一样，我们相信在新生儿身上是可以观察到单独的情绪系统的。此外，我们也同意认知能力的关键发展会影响情绪发展，因为认知是影响儿童对事件重要性的理解部分（但只是一部分），无论是源于基因决定或意愿决定的目标。然而，我们强调情绪发展不应仅仅被视为认知发展的一个例子。相反，我们认为个体目标随着发展的变化与一般认知和知觉能力的变化一样重要。

此外，如果像我们认为的那样，情绪的激发是由目标、对事件如何与目标关联的评价，这两者之间的关系决定的，那么即使在目标和认知都发生变化的情况下，这种关系在发展的过程中也可能是不变的。例如，愤怒是任何年龄段的人都可能产生的情绪：新生儿可能认知到预适应活动的结束状态被阻止时表现出愤怒（如在婴儿进行反射性运动时阻碍婴儿的运动）；8个月大的婴儿可能在预期某事件会阻碍目标的实现时表现出愤怒；两岁儿童或许会因一句口头评论的内容而感到愤怒，这句评论可能会阻碍其达成象征性目标（如玩耍）的进展；10岁的孩子可能因为受到侮辱而愤怒等等。类似的说法也适用于其他基本情绪。

坎波斯、巴雷特及其同事认为，实际上愤怒和恐惧等情绪与特定的诱发条件有关，这些条件的影响取决于特定类型的经验和认知能力的出现。因此，当婴儿的手臂被约束时会产生愤怒反应，但其他在成人身上通常会引起愤怒的情况在婴儿身上却不会产生同样的效果。类似地，已经开始爬行的婴儿可能会对视崖感到恐惧，但这不会推广到别的可能的恐惧来源——例如陌生人——直到某些其他的认知能力和经验被添加进来，使得孩子可以区分出不记得的人和记得的人。这与成年人的更加复杂和象征性的恐惧形成了对比——称之为焦虑可能更为合适——成人会害怕对个人意义的威胁，或害怕会象征性威胁核心社会目标实现的、即将发生的事情，比如某人是否能够养家糊口。

基于他们对婴儿发展的重点关注，坎波斯、巴雷特等人得出的结论与我和其他许多人的观点一致，即每种情绪没有普遍的、外部的激发物。在成年人身上，诱发情绪的不是外部刺激，而是人与环境之间的关系，我称之为核心关系主题。进而，我认为从逻辑上来说，情绪产生的规则受到人—环境关系中人的一方（例如目标、理解和信念方面）的影响，在物种之间、个体不同发展阶段之间都存在着一定差异。无论何时，成年人的情绪中出现的内容可以用普遍的、关系性的术语来定义，就像在第五章中提供的“妥协”的解决方案中所阐述的那样，它同时考虑了对影响评价过程的多种普遍因素和社会文化因素。

顺便一提，坎波斯等人，像伊扎德一样，将认知和运动发展视为情绪反应启动的决定性因素和最终结果。正如我在第四章对他们的研究的讨论中指出的那样，即使在婴儿能够清楚地感知深度进而能感知高度后，他们也不会将高度视为危险或产生警惕性；直到孩子有了4到6周的运动经验（爬行）后才行。在我看来，这种警惕性并不取决于年龄而取决于运动体验；这告诉我们，孩子必须学会评价环境中的危险——如果婴儿摔倒了，或母亲因婴儿可能会摔倒而感到焦虑、警惕的话，就更是如此了；爬行为这种评价提供了感知运动基础。

让我用坎波斯等人的7个关于情绪发展关键特征的假设来结束对他们理论的讨论。我将极大地丰富下列假设，使它们与我自己的观点和我与J. 坎波斯的对话更加一致——它们不是逐字逐句的引言——与我在本书中一直在说的关于动机、应对和评估的内容有很大的重叠：

（1）人类有一套共通的不同情绪状态，这是人类在整个生命周期中体验情感的不变潜能。

（2）随着认知的发展，当孩子的生活中出现新的目标时，新的情绪会随着孩子对世界更深入的理解而出现。

（3）随着有机体的发展，特定诱发情境的有效性会发生变化。

（4）随着有机体的发展，情绪表达与情绪体验之间的关系变得更加复杂和协调。

（5）随着有机体的发展，应对反应会发生变化，这也会带来情绪上的变化。

（6）随着有机体的发展，情绪会社会化。

（7）随着有机体的发展，对他人情绪表达的接受能力增强。

李维斯和迈克尔森的自我发展理论

李维斯和迈克尔森的观点强调自我的标准发展水平，同时强调与皮亚杰相似的发展阶段。自我，由主观/存在属性和客观/类别属性组成，如性别、身高、能力、年龄，等等。我之所以说“标准”，是因为任何标准周围总存在着相当大的变异范围。这些作者为每个时期或阶段提出的确切年龄界限是有争议的和不断被修改的，这种变动由用于确定它们的观察结果决定。

李维斯和迈克尔森的观点确定了5个时期或阶段，第一个是从出生到3个月左右，第二个是从大约4个月到8或9个月，第三个是从大约9个月到12个月，第四个是从12个月到18个月，第五个是在18个月后。在下面详述的一些情况中，为了避免破坏描述的连贯性，我在转向下一个时期之前会对前一个时期进行评论。

第一个阶段发生在0到3个月的年龄段。在这个阶段，自我与他人的行为和反应是相对未区分的，但这种区分正要开始，因为儿童的行为和他人对其的反应之间的连接正在被感知和同化。

在第二个阶段，大约从4个月到8或9个月，区分自我与他人的能力开始出现，孩子开始认识到自己的能动性，从而具备了意图。可以说，只有当一个人的自我认同可以从其他人和事物中区分出来时，成人形式的情感体验才会发生——就算只是在一个基本的意义上区分出来也行。例如，要评价个人在一次交互中的利益得失，哪怕是不成熟和模糊的评价，都需要对自我认同有基本的认知。

要体验情绪，个人还必须对正在发生的事情与其个人幸福的相关性、关联具体是什么及如何应付这种关联有基本的认识。最终结果取决于个人的易感性和目标；易感性和目标的变化也是教育的重要来源。

让我们在这第二个阶段稍微停留一会儿，在情绪中对自我认同的强调带来了一些有趣的困境。我们是否应该假设，只有当婴儿认识到自己是一个独立的生命体，并且面临社会或生理方面的潜在挑战时，才能体验到某种情绪？当然，我们没法问婴儿它是在做判断还是在体验某种情绪，所以这个问题在不借助推理和推测时极难回答。

我认为，关于婴儿最早出现的能力是哪些，有几种假设是可能成立的，它们对情绪中评价过程的重要地位保持了一致的立场。一种假设是，作为之后由条件反射和预期形成的评价过程的基础，某些反射（如快乐和痛苦）在一开始就可以获得。在婴儿习得的一切经验中，快乐和痛苦是对不同的生理或社会条件的可预期结果，或者，我想说的是，个人与这些条件的关系会对其幸福感产生主观影响。同样与此相关的还有识别熟悉事物的能力，拥有这种能力的婴儿就能感觉到差异，就会有能力和经验去理解导致意义和情感产生的前提条件和结果之间的关联，并对社会信号及其含义保持敏感。

个人意义从这一切中产生——也就是说，从一系列过程中产生——随着抽象智力的发展，条件性预期也随之变得更加具有复杂性、象征性和存在性，最终能够在一定程度上用语言表达出来；它们也可能保持前意识或无意识状态。我们几乎不知道通过自动加工（例如，通过条件反射）学习到的东西是否以及如何能被意识到。关于条件作用，我待会儿会进一步解释。无论如何，最初的积极和消极反应都不是情绪，而是具体的反射和对熟悉或陌生的模糊感觉，它们最终通过原始的、范畴性预期或通过决定事物利弊及出现可能性的条件性信号的评价，变成真正的情绪。

至于自我认同，在我看来，在一切都结束之后，最重要的是在成人期保持部分这样的原则，以此来有层次地组织与动机原则有关的多重目标承诺。个体的脑袋中必须有某些机制，来决定哪些目标是要集中资源努力达成的，哪些是在任何交互中都处于从属地位或需要抑制的。当我们看到一个成年人做不到这一点时，我们就说他或她是没有条理的、不成熟的、幼稚的、有精神疾病的或脑子不好使的。

无论是婴儿还是非常年幼的孩子——比如说，在李维斯和迈克尔森的第二个阶段及以前——是否有一个正在形成的自我是很难判断的，但是根据华生的观察，它确实是模糊且连续发展的。华生认为，5个月大的婴儿可以识别出他们的腿部动作与电视屏幕出现的这一动作之间对应的偶然性。他的实验让一组婴儿看到电视屏幕完全偶然地出现自身动作的展示，而另一组婴儿则看到电视屏幕上非偶然性地出现了自己或另一个婴儿的动作，并比较两组婴儿反应的异同。即使婴儿看不到自己的身体，他们也能识别出自己的动作，因此这一发现不能被解释为基于两个视角的单模视觉比较。这是一种自我认同吗？大概率不是，但它很可能预示着自我认同的初级状态和早期开端，对于婴儿有限范围的情绪来说，这已经足够了。

婴儿也有一些情绪识别，比如，手臂约束，这会让4个月大的婴儿表现出明显的愤怒。手臂约束由除自己之外的人来执行（4个月大的婴儿会盯着实验者实施约束的手，7个月大的孩子则看着实验者的脸）。这里面一定有某种“我”存在，如果不是“我”，那就是存在“别人”。我在第三章中提出，对自己与他人的区分很可能是所有生物（包括植物）都有的共同特性。一些基本认同可能需要几个月来发展成熟，并花上多年时间来分化并复杂化。我们认为比较认同是成人的特征，但这个过程肯定要趁早开始。

因此，当一个婴儿具备做出愤怒或恐惧反应的能力时，他也一定能够将自己的认同与其他生物或物体区分开。无论执行者是通过什么过程变得能够进行评价并选择行动方案的，一个人最终会拥有一种独特的自我认同感，一种让人可以根据正在发生的事情对个人幸福的重要程度进行评价、采取行动的感觉，不论这是自动的、非自愿的评价的结果，还是深思熟虑和反思过程的结果。

现在回到李维斯和迈克尔森，他们认为第三个阶段涉及自我恒常性的出现，发生在大约9个月到12个月大时。现在，孩子们不仅可以通过他们对他人的行为产生的影响来区分自我与他人，这种区分还是独立于行为和情境而存在的。实际上，根据李维斯和迈克尔森的说法，存在一个“存在性自我”，它也允许一个“范畴性自我”的存在。

第四个阶段，从12个月到18个月，标志着自我的持续巩固和发展。从18个月到22个月，孩子不需要做动作也可以在镜子中以及照片和视频中认出自己。

邓恩及其同事的观察工作证实了复杂的情绪在李维斯与迈克尔森理论的第四个阶段中是可能存在的，因为孩子对社会规则和意义的理解会越来越深刻。当然，并不是说复杂情绪绝无可能更早发生，这取决于发生的形式或对“复杂”的定义。邓恩观察了非常年幼的孩子和他们的母亲之间及兄弟姐妹间的情绪交流，基于此，她认为在18个月时，孩子已经开始产生对情绪社会规则基本的理解和掌握。她觉得与典型情绪研究中采用的冰冷实验室环境相比，在家庭环境中，孩子为了控制或影响自己与兄弟姐妹或父母的关系，他们会对家庭互动产生个人兴趣，从而更好地获得这种理解能力。她说，家庭互动，是所有生活事件中最易产生情绪的。

在许多其他例子中，她观察到18个月大的孩子可以识别出其兄弟姐妹的痛苦，并会试图通过某种形式的安慰来减轻这种痛苦，或者当他们将兄弟姐妹看作怨恨对象时，会尝试去加剧这种痛苦。她观察到戏弄——一种故意惹恼或困扰他人的尝试——早在14到16个月时就会出现。这种推理性的、观察性的证据表明，孩子虽然无法用语言表达情绪规则的运作方式，但他们对情绪规则的理解已经超越了语言的局限性。

最后，在李维斯和迈克尔森的开始于18个月左右的第五个阶段中，由于象征性行为的发展，孩子们现在能够清晰地表达自己与他人截然不同的、完善的范畴性自我。这时，孩子们开始理解社会关系中与个人幸福相关的一些复杂的、有时是微妙的、内在的可能性。很快，孩子们或许就会产生更复杂的情感体验，比如同理心、内疚、尴尬、羞耻和自豪，这些都依赖于对正在发生事件的人际间和个体内意义的识别能力，即使只是一种初浅的识别也是有效的。就像我之前说的，对社会信号及其意义的识别——例如，批评或赞扬——会促进体验内疚的和耻辱感的能力增长。用我的理论术语来说，初级评价和次级评价——包括指责和归功——作为生活中情感意义的基础，在人生的这个阶段肯定会变得更加复杂。

然而，李维斯和迈克尔森关于自我发展的观点也存在一些问题，其中之一是它依赖于严格的皮亚杰认知发展研究方法，其中形式认知能力（如客体恒常性）以一种全或无的方式激发特定的情感。这低估了可能导致情绪（例如恐惧）的具体情境因素，且没有考虑到同时发展的其他方面可能会促进客体恒常性或其他认知发展。因为不同方面的同时发展，婴儿会基于运动经验而将高度视为危险的，而其他特定的经验，比如对待逼近和弹出的玩具的经验，可能出于完全不同的原因而带来恐惧，而不受认知发展阶段的影响。正如斯拉夫和坎波斯所指出的，孩子之后的恐惧和焦虑是通过不同于形式认知能力的过程产生的。实际上，恐惧种类繁多，不局限于一个普遍而统一的恐惧过程，这就像也存在许多种愤怒一样；而不同种类的恐惧在认知和经验的需求上是有所不同的。

另一个问题是，自我或自我认同不是突然发生变化的，而很可能是逐渐发展的，这样的话，依赖于自我认同的情绪可能在成熟前会先有一个初级版本。斯特恩提出了这个观点，并通过对婴儿的广泛观察进行了论证——初期的自我早在生命形成的前8周就开始出现了，之后逐渐发展成更复杂、更精细的版本。因此，尽管认知能力为情绪发展奠定了基础，但在早期阶段，类似的情绪可以以不同的方式产生。我们是否应该将这些（不同方式产生的）称为相同的情绪，这是一个悬而未决的问题，我在第二章中讨论过它。李维斯和迈克尔森对自我变化的解释过于突然，难以令人信服。一个更好的观点可能是，几乎从出生后的生活开始，或者甚至在这之前，就一直存在着自我的微光。

我将通过6个总结性陈述结束对早期情绪发展理论的讨论，这可能反映了一个适度的共识，也反映了我自己概念上的偏好：

（1）新生儿带着几种不同的情绪表达形式来到这个世界，不仅仅是兴奋。

（2）这些表达具有适应意义，因为它们影响着养育者，正如鲍尔比、坎波斯、伊扎德和斯拉夫所坚信的那样。

（3）认知发展极大地扩展了引发儿童情绪反应的环境事件（以及人—环境关系）的范围，也增加了儿童应对产生情绪的情境和应对情绪本身的能力。因此，对环境和自我日益增长的关注，以及运动能力和新技能的发展，使儿童能够远离或接近环境中的威胁性或良性的物体和区域，增加其控制范围，并增强其操纵事件和传达需求的能力。

（4）有些情绪比其他情绪出现得晚，例如羞耻、内疚、自豪、羡慕、嫉妒，可能还有焦虑。关于早期情绪（如恐惧、愤怒和悲伤）何时出现似乎没有明确的共识，因为很少有系统性地努力去寻找它们或研究它们的评价过程。也没有人对自我发展方式进行大量的计划性研究，同时依赖性情绪与自我的关系仍然存在着高度争议。

同样限制共识达成的，是我所说的表达和感受之间的同构性，如果缺乏同构性，会使根据外在表现判断内心状态变得更加困难。在成年人中，关于自我展示的努力在某种程度上打破了这种同构性，这使得人们可以在情感表达中进行伪装。

（5）迄今为止，我并不知道有多少研究将评价的概念应用于幼儿（1岁至3岁）阶段，尽管坎波斯和斯滕伯格（1981）已经这样做过。然而，我相信发展心理学家可以在这方面做得更多。

（6）类似地，关于情绪调节（作为社会化和婴儿自身运动、认知资源成熟的结果）的早期发展过程的研究和理论基本没有。应该问问，儿童何时开始利用情绪来达到自己的目的，以及是何时拥有一系列应对策略来控制其社交关系和情绪的？这些策略是什么，影响它们的发展和选择的条件是什么，这些仍然是未来有望深挖的研究领域。

作为一种生物性因素的气质

心理学家，甚至包括那些最关注社会文化影响的心理学家，早就认识到，社会经验是嫁接在一些具有一定程度遗传性的本质基础之上的。对气质及它与情绪的联系的兴趣长久以来一直在增长。赛克以气质的名义，认为心境受到能量水平、疲劳和其他身体状态的强烈影响，有时甚至把心境等同于这种身体状态。然而，就像他用传统的方式对待心境一样，他也认为心境提供了泛化的紧张或唤起的倾向，这可能会影响到急性情绪。这种心境的概念似乎与气质通常所指的范畴相当接近。例如，他认为：

> 在日常生活中，我们很熟悉的一种现象是，低能量唤起会导致紧张状态的

增加。例如，许多小孩子的父母意识到，他们在疲惫时是最没有耐心、最易怒的。作为紧张状态的一个方面，害怕情绪也是孩子们疲劳时最易出现的。有一次，我带着我5岁的孩子去迪士尼乐园，这是一个很好的例子。下午到达时，她选择坐一个速度很快的游乐设施，她非常喜欢。那天她又坐了几次，但是在晚上的最后一次——超过了她平时上床睡觉的时间——这个游乐设施就变得十分可怕。她拒绝再次乘坐，直到另一个白天她重新游览迪士尼为止。

我在第四章和第五章对认知在急性情绪和心境中的作用的讨论中指出，如果不考虑个人对其与环境长期关系重要性的评价的话，就无法理解情绪。当感到疲倦时，即使我们的日常工作还没有结束，我们也很容易产生焦虑或其他形式的苦恼，因为那些通常情况下可以完成的任务要求现在似乎变得难以承受，即使不是压倒性的。换句话说，我对赛克例子的解释是，当我们感到疲劳时，可能曾经具有挑战性、令人振奋的要求现在已经难以应对，这导致了一种威胁和焦虑的感觉。生理疲劳的作用是使个体感知到的需求和应对资源间的力量平衡被打破；疲劳本身虽然有影响，但在我看来它并不是带来痛苦的直接原因，直接原因是个体对于自身应对能力减弱的评价。

我并不认同极端生物学立场将气质视为一组与生俱来的特质或基因型，而这些特质在个体生活中以评价和应对模式的形式显现。我倾向于一种更温和的立场，即这些倾向，无论是先天的、本质的还是后天获得的，都与社会经验互动；父母及其他照顾者对成长中的孩子的反应以及对待他们气质的方式将会塑造孩子的情绪。我们必须直接分析随着孩子的成长，生物和社会层面的变量和过程是如何互动并最终将其作用显现出来的。这种互动视角的观点也被称为“交互性的”，我会在讨论“拟合度”时继续深入讨论这方面的观点。

然而，如果我们问气质是如何被定义的，我们会发现气质的定义具有巨大的多样性和模糊性。婴儿之间几乎任何形式的个体差异似乎都可以用来定义气质。经常被引用的是奥尔波特对气质的定义：

（气质是）个体情绪天性的特征性现象，包括对情绪刺激的敏感性，惯常的反应强度和速度，主要心境的性质以及心境波动和强度的所有特点。

坎波斯等人赞同这一观点，认为这个定义指出了几个重要观点。例如，气质、心境和情绪之间密切相关；气质是稳定的或特质性的；它与影响行为的性格有关；它与生物因素密切相关，以及它关乎情绪反应的参数，如潜伏期、振幅和持续时间。然而，这些作者也抱怨说，这个定义没有涉及气质在婴儿或成人生活中所起的作用，也没有指出其对他人的反应方式的影响。

他们认为，气质指的是成年人和婴儿在情绪效价（快乐基调）、唤起等特定参数方面稳定的个体差异，以及在愤怒或恐惧等离散情绪方面的差异。他们的定义是，气质是在情绪性和唤起表达的强度和时间参数方面的个体差异，尤其当这些差异影响个体内和人际间过程的组织时。当然，个体差异是遗传的还是后天获得的，还需要进一步证明。

在一次对以纸笔测量研究遗传因素的研究综述中，戈德史密斯总结道，有大量证据表明所有个体差异都存在一定程度的遗传性。较新的证据支持了巴斯和普洛明最初的结论，他们认为最有力的证据是在社交能力方面广泛的个体差异，其次是在情绪性和活跃性方面的差异。他们还认为，特定的恐惧、感觉寻求和生理性焦虑的一些成分、愤怒、任务坚持和坐立不安等都是可以对个体差异遗传性进行进一步心理生物学研究的良好候选变量。

关于作为情绪的一个方面的气质，坎波斯等人认为：

> 因此，所有的人类都会表现出恐惧、快乐、愤怒、兴趣、活动的增加或减少等等，这些都是情绪的普遍性。然而，有些人的恐惧阈限很低，有些人则很高。有些人会在受到挑衅后很久仍表现出愤怒，有些人则很快平静下来。一些人在大多数情况下都非常活跃，而另一些则多半是安静的。

巴斯和普洛明也接受了奥尔波特对气质的定义，并为气质的有效维度增添了5项标准——气质是可遗传的，稳定的，可用来预测成人性格的，在进化意义上具有适应性的，并且可能也存在于其他动物身上。与他们所审视的证据一致，他们强调的气质维度是情绪性、活跃性、社会性和冲动性。

门多萨和马森从物种角度讨论了气质，认为不同物种的气质特征是不同的。他们引用了耶尔克斯和耶尔克斯对猩猩的描述，即黑猩猩是活跃的、活泼的、富有表达力的、冲动的——与懒散、沉思的红毛猩猩及害羞、隐退、离群的大猩猩。他们也提到物种之间以及个体气质特征与社会模式之间的相互作用。

卡斯皮、埃尔德尔和伯恩展示了从“伯克利领军研究”中得出的纵向研究结果，即害羞（远离他人）和坏脾气（反社会）从幼儿时期开始，贯穿整个生命周期持续存在。这些研究者认为，这种连贯性源自孩子早期的先天倾向，但会引发和维持与其互动的他人反应。换句话说，气质之所以很重要，不仅是因为它会影响个体自身的行为，还因为它会对个体影响他人反应的能力产生作用，这是关于人—环境关系和适配性主题的一个变体。

对同卵双胞胎一起抚养和分开抚养的比较研究，如普洛明、佩德森、麦克科林、内瑟尔罗德和伯尔格曼所做的研究，也为气质的遗传性和它在整个生命过程中的持续性提供了证据。坎波斯、坎波斯和巴雷特对这种跨时间的稳定性进行了回顾和讨论，发表在《发展心理学》一个专门研究情绪发展和情绪调节的专题中。他们指出，现代观点将情绪视为在重要问题上建立、维持或破坏机体与环境之间关系的过程，这引发了对情绪调节的新兴趣，而易怒和抑制的稳定模式从发展的角度来看是很重要的。

卡根的研究

多年来，卡根一直坚信是先天气质在发展中发挥着重要作用，他采取了一种生物特质的角度来看待这种影响，而不是采用互动的观念（互动的观念需要具体说明婴儿的环境是如何影响先天给予的东西的）。尽管认识到应对机制可能会改变先天气质带来的倾向，卡根还是对先天气质特征影响人类适应能力的力量很是着迷。

在气质中，卡根和他的同事最感兴趣的是他称之为“抑制”的元素。他观察到，一些20至30个月大的孩子在偶遇陌生儿童或成人等新鲜场景始终保持安静、警惕和克制，卡根将这种行为解释为抑制、害怕和害羞。与此相反，其他一些孩子则经常自发并外向地行动。有10%至15%的孩子属于这两个极端之一。他认为：“可以合理地认为，儿童之间的一些气质差异类似于品种相近的狗、猫或猴子之间在生物行为上的差异。”在一项关于生物基因型主题的研究中，极端抑制型的孩子显示出更高比例的蓝色眼睛，而极端非抑制型的孩子则有更高比例的棕色眼睛。卡根认为，这一事实是对他长期研究的气质类型学及其遗传性的支持，因为眼睛颜色显然是遗传的结果。

卡根的大部分研究都将这两种极端的抑制和外向性进行对比，两种极端情况可在21个月和7岁半时观察到，并且婴儿时期的观察结果可以预测其以后的气质风格。卡根关注极端情况，但未能在大多数中间情况下发现类似的结果，这意味着他的理论的可推广人群是非常有限的。卡根发现，这两个极端群体在较长的时间内保持了相同的适应特征，这在他看来有助于支持他对基因起源的假设。早期，在与陌生成人和儿童互动或与奇怪丑陋玩具互动的实验室情境下，一些孩子即使在母亲面前也会保持安静、害羞和情绪低落，其他一些孩子则很自然、外向。这两个极端群体5年后显示出类似的模式。分别代表的是抑制型和非抑制型的孩子。

这两类婴儿的生理反应模式似乎涉及通常与情绪相关的大脑中枢，如边缘系统和下丘脑。例如，抑制型的儿童有更高的心率反应、更大的肌肉张力，且在早晨有更高水平的皮质醇分泌。实际上，在与环境的互动中，抑制型的孩子出现了交感神经系统被强烈激活的迹象，以应对环境挑战。

虽然卡根强调气质的跨时间连续性，但他也承认孩子们在成长过程中也能应对这些先天模式。不过他并没有帮助我们理解这种应对机制是如何运作的。他认为：

将社会行为的一些差异归因于遗传的生物过程，改变了传统的后启蒙时代关于人与自然关系的观点。我们很难拒绝这样的结论：5岁抑制型气质的孩子可能是他们无法控制的环境的受害者，那些可以随意改变自己对待他人方式的孩子则不会。如果我们赋予每个孩子有意识的意愿以应对他或她的气质偏差，那么要改变这种对立也是有可能的。我记得在皮尔斯的纵向研究中，有一个成人被试曾经是极度拘谨的男孩。他告诉我，作为一个青少年，他一直很害怕女孩子们，但他决定克服恐惧，便邀请全班最漂亮的女孩去参加高中舞会。有些时候，人类的行为是对生理和社会历史因素共同创造的不可见、不可控力量过程进行有意的控制的产物。

人们的气质如何影响他们的情绪模式，以及是什么导致他们试图克服社会上不偏好的气质倾向，这一点目前还不清楚。抑制型的孩子会成为害怕或愤怒的成年人吗？卡根认为他们会，我之前引用的卡斯皮等人的研究也暗示他可能是对的，至少从概率上来看是如此。这一观点也导致他和他的同事们质疑长期以来的观点，即婴儿在7到10个月左右对陌生人产生焦虑是积极的发展标志，是婴儿能够区分熟悉和陌生人的早期迹象。卡根认为，在那些表现出这种警惕或恐惧的孩子身上，这更多反映了他们天生的气质，而不仅仅是表明母子关系成功或失败的依恋安全性的结果。

罗斯巴特和德里伯里的研究

德里伯里和罗斯巴特的一些研究工作是很值得引用和概述的，它们与卡根等人的研究以及那些主要关注气质遗传学的人类研究形成了鲜明对比。德里伯里和罗斯巴特试图通过纸笔测验来测量成年人的个体差异，以相关法确定气质的基本因素。他们将气质定义为：

个体在反应性和自我调节方面的本质差异，其中“本质”指的是个体相对持久的且受遗传、成熟和经验影响的生物构成。所谓反应性是指躯体、内分泌、自主神经和中枢神经系统的功能状态，反映在阈值、潜伏期、强度、上升时间和恢复时间等反应性参数上。所谓自我调节是指更高层次的过程，它的作用是调节（增强或抑制）这些系统的反应状态。

他们认为：

自我调节过程最好从情绪或情感动机过程的角度来探讨。事实上，传统上气质的构建聚焦于个体的情绪差异。然而，当被视为调节过程时，情感动机过程可以被认为是同时影响着各种知觉和认知过程的，这超越了传统的、以反应为导向的情绪研究。例如，恐惧这样的情绪调节着躯体、自主神经和内分泌反应系统，同时调节着汇聚于这些反应系统的感觉通道。因此，气质的调节系统在协调注意力和反应方面起着高层次的作用，并且影响几乎每一个经验和行为的方面。

德里伯里和罗斯巴特认为，尽管认知一直被视为控制较低层次情绪过程的主导因素，但这些过程并不是孤立发挥作用，而是在心境和急性情绪所建立的生理环境中发展的。这两位作者还从理论上考察了情绪在影响注意力方面的作用，以及这种感官调节过程与反应的层级控制之间的关系。

研究气质时的任务之一是开发一套用于测量气质结构的工具。定义和测量气质的关键问题在于，行为上和生理上能观察到的东西很少纯粹是生物遗传的结果，而更多受到环境的影响。因此，先天倾向和环境影响在这些测量工具中总是不知不觉

表8.1 气质量表的定义及样题

气质量表	定义	样题
外在敏感性	对外界环境引起的细微、低强度刺激的觉察和知觉程度	当我进入房间时，经常注意到温度的变化
内在敏感性	对身体内部产生的轻微、低强度刺激的觉察和知觉程度	我几乎意识不到自己胃部的感觉
认知反应性	个人投入当前活动的一般认知精力，包括幻想、问题解决、期待性认知，以及刺激引发视觉形象或言语过程的容易程度	一连串的想法和形象掠过我的脑海
自动反应性	兴奋或唤起性条件引发的心血管、皮肤电、肠胃系统及呼吸系统活动的程度	在重要场合我总是掌心冒汗
运动紧张性	身体中肌肉群的紧张程度	我的肩部肌肉总是松弛和放松的
运动活跃性	运动系统以模式化、无指向性动作的形式被激活的程度	我常常在阅读、写作或看电视时用手指敲打桌面或以双脚敲打地面
反应性上升	广义唤起的强度从正常值上升至峰值的水平	我常常发现自己突然变得十分兴奋

续表

气质量表	定义	样题
反应性下降	广义唤起的强度从峰值下降至正常值的水平	晚上我总是在十分钟内就入睡
不适	由对刺激的感知水平引起的不愉快感受倾向的多少，包括急躁、痛苦，以及刺激强度、水平或复杂灯光、动作、声音和触感带来的不适	粗糙织物贴在皮肤上的感觉很少令我困扰
恐惧	与对抗痛苦或烦恼有关的不愉快感受的多少，包括不安、担忧，以及与潜在威胁性相关的紧张	我对在公共场合发言感到难受
沮丧	正在进行的任务及行为被打断，或渴望达成的目标受阻有关时的负面感受的多少	当我不得不排在行进缓慢的队伍后面时，我很少感到烦恼
悲伤	与遭受痛苦、失望和丢失物品有关的不愉快情绪和情绪低落的程度	当我观看一部伤感电影时，我几乎不会很悲伤
低水平愉悦	与低强度、低水平、简单的、常见的、协调的刺激、活动或情境相关的愉悦或欢快的程度	光脚在清凉的草坪上行走可以带给我极大的快乐
高水平愉悦	与高强度、高水平、复杂的、陌生的、不协调的刺激、活动或情境相关的愉悦或喜悦的多少	我会很享受飞机跳伞运动
欣慰	由高唤起刺激削弱或消除的刺激或情境带来的愉悦感的多少	当我不再需要为某事担心时，我特别享受这一刻的放松感觉
注意力集中性	刻意保持注意力集中于目标对象进而抵抗不自觉注意力转移或抵抗其他事物干扰的能力	有人在同一房间讲话时，我的专注状态会很容易被打破
注意力转移性	将注意力转移到目标对象，进而避免不自觉地将注意力集中于特定对象的能力	对我而言，在两个任务之间转换是很容易的
行为抑制性	抑制积极倾向进而抵制不合适行动倾向的能力	我可以很容易地忍住不插嘴，尽管我很激动且有想法要表达
行为激发性	抑制消极倾向进而抵制不合适回避倾向的能力	早上，就算我很累，我也能轻易让自己起床

地混淆在一起。越在生命早期进行测量，这种混淆就越少。作者们还提出了一套用于测量气质的量表。为了说明的方便，我已经在表8.1中复制了他们的量表结构。

拟合度

我们要重视气质的原因在于，我们知道新生儿带着明显不同的气质来到这个世界，气质无疑与母亲养育——或者更准确地说，一切照顾者养育子女的活动——相互影响。坎波斯等人引用了托马斯和切斯的分析，阐述了气质影响情绪的方式，该分析是基于婴儿的气质与照顾者的偏好和养育模式之间的拟合度开展的。墨菲和她的同事观察到一些婴儿高度兴奋并且很容易受到过度刺激，而其他婴儿则比较冷静且能够很好地抵御刺激。显然，前者更有可能从保护他们对刺激敏感性的养育方式中受益，而后者可能需要鼓励他们与环境互动。墨菲提供了一些证据，证明婴儿应对刺激的模式——例如，转身离开或接近——会同时激发出更复杂的认知和行为应对模式，例如心理回避和否认或对抗模式，这些模式在孩子以后的成长岁月中会越发明显。

例如，请想象一个高度唤起和易怒的孩子，他很容易受到刺激。如果父母能够保护孩子不受过度兴奋和威胁性经历的影响，那么孩子的注意力、学习能力和自我控制能力就不太可能受到损害；而如果父母不能起到缓冲作用甚至增加过度刺激，孩子的注意力和自我控制能力便可能会受到损害。这类孩子可能会过度情绪化；目前还不清楚这一原理是否适用于包括积极情绪和消极情绪在内的所有情绪。

另外，如果我们想象一个没精打采的孩子，父母忽视了他，让他随心所欲，我们可以推测，他会缺乏刺激和丰富的环境经验，无法充分利用其心智能力，进而导致能力匮乏。相反，如果父母刺激孩子，就可能会弥补他没精打采的状态，孩子会更充分地利用自己的心智能力。

对于其他气质变量，同样的分析也是适用的——例如，卡根研究的严重抑制型或缺乏抑制型的情况。在这里，一个关键的考虑因素应该是孩子的气质与父母或看护人的期待及育儿偏好之间的拟合度。抑制倾向的孩子在面对陌生情况时可能会感到害怕，很可能会对任何不一致或消极的情绪有较低的阈值。父母的努力可能会保护他，使其从环境中撤退的频率、严重程度或损害程度较低，从而能更多地去探索环境。

这样的孩子可能还会发展出对抗性应对方式，以弥补其恐惧倾向，并且实际上可能会比不需要与内在限制作斗争的孩子发展出更强的应对能力和更好的技巧；事实上，压力理论中的一个观点是，孩子能否学会应对压力，取决于是否让其在恰当的时间面对足够多的压力而非创伤。过度兴奋的孩子还可能需要学习抑制或以其他方式来调节其可能显得脆弱的自主神经高度兴奋。很难预测这是否也会对目标的一致性或积极情绪产生影响。这样一个对抗性应对的人是否能够在面对来自外界的威胁时保持亲密的友谊和爱情，或者这个人是否比其他人更谨慎？这些都是我们在情绪发展中将气质视为影响因素时需要提出和回答的问题。

那么缺乏抑制型孩子呢？是否能将这种气质看作他们的财富或可能性呢？卡根（在私人沟通中表示）似乎相信缺乏抑制型孩子对其他孩子和成年人而言都是讨喜的。实际上，他们将世界握在掌心，这意味着他们可能在以后的生活中发展出丰富而具有适应性的积极和消极情绪模式。然而，一些儿童临床医生认为，一个过于开放的孩子可能比一个适当警惕的孩子更容易惹麻烦。缺乏抑制型孩子的父母是否需要增加孩子的警觉性，使其在存在身体或社会性危险的情况下要谨慎，而不要过快行动呢？如果答案是肯定的，那么这样的孩子长期来看可能比一开始就小心翼翼的孩子更容易受到创伤和威胁。

在这一章中还有许多其他重要任务，没有必要再扩展对气质的讨论、回顾其他气质理论或审视气质测量的多种方式了。坎波斯等人已经提供了最新的细节，感兴趣的读者应该参考他们的研究；他们探索了许多问题，例如气质测量、生物学影响、跨时间的连续性以及对认知和社会互动的影响。

最后，就像在婴儿发展理论的情况下，总结有关气质与情绪的一些问题上可能存在的广泛共识是有必要的：

（1）气质是一个比我们在这里已讨论的范围更广泛的主题，它除了与情绪本身的关系之外，还包括了活动水平和节律，而这些并非与情绪直接相关。它也与情绪和恐惧方面的个体差异有关，例如反应时是微笑还是流泪的倾向。

（2）气质有很大一部分生物成分，但这些成分不一定是基因决定的——或者更准确地说，每个气质变量是否具有遗传性都需要具体证明。在试图做到这一点时，也存在一些方法论陷阱。大规模数据调查结果报告与气质相关的众多个性变量（例如内向—外向）的个体差异的遗传率约为25%。然而，这个百分比是基于纸笔测试，因此无法确定所研究的变量是基因决定的还是问卷反应方式的结果。因此，气质遗传性的问题仍然未解决。

（3）气质似乎随着时间的推移相当稳定，尽管可以改变。然而，一个孩子可能处于无法激发其气质特征的社会环境中。

（4）当孩子发展出补偿气质特征的反应方式时，气质可能会发生变化；此外，与孩子互动的人也会对气质产生影响——这是人—环境关系的另一个例子。正如我前面提到的，气质不是在真空中产生的，它在情绪发展和适应中的重要性可能部分取决于它引发的他人反应，例如照顾者的反应，所以它的作用发挥始终是交互性的。拟合度意味着一部分照顾者和孩子的关系对孩子是适应良好的，而另一些关系可能是适应不良的。

学习与情绪发展

我在第九章中讨论的社会文化影响在很大程度上是由学习带来的。随着我们从婴儿期过渡到童年和成年期，学习从以相对基本和具体的（例如，经典和操作性条件反射）机制为主转向更多依赖抽象智力和象征意义的机制。

对于涉及社会适应的生活经历，必须把握社会传达的意义（知识）对个人幸福的影响（初级评价），以及应对潜能（次级评价），而这反过来又取决于在发展过程中获得的目标层次和信念系统。通常来说，我们称个体在所获得的东西上的个体差异为个性。

与任何其他社会科学相比，心理学对社会学习和个性发展有着更为持久的兴趣。例如，当心理治疗师处理具有功能失调的情绪模式的来访者时，治疗基本上是努力让来访者放弃不恰当的评价和应对模式，并获得一种更有用的新模式。同样地，教育、儿童抚养、预防精神病理以及促进情绪健康也在很大程度上以我们对学习过程的理解为基础。

总的来说，学习对情绪过程至关重要。然而，现在我们不能详细探讨学习心理学是如何应用于情绪过程的。我的描述必须非常普适，因为迄今为止，研究的注意力还没有集中在评价和应对的中介过程上，也没有集中在动机和信念在情绪中的作用上。将学习与情绪发展联系起来需要大量推理上的跳跃。为了使关于学习的讨论具有合理的现实性，并将其与情绪研究联系起来，我引用了最近的一些利用不同学习机制的研究。

目前，心理学强调4种主要的学习机制，即关联（强化）学习、模仿和认同、社会角色的作用，以及寻找意义和自我认同。所有这些都在情绪过程中起着作用。由于接受了专业训练，心理学家们对我在这儿将要说的很多内容或多或少都有些熟悉。然而，我会简要回顾这些机制，以便那些对它们不太熟悉的人和那些已经忘记它们的心理学家能够理解。

关联学习

学习理论中最古老的传统是基于这样一个原则，即个人的心理结构是通过刺激和反应之间的关联或连接而习得的，这些关联或连接是通过奖励和惩罚而“烙印”在心理结构中的。

依赖于环境反馈的期待帮助我们理解生物的自然选择和适应模式。这种反馈教会我们如何生存和发展，并塑造了我们的个性。举例来说，当孩子做出受到父母奖励的行为，或者某种情绪带来了积极或消极的后果时，这些行为和态度很可能会在类似的情境中变成习惯性反应。奖励和惩罚将学习理论与情感发展联系起来，部分原因在于将学习与痛苦和快乐联系在一起，以及将世界中的因果关系与积极和消极的后果联系起来，进而促进孩子对社会动机的学习。

在世纪之交时，条件反射和强化成为关联学习的主要原则。经典条件反射作用的起源见于俄罗斯生理学家伊万·巴甫洛夫的著名实验。巴甫洛夫给狗戴上了一种束缚带以研究唾液分泌和消化中涉及的神经反射。他注意到，唾液的分泌不仅受到放在狗嘴里的食物的影响，仅仅是看到食物也会有影响。巴甫洛夫认为，狗的唾液反应是一种先天的本能，但在学习后它变成了与食物和进食有关的声音的条件反射；而在学习之前，这种声音不会导致唾液分泌，只有食物的存在才会。

在经典条件反射中，必须有一个非条件刺激（在这种情况下是食物），它天生地而不需要学习就会产生无条件反应（在这种情况下是唾液分泌）。条件刺激（例如，光线、音调或噪声）必须在多种场合与非条件刺激和反应（食物和唾液分泌）配对，以使光线或音调成为动物即将到来的进食机会的信号。食物的外观被认为是对因条件性刺激产生的食物期望的强化。在学习过程中，一些与原始刺激相似的额外刺激，以及可能存在的其他刺激，也会被条件性地关联到同样的反应上。然而，条件反射是有选择性的，并且随着经验的积累，动物最终学会区分相关的刺激和无关的刺激。

基于华生和瑞恩关于小阿尔伯特及其对白兔和其他毛茸茸的白色动物的条件性恐惧的研究，许多心理学家认为这是习得恐惧和其他情绪的主要机制。许多行为治疗师在治疗"条件性"恐惧时已经借鉴了经典条件反射中的相关变量。正如将在第十一章中提到的那样，人们已经创建了多种策略来产生去条件化，并且也宣传关于其工作原理的理论，其中许多理论强调来访者心理过程中可能发生的认知过程。

传统上，条件反射和动物研究之间有着密切联系，但在情绪领域——例如，恐惧症的发展——关于实验性神经症的动物研究并不能作为一个很好的范例，因为研究者没有记录情绪模式在动物与人之间的相似之处。米内卡最近的一篇分析性评论试图解决这一问题，并将这一研究与治疗模型联系起来，从而也很好地说明了治疗恐惧症和其他病理形式的经典条件反射方法。

恐惧症被米内卡定义为一种持续的、可识别的、非理性的对某物体或情境的恐惧，伴随着一种强烈的想要逃避该物体或情境的欲望以及由此产生的巨大痛苦。已有的大量研究表明，猴子通过经典条件反射可以学会害怕某些物体。将蛇和蜘蛛作为条件刺激与将插座和火炉作为条件刺激相比，前者会激发我们与生俱来的恐惧倾向，这时条件性恐惧似乎更容易习得，也很难消除。对我们进化中的祖先来说，蛇和蜘蛛可能是危险的，具有威胁性，因此在进化中产生了一种天生对其产生恐惧的倾向，或者所谓的"先天的"条件反射。米内卡的结论是：

有大量的动物研究已经揭示了"焦虑"障碍的重要特征，这对有关其起源的理论和维持它们的变量意义重大。看上去，过去人们对条件反射模型不满意的主要原因是它们过于简化了……一般而言，焦虑症并不是像过去经常认为的那样，从一个或几个经典恐惧条件反射或回避学习的尝试中产生。相反，在经历条件反射之前、期间或之后可能存在多种经验性变量，这些变量影响了体验的、条件的和跨时间持续的恐惧的程度……举例来说，早期对控制和掌握的经验可以减少幼年猴子在日后面对多种恐惧情境时所经历的恐惧程度……恐惧条件反射的动态过程受到可控性和可预测性的强烈影响。因此，只有承认这种复杂性，条件反射模型才能在未来继续繁荣发展并保持其实用性。

尽管如此，经典条件反射是一个重大的发现，因为它提供了一种研究所有动物，包括人类的学习的方式。对于许多学习心理学家来说，这种条件反射是所有学习的基础机制，甚至是高级哺乳动物最复杂的学习形式。条件反射过程可以被视为学习的最基本的基础，特别是自动化的、无意识或前意识的评价。我个人倾向于认为经典条件作用是学习的几种形式之一，但并不是一种学习理论，因为这一过程可以有多种不同的解释，它是对主导学习的基本变量和过程的一种系统安排。

另一个影响学习的变量是后来由斯金纳提出的“操作性条件反射”（通常称为“工具性条件反射”）。当你训练小狗服从“停下”或“过来”的命令时，你就是在使用操作性条件反射了。与以对刺激的先天生理反应（如食物会自动引发唾液分泌；情感体验会自动分泌激素）为基础的经典条件反射不同，当狗被训练听从指令时，它必须首先出于性情或偶然做出反应，然后才能在信号或命令下做出反应，因为在生物学上没有已有的刺激与其相关联。这种操作性反应是动物自然而然的行为，它经常发生。如果你希望狗对你的信号做出反应，那么它必须出于其他原因走过来，然后才能被驯化，在你需要它时做出反应。

当狗做出了你想要的行为并且经常得到奖励时，它就会学会习惯性地接受信号并重复这个指令行为。就好像狗已经习得了某种期望，即做这个动作会带来奖励。从操作性条件反射的角度来看，我们做出恐惧或愤怒的反应是因为我们在某些特定的环境中了解到某些行为带来的奖励或惩罚后果。如果你想摆脱因某些特定触发条件而产生的不良情绪反应，且这种情绪反应是通过条件训练形成的，那么你必须通过反向条件训练来消除导致这种情绪的期望，也就是意识到你的行为或反应并不会带来惩罚性的后果，也许会产生相反的奖励性的后果。

操作性条件反射被用来作为一种研究情绪发展条件的方法。比如，迪卡斯帕和费弗在《科学》杂志上发表了一篇简短而引人入胜的，关于早期母婴关系的研究。新生儿嘴里被放进一个特殊的安抚奶嘴，并且可以通过改变吮吸的速度来听母亲的声音或母亲之外的女性的声音。研究者发现新生儿早在3天大的时候就偏爱母亲的声音，因为它很快就开始调整自己的吮吸速度，这增加了他们听到母亲声音的时间。母亲的声音是一个强大的强化物，表明母婴之间的联结在出生后的最初几天，或者甚至在产前就已经存在。

这种实验观察表明了早期阶段情绪发展的重要性，很多对情绪发展感兴趣并关注认知因素的人都很容易忽视或低估这一时期。它也强化了这样一种判断：即使在生命的最初阶段，不只有享乐因素（快乐）是强化物，哪怕仅仅是熟悉感也可以起到强化作用；母亲的声音单独成为孩子生活的积极特征。

沙利文和李维斯（1989）也使用了操作性条件反射（他们将其称为偶联学习）的方法来研究情绪发展。在他们的研究中，婴儿滑动手臂，就会看到一张有婴儿笑脸的幻灯片突然出现在自己的面前，并伴有孩子们唱着电视《芝麻街》主题曲的声音，这是一个被强化的滑动。实验组控制了结果，即所谓的偶联条件，而对照组在拉动手臂的活动和幻灯片及歌声的出现之间没有偶联。这两组获得奖励的频率是相当的，一个组根据行为获得奖励，另一个组则没有奖励婴儿的行动。根据伊扎德编码程序对婴儿的面部表情进行情绪测量。

他们的发现证实了积极情绪的表情——比如兴奋、兴趣、惊喜和享受与控制环境有关，因为这些情绪在婴儿能够通过自己的行为看到幻灯片和听到歌声的情况下增加。然而，消极情绪的表情——比如悲伤、愤怒、恐惧和大惊小怪在两组之间并没有什么不同。它们发生在实验的最后一分钟，很可能与在这些条件下发生的事情有关。例如，突然出现的刺激中有一个突出的声音，这个声音本身可能会引起婴儿的一些负面反应。我引用这个研究主要是为了说明可以使用一种有趣的操作性条件反射方法来研究前语言期婴儿的学习和情绪。

20世纪70年代，心理学研究的重点转向认知发展，评价这一概念正是那时发展出来的。这种转向并不意味着用经典条件反射或操作性条件反射的方式将刺激与奖励和惩罚的反应进行匹配来理解学习过程是不正确的，而是认为，这种匹配会让人或动物产生对奖励或惩罚的期待。据说，正是这种期待可以使强化后的关联学习发挥作用。期待是一个认知方面的概念，指的是头脑中正在发生的事情。对于认知心理学家来说，最好从个体思维中的期待、知识和评价等事件来理解条件反射。

实际上，对于巴甫洛夫和大多数早期的学习理论家来说，条件反射与期待的形成有关，但后来的行为主义者从条件中去掉了认知成分。从某种意义上说，沃森和斯金纳去除了条件反射中的认知成分。所以可以说，我们现在又回到了原点。

尽管如此，已经成为当代研究重点的认知因素的影响已经有了预兆，爱德华·托尔曼的工作就是一个证据。他认为学习就是一张认知地图或对某种情况的意义表征，即使是对老鼠这样相对简单的动物也是如此，对人类来说则更是如此。现象学家的工作也预示着认知因素的影响，他们本身对学习并不是特别感兴趣，但他们是20世纪30年代认知—现象学和动机研究的先锋。

认知主义者认为，人们会在自己的头脑中发展出行为—后果的连续性，无论这些结果是准确的还是不准确的。从某种意义上说，我们所学到的是事件的意义，而不仅仅是简单的关联。如果我们错误地相信某些行为会导致奖励或惩罚，并且从未意识到我们的误解，那么我们可能会继续做出该行为，并且不会停止。换句话说，条件反射的过程，以及此过程中心理上正在发生的事情，比最初的假设复杂得多。

此外，就情绪过程而言，这些意义可能可以用6个评价成分进行有效表征，这些成分先前被用于解释和预测个人的情绪。实际上，我们可以学习到，这些意义就是导致情绪的东西。因此，通过经典条件反射和操作性条件反射，我们可以学会拥有某些特定目标，而不是其他目标，发现这些目标与伤害或损失以及利益结果之间的相关性，发展出指责和归功的观念、适应的选择以及未来各种期待所依赖的条件。

人们以许多方式指出了基于简单条件作用的学习模型的缺陷。例如，人们经常观察到惩罚并不能控制儿童和青少年的犯罪行为。经常情况下，对于攻击性、反社会行为，严厉而一味惩罚孩子的父母只会固化甚至鼓励这些行为，而不能消除它们。这意味着一定已经产生了其他的期待或意义，要解释这种看似矛盾的反应，心理学家就必须理解这一点。

例如，少年犯和罪犯的父母在对待孩子时很可能采取了惩罚、肉体上的训诫和拒绝的教养方式。孩子们的行为显然不再被惩罚所抑制，当他们无法取悦父母时，遵从父母压力的动机受到破坏。他们还存在异常发展的现象，如受虐狂，其性唤起取决于身体或心理上的惩罚，或至少是由惩罚促进的。因此，快乐和痛苦之间的界限、奖励和惩罚之间的界限通常比想象的更加难以确定。我们需要寻找其他能帮助我们更全面地理解人格是如何在一生中被塑造和改变的学说，这也与情绪的发展和经历有关。其他学说包括模仿和认同。

模仿和认同

惩罚常常会失效，这是因为像模仿和认同这样不同的、有时是矛盾的过程可能同时起着作用。例如，当儿童观察到父母因为他们的攻击性或其他行为而惩罚他们时，父母自身也成为孩子们模仿和认同的对象。布朗讲得很清楚：

> 父母因为孩子有攻击性而打他们，本意是为了“消灭”孩子的攻击性。但是事实上，这种纠正行为并没有实现预期的效果，这表明……理论出错了。殴打这一行为本应是要被消除的对象。如果孩子们更倾向于通过模仿或榜样来学习，而不是通过被惩罚来学习，那么他们很可能从被打中学会打人。这就是实际上发生的事情。

应该将模仿和认同之间的区别说清楚。那些表面上与榜样行为和社会压力相一致的行动更接近于“模仿”的含义。我们观察别人，然后做我们观察到他们在做的事。然而，始于模仿的思考、行动和感觉最终可能会通过认同、内化或内向投射的过程成为孩子个性不可分割的一部分，这些术语在某种程度上就是共同过程。模仿并不意味着会内化社会模式，而认同则不然。

在这一点上，卡尔曼指出，社会化会涉及各种程度的参与——从单纯的模仿性服从，即为了给人留下印象而表面上接纳一种观点，到完全的内化，即某种相对永久的、往往无意识的人格获得。在做出服从行为时，我们只是因为觉得会给别人留下深刻印象并让他们对我们做出积极反应，才去做或说符合他人期待的事情。这通常被认为是不诚实的行为，但它在我们社会生活的结构中根深蒂固，几乎不产生冲突或困扰，甚至可能没有太多人意识到这一点。

在连续体的另一端是完全的内化或认同。在这种社会化形式中，思考、感受和行为的方式不仅仅是“肤浅的”，而是已经成为我们个性的组成部分。最重要的内化过程可能在生命的早期就已发生，并且即使表面上被摒除了，它们也能抵抗转变。很有可能的是，我们的情绪更多是基于内化的价值观和信念产生的，而不是表面的顺从，而我们通常很难洞察它们在我们内心的源头，因为我们不总是清楚我们正在遵守哪一套规则。

因为模仿和认同常常会在不知不觉中塑造我们的想法、感受和行动，心理学家和教育学家经常会将正式教育和非正式教育区分开来。“正式教育”是通过学校里的教学和父母告诉孩子他们该怎样思考、感受和行动开展的。然而，孩子也会通过非正式的模仿进行学习。内化往往更多地发生在非正式的学习经历中，并且内化的东西能抵抗正式教育传授的东西，这常常会导致表面服从的出现。将禁令内化似乎是一项比仅仅遵守禁令更复杂的任务。我们在口头上认同我们被正式教导的禁令，这就是我们所说的虚伪。

这对发展过程的一个启示是，关于这样一个尚未解决的问题，即孩子何时能以一种与情绪产生或情绪的社会调节有关的方式表现出顺从，而不是内化。这对发展过程的另一个启示是，了解孩子何时能够区分以特定方式行事或反应的压力和个人信念，以及这种知识如何影响其情感生活，将是很有价值的。

心理学家们一直在努力研究父母和他人成为孩子们模仿和认同的榜样的原理。模仿和认同不是不分青红皂白的过程；孩子也不会靠潜移默化自动习得父母的所有特点。父母能看出，孩子身上有他们的一些心理特征，却没有另外一些；有些来自母亲，有些来自父亲，还有一些来自家庭内外其他曾成为孩子榜样的成年人，有些显得很独特，像是孩子自我生成的。为什么孩子从榜样身上学会了某些特征——可能包括情绪特征——而不是其他特征呢？为什么有些人成为孩子的榜样而其他人没有呢？这些问题很重要，但答案依然是碎片化的。

第一种理论起源于精神分析，该理论分析了孩子和父母之间的相似性。例如，弗洛伊德假设性别认同是因男孩认为自己的身体像他的父亲而女孩认为自己像母亲而产生的。第二种理论，也是精神分析学的，强调相对弱小的孩子需要去对抗强大的父母或替代父母施加的威胁，于是通过认同和模仿父母——一个弗洛伊德称之为“侵略者认同”的过程——来达成这一目的。小男孩通过认同来试图处理在俄狄浦斯冲突和阉割威胁中与父亲的敌对、竞争关系。因为父亲过于强大，无法有效应对，一种适应性的解决办法就是与他联合，对抗危险。并且，在这样做的过程中，孩子可以驱逐或控制想要独占母亲的愿望。第三种理论受到社会学习理论家的青睐，它强调父母有控制生活中美好事物的力量。在其他条件相同的情况下，孩子会模仿最有能力取得理想结果的父母；于是，孩子会想要像他或她一样掌控环境。

虽然经典条件反射曾一度是情绪学习的主要解释模型，但班杜拉等人提出，所谓的替代性经典条件反射或观察学习可能比经典条件反射更能有效解释恐惧和恐惧症。遗憾的是，我们排除了对应对及情绪模式的观察学习——它与模仿有所重叠，据我所知，迄今为止这在人类身上还没有得到太多研究，部分是由于方法上的限制，部分是因为班杜拉的工作和类似研究在人们重新燃起对情绪的兴趣之前就已经开始了。

然而，关于这个问题有一些对猴子的研究，由米内卡、戴维森、库克和基尔进行。在一项观察学习实验中，米内卡等人让猴子观察其他猴子的恐惧表现，从而让之前不怕蛇的猴子对蛇产生恐惧。为了测试恐惧反应，猴子的任务包括伸手越过一个装有一条活蛇、一条玩具蛇或一个蛇模型的盒子。青春期的恒河猴通过观察其他猴子在蛇面前表现出的恐惧而产生了强烈而持久的对蛇的恐惧。这种恐惧并不是在特定环境中产生的，也没有证据表明在另一种环境中恐惧会减轻，在3个月的追踪观察中也没有发现恐惧减轻的迹象。

现在，如果我们结合米内卡关于先天条件反射的论述（我之前讨论过），以及这个观察学习的实验，我们就可以用证据检验她的观点，即猴子可以通过观察另一只猴子对某物体表现出的恐惧，迅速习得该物种基因中自带的对某一物体（如蛇）的恐惧，并且这种恐惧可能是永久的；然而，它们不会通过学习对那些没有这种遗传准备的物体（如花朵）产生恐惧。

通过巧妙地剪辑和拼接猴子的影像，猴子的恐惧得到了展示，看起来它们好像在面对真实的或玩具的蛇或花时做出了恐惧反应。在实验室中长大、没有习得这种恐惧的猴子在测试中必须伸手越过蛇取食物。在观看了12次相同情境的猴子的恐惧视频后，这些实验室猴子也变得害怕蛇，但即使它们观看了别的猴子对花表现出恐惧的视频，它们也并没有对花产生恐惧。这种通过观察学习而获得的对蛇的恐惧也很难消除。

显然，榜样学习，或者模仿和识别，是学习恐惧——想必还有其他情绪——的一种强大的方式。此外，霍尔尼克、莱森胡弗和冈纳关于人类婴儿观察学习的研究虽然在实验控制方面不那么精确，但也证明了在短短30分钟的时间内，12个月大的婴儿会对母亲的恐惧和厌恶信号做出反应，这些社会信号的恐惧诱导效果在信号消失后仍然存在。所以，我们有充分的理由相信在猴子身上观察到的、现在常被称为观察性学习或社会参照的现象是模仿，且这种模仿也发生在人类婴儿身上。

因此，通过这样一种学习机制，我们可以知道6个评价成分在任何交互中运作的基础。例如，我们可以通过观察他人来学习我们应该致力于实现哪些目标，学习如何评价相关的挫折经验或积极的经验，学习如何评价指责和归功、应对潜能以及对未来期待。这就引出了第三种学习机制，即社会角色的作用。

社会角色的作用

虽然传统观点认为个人观念会产生或影响行为，但也有大量证据表明，相反的观点也是正确的，即我们已经做出的行为会影响我们的观点和价值观。例如，利伯曼的研究表明，当工人被升职为领班或被选举为工会代表时，他们的态度就发生了急剧变化。那些被任命为工会代表的人变得更加支持工会，而那些成为领班的人则更钟爱管理。然而，当经济形势迫使一些领班回到普通工人岗位时，他们的看法就又变了。简而言之，行为上的改变，或者更严格地说，人们扮演的社会角色，似乎会导致他们世界观的改变。然而，很难知道这些工人所展示的究竟是表面的顺从，还是工作角色变化带来的内化价值信念的转变。他们的变化发生得这样轻而易举，这似乎表明前者更有可能。

受到列昂·费斯廷格的工作的影响，对这类过程的观察研究有很多。其中典型的是在耶鲁大学由科恩开展的一项田野实验。这项实验在动荡不安的20世纪60年代时的一场由纽黑文警方介入学生抗议后开展，这项抗议导致了对警察暴行的指控以及大部分学生的高度情绪化和痛苦感受。科恩随机挑选学生，让他们写一篇令人信服的文章，题为“为什么纽黑文警方的行动是合理的”，这样相当于在学生对警方充满敌意时迫使当他们为警察辩护。有的学生将获得10美元的报酬，有的是5美元，有的是1美元，还有的是50美分。写完文章后，每个人学生还被要求表明自己对警察行为的真实看法。对照组的学生不用写文章，他们的观点也被以同样的方式记录下来。

科恩发现，5美元报酬组与10美元报酬组的态度没有明显区别；两组都仍认为警方的行为是非常不公正的。然而，只拿了1美元的学生在写下文章后明显更加认可警方的做法了，那些只得到50美分的人更甚。简而言之，他们得到的报酬越少，他们向积极方向转变的就越多。

对这类研究发现的解释通常会强调将撰写拥护警方的文章这一行为合理化的需要。虽然没有直接研究情绪，但合理化的需要意味着应对社交和自尊心的损失和由此引发的情绪困扰。如果你得到了丰厚的报酬，那就没有问题，因为你可以很容易地将你的立场归结于你收到的钱而不是你的拥护态度。这就类似于为了丰厚报酬去拍一个电视广告。但另一方面，如果你得到的报酬非常少，那么拥护警方的行为就要通过其他的方式实现合理化，否则它似乎就会暴露你对这件事的真实感受，或者让你显得很愚蠢。通过承认一个适度拥护的态度，你就能证明或合理化你写拥护文章的行为。然而，这种解释与其说是与扮演角色有关，不如说是关于当一个人的行为偏离了自己的信念时，他该如何使自己的行为合理化。

不过，在另一种更符合角色扮演的情况下，即当你扮演自己的对手时，你要努力组织观点来支持对方并开始以不同的方式思考问题，这也许能产生真正的态度转变。在科恩的实验中，学生们不得不扮演警察的角色去写辩词，有人认为这么做帮助他们看到了警察的另一面。这与解释与心理治疗时使用角色扮演的原理是一样的，这样可以帮助个人站在他人的角度看问题——例如离婚诉讼中的配偶。如果真的能站在对方的立场上看问题，就可能会少一些敌意和反对，甚至可能完全改变立场。角色扮演也是练习熟练技巧的有效方法——比如，应对艰难的压力人际关系，或者控制痛苦的情绪。

这一观点的一个推论在发展过程中具有重要意义，那就是在成长的过程中，我们的社会地位及我们在工作和家庭中扮演的角色，对我们思考、感受和行动的方式有着强大的影响。哈克尼斯和苏珀尔使用“发展领地”这一概念来指代一个孩子生活的环境，包括日常生活、活动、他人的陪伴、文化规范下的儿童保育或抚养条件，以及养育者的心理状态。例如，母亲对孩子的情绪表达会有不同的反应，尤其是负面情绪；有些人觉得自发的情绪是可取的，而另一些人则喜欢自律和自我控制。据此可以推测，父母对情绪表达的不同态度塑造了孩子对情绪反应的社会性处理方式，甚至可能塑造了他们的情绪体验。

这种分析存在的一个问题是，哈克尼斯和苏珀尔提供了一个纯粹的环境论方法来分析孩子成长过程中的发展领地。更具交互性的版本是，在家庭中长大的孩子如果有哥哥姐姐的话，他们就必须积极地在家庭中为自己建立一席之地——比如，作为聪明有为的孩子、听话或不听话的孩子、父亲或母亲的小帮手、代理父亲或母亲，或无助的孩子。在这个过程中，他们留给年龄更小的孩子的空间更少，而年龄更小的孩子必须发展出其他的社会模式。他们建立的领地和扮演的社会角色对自己终身情绪模式的发展有重要影响。这种发展领地的交互版本类似于不同物种在自然界谋生时建立的生活领地。

与学习的其他机制一样，扮演社会角色也对我理论中的6个评价成分做出了贡献，包括与目标相关的部分，以及与挫折、指责和归功、应对潜能和未来期待相关的部分。例如，被指责的经历在相似的情况重演或当我们想要责怪别人时提供了具体的参照，对于积极成就的荣誉评价也是如此——因此，当我们因获得荣誉而受到别人的攻击时，或者当我们对别人做了同样的事时，通过角色扮演和同理心，我们有机会获得对他人和自己情绪的敏感度，这可能会改变我们未来在类似情境中的情绪反应方式。

寻找意义和自我认同

到目前为止所描述的3种学习机制的主要局限性是，除了某些模仿和认同之外，它们都描绘了一个由外部奖励和惩罚塑造的被动个体，他/她模仿或认同父母和其他榜样身上所看到的行为，并主要在其被赋予或被承认的社会角色的影响下采取行动。一种替代性的，或者可能是补充性的观点是，孩子在生命的早期就开始发展自我认同并积极寻找意义，他们努力创造可行且持续的图式，以便了解个人存在于世的形式和角色。我已经考察了基于这一观点的情绪发展理论，这是最后一个也是最复杂的学习机制，我称之为对意义和自我认同的探索。

这里的基本主题是，当个人努力塑造他们对自己和所生活的世界的看法时，他们逐渐发展出一个自洽的、综合的，由动机、信念和脚本或故事情节组成的系统，这些都可以用于指导他们的生活，并应对所遇到的事情。当人们在这项发展任务中失败时，他们会经历与阿瑟·米勒的戏剧《推销员之死》中的比夫相似的困惑、紧张和痛苦。比夫作为最受宠爱的儿子，在很大程度上无法形成关于自己在外部世界中“究竟是谁”的可行观念，因为他的父亲创造了一个不切实际的、英雄般的神话故事。他情感上的困扰源于自己与他人期待之间的冲突。比夫的情况是，他父亲的期待（以及他自己的期待），与他实际的社会身份现实之间产生了冲突。正如我们将在第十一章中看到的，这是一种强烈的、存在性的不安，人们会为此去寻求专业帮助。

意义和身份认同一旦被发现（或者更确切地说，被创造或接受），也可能是丧失，或受到丧失的威胁，就可能具有深刻的情绪意义。例如，请记住，我在第六章中将焦虑视为面对这种丧失的威胁以及当这种威胁成为现实时可能出现的绝望。在这里，细究自我和自我认同这几个常被混用甚至交替使用的概念之间到底有哪些重叠和区别是没什么意义的。

洛文杰长期以来一直是自我发展领域最具影响力的理论家之一。虽然她的研究并不关注自我在情绪中的作用，但她对自己的自我进行了分析，并对其他类似的理论进行了学术评论，包括埃里克森的——他的名字几乎与自我认同的概念等同。如果没有洛文杰的表格，我对意义寻求与自我认同的讨论就是不完整的。洛文杰展示了一些作家提出的自我阶段和类型，以及她自己理论体系中的自我发展阶段。表8.2a和表8.2b呈现了费伦茨、埃里克森、奥苏贝尔、弗洛姆、里斯曼和格雷福斯等作者的成果。

早期的心理发展包括逐渐从具体的环境刺激和对冲动的控制中解脱出来。随着孩子的成熟，他们操纵物体和事件的能力越来越强，从而摆脱了对它们的具体依赖。皮亚杰谈到智力总是朝着增加人与环境之间的空间和时间距离的方向发展。虽然年幼的孩子不能很好地抑制冲动的表达，但在成长的过程中他们越来越有能力在

表8.2a　费伦茨、埃里克森和奥苏贝尔的自我发展阶段

自我水平	作者		
	费伦茨（1913）	埃里克森（1950）	奥苏贝尔（1952）
自我封闭	神奇的一虚幻的万能感		
共生	由魔法手势带来的万能感泛灵论	信任vs.不信任	万能的自我
冲动	魔法动作与想法		自我价值降低的危机
自我保护		自主性vs.羞愧和怀疑	附庸化先兆
顺从		主动性vs.内疚 勤奋感vs.自卑	附庸化
自觉的顺从			去附属化的危机
自觉		同一性vs.角色混乱	去附属化
个人主义		亲密感vs.孤独感	
自主性		繁殖感vs.停滞感 自我完整vs.绝望	

表8.2b　弗洛姆、里斯曼和格雷福斯的自我类型

自我水平	作者		
	弗洛姆	里斯曼	格雷福斯
自我封闭			自我封闭的行为
共生	共生		
冲动		失范	泛灵论的存在
自我保护		传统导向的顺从	唤起与惊恐 攻击性与权力
顺从	顺从	他人导向的顺从	社会中心主义态度
自觉		内在导向的顺从	激进的自我主义
个人主义	自主性		温和的自我主义
自主性		自主性	

冲动和行动之间插入思考，这使他们能够延迟行动，并根据情境的要求调整行动。这使得他们能够更好地控制自己的选择和生活方向，并将内在的心理天性与外部环境协调起来。

随着后续的发展，心智的结构逐渐整合。认知、情感和动机融合成了一个系统，尽管它常常处于紧张状态，但仍能与环境保持联系并控制行动。行动与环境的需求、限制和资源之间的联系，以及认知、情感和动机之间的联系，通过与环境不断的适应性交互而形成，并不断发生变化。布洛克指出，这种整合的过程并不平稳，包含着定期的起落变化。在这些过程中，当既有的心理结构不再可行时，需要重新组织以更好地维持运行。费舍尔和皮普也强调了保持完整性的需要和困难：

> 随着个体的发展，其整合思想和行为的能力在增长，同时主动分离的能力也在增加（例如，分离和压抑）。因此，心智既是分裂的又是整合的；既不存在一个统一的意识系统，也不存在一个统一的无意识系统，但有意识和无意识的成分是可以相互协调或分离的。

当受到威胁时，人们可能会寻求脱离，例如他们可能否认和远离引发情绪困扰的来源。然而，当心智的各个成分之间以及心智与环境脱节时，就会出现相互矛盾的思想、情绪和行为，使行为变成不一致和无组织的。一个人的心智可能与其所经历的情绪或塑造行为的动机脱节，这意味着这个人肯定受到了一套无意识想法的支配，但如果他/她有一套有意识的想法，那情况是不同的。这个人不愿意去做他或她认为理智上应该做的事情；或者这个人说："我让自己去做了。"正如爱泼斯坦所建议的，一个整体的自我会试图整合各种子身份，但当子系统之间完全隔断时，就会出现心理病理化。施瓦茨也用"失调"一词指代大脑各部分之间失去沟通的情况，这使得通常负责整合的反馈回路系统失去控制。

为了最好地实现功能、保持心理健康，心智的各个成分之间必须保持和谐——动机、思想和情绪——此外，在心智和环境之间、心智和行为之间也需要保持和谐。它们之间的脱节会让人面临心理病理化的风险，其中包括经常性或慢性的情绪困扰和功能失调。

我之前所说的整合和分离与自我认同的组织有着紧密联系——我更喜欢“自我认同”这个概念——这在情绪体验中相当重要。读者可能也想了解希金斯的自我差异理论，这是一个宽泛的体系——我认为太宽泛了——它将不同类型的消极心理情境（因为它们是自我差异性的）与不同类型的情绪不适（如悲伤和恐惧）联系起来。在某些方面，这种思路与认知—动机—关系理论（如我所提出的理论）有一些表面上的相似之处。安德鲁斯还提出了他关于抑郁症及其治疗的自我确认模型，这显然与情绪的认知—动机关系理论相关。

最后，我在第三章中指出，情绪中的动机和认知与自我或自我认同的概念相重叠。动机和认知与情绪相关，是因为一个人信念的变化会影响情绪。因此，自我认同的发展及其在情绪中的作用是情绪发展中的重要问题。另一种在情绪过程中考虑自我认同的方法是评估个体的核心和次要价值观和承诺，因为核心价值观和承诺是最强烈和普遍情绪的中心。

在关注自我认同的发展及其与情绪息息相关的评价中的作用时，还应该关注与情绪发展相关的应对过程，包括防御机制。应对机制和防御机制的发展并没有引起研究者很大的研究兴趣，我认为主要原因是心理学家还没有意识到，作为面对心理压力时的重要能力，应对机制也适用于情绪领域。正如我在第三章中所指出的，应对不仅是对情绪的一种反应和调节情绪的一种手段，它还能通过改变实际的人—环境关系或者对该关系的处理和解释方式来改变随后的情绪状态。换句话说，应对机制对于情绪过程来说确实是核心的，要理解这个过程，我们需要将其与评价一起进行研究，并探索其发展。

最初的防御机制理论可以追溯到弗洛伊德，但对防御机制发展的实证研究很少，可以通过米勒和斯旺森早期报告的几项研究以及后来由瓦朗特进行的一项重要的纵向研究来说明。斯旺森最近关注了家庭和社会结构在防御机制发展中的作用，但现在还为时过早，因而无法确定这是否会引发更多的研究。

这个理论对6个评价成分的启示也很明确。脆弱的自我认同将影响我们对挫折的反应，正如我在第六章中指出的那样。例如，相对于一个有坚定自我认同的人来说，自我认同更脆弱的人可能更容易被惹恼，从而产生愤怒的反应，也更可能防御性地将自己的责任推卸给别人，更可能预期没有有效的应对资源去面对困难，因此对结果更加悲观。从本书采用的理论视角来看，所有的学习机制都会通过影响这些评价成分而对作为状态和特质的情绪产生影响。

多种学习和社会影响机制

到目前为止，我们将所研究的4种机制从最简单到最复杂进行了排序。更低级的动物无法寻找意义和认同，但它们可以通过经典条件反射和操作性条件反射进行学习。当条件反射发生在成年人身上时，它通常既依赖复杂的认知过程也依赖简单的过程。

因此，我们应该认识到，在心理发展的过程中，学习过程和社会文化对情绪的影响可能由许多不同的机制决定，这些机制的复杂程度不同，从最简单和最具体的到最复杂和最抽象的。寻找意义所涉及的认知过程显然是复杂的、抽象的和符号化的；然而，当关注模仿或经典条件反射时，认知过程往往更简单、更具体，对应于我在第四章中所说的自动化加工。

人格和情绪发展中的一个问题在于，当用条件反射来解释所有学习的机制时，学者们总倾向于用最简单的解释来理解最复杂和抽象的功能。在孩子非常年幼的时候，他们很少或几乎没有自我意识，认知资源也有限，学习过程容易显得相对简单和自动化；而对于一个更成熟的孩子或成人来说，他们有更高级的学习类型。

当我们关注的是成年人而不是年轻人时，问题就会反过来。我觉得，我们倾向于错误地认为，成年人只会用复杂且高级得多的思维方式，却不会使用简单的思维方式。然而，正如我在第四章对拉夫维—维夫等人研究成果的讨论中提出的，以及其他学者对发展水平可能平行而不是分层的讨论中提到的那样，在特殊情况下，成年人可能会使用最简单的学习和思考方式，尽管他们能做到的远不止这些；总称之为退行可能是不准确的，但有时确实就是退行。

这种多层次的视角在情绪理论中得到了应用，这些理论考虑了不止一个信息加工层次，正如莱文索尔的研究所发现的那样。霍夫曼关于共情发展的研究也发现了这一现象。他提到了6种不同的共情模式，从最简单的无意识条件反射和模仿的过程到更复杂的认知等高级过程，如设身处地为他人着想（这个过程似乎需要个体在一定程度上认识到当前事件对他人的影响）。心理学家们越来越少地专注于识别单一的、本质的学习和社会影响机制，而更加关注多种机制，这取决于个体所处的认知发展阶段与其当下的状态。无论涉及哪些机制，情绪发展研究都关注的是：我们如何理解社会事件对我们个人生活的意义，以及这种理解如何产生特定情绪。

本章假设个体从童年发展到成年的过程中，其心理结构是相对稳定和可预测的。关于这一点，学界一直争论不休，在结束学习和情绪发展这个话题之前，我应该简要地谈一谈。一种观点认为，一旦确立，成年人的人格便相当稳定，要是没有巨大的个人努力，人格一般不容易发生改变。另一种观点认为，我们过于相信稳定性，而且进一步说，无论多么稳定，都不如社会环境对行为和情绪的塑造有影响力。

这样的空洞陈述对我们并没有太大帮助，因为变化确实发生了，心理治疗就致力于产生变化。我们需要知道什么会改变，什么会保持稳定，以及变化可能发生的条件。然而，我提出的情绪理论并不依赖于这个问题的解决。

认知—情绪发展的研究与观点

随着心理学家逐渐认识到认知在情绪过程中所起到的重要作用，他们也对孩子们的行为、不同年龄孩子的情绪规律，以及情绪所依赖的社会关系对个人的重要性越来越感兴趣。虽然对此的研究和思考已经有很多，我们的知识却是非常碎片化的。这类论文中提出的典型问题在最近两篇文章的标题中有所体现：“孩子们知道哪些情绪？什么时候知道的？”以及“孩子们对引发情绪的情境了解多少？”。在这一节的开始，我想先谈谈，个体需要做些什么才能了解一般的情绪过程，特别是他或她自己的情绪过程，以便在情绪化或可能导致情绪化的事件中表现良好。

我所提出的关于情绪的理论聚焦于意义。它指出，情绪过程取决于对事物重要性的评估，即评估环境中发生的事情是否对人的健康有益。最基本的顺序是，这个人必须提问和回答——尽管不必有意识地问——一些关于正在发生的事情的个人问题，其中最重要的是以下这些：“我的幸福受到伤害或者威胁了吗？”或者“这是有益的情况吗？”“发生的事情对我来说有多重要？”“在哪些方面，如果有的话，我的幸福受到了影响、伤害、威胁，或者受益？”与这一组问题密切相关的第二组问题是："在这种情况下可以做些什么，我采取任何行动的后果可能是怎样的？""我是能改变威胁性的消极条件，还是可以维持积极的条件？""要怎么做？""如果不能改变现状，我能不能接受现状甚至从中受益？又该怎么做？""未来的后果是什么？如何应对或改善这些后果？"所有这些问题（以及其他问题）不一定是一次性或按顺序问的，但根据事情的进展情况，它们与任何适应性事件——实际的、潜在的或想象的——中的评价过程都有关。

舍勒提出了一系列相互重叠的问题，他称之为刺激评估检查。他的表述中有一些固有的问题。例如，舍勒认为这些问题遵循一个固定的顺序，在我看来，他列出的一些评估检查问题对于做出一个情绪反应而言并不是必要的，而仅仅是反应的一部分。然而，他们提出儿童或成人通过经验获得知识或信念基础，这一点是有必要的，尤其是对于一个已经完全成熟的、成人的情绪过程来说。

对于成熟的情绪过程而言，有3类知识似乎是必不可少的：

（1）我们必须识别并解读关于正在发生的事情及其情绪意义的社会信号，对于自己和对方来说都是如此。比如，我们需要知道什么会在对方身上引发积极和消极的情绪，以及对方在交互中所表达的意义。举例来说，如果我们的议程需要获得他人的同意、认可和支持，我们就必须知道该说什么或做什么来促进良好的关系，并尽量避免阻力。当对方作出回应时，我们需要准确地解读其所传达的信息；比方说，我们需要判断积极的陈述是否与其他证据一致，还是相反。我们必须敏锐地回应消极情绪、隐藏的烦恼、内疚或不安的表达，并试图理解它们。我们必须对这些信息做出适当的反应。

情绪的社会化从婴儿期开始，随着语言和抽象理解能力的习得而变得更加复杂。它涉及情绪的标签化、情绪与社会角色的契合、社会参照（即儿童开始理解母亲和其他人的面部表情），以及对他人情绪体验的认知，这可以被视为同理心的一种形式。

（2）个人需要了解情绪表达和情绪行为的规则，即表达规则和感受规则。这包括了解在不同的情境中与不同的个体交往时，可以或不可以表达和做出哪些行为？这些表达的社会限制是什么？个人或社会可能会采取什么制裁措施？

（3）我们需要知道如何处理情绪，无论是对于我们自己还是对于参与交互的其他人来说都是如此。当焦虑、愤怒或内疚等情绪对我们产生负面影响时，我们该如何处理？在哪些情况下我们容易受到功能失调性情绪的影响？而对于我们正在相处的对方呢，他们的情况又是怎样的？人们越来越关注儿童如何应对情绪，但这些研究更多关注压力本身而非情绪过程，这阻碍了有关压力和情绪的理论和研究的整合。

这3点虽然被精炼为3类知识，却吸收了大量与情绪过程相关的内容，这种吸收只能在个体发展的过程中逐渐完成。在个人发展局限和社会文化环境之外，儿童和成人在关于情绪过程的知识和信念、对其理解的准确程度以及有效运用的能力方面存在着很大的差异。我们往往假设，知识的质量和可操作性以及依据其采取行动的能力在很大程度上决定了社交能力。尽管这方面发展的细节，尤其是在生命的最初几个月和几年中个体的能力发展水平，仍然困扰着我们并成为发展研究的一个潜在的丰富议题，但最近的研究已经开始暗示，儿童甚至在比最初预期的年龄更早的时候就开始学习有关情绪过程的知识，这甚至包括他们对隐喻和讽刺的理解。

与这套关注个人需要了解什么知识才能让情绪运转良好的理论相反，心理学家们对不同年龄段孩子的理解能力已经有了很多的了解。这方面的研究已经被迈克尔森和李维斯、哈里斯，以及李维斯和萨尔尼等人总结过。学界对此领域高度关注，因此任何综述都很可能是过时的。让我们来看看其中的一些主要观点。

第一个宽泛而重要的概述是，社交和心理层面的理解——强调知识和评价，并导致积极和消极情绪——似乎在早年就获得了，而且孩子们的理解比他们在口头回答时能够表达出来的要丰富得多。这项研究中的内容非常符合我一直强调的，对情绪过程的认知—动机—关系分析模型。

3岁的孩子似乎就明白，在不同的情况下，与哪些人打交道是最合适的——例如，一起玩耍时、受伤寻求帮助时、获取信息时。非常小的孩子也表现出对他人情绪的共情意识；例如，当父亲伤心时，两岁的孩子会安慰、拥抱、轻拍父亲的背，尽管我们不清楚他们是否理解父亲的情感，也许他们只是肤浅地回应父亲对悲伤的表达，也许他们是在模仿。幼儿似乎对情绪状况有相当多的了解，人们通常给幼儿讲绘本故事，比如生日聚会或者坏掉的玩具，以此来研究这一现象。

例如，如果问一个4岁甚至3岁的孩子，故事中的小孩感受如何，或应该产生何种感受，孩子们似乎明白成人所认为的“合适的”情绪反应是什么——例如恐惧、悲伤或愤怒。他们甚至明白该情境下可能可以选用多种情绪反应。到4岁时，孩子们可以正确地使用一定范围内的情绪概念，例如快乐、悲伤、生气、愤怒和恐惧。有证据表明，幼儿甚至在能识别（也许是理解）不同情绪前，就可以区分它们；早在8个月大时幼儿就学会了区分不同的面部表情。对情绪的区分与识别能力都随着年龄的增长而发展。早在两岁时，孩子们就开始理解哭泣和大笑中所包含的情绪。迈克尔森和李维斯对此研究的总结展示了一些已知的观点：

> 当我们观察2到5岁儿童的情绪词汇时，会对孩子们对面部表情的理解和对应的词汇知识感到印象深刻。除了恐惧和厌恶外，有40%或更多的孩子理解了情绪标签，特别是“快乐”“惊讶”“愤怒”“悲伤”。甚至两岁的孩子也能将标签与面部表情匹配，这表明我们在研究孩子对情绪表达和其情境的理解时，不一定需要使用情绪术语本身，而是可以用与这些术语有关的图像表示。

芝加哥大学开展的研究也很好地体现了这一探索儿童的情绪理解研究的蓬勃发展。这一研究的一个前提是皮亚杰的命题，即儿童的价值观和目标，以及他们对社会情境中所发生事情的理解，这些都很早就开始发展了，也许是在生命的最初几个月或几年里就已经开始。根据这些研究人员的估计，从婴儿大约2个月大到七八个月大时，模糊的认知结构就开始出现。这些可以让孩子预测未来的事件。例如，斯坦因和莱文认为，“愤怒、悲伤、恐惧和快乐等情绪更有可能产生于侧重评估促发事件与预期最终状态间关系的评价过程”。

在他们以3岁至10岁的儿童为对象的研究中，研究人员要求孩子们记住和解释涉及情绪背景的故事，进而以皮亚杰的方式询问孩子们对故事的理解。这项工作的一个主要结论是，即使是3岁至5岁的孩子们，也会对事件之间的因果关系有着比通常认为的理解更深。随着他们的成熟，例如到了五六岁，他们可以很好地理解事件的主要前因是状态、目标和行动，其中目标是最频繁出现的；而事件的后果则是行动和状态的变化。即使这些最年幼的孩子并不完全理解内部心理状态，并将外部事件作为情绪反应的原因，但内部心理状态其实是“激发维持特定状态的渴望的目标，与反映当前目标达成或失败状态的结果”。他们从研究中得出了如下关于儿童对情绪基础的理解结论：

> 孩子们对目标的敏感性在他们的愿望和计划中也很明显。首先，孩子们的愿望包含一定信息，这些信息聚焦在控制的愿望上，即重新恢复未达成目标或维持已实现目标的愿望。3岁的孩子们……也会生成包含这些维度的愿望和计划。对于新的成功，愿望和计划中纳入了保持新目标和旧目标的愿望。对于扩大的失败，愿望和计划中包含了恢复扩大目标和原始目标的愿望。

我之前已经提到过邓恩正在进行的对两岁以下儿童的持续研究，这也完善了这一不断扩展的关于儿童理解情绪的个人和社会规则的知识体系。虽然这些非常年幼的孩子口头表达能力有限，但邓恩认为，这些孩子显然对情绪生成的方式有很多了解，因为他们能够在日常游戏中开玩笑，取笑其他孩子，惹恼父母等。例如，逗弄别的孩子意味着理解那个孩子的心理脆弱性，而故意反复惹恼父母则需要理解父母的期待以及如何挫伤他们。比如，对我观察到的一个2岁的聪明孩子，读者会怎么看呢？当被责骂时，他说：“妈妈，别那样跟我说话；我不会那样跟你说话。”尽管年纪还小，但这个孩子对社会关系及其情绪含义的理解显然非常深入。

第二个主要的概述，与第一个一致，随着心智的成长和变化，人们对自我、世界、生活中的适应任务以及情绪的理解方式也会发生变化。根据一些观察来看，幼儿似乎首先采用“情境—反应”理论提出的模式，他们将情绪与引发情绪的情境联系起来。然而，随着年龄的增长，他们开始用在头脑中发生的心理过程来思考情绪问题。

例如，对于6岁的孩子来说，他们知道争吵会引发愤怒，积极的经历会让人快乐。11岁和15岁的孩子仍然承认这种联系，但比6岁的孩子更有可能在解释中提到中介这种反应的心理过程。目前尚不清楚这种变化是成人“心智理论”的结果，还是他们自己对社会规则的理解；可能两者都有。他们说：“当我内心感觉良好时，我快乐；当我想到不好的事情时，我伤心。”哈里斯研究的孩子们也很清楚，一个人可以假装高兴或害怕，但年长的孩子对如何伪装以及可能发生伪装的条件有着更复杂的理解：

> 对年龄较小的孩子来说，伪装只是指以一种不适合情境的方式行事：在争吵后大笑，或者在去看牙医的路上微笑。相比之下，其他孩子更有可能提到这种伪装导致的不匹配。不匹配，也就是说，一个人内心的真实感受和外在的表现之间的不匹配。他们谈到试图隐藏自己的感受，或者承认他们的感受仍然会无论如何都要表现出来……这些复杂的关系对于年长的孩子来说应该更容易理解，因为他们在情境、内心的心理感受和外在的反应之间做出了三重区分。

很难抗拒这样的嘲讽式评论：连孩子都有更复杂的对思维运作方式的把握，那些避免提及情境和反应之间心理过程的教条主义行为主义者却做不到。一次又一次的研究表明，对非常小的孩子来说，实际上从一两岁开始，关于情绪过程的假设就比过去更加复杂。随着孩子年龄的增长，他们也越来越能够认识到在任何情况下可能出现不止一种情绪，有时似乎是矛盾的情绪。

在后一点上，哈里斯（1983）告诉我们，小孩子可能会意识到情绪的情境也许不止有一个成分，每个成分都会产生一种不同的、潜在的冲突情绪。这样的认知使他们更愿意承认可能存在矛盾的心理。他还指出，对于这种随着年龄增长而越来越愿意承认的现象，目前还没有现成的解释来分析此中的复杂情绪。一种可能的说法是，是孩子接受了认知在情绪中发挥的功能。

我在第一章中为任何事件中的多重情绪提供的解释是，大多数适应性事件不可避免地具有复杂性。一个适应性事件包含了许多内容，这使它可能让有些人觉得好，有些人觉得坏。随着孩子们做出更多的承诺，也就对自己和世界的多重信念越来越有责任感，他们也更有能力分辨在他们的情绪互动中多方面的事实。在生活中，几乎没有经历只与单一的、简单的幸福相关，甚至幸福本身也有多个方面，有时甚至是相互冲突的方面，社会功能、信心和身体健康这些方面也会产生多种适应结果。

在我看来，特定情绪首次出现在何时以及哪种情绪先出现的问题，与对潜在的社会意义的理解相比，显得苍白无力。情绪很早就开始了，而且早于对语言的掌握。现在我们仍然很难将情绪表达和情绪体验区分开，但当我们获得有关儿童体验恐惧、焦虑、愤怒、内疚、羞耻、自豪等情绪必备东西的数据时，情绪发展的研究将得到极大的推进。也就是说，支撑每种情绪的知识和评价内容，以及这个年龄的孩子了解的内容是什么。

基于这个原因，我相信理论驱动的研究是有利的，并且会借鉴第六章和第七章中的命题，这些命题与评价模式及每种情绪所依赖的知识有关，或者就此而言，与其他人的命题有关。理论上的前提是，如果一个孩子要么因为缺乏知识，要么因为缺乏估计个人与该知识关系的能力而无法做出特定评价，那么与此评价有关的情绪便不会再要评价个人对那种知识的相关性，那么孩子就不会表现出依赖这些评价而产生的情绪，直到这种情绪必要和充要的每种评价都能被孩子理解为止。

情绪过程发展概述

现在，我准备以系统而简洁的形式总结一下本章所讨论的与情绪发展有关的主要因素。

我从婴儿出生时的基本状态开始，当婴儿初降世间时，他们的特征被以一种可能有点过于简单的方式来描述，那就是气质。以气质为基石，父母的教养方式进一步影响孩子，父母试图把自己的育儿方式强加给孩子，反过来，他们也以一种双向的方式受到孩子的影响甚至控制。大多数人认为，气质是天生且重要的，但持有这种观点的人都不能为我们提供清晰的理论指导，不能告诉我们气质是如何产生不同类型和不同程度的情绪的，甚至也不能说明气质在发展中的大概作用——假设有的话——尤其是气质与多种育儿方式相互影响而产生的效果。在本章靠前的部分，我提出了一些猜测，试图解释气质影响情绪过程的方式。

在这种双向影响的交互中，孩子会怎么样呢？这在某种程度上取决于受环境因素影响的认知发展阶段。在幼儿最早的情绪过程中，内部心理状态和外部环境之间是没有区别的。但很快孩子们就会理解正在发生的事情，并据此调节自己的情绪表达，使之与偶发事件和社会信号相协调，最终与社会情境相一致。然后，幼儿通过引发情绪的条件来定义情绪，但他们会渐渐认识到心智这一内在中介。到了青春期，他们变得更善于反思，并对内部和外部的生活有了清楚的认识，也明白内部与外部各自适用的规则。

这些认知活动的发展变化对于情绪所依赖的意义的产生方式，以及在社会生活中对情绪的调节而言是十分重要的。当孩子感知到自己脆弱的意义建构受到威胁时，他们就会焦虑；当孩子感知到一个外部的主体侵犯了自己实现目标的需求时，他们就会愤怒，且愤怒的本质可能是他们的原始自我受到了贬低；当父母表现出对他们的不赞成与失望时，他们就会感到羞耻等。

随着孩子走向成年，意义的复杂性和它们所能产生的情绪不断发展，使儿童的情绪越来越像成年人的情绪。在这些互动中，父母的观点和计划起到类似环境的作用。自动化的学习形式简单，且永远不会变得复杂、抽象和深思熟虑，刻意的学习则在成长中变得越发重要。虽然，对意义而言，语言表达不是至关重要的，但语言对记忆有很大帮助。在抽象概念中，语言有助于清晰地表达和突出概念的基本含义。

随着孩子开始长大，其一生的个人规划及与世界建立关系的方式，包括目标层次和关于自我认同的信念，都将成为其人格特征的一部分。自我认同的发展是渐进的，因此在完全达成之前，它也可能是突然发生的和猛烈的。在成年早期，自我认同还可以有所改变。我觉得，此处应当使用的术语是自我认同，而不是自我，因为这些人格特征不仅仅是自我概念，而是一整套有关自我的概念，包括角色、承诺、关系，以及在这个世界中发挥作用的领地或位置。它们来自人类的生物和社会共性，来自文化中的规范含义，来自孩子所处社会的行为准则，以及个人的生活史。

尽管获得过程贯穿一生，但我们可以假设存在这样的规律：最重要和最稳定的目标和信念是在成年前成长、发展的。在适应过程中，生活和衰老迫使情绪发生转变，这一现象尤为重要；世界在变化，我们的能力也在变化，因此，我们可能需要不断重组目标和思维方式，并不断应对生命历程各阶段的要求，以此来巩固适应的成果。

对我个人来说，随着年龄的增长，我看到，人们对如何应对年老时功能的丧失越来越感兴趣，这是很有启发性的。巴尔特斯研究老年人在功能上补偿记忆问题的策略以及补偿力量、速度上衰退的策略，为个人晚年的情绪和适应问题开辟了广阔的研究领域。最令人鼓舞的是，研究通常发现，由于这些补偿策略的存在，老年人可以继续保持高效且富有成效地工作。

在任何发展阶段，人的个性都可以通过无数次与环境的适应性交互被识别和描绘，这些交互引发了急性情绪并有助于形成更持久的心境。正是在这些交互中，各种社会要求、限制和资源得以体现，对思想、感情和行动的即时社会影响也在其中起作用。

作为人与环境之间的中介，评价和应对过程发生在这些交互之中，并塑造了情绪反应。我在第四章和这里都提出，这些中介过程很早就开始了。对于任何有知觉的生物来说，无论是自动的还是有意识的，生活的常态就是不断评价正在发生的事情对幸福的重要性。尽管对简单的哺乳动物和婴儿及儿童早期来说，这种重要性的范围和抽象程度可能受到限制。

在初级评价中，个体的核心关注点是在交互中的利害关系，这些利害关系一方面基于动机和信念，另一方面基于环境力量。在次级评价中，应对的选择和未来的前景是核心关注点。当面临一个与选择和前景有关的交互，特别是一个被评价为有害或有益的交互时，应对过程会改变与环境的关系，无论是实际发生的还是在认知中的。这些评价和应对的过程使每一次交互都在不断变化，尽管在内容和风格上，反复出现的模式区分了一个人和另一个人，以及年轻人和老年人。

我们现在已经做好准备，要开始对情绪过程的社会影响进行探索了，这正是第九章的主题。

总结

开启这一章的关键主题之一是，要想研究情绪发展，就必须确定相关的变量和过程，这并不容易，而且这些变量和过程必须与适应理论相符。许多与此相关的现代研究主要依赖单一反应指标，尽管这具有相当优势，但也只能被看作单一的外围反应，是组成情绪的认知—动机—关系链条的众多变量之一。

本章回顾了历史上研究母子关系对情绪发展的影响的4种方法，包括惠廷和柴尔德、鲍尔比、哈洛和登伯格的理论，以及一种近期出现的行为学方法。这些关注个体亲子层面的方法与尚未提及的更宏观的社会文化分析其实是相似的。

本章总结了4种最近提出的情绪发展理论，包括伊扎德、斯拉夫、坎波斯等及李维斯和迈克尔森的理论。在他们之中，部分理论之所以引起人们的兴趣，是因为人们认识到了自我在情绪中的作用。

接下来讨论了生物因素，尤其是气质。气质一开始就在情绪中起到基本的、重要作用。讨论内容包括奥尔波特对气质的定义，对气质遗传性的一些研究，以及在个体发展中气质与养育和应对机制之间可能存在的相互作用方式。我也简要讨论了卡根的研究以及罗斯巴特和德里伯里的研究。

从我的认知—动机—关系理论角度看，情绪发展主要与个体习得的影响评价和应对过程的人格特质有关。这些因素可以从强调先天倾向的生物学观点或强调变异的社会观点来看，显然，两者都涉及情绪发展。

要理解情绪发展，我们也必须明白，学习过程与评价、应对、情绪都有关。本章回顾了4种主要的学习机制：关联（强化）学习（包括经典条件反射和操作性条件反射），模仿（观察学习）和认同，社会角色的作用，以及对意义和自我认同的追寻。在必要时，我还举例展示了当前从这些学习角度来理解情绪的研究，例如洛文杰关于自我发展的探索。本章指出，在成年时期，许多不同的学习机制可以同时运作，这一立场与第四章关于自动和有意认知加工的观点是相容的。

考虑到儿童必须了解与情绪及与情绪过程相关的社会互动，本章也审视了有关认知—情绪发展的研究和观点。本章也对当前有关儿童理解情绪背景的研究进行了考察，并突出强调了一些普遍性的发现。

最后，本章对情绪过程的发展进行了概述，总结了我认为塑造评价、应对和情绪反应的主要人格和环境背景变量。

第九章

社会影响

对于情绪发展，可以从两种不同的视角来理解，这可以反映本领域一方面关注生物因素的影响，另一方面也关注社会因素的影响。一种视角认为发展是个人遗传潜能的展开，遵循遗传或基因预设的模式。另一种视角认为情绪是在经验学习中发展的，这与社会行为规则和文化意义相符。这两个视角当然同样具有适用性，且如我在第五章中所建议的那样，完整的情绪理论应该考虑两者的相互作用。我将情绪放在生物层面和社会文化层面进行讨论，读者也应在此背景下进行阅读。

本章的目的是从社会角度来讨论情绪的发展。这需要探索社会和文化的力量，以及它们对情绪的影响。要在情绪过程中发挥作用，无论是在发展的不同阶段还是在特定的适应性事件中，社会和文化必须对评价及应对的变量和过程以及塑造它们的因素产生影响。在特定理论的各种中介变量和过程中，我们对文化有什么具体影响的直接了解还相对较少，但是我们有充足的社会学、人类学和心理学方面的线索和观察材料，可以基于它们进行推测、生成假设。

至于本章的结构，在讨论了社会文化观和它影响个人的方式，以及文化和社会结构的区别后，本章的主体内容分两方面：一是讨论文化如何影响个体的情绪；二是讨论社会结构如何影响情绪。在每一节的结尾，我都会对6个评价成分进行简要考察，这是我理论的核心。在社会结构部分的结尾，我将简要讨论教育影响情绪的方式。

社会文化观

我们生活在一个复杂的人际关系网络中，所有的人际关系都可能引发情绪，从亲密的家庭关系到涉及更多宗教、种族群体、当地社区和国家的遥远社会关系。我们大多数人几乎没有意识到规范着我们社会行为的规则有多么复杂。我们遵守正式的和非正式的行人和车辆交通规则；在拥挤的街道、电梯、地铁或公共汽车上遵循成规；学会以适当的行为方式参加团体社交活动，如婚礼、葬礼和大学课堂，与同性或异性成员相处等。这些规则构成了相对稳定的社会现实，它在我们每个人到来之前就已存在，且在我们离开后可能以不同的形式继续存在。作为我们当前世界的一部分，相对稳定且可预测的物理环境条件同样重要，如街道、高速公路、建筑物、地理、交通系统和气候。

社会及其文化是人类进化的产物，是从陈旧、传统的思维、感觉和行为方式中生长出来的。正如伯格和勒克曼所阐述的那样，在很久以前，社会文化规范因其便利性或必要性而出现，一旦确立，往往会持续存在，且作为社会制度代代相传，变成了习惯的模式和稳定的行为准则。它们构成孩子们所处的社会世界，包括必须遵守的社会习俗，但在社会中生活的人们对社会文化规范的控制力是有限的。从出生开始，当代和以后的儿童，都必须学习这种社会秩序，就像他们必须学习物质环境中的一切一样。我们都是社会和物质环境的产物，终其一生，人类的思维方式、情绪和行为都被它塑造——无论是在形成时期还是整个生命过程中。

然而，正如人们对物理意义上的现实有着不同的看法，生活在同一社会条件和规则下的人们也不一定总会按照相同的方式看待社会现实。某种程度上，每一个体看到的社会现实都是一个独特的、私人的、主观的世界，永远无法完全地展现给他人。我们都有自己的规划、意义、思想、情感、愿望以及行为。我们每个人自己所知的与任何他人所知的并不完全相同；因此，社会现实在我们头脑中的建构方式因人而异、因不同亚群体而异。在理解社会与情绪的关系时，社会学家、人类学家及心理学家必须考虑到这一点。

这样一来，不同群体看待世界的方式大不相同，哪怕生活在同一社会中，不同国籍和不同社会群体的人所面对的社会现实也不尽相同。即使在同一宗教群体中，佃农、工厂工人、商人、农民对宗教的体验与亿万富翁和知识分子的体验也是不同的。除了这些基于社会群体而产生的差异，个体间也因独特的生活经历而有很大差异。

在这方面，史密斯认为，在过去的两个世纪中，民族认同感复兴了，这对情绪的社会基础、代际冲突和未来的国家有着深远影响。世界上存在单一民族国家，如日本；还有多民族国家，比如我们自己的国家。随着民族认同感的兴起，例如在东欧和美国，人们越来越关注多民族国家自我治理的能力，每个群体都想争夺更高的地位，并展示自己的民族抱负。

此外，还存在文化和政治安排随时间流逝而解体的问题。在我成长的过程中，希腊和罗马古代文明的衰落引起了很多研究者的兴趣。英格玛·伯格曼的经典电影《第七封印》描绘了中世纪欧洲既有社会秩序的崩溃。崩溃与“黑死病”（淋巴腺鼠疫）同时发生，这两者肯定对当时人们的情感生活造成了巨大破坏。芭芭拉·塔奇曼的作品讲述了14世纪的文化解体，并将其与愚蠢、悲剧性的20世纪相类比，这也表明，在考虑社会对人们情绪生活的影响时，稳定和不稳定的社会系统存在重要区别。

我最近的经历凸显了一些与社会控制有关的变量和问题。我和妻子，还有另外一对夫妇，从我们在东海岸的家开车到旧金山的歌剧院看周日的日场。因为最近一次地震造成的破坏，市里关闭了一些路线，于是我们为这次通常只需要大约40分钟的行程预留了两个小时的时间。但我们没有预料到的是，由于桥上施工，加州交通局又关闭了一条通往海湾桥的大道，这导致了严重的交通堵塞，开幕后几分钟我们才到达剧院。一般在这种情况下，按照传统，迟到的人是不能入座的。我们也被一个身材矮小看不清表情的引座员拦在入口处了，她的附近没有主管，于是她就自己找到一个空座位坐下看剧了——从未听说过星期天的下午场还能有空座位，这也表明之前的那场地震造成了多么严重的交通混乱。

考虑到现实情况、票价高昂以及若不就座将错过三分之一的歌剧的事实，我们决定反抗成规——况且由于身体原因，我们的一位同伴还不能久站。我们强行进入并就座，引座员发出了大声的抗议（她的抗议制造的噪声比我们的动静本身更大，她要是更机智的话就不该阻拦我们）。我是否需要在一本关于情绪的书中提及这一事件引发的强烈情绪——愤怒、焦虑、内疚和羞耻呢？这取决于我们关注的是哪个戏剧性人物。

我注意到，类似剧院的规则是为了创造优雅的生活，这在能够控制到达时间和行为的情况下是合理的。规则迫使那些总不为他人着想的人更有计划，我自己通常也对迟到感到恼火。这样的规定也是阶级社会的残留，即某些活动仅限有能力享受优雅生活的人参加。在我们的城市中心，优雅生活的条件大都消失了。不论如何，正如读者能猜到的，一些观众用眼神和言语对我们表达了强烈反对，我们瞪了回去，并为自己辩解了几句。

这段经历有点狼狈，但它的有趣之处在于，当社会规则不再适用于当下环境时，它们的力量就会减弱；当规则不再被相当数量的人群所接受时则更是如此。例如，在加利福尼亚州，尽管贴了每小时55英里的限速标志，但几乎每个人都以每小时65英里或更高的速度驾驶汽车，当然，除非看到附近有巡逻车。如果你以55英里的速度行驶，后面的人很可能催你加速。社会学家们知道，这些做法损害了公民对法律的尊重，并产生了“随机抽签”现象，即被抓住就付罚款，但中招概率是相对较低的，尤其是如果你能保持警惕的话。人们甚至会因超速却没有被抓到而沾沾自喜。

被经常性地、普遍地违反的规则，如果不是社会变革的信号，就是社会变革的某种方式。在我们的社会交往中，匿名性的普遍性加剧了这个问题。在一场歌剧演出结束后，每个人都散去，又回到他们家里过着不为人知的生活，那受到反对就没什么大不了的了。同样有趣的是，印度人遵守传统规则的意愿存在个体差异。有些读者会对我们在歌剧院的反应和行为感到震惊；其他人会感同身受，并和我们一样不赞成在当时的情境下过于死板地执行规则。

尽管如此，社会学家客观描述社会现实的任务是很难完成的——事实上，存在许多真理，而不只是一条真理。虽然不同个体对不同现实的反应可能有很多重叠或共识，但读者已经知道，我认为对个人情绪体验而言，重要的是由其意愿、知识和评价带来的个人体验。就意义在不同个体之间、在不同群体之间的复杂程度而言，个人的情绪发展和情绪行为也应是变化多端的。在强调社会文化和强调个体这两种观点之间，存在着学术上的争论和张力。然而，鉴于社会环境将塑造个体或群体的思想、情绪，以及生命全程中不同情境下的行为，社会科学中有关情绪的研究和理论任务就是要努力地准确识别出这种影响的发生机制。

社会、文化与个人

当我们试图将社会系统与心理系统联系起来时，比如个体的情绪过程，我们面临的问题是，如何将宏观层面的分析（即社会系统）转化为微观层面（个体的思想）的分析。在社会层面上，我们必须区分出与情绪相关的社会系统的成分。在心理层面上，我们必须考虑与情绪相关的个体心智的成分。

社会系统变量与其对心理产生的影响之间存在不可避免的鸿沟，原因有二。首先，社会分层使某些群体和个体相对于他人更具适应优势。其次，除了自然界中巨大的遗传多样性之外——尽管它也存在于同一社会或集体中——个体和群体具有不同的生活史，这在我们的身体中产生表型变异。这种变异是如此之大，以至于虽然我们的身体以相似的方式运作，但身体外观及器官工作方式存在很大的个体差异。不过这还处于正常范围内，有时甚至难以判断一些差异是否有医学上的问题。

同样的可变性原理也适用于我们的心智及其发展史。例如，对能影响我们的人，如父母（作为一对夫妻或作为个体），我们的有关经验是非常多样的。因此，任何情绪的心理学理论都必须超越对人们所生活的社会系统的考察，去探索影响评价、应对及情绪的个体变量。但是，在成长与适应的过程中，当我们将个体的生物遗传因素与个体的社会文化经验结合起来时，就很难总结出个体人格发展的普遍规律。简而言之，我们必须科学地寻找普遍的解释规律，但我们也必须尊重生物、社会和心理生活中巨大的多样性，并找到合适的方式，利用多样性来解释和预测个体情绪。

我们必须分析清楚那些有关人格发展的、存在交互作用的系列变量是如何运作的。我发现拉布维克按照时间和情境来组织这些变量的4种方式非常实用，而卡斯皮借鉴了这一理论，为我们提供了经过深思熟虑的指导，帮助我们厘清个性和社会因素对情绪和生活适应的影响。卡斯皮将它们区分成两组变量，一组是与发展时间无关和与发展时间有关的变量集合，一组是与发展情境无关和与发展情境有关的变量集合。

对个人而言，在相对长期的时间内或在不同的具体情境中，与时间无关和与情境无关的变量指的是稳定的标准模式；它们与特定的时间或情境没有必然联系，因此人格研究者对这些变量有特殊兴趣。特定时间和特定情境指变量与特定时间和情境有关。这些视角都只涉及人类发展历程的一部分。当然，若要确定哪些因素是稳定的，哪些因素是可变的，则会面临许多困难。

时间特定变量是发展心理学的主要关注点之一，因为它们在生命周期内是不稳定的，并会发生许多变化。

情境特定变量指的是人们接触到的和产生反应的可变的社会情境，其影响是社会心理学的主要关注点。

随着人们的成长和年龄的增长，不仅是所面临的发展任务会发生变化，他们所生活的社会环境（甚至是物理环境）也会发生变化。实际上，发展任务由特定的时间与情境决定。奥德温与斯托科尔斯指出，我们很难区分物理变化和社会变化间的差别。如自然灾害会影响社会环境；而社会环境的改变也会影响物理环境，例如离婚、丧夫或失业会迫使人迁居。社会环境、物理环境、个人和功能性的人—环境关系，这些在一个人的一生中都不是固定不变的。变化对情绪和适应有着深远的影响，这是生活本身所具有的不可避免的特征。

环境的变化可能意义重大。对那些从一种文化转移到另一种文化中的个体来说，环境变化是心理压力和困扰的关键来源。当生活在与他们成长环境不同的社会中时，人们所经历的文化冲击可能会给其心理健康状态带来极大挑战，且这种威胁可能会持续很长时间，甚至持续终身（尽管当转变发生在儿童早期时，困扰似乎较少）。

例如，我还记得我与妻子作为访问者而非游客在不同于美国社会的国外度过的时光。那时我们对当地语言掌握很浅。每时每刻都要努力适应当地生活，这是很艰难的，尤其在第一个月。仅仅是弄清如何去商店、银行、使用奇怪的家用设备以及与当地人联系就已经是持续不断的挑战了。幸运的是，我们的房东很关心我们的生活，他极大地提升了我们的生活能力。在这段经历中，我们有自己的聪明才智、资源和房东的支持。对我们这样的条件而言，此适应过程尚且令人筋疲力尽，那么想想那些漂泊异国他乡的人，他们人生地不熟且贫穷，很多人没有受过良好教育，也不懂得当地的语言。也想想一波又一波到达美国海岸的移民，包括近期的一些移民潮，更别提那些契约仆人或奴隶了。

许多变量都与情绪过程有关，而社会与其文化对这些变量影响颇深。我认为最重要的是中介过程的变量——对自己在与他人关系中个人意义的评价，不论是疏远的关系还是亲密的关系；影响评价的应对过程；还有社会回应。现在，读者们应该意识到（我希望也可以认同）我对个人意义的偏好，这也影响了本章对影响情绪的社会文化因素的分析。

社会影响的形式

有两种宽泛的社会因素总是被拿来对比：个人从出生开始就存在的生活文化以及社会结构。“文化”提供了一系列内化的意义，人们带着这些意义进入到与社会及物理环境的互动之中。在文化被内化成了人格的一部分后，它也就不再受时间与情境限制了。社会结构则产生了一系列即时的要求、限制与资源，它们常常以角色与角色关系的概念加以描述，并在适应性事件中发挥作用。事实上，这些都是特定时间与特定情境的变量。要了解情绪过程，上述两种影响都是至关重要的。

尽管二分法总会过度简化事实，但实际上人类学家和人格心理学家们常常强调文化的影响，而社会学家与社会心理学家则主要强调社会结构的影响。发展心理学家两者兼取，虽然可能提及文化比社会结构的情况更多。此外，当前互动中的社交规则也会影响情绪。我将在稍后对社会结构与情绪关系的讨论中剖析这一点。

人类学家有许多不同的方式来定义文化。吉茨的定义很有影响力，也非常适合我们的情绪理论。基于意义的概念，他将文化定义为“一种历史传递的意义模式，并在符号中传承的概念系统，通过这种方式，人们相互交流、延续传统和发展有关生活的知识和态度”。

另外，社会结构指的是社会关系的具体模式，是在社会系统中占据不同角色和地位的个体之间的交往。在对社会结构的分析中，一些隐含的问题可能包括：作为父亲、母亲、孩子、爱人、丈夫、妻子等的义务和权利是什么？什么样的行为违背了这些角色期待，如何处理违背的情况？如何进行社会交往？和谁交往？一个人怎样准确判断并开展社会交往？这些反应表明什么？预示着什么？例如，如果有人询问信息，你的回答可能很礼貌，但你们之间的交流会流于表面。和什么样的人在一起，在什么条件下，交流可以变得个人化呢？可以尝试哪些社交话题呢？哪些迹象表明，在表面之下存在另一种社会关系？一个人如何保护自己免受伤害和侮辱呢？我们如何在社交中实现我们的目标？

施耐德很好地描绘了从文化和社会结构两个角度思考社会现实时的不同，他认为：

> 文化与规范的差异在于，规范是面向行动模式的，而文化构成了关于宇宙本质和人类地位的定义、前提、陈述、假设、推论和感知的集合。规范告诉演员如何演出，而文化告诉演员场景是如何布置的以及它的意义。规范告诉演员在鬼、神和人面前如何行为，而文化则告诉演员鬼、神和人是什么以及它们的全部内容。

文化与情绪

在这里我要谈谈文化是如何影响情绪的，也会提供大量的实例，这有助于进一步具体理解文化这一变量对情绪的作用。让我们从文化如何影响情绪开始。

文化影响是如何生效的

心理发展历程中个体将获得共同及不同的意义，这是文化影响的关键。正是由于这些意义的存在，在每一个社会情境中，人们才能对发生的事件和反应的方式有所理解、有所准备，即使他们不能说出是什么指导着他们的反应。我在第五章提到过一部分情绪过程中生物因素和社会文化因素之间的竞争。

关于文化如何影响身在其中的社会化的人，丹德拉德对两种矛盾进行了探索性的考察。有人断言人们会感觉到遵循文化规律的巨大压力。这就以斯金纳的方式将文化定义为一套外部需求，其中正如斯皮罗所指出的，这是一种反人格（实际上他说的是“反心理学”）的立场，因为它假设对文化规范的遵从只是外部社会制约的结果，而不是遵循内部动机的结果。相反的理论则更以心理活动和人格为中心，认为外部指令对个人的力量至少部分来自模仿他人言行的内在渴望。

正如阿德勒在他早期的著作中经常强调的那样，我们渴望社会联结的一个原因是，作为婴幼儿，我们都是无助的，我们需要善意的和支持性的父母来维持生存和发展。然而，在后来的著作中，阿德勒将他的重点转移到对系统发育的解释，就像现代社会生物学那样，他指出天生与他人合作倾向的适应性价值，因为只有借助群体的抗风险能力才能确保个体生存。

第一个将处罚作为主要激励因素的理论是不完整的，因为外部权力来源很少能成功地进行长期社会控制，在外部权力试图控制社会时，这些时期通常会出现普遍的社会失范、政治腐败和功能障碍。在当前的世界风潮中，20世纪末，东欧集团体现出了单一强制力长期的控制薄弱性，在那里，对自由、民主和经济繁荣的呼声引发了历史性转变。仅仅一个世纪之前，西欧傲慢君主政体的崩溃就是统治者因对普通公民福祉关注不足而失败的典范。或许只是历史上的一个短暂时刻，或者是新世界秩序的开始，我们都可以清楚地看到，仅仅依靠外部力量达成一致最终必将走向失败。

遵从和相信一种文化观的意愿是社会和政治稳定的主要来源，它至少有三个动机基础：直接的个人奖励，文化价值观的内化以及群体惩罚个人违规违法行为的权力。反社会者和犯罪分子因为未能内化社会价值观而与其他社会成员明显不同。

当我们比较人们在不同社会中的思考、感受和行为方式时，文化对人格发展的影响变得十分明显。然而，要区分人格和文化是困难的；我们只能通过参考社会成员共享的思想、感觉和行为模式来了解文化，可以说这是一种群体性人格。这涉及一定程度的循环论证，因为我们通过其成员共同的人格特征来定义文化，并通过内化的文化价值观来定义人格。

在我看来，解决这一困难的最好办法是关注时间过程，即一个出生在具有特定文化的社会中的孩子如何获得并内化文化意义。如果我们认为存在一种文化模式，而当前社会成员是在此模式产生之后才出生的，我们就能理解生活在其中的人的典型人格特征，这是社会化或文化适应的产物——在那种文化中长大和适应的结果。然而，如果没有纵向研究，此论点是难以证明的。不幸的是，根据我们现有的数据，我们只能依赖于对不同文化的成员进行横向研究来检验文化对人格发展的影响。

丹德拉德对他有关文化与人格的分析作了如下总结，也很好地表达了我的观点：

> 这里的总体立场是，意义涉及全体人类的心理，而不仅仅是我们所知的那

一部分。意义系统的每个方面都需要大量的心理过程和相当多的经验启动。一个孩子需要多年的学习才能掌握意义系统。表征的发生仅仅是因为符号激活了复杂的心理逻辑程序。同样的道理，一个孩子经过多年学习才能掌握意义系统所具有的建构、指导和唤起功能，而这些功能也需要复杂的心理过程来实现。表征、建构、指导和唤起功能都是大脑组织方式带来的，是高度精细的、受文化意义系统影响和刺激的生物和心理潜能。

以文化为基础的意义系统是如何影响个人对人际关系的理解的呢？为了回答这个问题，丹德拉德复述了施恩克和阿贝尔森的一个简单故事。假设有人读到以下内容："罗杰去了餐厅，他点了酒焖鸡。服务员态度很不好，而且桌子就在收银机旁边。罗杰留下了非常少的小费。"现在读者必须回答一些有关故事中社交互动的问题，比如"罗杰吃了什么？""罗杰跟谁点单？""罗杰坐在哪里？""罗杰喜欢这家餐厅吗？""为什么要给很少的小费？"

在施恩克和阿贝尔森之后，丹德拉德在后续讨论中指出，以上问题的答案都不明确包含在故事内。然而，由于我们对这些社交互动的文化背景十分了解，因此很容易回答这些问题。例如，我们知道餐馆里的顾客通常坐在桌边，向服务员点菜，吃自己点的菜，并且服务满意度可以通过小费的多少来表示。如果服务员不礼貌，周围环境不愉快，满意度就会受到影响。而靠近收银机的桌子通常被认为是令人不快的。如果没有这样的文化背景信息，那么故事的绝大部分内容就都说不通了。另外，对于生活在这种文化中的人来说，即使没有额外信息，这个故事也是相当有意义的，因为相关信息已经存在于我们的头脑中，我们认为它是理所当然的。

在我们能够进行推断的范围内，存在着许多共有的文化信息，我们可以从任何与我们产生互动的社会背景中提取到这些信息。我们也在同样的基础上经历和理解自己与他人在社交场合中的情绪。因此，情绪体验实质上是文化性的，在许多方面以共同的公共意义和私人意义为基础。

为了尝试确定文化影响情绪的方式，海德在他关于印度尼西亚文化下3种情绪的书中，对一系列文化与情绪研究的重要问题做出了探索。他提出了文化如何影响情绪这一问题，并观察到不同的语言有着不同的词汇表达情绪。这就引出一个问题：有多少情绪行为（还应该加上情绪体验）在不同文化中是不同的？比如，美国人用“Wrath”（愤怒）这个词的情境，印尼人用“Marah—z”（愤怒）这个词的情境，二者之间有多少是重叠的呢？这个问题引发了许多其他问题，不同文化的人是如何说话、思考、感受、表达情绪的呢？文化不同，则情绪词汇量的大小不同吗？不同文化的情绪词汇类型不同吗？是否有些情绪在一种文化中比在另一种文化中更受重视或被忽视？在文化上，是否存特异性的情绪？情绪的起因和结果在不同的文化中会有所不同吗？在不同的文化中，人们会用不同的面部表情来表达相同的情绪吗？如果是这样，我们如何理解这一点？

对于海德所说的文化影响情绪过程方式的问题，人类学的答案是什么？目前有两种主要的回答：(1)文化变量通过提供个人的意义感和幸福感来影响其即将体验到的情绪，这与我对评价的强调是一致的；(2)情绪一旦产生，文化将影响它的社会调节和表达方式，这与情绪表达规则和应对的概念是一致的。

海德写到了第一种影响方式，即在情绪产生过程中激发事件的文化定义，它会介入事件和情绪反应之间。第二种影响方式，即文化中存在一系列与应对过程相对应的反应或表达规则，这些规则和过程在内在状态和行为之间起作用，表明情绪状态和可观测的行为表现之间存在着联系。

利维做出了同样的区分，但将其表述为建构性规则和规范性规则之间的区别。他研究了塔希提人的情绪模式，他们表达愤怒的方式容易受到流言蜚语、对他们的教导以及冷静程度的影响，因为塔希提人对愤怒很警惕。因此，愤怒可能被微笑所掩盖，或被幸福的表情掩饰。这些表现阐明了规范性规则的作用，这也是利维所强调的。关于这一点，他认为：

> 关于愤怒和暴力的信条……导致了（以下）的愤怒应对策略；尽量不要陷入会让你生气的境地；如果可能的话，不要把事情太当真；如果有人生你的气，尽量不要让这种情绪发展下去；然而，如果你真的生气了，就把你的愤怒说出来，这样事情就不会发生了，只要可以纠正情绪，你就不会憋在心里。如果可能的话，用语言而不是身体来表达愤怒。如果你要使用肢体语言，尽量使用符号行为，不要碰对方。如果你碰了他，注意不要伤害到对方。

比起海德使用的说法，我更喜欢建构性规则和规范性规则的说法，我将在这里使用它们。利维似乎相信，内在的情绪受文化——建构性规则——的影响相对较小，因为有普遍生物规律的影响。比如，很可能在大多数文化中，孩子的死亡是令人悲伤的，而悲伤通常用跨文化的表情和哭泣来进行表达。尽管如此，在前面发生的事和后面发生的事之间，孩子的死亡这一事件的意义将因特定文化解释而不同，文化的这种影响是建构性的。例如，若在文化意义上相信，这种死亡是巫术的结果，那么个体的反应可能是愤怒而不是悲伤；但如果认为孩子直接被带到天堂了，基于天堂的文化意义，人们可能会感到快乐，而不是悲伤或愤怒。

我已经讨论过利维对塔希提文化的有趣观察，他发现悲伤和内疚被认为是“认知不足”，愤怒和羞耻被认为是“认知过剩”。他将这些称为文化对由情绪产生的社会问题的规范性回应。对人类学家来说，情绪是很有趣的，主要是因为它们会影响行为、思维和意义系统。换句话说，在利维看来，情绪不是完全被文化塑造的，情绪也会影响文化对待它们的方式。

在某些方面，利维的观点与我在第五章说的观点类似，即核心关系会塑造情绪反应，因为它们与生物的普遍性有关。换句话说，尽管我们有各种自己处理愤怒的方式，但一旦我们认为自己遭受了侮辱性的冒犯，我们就必然会产生愤怒反应。而一旦我们通过评价发现我们的自我认同被增强了，我们就必然会感到自豪，以此类推。对其他核心关系主题及其情绪也是如此。然而，我还假设文化影响着意义，进而影响评价本身。生物学规律始终发挥着作用，但是事件的意义（因此是核心关系主题、评价和情感本身）所依赖的关系实质往往是由文化定义的。

最近，卢茨和怀特回顾了有关情绪的人类学研究和思想。关于文化如何影响情绪，这些作者和我一样都强调是“人们理解生活事件的方式”而不是更肤浅的行为模式发挥着作用。在一项有启发性的分析中，他们提出了文化意义和社会结构塑造情绪的4种可能方式。其中一些以建构性规则为中心，另一些则以规范性规则为中心：

（1）文化会强调某些普遍的生活问题，而不会强调其他的。这些作者指出，日本人会很敏感地将社会群体看作见证他们错误的观众，将此种经历看作一种挑战；而北美人关注的则是，错误反映了一个人的性格。在我看来，这些例子代表了塑造情绪本身的建构性规则。

（2）文化的解释确定了生存相关问题的准确性质。例如，什么是危险的，什么是值得拥有的，什么是失去的，以及威胁是否可控。我想这也是一个建构性规则。

（3）对于违反社会规则的偶发事件，不同文化的处理方式也不相同，进而定义了合理的愤怒、恐惧、羞耻或赞赏。所有人都需要了解，别人对我们的行为会作何反应，以及我们所说的或所感受到的反馈是什么样的。霍克希尔德将这些称为情绪规则。这些规则既是建构性的，又是规范性的；它们与引发我们愤怒、羞耻等情绪表达或压抑等反应的社会行为有关。古特弗伦德也有文章证明，当西班牙语出身的双语者用母语说话时，他们表达的情绪比用英语表达时的情绪更多，这反映了每种语言在文化规则上的差异。

（4）生活中的问题是由文化谱写的，文化会决定解决问题的方案，这些方案要么被采用，要么被抛弃。我们被允许或鼓励在迷茫时哭泣吗？我们能在身体或语言的攻击下保持完好吗？我们会像乌特库人那样，对他人的侵犯置之不理，或者像卡卢利那样，戏剧性地引起人们的注意吗？这些文化规则似乎是规范性的，而不是建构性的。

关于应对情绪事件的规范，美国媒体对伯纳德—戈兹一案的审判，以及在戈兹女士非法携带武器却声称是自卫的枪击案中，可以看出，面对日益增长的、在城市大街上被抢劫或被杀害的风险，我们的社会正处于评估受到威胁的公众该如何应对的阵痛期。我们似乎需要新的行为规范来填补当前世界的空白。

同样，在一种文化内部，儿童也必须有途径了解意义和价值观，无论是建构意义还是规范意义。多尔最近研究了电视在教育儿童和成人关于特定社会环境与情绪体验间关系上所起的作用。她对此提出了一系列实用性的观点。例如，她认为：

几乎所有的节目设计都或明或暗地显示不同情况下可能出现的情绪规则。观众具体学到什么，往往取决于他们自己的认知，而不是电视所描绘的内容。如果在让大多数人害怕得腿软的情况下，卡格尼或莱西（一部讲述女警官的热门电视剧中的角色）还能无所畏惧，那么人们可能会认为危险情况也是一种可以隐藏恐惧的情况。或者说，在这种情况下，有些人是无所畏惧的。当然，人们也可以把电视剧情节当作与现实生活无关的娱乐。……研究表明，成人会更多学习表现规则，而不是情境与情绪的关系本身——如果他们真的有学习的话。年龄较小的孩子则会更多地学习人际关系，而不是表现规则。……原因在于，在将情绪归因于他人时，幼儿更容易关注表现的"情绪"是什么，而成人则更多地依赖于他们对特定情况下人们"通常"的感受的了解，不管人们的实际表现怎样。

文化意义影响经验与表达最明显的途径是影响个人感知、理解及评价在社会上发生事情的方式。这也相应决定了习得的信念与目标。例如，有许多颇具奇闻逸事色彩的证据表明，在一种文化中无害的情境在另一种文化下却是恐惧或愤怒的导火索，或者一个人眼中美味的食物在另一个人眼中却是令人讨厌，甚至令人作呕的。

文化影响的其他例子

有确凿的数据表明，一个人的感知觉甚至也会受到文化的影响，例如一个人对视错觉的敏感性。图尔斯基和斯特恩巴赫也证明了种族对疼痛的心理生理反应差异的影响。这是一个建构性规则的例子，因为反应状态是由文化塑造的，尽管种族差异也塑造了规范性规则。

基于访谈，兹博洛夫斯基描述了不同种族对疼痛和疾病症状的解释差异，以及对此情绪和行为反应方面的差异。例如，他发现，与"老美国人"（那些家族已经在美国生活了许多代并完全同化的人）相比，在犹太裔和意大利裔美国人中，母亲对孩子的健康都过度保护、过度关注。犹太裔和意大利裔患者在情绪上对疼痛作出反应，并倾向于夸大痛苦。相比之下，"老美国人"在对疼痛的反应中更加坚忍和"客观"。

还要记住，人类学对文化差异的关注与心理学对个体差异的关注是相似的。在心理学中，克莱曼对死亡和致残性疾病对个人的意义进行了分析。这样的分析将兹博洛夫斯基、梅卡尼克和佐拉基于文化的分析从社会转移到了个体患者身上。正如克莱曼所称的"疾病叙事"主题所示，这些主题嵌入个体的生活史，并从中获得其意义，其复杂性可以通过以下描述来说明：

北美一位年长的企业高管心脏病突然发作，这可能是他丧妻之痛的表现之一——他的妻子早在6个月前就去世了。心脏病与他日益严重的酗酒和他与孩子们争夺家族企业控制权的行为有关。他的内心融合了对死亡的恐惧和作为一个背弃信仰者的内疚感，还有他一生中由于对被动依赖和被他人控制的恐惧而产生的心理冲突——这些恐惧源自与残酷专制的父亲之间的糟糕关系。这些恐惧已成为他患病经历中不可或缺的一部分，在严重无法自理的威胁和子女们公开表达要说服他进入养老院的压力下，这些恐惧再次出现了。这些恐惧也被他激化了，在生命接近尾声时，他极度想要弄清楚人生历程的结局。每个人生命轨迹的详细经验和象征性特点，都和其他人一样，构成了每个人患病经历的独特意义纹理——外部层覆盖内在层形成一种重写本的构造。

我之前提到过，文化可以塑造社会关系，并作为评价的判断依据，进而影响情绪。第二次世界大战期间，美国政府机构对日本人很感兴趣，因为不确定当时日本人的特点及对付他们的方式。露丝·本尼迪克特的精彩著作《菊与刀》是一部了不起的作品，它通过可获得的书面文字让人完全了解了日本文化。书的标题中，并列而称的菊花和刀，在西方看来，展示了日本人性格中相互矛盾的两面。一方面是对自然之美的敏感，以最受欢迎的日本花为例；另一方面则是人们对战斗精神、正直的崇敬以及对封建领主的忠诚，就像武士传说中的领主侍从那样。

《菊与刀》是研究日本文化和人格的独特尝试，且是出于非常实际的原因而写作的。这项研究为美国战争结束时面临的重大问题之一提供信息。

像之前和之后的许多作家一样，本尼迪克特被强大的耻辱导向的教育和社会群体以及社区在日本人社会化中的作用触动，这在下面的文段中得到了说明：

孩子生命的早期和后期之间存在一个引人注目的联结：被同伴接受的重要性。这种重要性，而不是绝对的美德标准，被灌输给他。在幼年时期，当他长大到可以提问的时候，他的母亲带他上床，他数着他和他的兄弟姐妹得到的糖果，作为他在母亲眼中的喜爱程度的象征。当他被忽视时，他会很敏锐地觉察到，甚至会问他的姐姐：“你最爱的是我吗？”在后期，他被要求放弃越来越多的个人享受，但他被许诺的回报是他将被“世界”认可和接受，惩罚则是“世界”会嘲笑他。当然，在大多数文化中，这是在儿童训练中采用的一种约束措施，但在日本却尤为严重。

那些旨在研究日本和美国育儿实践的研究项目已经更新了本尼迪克特早期工作所得的成果。我所知的最好的资料来源是三宅、卡姆波斯、卡根和布拉德肖的综述和分析，其中引用了本尼迪克特和土井等人的研究，以及沃格尔夫妇、莱布拉、科迪尔和温斯坦，以及阿祖玛、柏木和赫斯的研究。

本尼迪克特注意到的是日本文化中的“娇宠”概念（一种类似儿童对母亲撒娇的、特殊的依赖感情或行为）的表现，该概念在欧洲语言中似乎没有对应的概念，并在之后由土井在1973年进行了深入分析，土井最近还分析了西方和日本关于个人与外部社会群体之间的关系以及心理内部和外部之间的观念差异。土井的分析强调了“娇宠”与母亲及社会环境的合一体验，这是通过支持和纵容孩子的愿望以及努力避免分离而培养出来的。

“娇宠”被描述为对被爱和被认可的需要和希望，一种心理上对他人的依赖。日本人通常会给这种品质一个积极的含义，而美国人则高度重视个性和自主，认为这种依赖是应受谴责和可耻的，尤其是对男性而言。因此，当日本人公开发怒时，他们容易为此感到苦恼，但他们熟悉并适应了那种担心他人对自己看法的感觉。当然，这取决于引发焦虑的条件。然而，当美国人公开发怒时，并没有特别负面的含义，在某种程度上焦虑是外部的，对个人来说并不寻常。

沃格尔夫妇报告说，日本孩子和他们的母亲很少分开。日本母亲也表达了对家庭以外世界的恐惧，尤其是对陌生人（可能是因为她们非常关注保持与孩子之间的亲密关系）的恐惧。日本的孩子在进入学校时常常非常害羞和拘谨。莱布拉强调，日本母亲努力让孩子避免孤独感，并通过孩子与母亲的紧密联结和对母亲的依赖来应对这些感觉。在科迪尔的研究中，他首次比较了日本和美国的育儿模式，美国母亲强调孩子自主和独立的价值，而日本人关注亲密和依赖。美国人似乎希望有一个大声、活跃的孩子，而日本人似乎希望有一个安静、易于满足的孩子。

再来看看日本，在最近几年里，日本已经迅速转变，摆脱了独特的日本文化传统，转向至少在表面上更类似于西方世界的生活方式。但在思想和行动方面，可能仍存在着与美国和欧洲文化截然不同的、强烈的基本文化模式。科迪尔观察了日本人和欧美人对待酒精及饮酒的态度，并很好地说明了这一点。虽然日本人（尤其是男性）和欧美人都喝很多酒，但在科迪尔进行研究的那个时期，日本似乎很少出现酗酒问题，即以疾病为主要特征的严重障碍。然而也有人认为，即使在过去的时代，我们可能也低估了酗酒问题的严重性。

无论如何，几年前，一本流行杂志上的威士忌酒广告道出了日本人的态度。它描绘了愉快的老先生微笑着期待喝下6瓶酒的乐趣，而他白发苍苍的妻子正跪在地上数着她的钱。广告标题认为："祝各得其乐"，这反映了一个典型的家庭模式，即妻子管理金钱，并给丈夫一些零用钱喝酒。当他喝醉了回家时，妻子很可能会去问候他，帮他脱鞋脱衣服，给他准备点心，无怨无悔地扶他上床。

传统上，这种饮酒方式也没有受到太多的社会批评，不过，鉴于东京的酒鬼数量激增，情况似乎正在发生变化。一个日本人在工作日喝酒是不常见的。相反，他等待着晚上，或假期，或其他合适的时机，但他不会想到别人会因他喝酒而拒绝或批评他。对我来说，这似乎既是建构又是规范，因为受到影响的可能是人们对饮酒者的情绪感受，以及他们应该如何对他做出反应。

相比之下，在传统上，美国和欧洲认为大量饮酒是非常羞耻、内疚的；这种饮酒经常会导致个人工作和社交关系的恶化，并最终可能导致酒鬼的"贫民窟"困境。在美国，人们对青少年普遍存在的饮酒和酒后驾车问题非常担忧，电视上充斥着有关酒精的邪恶、社会衰败和对健康威胁的广告。

辛格与奥普勒对爱尔兰裔与意大利裔美国人进行了一项有趣、有说服力但几乎快被遗忘的比较研究，他们对成长于不同文化背景下的人的情绪差异进行了比较。辛格与奥普勒找到同等数量的男性爱尔兰裔及意大利裔美国人，观察他们的情绪模式与心理症状；这些被试都患有精神分裂症，且都遭受着严重精神病理症状的折磨。被试所属的两个种族群体生活在同一社会环境下，拥有相同的传统信仰。辛格与奥普勒将他们观察所得与两个种族群体不同的文化形态联系起来。两个种族被试的选择暗示了他们在家庭结构与价值观方面截然不同的文化，这些文化差异甚至在人们从文化发源地移民到新的国家后仍然存在。对此，研究者想要确定的是在多大程度上，这样的文化差异可以在紊乱的行为模式中被观察到。

在该研究开展的时期，爱尔兰裔母亲通常在家庭中扮演主导者和控制狂的角色。此外，在爱尔兰裔家庭中，性行为服务于繁衍后代这一目的，独身主义受到鼓励，而求爱行为则很少，结婚的时间通常会被推迟得很晚（可能最初出于经济原因）。性冲动也被认为是有罪的，因此它是强烈罪恶感的一种来源。相比之下，意大利裔家庭中则是由父亲占主导地位。性行为不仅是为人接受的，而且被打造成了健康的男性气质的标志。因此，意大利文化模式鼓励情绪表达和男性主导的家庭生活，而爱尔兰文化模式下家庭生活往往压抑，强调延迟满足以及母性统治。临床研究发现爱尔兰裔和意大利裔的病人表现出了完全不同的情绪模式，这源于他们文化观念的差异。

纽约市一家精神病院通过直接观察、病史资料分析和性格测试等手段，对60名男性精神分裂症患者进行了细致的研究。这些患者的年龄从18岁到45岁不等，他们的受教育程度和健康状况差不多，社会经济地位也相差不大，几乎同时住院，并且都是第一代、第二代或第三代美国人。辛格与奥普勒发现爱尔兰裔男病人确实比意大利裔更拘谨，更多地受到恐惧和负罪感的困扰，并且对女性家庭成员有相当大的敌意，尽管这些情绪几乎都被他们压抑住了。他们还经常酗酒（30个病人中有19个），尽管意大利裔也大量饮酒，但这种症状在意大利裔中非常罕见（30名患者中只有一人）。另外，意大利裔病人情绪表达能力强得多，敌意也明显得多，而且不攻击女性家庭人物，但其敌意通常指向男性亲人。这些发现强调了思维、感觉和行为方式，甚至精神疾病，可能在建构性和规范性的意义上都与人们所来自的文化或亚文化有关。

另一组文化差异影响人们情绪的例子是个人主义价值观与集体主义价值观之间的对立；这两种价值取向在不同的文化中、在文化内部的个体之间都存在差异。特里安迪斯、邦坦波、维拉利亚尔、浅井以及卢卡深入研究了这一问题。特里安迪斯等人意识到，尽管他们的分析可能是过分简化的，但他们还是指出，个人主义文化强调个人的成就；集体主义文化强调集体的成就。个人主义文化中，人们为个人成就而骄傲，而竞争胜利与相互依赖被看作功利主义/社会交换的形式；在集体主义社会，人们为集体的成就而骄傲，相互依赖被看作责任、使命和道德。对我来说，这就像是一种建构性的规则。特里安迪斯等人对此认为：

> 在这两种文化背景下，自立、成就、享乐、竞争和相互依赖等几个主题的含义发生了变化。对于个人主义文化来说，自立意味着有自由去做自己想做的事情，并与他人竞争。对于集体主义文化来说，自立意味着不成为内部群体的负担，与竞争无关。在集体主义文化中，竞争是在群体之间进行的，而不是在个人之间进行的。

特里安迪斯等人对9个文化群体进行了研究，发现了一些跨文化的社会心理差异，这些差异也源于不同的文化。这里的价值观对比，例如美国人和日本人之间的对比，可以用这样的方式来表达：美国人说“吱吱作响的轮子才能得到润滑油”，而日本则有句谚语说“突出的钉子会被敲打下来”。

就个体差异而言，与自我中心的个体相比，以他人为中心的个体会获得更频繁、更高质量的社会支持，而自我中心的个体则报告感到更孤独。尽管这些作者没有直接研究情绪，但不难想象，这些文化中可能存在有害、有威胁或有益的社会经验，从而引发个体消极或积极的情绪以及与情绪相关个体差异的假设，这是选择性内化的结果。

最近出现了大量文化和心理方面的研究，在这些研究中，人类学家比较了不同文化的意义系统。

舒德还对跨文化的抑郁模式进行了深入研究，他认为不同文化中人们的情绪功能既不完全相同也不完全独特。他从情绪过程的6个方面着手，找到了文化间的共性和特定性：情绪体验的类型、充满情绪的情境、情绪的个人和社会意义、情绪如何传达或表达、关于情绪及其表达的社会规则以及对未表达情绪的管理，或称之为我在第三章中所说的“情绪聚焦”或“认知应对机制”。

总之，我认为，文化显然对情绪有着强大的影响力。即使社会对于调节情绪的努力会对情绪产生影响，甚至可能塑造情绪，以及情绪的社会表达。关于这一点似乎没有太多争议，争议的焦点在于，文化能以何种方式、在多大程度上影响情绪过程中的哪些变量。我在第五章提出了一组与此相关的假设，讨论了生物学上的普遍性与社会文化的可变性两种观点之间的竞争，并给出了一些例子，以说明文化发挥作用的可能方式。

文化与评价

在讨论和说明了文化影响情绪的方式之后，现在重要的是要尽可能把刚才所说的与评价过程联系起来，重点是关注在第六章和第七章中针对每种个体情绪使用的评价成分。文化可能在建构和规范两个方面都对我们获得的目标和个人认为重要的目标产生重大影响，也可能对其他评价成分产生影响。正如读者所理解的，要区分情绪体验和具体情境中实际发生的事情是极其困难的，我在这里还是试图简要考察文化如何影响评价的各成分。

回想一下，3个主要的评价成分是目标关联性，目标一致性或不一致性以及自我卷入的类型。虽然存在个体差异，但我认为我们可以相信，文化会影响其成员获得的和表达的价值观、目标和目标等级，包括他们的自我认同。

一个人认为某个目标是否在一次事件中是相关的或是重要的，这将取决于该人的目标层级和事件的社会背景。一个重要目标的关联性与潜在的强烈情绪有关。例如，请思考一下，疼痛或其他医学症状是否意味着存在健康问题、需要医疗帮助？人们是否应该为此感到焦虑、愤怒或沮丧？我们每个人对于这类症状严重性的了解程度都大不相同。

然而，从我们之前讨论的跨文化比较中可以知道，犹太裔美国人和意大利裔美国人对疼痛和症状的看法与“老美国人”有些不同。我们不能确定，犹太裔美国人和意大利裔美国人是否在建构意义上比“老美国人”更担心生病这件事，或者他们的处理在规范意义上显得不那么坚忍。这两种机制都可能受到种族观念的影响。更有趣的是之前引用的克莱曼的临床观察，要想理解生病的意义，最好结合个人的生活史与正在发生的事件的背景，因为这些背景将对该人的价值观、信念、人生目标和自我认同产生独特影响。

除了影响目标的关联性之外，文化差异也可能影响目标的不一致性，因为对于这一评价成分来说，问题在于重要目标是否受到了伤害或威胁。让我们思考另一个例子，即日本和美国育儿的跨文化研究。我们看到，日本孩子容易对痛苦和愤怒做出反应，日本母亲比美国母亲更容易或更强烈地表达愤怒。对日本孩子来说，母亲的反对和愤怒是常见的。因此，在日本婴儿身上，向母亲妥协或取悦母亲的愿望要强烈得多，这是由于日本母亲致力于培养一种共生关系，通过纵容和温和的责备来努力让孩子避免让母亲失望或不悦。美国母亲则强烈鼓励自主和个性化，这进一步增强了文化差异。因此，在某种程度上，日本在育儿中灌输的目标与美国不同；因此，某些条件在美国可能导致目标不一致，而在日本则不会，反之亦然。

日本和美国婴儿在幼儿评价中的自我卷入类型也可能因两种文化强调的自我认同模式不同而有所不同。例如，考虑一下它们之间的差异，即对个体的卷入与对社群如家庭或国家的责任的差异。日本的孩子必须让个人的自我认同服从于集体；而美国的孩子必须培养一个能够挑战集体的强烈自主和独立的身份。

在日本，当个人的恋人和他们的家人或社会规则之间发生冲突时，最常见的结果是放弃爱情并顺应社会，进而导致悲剧；日本人有一种紧密感，并且可能会矛盾地享受社会将战胜个人利益的感觉。当欧美社会出现类似冲突时，夫妻常常会反抗家庭的意愿或社会规则，我们会感到它的正确性，并享受个人战胜世界的胜利。对我们来说，冲突也可能以悲剧收场，如莎士比亚的《罗密欧与朱丽叶》和伦纳德·伯恩斯坦的《西区故事》。在这两种情况下，无论是日本还是美国，恋人都容易“时运不济”，陷入自己无法控制的悲剧，这象征着社会问题。然而，即使在死亡之时，个体价值在美国传统中也很可能会胜出，而在日本则是社会价值会胜利。由此带来的一个后果是，引发愤怒或焦虑的情景，以及体验和观察这些情绪的人们对待它们的方式，在这两种文化中是不同的。

虽然我对这方面的毕生追踪研究了解不多，但可以发现，强调依从性的日本育儿方式让日本的孩子甚至是成年人在个人化的而非集体性的竞争环境中感到不安，而不是愤怒，然而美国的孩子和成年人在这种环境中则能更自如地表现出愤怒。这些差异可以通过建构过程或规范过程起作用，或两者同时起作用。例如，两种文化群体都有可能感到不安和愤怒，但是日本人可能会对这种愤怒感到不舒服，并抑制住它；美国人则是对焦虑感到不安并抑制焦虑。我们不知道这些观点在多大程度上改变了个体实际感受到的情绪，也许它们只会影响表达或表现方式。

对于指责或归功、应对潜能和未来预期等次级评价成分，也可以进行类似的分析，这些方面很可能也受文化的影响，无论是在建构性还是规范性方面。例如，谁应该被指责还是被归功？在日本，人们避免对家人的赞美显得过于高兴，我们可能会想知道，他们是在避免荣誉和自豪本身，还是只避免表现出荣誉和自豪。这样的差异是否有可能存在于前意识层面，还是只存在于表面呢？这是一个有趣的问题，但很难回答。

就应对潜能而言，文化上允许或适当的行为可能会影响我们对他人行为的情绪反应方式，以及我们在情绪表达上受到规范性影响的方式。这方面一个有说服力的例子是大溪地人对愤怒的处理。他们文化的要求是，要通过避免引发愤怒的情境来应对愤怒，不要把侮辱当真，必要时通过言语而非肢体来表达愤怒。这在我看来非常像我们的中产阶级价值观中与愤怒、侵略有关的部分，在第一章中，我通过一个西方电影中关于英雄该如何行动的场景说明了中产阶级价值观；对于工人阶级或那些具有强烈大男子主义意识形态的文化和亚文化来说，它的适用性可能较低，因为大男子主义意识形态暗示可以通过肢体侵犯来建立自我认同。

关于对未来预期，我们从文化中获得了一套关于世界上占统治地位的事物的信念——例如，运气、命运或人类智慧和技能。这些期望也受到社会现实的影响，包括权力规则、威胁和制裁以及它们的运作方式。在强调命运的文化和亚文化中，对于重要目标的结果，人们可能会产生与西方工业文化不同的情绪反应，后者强调控制和对抗消极情境。

综上所述，虽然缺乏对这些评价成分的实际研究，但我们有理由认为，文化会以建构性或规范性的方式影响所有6个评价成分。在这种情况下，不同文化的成员的情绪体验和表达方式也可能是不同的。更大的困难在于，如何在前意识或无意识层面上比较跨文化情绪过程。文化价值观将强大的目标（作用于社会和生物两个方面）定义为不可接受的，从而产生冲突。在这种情况下，目标不一致是不可避免的，弗洛伊德关于性和攻击性的内容早就提出了这个观点。很少有人敢于从实证的角度来解决以上问题，因为在不可避免的人际和语言障碍下，了解有意识的和可报告的跨文化内容就已经很困难了，更不用说发生在深层的心理活动了。

社会结构与情绪

那些强调社会结构重要性的人将重点关注在直接社会交往中——例如在工作和家庭的环境中——运行良好的角色关系。这其中存在各种社会压力、机会和社会期待。戈夫曼关于印象管理的开创性研究聚焦于各类型社会互动中的运作规则。他非常详细地描述了人们管理其情绪表达的方式和应对社会习俗的策略，但很少关注情绪体验。

为了探索社会对情绪体验和情绪表达的影响，霍奇希尔德创造了“感受规则”和“情绪工作”这两个术语，这是对艾克曼和弗里森创造的“表现规则”一词的扩展。之所以称之为扩展，是因为“感受规则”这个术语旨在强调，我们不仅要调整情绪的外在表达——例如，日本人在面对个人丧失时试图看起来开心，因为他们希望避免将自己的悲伤加诸他人——而且我们还试图在社交场合中感受到我们应当感受到的情绪。根据霍奇希尔德的说法，人们“激励自己”、“抑制他们的愤怒”、“试图感激”和“允许自己感到悲伤”以应对感受规则。这就是所谓的“情绪工作”。从评价的角度来看，感受规则除了影响人们公开表达或抑制他们的情绪之外，还会通过影响人们评价情境的方式来直接调节情绪状态。

感受规则和表现规则会影响我们的情绪，尤其是当我们应该感到悲伤而不是快乐时，当我们应该感到比实际更糟糕或更好时，或者当我们对某件事的感受时间比适当的时间更短或更长时。即使这些规则是隐藏的而不是外显的，它们也是社会结构的一部分，并影响我们定义事件和情绪的方式及其社会表达。

我们不仅会调整自己的反应以适应社会规则，还会内化这些社会规则，并且当我们的实际情绪与它们不相符时，就会觉得不对劲。因此，感受规则不仅是情境性的，也是人格的一部分，就像文化对人格发展的影响一样。例如，在航空公司中，内外两种力量之间就经常发生冲突，并由此产生怨恨，因为在社会压力下，航空公司的乘务员、空姐或其他服务人员即使感觉不愉快也得露出微笑，也要表现得友好和愉快。

在强调主要受到经济剥削的服务人员其行为必须与他们的感受不同时——与马克思主义的异化概念一致——霍奇希尔德只考虑了社会压力的消极方面。她忽略了被迫服从压力实际上会让我们更有融入感，更快乐。例如，轻度抑郁的人有时尽管情绪低落，但他们必须进行社交活动，从而在情绪上受益，抑郁可能会因此消失。

就个人而言，我有时早上起来会为某些事情而苦恼和感到糟糕，我什么都不想做，只想纵容我的阴郁情绪。然而，我必须准备我即将到来的八点钟的课，思考我要怎么讲课，并安排好早晨的通勤。在课堂上，就算感觉自己做不到，我也必须表现得兴高采烈。因为我一直喜欢教书，而且有点儿“戏剧性”，但是通常在进入教室之前要先调动一下自己的情绪，然后我就可以在开始上课的时候显得开朗甚至兴奋。在霍奇希尔德所说的“让自己兴奋起来”的过程中，我一时间忘了那些烦心事，真正体会到教学的乐趣。积极的状态可能会持续大约一天，有时会让阴郁情绪彻底消失。我过去不喜欢上课，但是上课——这是应对我的工作要求——对我的情绪有益。顺便说一下，这个例子证明积极地扮演角色可以改变一个人，至少是暂时的改变。

在这个例子中，重要的是要认识到我的情绪被改变的过程。发生变化并不是因为一开始导致我心情不好的问题消失了，而是因为上课的要求暂时转移了我的注意力。改变的不是我原来的问题，而是适应性的情境，这导致我当时关注的内容发生了变化。因此，我的情绪也发生了变化，毕竟我现在面对的是一系列截然不同的关系要求、机会和限制。我们在日常生活中有许多议程，但并非所有议程都是相互关联的，也并非所有议程都同时受到关注、同时进行的。在针对功能失调和情绪痛苦的心理治疗中，我们的任务是让人们改变应对长期的或反复出现的问题的方式。这样，当问题再次出现时，这种困扰人的情绪模式就不会再出现了。

社会结构是如何发挥作用的

社会，以及其中的感受规则，是如何影响情绪的呢？得益于自20世纪30年代开始的社会心理学研究，我们现在对社会压力与其作用机制所知颇多。尽管这类研究大多没有直接关注情绪问题，也没有关注评价及应对过程一类的议题，但我们只需稍微思考一下就可以明白它们与情绪过程的紧密联系，稍后我会提供我们社会中对情绪开展教育和培养的更为直接的证据。

对社会情境影响我们思想、感受和行为方式的研究最早是由谢里夫开展的。他做了一系列实验来探索“自动效应”。自动性是一种自我调节的行为，是一种当没有外部参照点可以确定其位置时，认为静止的光线似乎在移动的倾向。这种效应首先给执行任务的轰炸机飞行员带来了真正的困扰：在夜晚他们总是利用前方飞机的灯光确定路线；但由于这些灯光的运动轨迹游离不定——昏暗的天空中也没有参照点——飞行员们有时就会操作失当，偏离既定路线。最终，通过设置闪烁的灯光，他们解决了这一问题。

由于这种现象具有主观性和模糊性，因此它也是研究社会影响的理想情境。谢里夫利用它来研究其他人对我们看待事物方式的影响。被试进入只有一个光点的暗室中，他们被告知，光点是移动的，而他们的任务是估计光点移动的距离和方向。在单独判断时，被试发展出了自己稳定的自我调节模式，并对运动的方向和距离进行估计。当预先安排好的同伴加入时，同伴的答案会对被试报告的运动模式产生很大影响并为被试建立新的标准，即使被试再次单独工作，这种标准仍然存在。这些实验戏剧性地展示了他人对我们感知觉判断的强大影响。

有人反驳说，如果要判断的东西是明确的，社会压力就不会产生任何效果。几年后，阿希在一系列创新实验中对这种可能性进行了探索，这些实验对后来关于社会影响的研究和理论产生了重大影响。阿希设置了一个情境，让被试说出3条对比线中哪一条在长度上与标准线最接近。虽然尽可以把差异做得很小、很难辨别，从而增加任务的模糊性，但阿希选择让任务更简单和明确。因此，在单独完成任务时，被试几乎没有出错的。这就更有力地证明了社会压力的作用。

在经典实验中，只有一个被试，同时有3到8个志愿者。志愿者逐一公布错误的判断。想象一下，你与其他7位“同伴”共处一室；在你等待轮到你时，你会听到到其他人一个接一个地作出同样的、错误的判断。在这种情况下，典型的被试有三分之一以上的时间会错误地保持与群体相同的判断；有些人在每次试验中都做出了从众反应，有些人从不从众，还有些人则时不时地从众。还有一些人则时不时地犯错。图9.1显示了阿希研究中的一个典型刺激，并说明了这项任务是多么容易完成。表9.1列出了被试在社会性刺激下出错频率的分布情况。阿希的图表闻名多年，几乎所有的心理学入门教科书中都能找到它的某个版本。

向被试同时展示4条直线，询问被试A、B、C中哪一条的长度与直线X最接近。在35%的时间里，当同伴们一致给出错误的回答（例如选C）时，被试从众地给出同

表9.1　在阿希的判断任务中，被试单独及在群体压力下错误的分布

自我水平	费伦茨（1913）	埃里克森（1950）
0	13	35
1	4	1
2	5	—
3	6	—
4	3	—
5	4	—
6	1	—
7	2	—
8	5	—
9	3	—
10	3	—
11	1	—
12	0	—

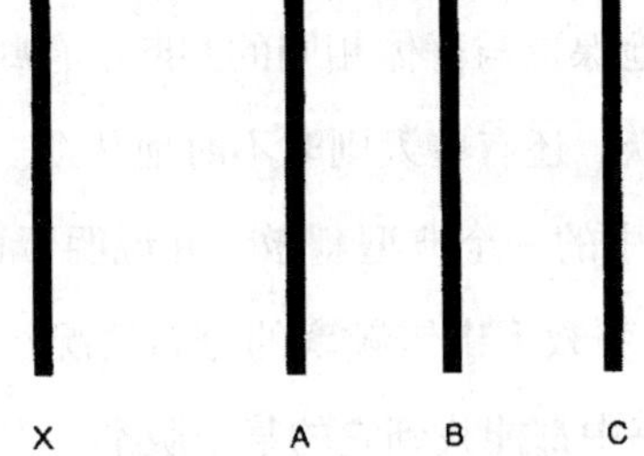

图9.1　阿希研究中的一个典型刺激物

样的错误回答。

在这里，我们必须小心谨慎，不要把谢里夫的自动效应与阿希的社会顺从等同。在谢里夫的研究中，我们完全有理由相信被试的实际感知受到了社会环境的影响——他们看到灯光在移动，并报告了这一情况。而在阿希的研究中，虽然被试经常顺从群体的判断，但几乎没有证据表明他们对刺激产生了误解；相反，他们对自己应该报告什么感到矛盾。

在随后的几年里，他们做了大量的研究来扩展这些对社会影响的开创性探索，并确定了降低从众发生率的影响因素。以下是对多年研究结果的总结：人们屈服于群体压力，无论判断任务是否模棱两可（如意见陈述），或者有无歧义（如事实陈述）。即使小组给出的答案是荒谬的，这种情况也会发生——比如，男人比女人高八九英寸，或男婴的预期寿命是25岁。甚至当主体看不到群体中的其他人时这种情况也会发生，只要主体相信他人在场就行。可以推测，如果投票是匿名的，且被试认为自己是因主试的失误听到了别人的答案时，他们的从众程度会有所降低，但也不会完全消失。

在总结与社会影响有关的变量时，“多数人”的规模在一定程度上非常重要；当“多数人”只有两个时，虽然有一些从众者，但也没那么多；当“多数人”在两个以上时，则会让从众者的人数大幅增加；但当“多数人”在3个或4个以上继续增加时，从众者的人数增幅就会减慢。被试对群体的信心越高（例如，如果认为群体是高级专家或由地位高的人组成），从众的压力就越大。然而，如果主试之间曾有分歧，被试的从众压力就会减小，可能是因为这种分歧破坏了被试对群体的信心。如果被试后来找到一个盟友，这个盟友给出了一个不从众的答案，那么他从众的可能性就会大大降低。有凝聚力的群体——那些具有强烈团队精神或与被试密切相关的群体——会比没有这种凝聚力的群体产生更多的从众行为。在发展的关键点上，早期青春期（13岁至14岁）的从众性比之后（18岁至20岁）更高。研究者们也发现，某些与自尊、自信和智力有关的人格变量会使人在社会压力下也能保持独立。

在同一时期，纽科姆对本宁顿学院学生4年在学期间政治态度的变化进行了大规模观察。其他学者也对社会引发的发展性变化进行了类似的观察。贾尼斯采取了与他们略微不同的方法，分析政府群体决策过程的记录，他发现，总统的智囊团会受到强大而有害的从众压力的影响，他们对政府政策失误负有责任。

作为最后一个例子，在同一时期，沙赫特进行了一项经典而复杂的研究，体现出群体惩罚离经叛道的个体的方式，从而展示了从众行为的动机基础。沙赫特通过广告招募想要参与讨论当前社会问题的大学生，创建了一些“自然”的小组。每个小组第一次见面时，都以某个正在法庭审理的青少年案件为中心，组织者要求他们讨论并提出建议。一个青少年犯罪分子将被判刑，小组被要求确定是建议审判长轻判还是重罚，案件实际上是以有利于宽大处理的方式呈现的。

遵循沙赫特和阿希的实验传统，沙赫特雇用了志愿者来给从众行为和反抗行为制造压力。每个小组被分配了3个志愿者；他们扮演着3个预先安排好的社会角色：一个从众者，一开始就接受了群体的主导地位；一个离经叛道者，总采取与群体相反的立场；以及一个改变初衷者，他开始时有一个离经叛道的立场，但后来放弃了——似乎是因为他被主流观点所说服。

沙赫特发现这三种类型的志愿者受到的待遇有很大的不同。总的来说，团体会惩罚离经叛道者的异端邪说。例如，在讨论开始时，小组对离经叛道者和改变初衷者进行密集的谈话，大概是为了使他们改变立场。然而，随着时间的推移，由于不能改变离经叛道者的立场，小组成员停止和他交谈。改变初衷者最终被接受，大家就像对待其他人一样对待他。

在这个实验的后半段，每一小组随后都被告知小组成员太多，很难维持接下来的有效讨论，要求每个成员评价其他成员，民主地决定谁可能会被淘汰出去。这些团体通常会认为，离经叛道者比其他两类人更不可接受，从而更可能将离经叛道者驱逐出小组。当组织委员会来执行团体的管理事务时，如确定讨论议题、公布会议时间和地点等，离经叛道者很少被选入掌握权力的重要委员会，他们经常被选入不重要的（无权的）委员会，只出劳力而没有权力。诸如此类的研究直接指出，社会团体将利用他们的权力，通过惩罚那些不遵从常规的人，来强化他们的集体偏见，这进而为人们遵守常规的动机提供了解释，并间接暗示了抵抗从众压力所面临的情绪困扰。

然而，在所有这些研究中，情绪和应对机制的作用仍然是隐性而非显性的，因为研究人员的关注焦点在于外部条件对从众或异议的影响，而不关注陷入社会压力者的挣扎（这一定产生了强烈的情绪）。关于社会影响的研究很少涉及情绪，比如焦虑、羞耻、内疚和愤怒，这些情绪显然与社会影响有关，或者与作为常规要素的应对过程有关。造成这种忽视的一个可能原因是心理学普遍对认识论不感兴趣，这个例子体现了当下科学的潮流和风尚。

例如，想象一下，在关于欺骗的实验中，被试的感受如何？他们坐在那里，在自己似乎确认了正确答案但却看到其他人不同的答案时，有些人可能只是感到困惑："是什么出错了吗？""我是否误解了实情？"其他人则倾向于感到焦虑和羞愧："我一直是一个笨蛋"，有人对自己说，"我怎么能显得这么傻呢？""如果我固执地说出自认为正确的答案，就没有人会尊重我了。我会与群体保持一致的，为了不让自己蒙羞，看看我能不能弄清是怎么回事。"可能仍会有人感到生气："这些人有什么权力把我置于这样的境地？这些蠢货是怎么回事？"在沙赫特有关群体惩罚离经叛道者的研究中，结果又是怎样的呢？违规者焦虑、羞耻、愤怒、嫉妒——所有这些情绪本都可以产生。在实验中，研究者没有评价这些情绪，这是少有人注意到的；在缺乏测量的情况下，我们很难理解个体应对社会和心理内部威胁的过程及其对个体完整性造成的损害。

阿希最初的研究是一个重要但有限定条件的例外，它并不缺乏对社会压力情境下所产生情绪的关注，也不缺乏对这些冲突和威胁的应对方式的关注。阿希在实验结束后对他的研究对象进行了细致的访谈，这些访谈提供了一些有价值的假设，尤其是关于应对过程的假设。他对每个屈从于团队压力的被试进行了访谈，询问他们对自己表现的解释。

一些被试很快承认，他们相信其他参与者在判断上是错误的，并描述自己当时面对着异常巨大的冲突和痛苦。为了避免离经叛道，他们显然有意识地选择了附和团体。其他被试也报告自己经历了困扰，但通过假设自己在某种程度上误解了任务，他们也能调节自己内心的冲突。实际上，他们认为自己在某种程度上出错了并且随波逐流。最后，一小部分被试在被告知团体的错误时表达了惊讶和困惑，他们报告称，不记得自己在研究中遇到过任何困难，并否认受到团体的影响。

这些访谈数据提示了3种迥然不同的应对过程：（1）因为团体是一个强大的机构，能够约束个体，一些被试在不暴露自己的异常时感到更安全；（2）因为人们需要来自他人的认可以形成自己对世界的判断，一些被试在评估自己理解的充分性时会寻求他人的帮助，并在自己看起来与他人不一致时改变自己的做法；(3)人们需要他人的认可和接纳，一些人在这种认可受到威胁时会自动地顺从，甚至似乎没有意识到自己这样做了。

(3)中涉及的过程可以看作无意识冲突和防御的例子。这种模式就类似于，当夫妻一方对另一方提出离婚时，另一方可能只会感到惊讶，似乎没注意到自己的婚姻有任何问题。还有一种解释是，这种类型的人只是不关注他人的感受而已，对当下事实进行了错误的解释，并且很天真地看待他人。然而，据说歇斯底里症患者的防御风格是压抑（或否认），这使他们将注意力从任何可能具有威胁性的事物上移开，从而产生泛化的天真。那么，天真和否认这两种解释可能并不互相排斥。此外，看似否认的行为可能只是一种自动感知，或是与世界联系的方式，这是在早年生活中形成的，因为个体不想去关注有威胁的事，但这不一定是一种积极的否认或压抑过程。

情绪教育

回到情绪社会化这一描述当前核心问题的视角，尽管这种情况似乎正在改变，但很少有人关注到教育在塑造情绪方面的作用。例如，波拉克和托伊茨描述了一些心理治疗学校的工作人员与3岁至5岁心理障碍儿童的交流方式，这些工作人员与孩子们讨论什么情绪是合适的，什么是不合适的。作者引用了哈里斯和奥尔托夫斯的观点，认为儿童理解情绪的方式可能有3种，即唯我主义、行为主义和社会中心主义。唯我主义指向自我意识和自我观察。行为主义指学习他人的情绪反应。社会中心主义关注来自群体的正式和非正式的口头指导。儿童必须学会在特定情境事件、表达方式和内部感觉之间建立联系。

波拉克和托伊茨的数据表明，在特殊环境中，儿童被试会通过看护人的判断和对反应方式及其原因的明确说明有意识地学习情绪。只有当孩子偏离规范、不恰当地表达情绪或感受时，工作人员才会提供详细的指导。这暗示着，在家庭和学校生活中，那些没有情绪障碍的儿童也可能经历类似的过程。

人们会习得意义或文化，而在社会事件中，个人面对的即时性社会压力在于，很难区分意义和文化究竟是哪个在发挥作用，也很难弄清在何种程度上它们相互强化，又在何种程度上相互冲突。例如，正如我前面所说，我们不能确定到底应该将霍奇希尔德的情绪规则归类为社会结构变量还是内化的文化特征，后者常常在即时的社会互动中发挥作用。它们可能同时以两种方式起作用。某种程度上，这些影响之间的重叠模糊了情绪规则与情境规则的区别，前者以文化或人格为基础，后者由社会结构引发。

再想想公众人物，他们必须在个人生活中处理悲伤或其他的痛苦。几年前我访问澳大利亚时，遇到了一个以鲍勃·霍克为中心的有趣的政治事件。当时他是首次竞选总理的候选人。在一次电视采访中，他被问到他正与毒瘾作斗争的儿媳，霍克在采访中流下了眼泪。随后出现了大量公共新闻，猜猜看，这种情绪低落的表现是否会损害他的竞选资格？这是否显示出他在一个大男子主义社会中不那么像个男人？

事实证明，霍克后来多次当选，这表明他公开的情绪困扰并未对他的政治生涯造成损害，甚至可能起到了正面作用。另外，一些读者可能还记得埃德蒙·马斯基在美国总统选举中因在新闻中哭泣而毁掉了他的总统竞选生涯的事情。这个视频毁灭了他的政治前途。两个事件都揭示了，公众人物面临强大社会的压力，但如果能对社会压力产生的条件有更好的研究，我们就将更好地理解不同压力事件间的相似和差异之处。

也许公众人物的情绪调节尤其困难，毕竟一个人的面部表情背后存在强大的情绪生理压力；要抑制或逆转表情可能需要许多的努力。事实似乎是，面部表情在很大程度上受神经生理结构的影响，同时也是一种后天习得的社会交流渠道。兰泽塔举例说明了对快乐面孔进行负面条件反射的困难，以及对恐惧面孔进行放松反应的困难。也可以认为这是今天一些人所说的“预备条件反射”的一个例子，我在第八章中简要讨论了这一问题，与此相关的是，有些恐惧很容易与特定条件联系起来，且不易消退，也许这是内部的系统发育的结果。

从政治的角度来看，在葬礼上，是哭喊得体，还是控制自己、压抑情绪得体呢？作为公众人物，杰姬在丈夫肯尼迪总统的葬礼上应该展现出怎样的状态呢？她该表现出多少悲伤？她的真实感受是怎样的？表现出多少痛苦才算合适？这里存在社会阶级和文化差异，这些差异是内化的，同时他人提出的社会情境要求也起着作用。那么，在飞机上，那些虽然自己感到郁闷但却被要求展现快乐和热情的空姐呢？对于一个人应当做出何种行为，社会压力在多大程度上是对外在社会情感规则或内化价值观的回应？

我们也必须铭记，我们在成长过程中吸收社会规则和价值观并内化它们的过程并不是被动的。用渗透比喻这一过程，即孩子被动地接受环境中呈现的东西，会让我们忽视孩子模仿父母时的选择性，他们会基于其有用性来选择角色和行为模式。

言外之意是，我们是以个人的身份来到社会互动场景之中的，我们带着先前获得的价值和意义系统来面对社会情境的诸多要求，总是被情境推向这个或那个方向。有时候，感受会支配我们；有时内化的文化价值观会把人推向同一个方向，有时则推向相反的方向。由此产生的评价和应对过程以及情绪，将取决于这两组变量间的相互作用。

这种分析的问题之一在于，像我之前说的那样，很难对情绪表达和情绪体验进行区分。我们可以观察到表情，但要进入人的内心去了解真实情绪是比较困难的。社会影响可能对两者都产生作用，尽管我们只能知道，前者可以从所表达、报告和观察到的东西中推断得出。例如，对于那些对感受规则感兴趣的人来说，最困难的问题之一是，与情绪表达相对的实际情绪体验会在多大程度上受到感受规则的影响，进而发生改变？心理治疗师致力于改变功能失调和痛苦，改善反复、频繁出现的情绪（我将在第十一章中讨论）。为了理解相关的情绪过程及其发展原则，情绪理论必须在一定程度上对情绪表达和情绪体验的可塑性加以论述。

此外，为了理解情绪在当下的社会互动中发生了什么变化，人们必须知道，每个参与者都在对来自他人的暗示或信号做出反应，这些信号是他人从其个人角度对当前事情进展情况的判断。当处在有关事件中时，对这些线索的评价会启动一个复杂的认知、情绪和应对行为的反应链条，这些都是情绪过程的一部分。

肯珀从地位和权力这两种社会关系的变化中获取了相当多的信息，用以解释各种情绪。与传统社会学的观点有些不同，他将地位看作个人自愿给予和接受的，而没有来自他人的压力；当我们获得足够的地位时，我们会感到快乐、满足、高兴、受人尊敬、得到回报、获得认可、被接纳、受喜欢或被爱——每一种都是感觉良好的一种变体。相比之下，权力是要求他人听从自己命令的能力。一个人可以拥有足够的权力,并感到安全、稳固和强大；权力过剩会引发内疚感；权力不足会引发焦虑或恐惧。一个人也可能因拥有过高的地位而感到羞耻，或者因地位不足而悲伤、愤怒或沮丧。给予他人的东西少于他人应得则会导致内疚和羞耻；内疚是因为伤害了他人，而羞耻是因为自己对他人过度使用权力，损害了对诚实、正直或公平的追求。关于对内疚的起源和社会化的研究和理论的综述和分析，我推荐阅读扎恩—瓦克斯勒和科查斯卡最近撰写的一篇文章。

通过分析两个社会结构因素，即权力和地位，肯珀在解释不同情绪方面有了相当多的收获。然而，要完全理解情绪性事件中发生了什么，无论是暂时的还是持续的，都需要更深入地研究当前关系和认知的变化，以及随之而来的情绪波动。在任何涉及情绪的社交互动中，各方都在获取有关他们关系的信息，并评价当前事件对他们个人幸福的重要性。每个人都对彼此发出的信号做出情绪上的反应，包括口头的和表情上的，并判断这些信号是否能被准确解读。相互的行为、反应以及它们带来的反馈构成了评价过程和由此产生的情绪的基础。

如果采用系统发育的视角，我们会发现，动物行为学家、比较心理学家和社会心理学家很早就意识到了情绪在工具性行为和表达中的交流价值。发展心理学家也注意到，母亲的面部表情可以传达情绪，反过来，婴儿或幼儿也通过表情向母亲传达情绪。对情绪信号的评价方式取决于社会交流规则，以及交流动作或其他表达形式的文化或生物遗传含义。生物遗传的作用在低级生物中更加清晰易见，但它对人类的适用性要小得多。

在这里同样重要的是，父母对孩子理解社交情境以及孩子行动和情绪反应方式具有不可低估的影响力量。在第一章中我提到，父母普遍会对孩子粗心地跑到汽车飞驰的街道上这件事表现出明显的困扰。这时我也提到了这种情绪交流，它通常旨在向孩子灌输谨慎的原则，因为哪怕失败只有一次，都可能是致命的。

然而，即使没有刻意地去影响孩子，父母或其他重要成年人与孩子的情绪交流也是情绪教育的有力工具。它创造了一种孩子可以迅速而准确地感知到的社会情绪氛围。举例来说，当有人来访时，想象一下成年人的反应。在一些文化或家庭中，成年人会变得非常兴奋，无论是积极地去欢迎并热情回应访客，还是消极地认为访客是一种威胁。在后一种情况下，当成年人突然得知有人到访或意外在门口发现访客时，不会兴高采烈，而是会表现得客气拘谨。新弗洛伊德派的精神分析医生哈里·斯塔克·沙利文非常关注母亲通过这种无意识但强有力的沟通将焦虑传递给孩子的现象。

当然，孩子们学到的东西往往是有悖常理的——例如，一个母亲表现出自己感到安全无忧，却无意中向孩子传达世界实际上是危险的。或者再举一个例子，焦虑的父母想要给孩子提供一个安全有序的环境，给予孩子强迫性的关注，但他们的努力却被孩子视为压迫。这种父母教养模式可能会遭到孩子逆反模式的反抗，孩子们转而寻求自发性和无序性。无论是模仿还是反抗，情绪交流都有可能在情绪教育中起重要作用。它们被孩子们学习或内化，并通常以某种形式传递给后代。

社会结构与评价

正如我之前在文化那一章所做的那样，现在我应该总结一下社会结构对评价过程的影响。在我的理论系统中，评价过程是社会经验从婴儿时期开始塑造个体情绪过程的最终共同路径。

然而，文化和社会结构以复杂的方式相互作用，在某些情况下协调一致，在某些情况下相互冲突。社会结构，就像文化价值观和意义一样，也可以被内化，成为人格的一部分。这使分析变得很不纯粹，很难消除混淆因素。例如，由于适应性事件随着时间的推移而展开，社会对评价和情绪的影响模式在一次次偶发事件中逐渐积累了自己的历史。因此，对于每个人和每一段关系来说，新的事件都可能是过去相似事件的重演。这段历史本身，都会对每个人产生教育作用或者会影响随后的评估和应对模式的配对事物。因此，尽管变量的组合不断变化，不断改变着对幸福的意义，从而改变所体验和表达的情绪，但与同样一些人的反复互动会形成一套关于目标、期望和应对策略的结构，随着时间的推移，这套结构在双方遇到类似事情时可能会表现得较为稳定。

因此，在每次互动的背后，总是存在着3种力量：（1）塑造动机、信念和行为的文化意义，一个人对正在发生的事情的理解；（2）直接的社会压力，在事件展开的过程中，社会压力通过社会角色的行为来传达；（3）经历类似或相关的事件的历史以及重要的教训会影响后续的心理和社会动力。尽管如此,社会结构对情绪的影响主要是通过社会角色产生的，而同处于互动中的人的地位也是多样的。

至于这如何影响初级评价，则与目标和目标的进展情况有关。至关重要的是，我们会评价正在发生的事情是否是目标关联的，和目标相比是不一致还是一致，它是如何影响自我卷入的（如果有影响的话），这取决于6种自我认同形式（即尊重，道德价值观、自我理想、意义和想法、他人及其幸福，以及生活目标）中的哪一种参与了评价过程。

例如，肯尼迪总统的妻子杰奎琳在丈夫的葬礼上的感受规则问题。表现的目标是什么？是行为得体吗？是帮助孩子们应对这件事吗？是应对自身的悲伤吗？是对逝者表示温情和尊重吗？是掩盖对轻易背叛婚姻诺言的男人的憎恶吗？如我所言，种族和阶级因素都与这些目标相关，其中一些涉及我们在世界中的位置。哪些因素在起作用，以及我们如何解读和回应感受规则和表现规则都是很重要的。为了实现一个目标，可能需要阻碍另一个目标，这会导致目标不一致或者我们通常所说的冲突。在这个例子中，群体（家庭、朋友以及全世界的关注者）评价、批评和塑造我们在这种情况下行为的力量，正是这类事件的背景，它既影响我们外显的反应，也许还会影响我们隐蔽的反应。

至于次级评价，指责或归功不仅取决于人格，也取决于他人在社交场合的表现。一个含有指责意味的批评在措辞恰当时可能被接受或被认同，被看作有用的批评。但如果用笨拙的、有攻击性的或是自私的口吻去指责他人，则会被怨恨。那些看起来有辱人格或不值得称赞的狂妄行为会阻碍别人信任自己，他人会认为此人不值得赞扬。在这种情况下，我们的感受可能会与我们的表达愿望相互斗争，这是因为他人对我们有影响力。从众研究的结果与此相关，那些关于群体如何对待离经叛道者的研究也是。它们同时对这些以及其他评价要素产生了影响。

在本章引用的研究中，与应对潜能最相关的是阿希对从众压力情境下不同行为主体的研究。很多被试压抑了正确的反应，因为它偏离了群体反应，有时他们意识到了这种压力，有时被解读为个人的误解，有时又伴随着不被承认的冲突。我们可以看到，表现出这3种反应模式的人评价应对潜能——也是应对事件的最佳方式——的方式是不同的，这一现象隐含于阿希的访谈数据中。

对于未来预期，我们有理由假设，那些屈从于社会压力的人认为自己处于危险之中，并认为，与违规行为相比，通过伪装避免冲突是更令人愉快或令人感到更安全的选择。在我们的社会中，当出现问题时，人们普遍倾向于回避与他人的冲突，不过有少数被试在社会压力下仍然保持独立。

总结

本章从社会文化的角度来审视情绪发展。社会规则支配人类行为，也支配我们所有人的情绪生活，它是非常复杂的，且基本上悄无声息地运作着。一个重要的社会科学方面的问题是，如何将宏观的社会系统分析与微观的个人分析相结合，并说清楚一个人影响另一个人的方式。社会通过影响与情绪有关的变量和过程来产生作用，这包括行为和表达等输出的东西；感受、表达规则和明确的价值观等输入的东西；以及评价和应对等中介过程。

社会影响有两种普遍形式：我们生活于其中的文化和社会的结构。文化提供了内化的、社会性的意义，结构提供了直接的需求、限制和资源，在每一个适应性事件中都发挥作用。本章的很大一部分内容集中于论述我们应该如何理解文化及其对情绪的影响，并举出了许多这方面的例子。文化的影响与6个评价成分有关，它们构成了我分析中的理论核心。

我也关注到了有关社会结构影响情绪的方式的研究，包括经典的社会心理学中关于从众压力的研究。在这里，社会结构也与我理论体系中的6个评价成分相联系。

关于情绪社会化过程的细致研究很少，我们需要更多了解成年人是如何示范或教会孩子应当感受什么以及如何感受的，还需要了解在社交互动中应该表达什么样的情绪以及如何表达这些情绪。本章也提供了关于这些的例子，如亲子之间有意和无意的情绪交流。

我还指出了文化影响和社会结构影响之间的区别是模糊的，因为它们通常在同一社会交往中协同运作。无论如何，每一个交互中都包含着文化意义、直接的社会压力，以及过去类似事件的历史，要了解社会文化对情绪过程的影响，就得完整地理解这3个方面的内容。

第五部分

实际应用

第十章

情绪和健康

在前几章中，我主要将情绪作为因变量来处理，重点关注影响情绪过程的条件以及情绪是如何产生和发展的。例如，疾病无疑是影响情绪的一个巨大消极生活条件。然而，我们之所以对情绪感兴趣，最重要的原因是，我们坚信情绪一旦产生，就会对健康和其他功能产生深远的影响。当我们询问情绪是否以及如何对健康或疾病产生短期或长期影响时，情绪——以及整个认知—动机—关系结构——就变成了自变量。

我在第三部分讨论不同类型情绪的动力学特征和病理性特征以及在第三章讨论情绪对应对过程的影响时，都提到了这一点。然而，重点始终放在短期影响上，也就是眼前的事件上。当关注点转向长期影响时，就会涉及躯体健康、主观幸福感和社会功能。

情绪过程影响短期和长期健康与幸福的可能性一直是生理学、神经学、生物化学（尤其是内分泌学）、社会学、人类学和心理学等多个学科以及医学、精神病学、护理学、临床心理学、社会工作和心理咨询等应用分支学科的主要兴趣所在。

这不是关于健康心理学的章节，健康心理学的问题超出了情绪范畴，它还包括疾病的行为和生活方式来源以及如何预防和治疗。我不想综述已有的研究结果，例如哪些生活条件（如社会支持）和人格特征（如坚韧）可以缓冲生活压力。这类综述可以在一些关于健康心理学的教材和有关该主题的各种文章中找到。我的目标是分析情绪在适应情境中的作用，并探讨研究中出现的问题。

我将从躯体健康（或疾病）开始并讨论其评估过程、证明情绪产生因果影响的方法学难题以及情绪之间应对可能产生影响的机制。接下来，我将对另外两种适应性结果——主观幸福感和社会功能——进行类似的讨论。

情绪和躯体健康

对于健康和疾病这两个词，每个人多少都有一些概念，但是研究者们对此并不十分清楚或明确——医学专家们也是如此。两个庞大又相互重合的问题主导着这场讨论。第一个问题是，健康是不是不仅仅意味着没有疾病。第二个问题是，将健康的三个主要组成部分——生理的、心理的和社会的——分开还是结合起来讨论更合理，这三个组成部分也代表了科学分析的三个不同层次。

近年来，健康不仅是没有疾病，还包括整体幸福状况的观点得到了广泛支持，世界卫生组织（WHO）通过的定义就体现了这一点，该定义将健康视为从身体、心理和社会角度出发的一种完全的幸福状态，明确否认了健康不仅是没有疾病或体弱，而是将上述三个组成部分结合在了定义中。

最近，一些对健康持“整体医学”观的作家也持相同立场。正如费斯特和布兰诺所指出的那样，人们认真对待起源于古高地德语“hale”或“whole”的“健康”一词，在中国和古希腊，健康被认为是与自然保持平衡，而有机体的一项重要任务是在受到外部需求和病原体侵袭的情况下保持内部平衡，那么“整体”一词就很有意义，它隐含地结合了生理、心理和社会健康。

安东诺夫斯基坚定地指出，我们必须研究健康而不是疾病，并提出“健康本源”模型，而不是“致病”模型。他认为，健康本源学关注的是人们保持健康的原因，病因学则关注人们生病的原因。他认为人们保持健康在很大程度上是因为他们培养了一种全面的、持久的“心理一致感”，即世界是可预测的，事情很有可能像合理预期的那样发展。每当我重读这句话时，我都会不解地问：“什么是合理预期？”

鉴于不断发生的战争、谋杀、背叛、疾病和死亡，我担心健康不能被说成依赖于自我欺骗或幻想，因为在我看来，要有心理一致感就意味着我们应该避免承认和思考世界上许多地方的情况有多糟糕。我们中的许多人都对当前的世界局势感到不快，我认为我们应该如此。那么，健康就应该是一种个人的安逸自在，特别是对于富裕、受过良好教育、功能良好者的舒适生活吗？这当然不是安东诺夫斯基的本意。

无论如何，这一概念与乐观和自信等术语相似，与“墨菲定律”的信念相反。“墨菲定律”是一个讽刺的笑话，认为如果坏事会发生，那就一定会发生。如果我们假定这种观点是无压力的、无防御性的、不仅仅是一种社交策略或一种克服苦恼或绝望的心理自助方法，那么心理一致感有点类似于诺曼·文森特·皮尔的励志书《积极思考的力量》中的思维方式。然而，在我看来，所有这些关于积极思考的论述都有些模糊，需要对积极思考的含义、实现方式以及在不同条件下的结果进行深入分析。既然我是一个抱有希望的悲观主义者，那么我就希望自己有朝一日能够像那些自信的人一样，对自己有“心理一致感”。关于这一点，我还有很多可说，但我要提醒读者，我在本书中已多次触及这一主题，特别是在第三章和第四章中，我谈到了应对、评价和意义。我仍然不确定什么是生活的最佳解决方案，或者是否存在“最佳”解决方案。

虽然安东诺夫斯基的方法非常吸引我，在很多方面都非常合理，但我认为它在概念上和科学上仍存在严重问题：首先，通过将健康的定义包含了生理、心理和社会因素，我们最终得到了一个比以前只强调生理病理学时更加混乱的概念。我这样说是因为综合概念迫使我们提出这样一个问题，即健康的3个组成部分之间是否以及在何种程度上是独立的还是相互依赖的，这在这个知识阶段是重要的。例如，假设心理一致感是一个心理变量，它有助于让个体保持身体和社会健康，反之亦然，这是重要且恰当的，如果确实如此，我们就应该探讨这是如何实现的。

是否存在这种关系是一个实证问题。但是，对健康的整体性定义已经假定了答案，即健康的3个组成部分在整体健康中趋于一致。如果假定了答案，我们就无法对某一分析层面是否以及如何影响另一分析层面进行实证评价。如果不提出这个关键问题，健康的整体性主张就仍然只是一种信念，而不是一种假设。事实上，无论整体医学的主题多么令人愉悦，它往往只是一种信念，而不是探索真理的承诺。

我们必须关注情绪产生的过程以解决各种难题。如果我们把对情绪过程的理解包含在定义中，这就取决于我们需要问什么样的问题。现在，将健康的生理、心理和社会方面纳入同一概念，又出现了同样的问题。与其一味地接受它们之间的相互依存关系，不如将它们视为独立的成分，但探讨它们彼此间的功能性联系。

心理一致感是一种整体而模糊的人格特质，而不是一套详细而具体的适应过程。虽然心理一致感被假定为与健康存在因果关系，但它与它要解释的适应结果高度混淆，因为从整体上定义的健康本身包含与心理一致感一样的状态和过程。健康的人感觉良好、对自己和世界有积极的认识是因为他们对自己和世界有积极的认识、感觉良好，这完全是一种重复。问题是，健康的人做了什么使他们与生病的人不同。比如，他们是如何在逆境中保持心理一致感的？他们的应对秘诀是什么？

我确信在心理学中某种程度的因果循环论证是不可避免的。然而，当前因后果之间高度重合时，理解就会变得困难。而且，我也并不反对全局或整体的概念，这一点在第三章至第七章中讨论核心关系主题时应该显而易见。然而，如果不尝试将它们分解为几个子成分，那么仅凭整体的概念是无法充分理解健康的。就情绪而言，这些子成分包括具体的评价成分、应对过程、行动倾向和生理反应。

出于以上原因，我选择将3个适应性结果变量——躯体健康、主观幸福感和社会功能——分开。这让我可以提出它们在功能上是否相关、如何相关以及它们之间的联系机制的问题，而没有预设的答案。在研究情绪在躯体健康中的作用之前，我首先考虑健康评估的问题，其次是研究方法的问题。

健康评估中的问题

在评估健康方面有两个突出的问题：

（1）健康状况的评估总是基于两种信息来源，一种是病理学实验室证据，例如高血压、提示心血管功能异常的心电图，基于组织扫描设备或手术的癌变生长或病变指标，以及其他在标准医学检查中能够明确疾病和功能异常的指标，这些都需要经过更详细的临床观察以确认或否定；另一种是病人对症状和病史的报告，这通常是确认实际疾病存在的必要条件。所有现有的疾病评估方法都或多或少依赖实验室检查和主观报告，但恶性肿瘤的实验室证据可能表明这些规则无法说明全貌，因为癌症通常在临床上很长一段时间都没有症状；因此，当肿瘤被发现并且通过活检显示有癌细胞时，即使患者没有注意到症状，也必须将其视为一种危险的疾病。然而，人们通常不会长时间生病而不自知，这导致他们会及时向医生抱怨，寻求帮助。

疾病的诊断在一定程度上取决于主观报告，当然，情绪过程和健康状况之间也存在混淆。由于心理原因，即使患有同样的疾病，一个人可能会比另一个人消耗更多的能量，也可能会用坚定的意志和积极的幸福感来弥补疾病的影响，或者可能会由于应对方式不足以满足生活的需求而导致功能低下。基于实验室数据的诊断变得明确而无须依赖病人报告之前，这种类型的混淆仍然是研究情绪在疾病中所起作用的一个重要问题。

（2）目前，关于如何对健康检查结果进行组织以提供健康状况的量化估计，既没有指导性理论，也没有充分的知识基础。因此，病理学与生理结构和功能的正常个体差异之间的界限仍然模糊不清。人们在生理结构和身体机能方面存在巨大差异，但这些差异对寿命或机能没有必要影响。除某些明确的疾病外，正常与死亡风险或功能受损之间没有确凿的界限。当然，统计意义上的正常未必等同于健康。例如，65岁以上的人患有一种或多种医疗无法改善的慢性疾病是正常的。

鉴于这种无知以及缺乏适当的健康和疾病理论，测量和研究遇到了一些异常现象，其中最重要的是无法准确评估医学体检结果。例如，在常规检查中，许多人的心电图读数显示为心动过缓。比如，心率在50次/分钟，到底是表明可能需要植入心脏起搏器的某种疾病，还是表明心血管健康状况良好？而心率过快——比如达到90次/分钟——或者心脏比正常情况下大，是不是预兆心脏功能不全？要回答这个问题，我们需要知道在什么情况下应将这些结果视为医学问题。在各种普通的生理功能检查中经常会出现大量的边缘性结果，但关于这些功能对寿命和身体机能的影响，却很少有规范性的数据。这就迫使临床医生在做出治疗决定时，在很大程度上依赖于直觉以及病人有无主诉。

要想了解我们对疾病的认识有多么不稳定，只需要考虑一下整个健康保养和预防领域所面对的问题，就像对高血压病人来说应该使用什么样的降压药将血压恢复至正常水平，或者对群体和个人的血清胆固醇问题应该如何处理等。医学在不知不觉中承担着在许多健康问题上令公众恐惧的社会和心理风险，有时是基于知识不足。就像人们对飓风或其他灾难的警报已经出现“狼来了”效应，如果人们拒绝接受标准建议也不足为奇，因为这些警报损害了公共卫生机构的信誉，导致人们普遍拒绝采取明智的预防措施。

缺乏理论和知识导致的另一个问题是，我们无法确定在健康状况评估中，黏液性结肠炎等症状与高血压等症状相比应占多大权重。在比较人们的健康状况时，必须决定在死亡风险和社会功能这两种相对独立的结果类型中，对体征和症状给予适当的赋值。黏液性结肠炎似乎与寿命无关，但在严重的情况下会极大地损害社会功能。另外，高血压是心脏病发作和中风的主要风险因素；它会缩短寿命，但对社会功能没有必然的影响，特别是当它没有被发现和给予药物治疗时，当然药物也有烦人的副作用，有时本身就是危险的。我所熟悉的、目前正在使用的健康状况量表都没有提及这个问题。

研究方法的问题

有5个方法论问题使得情绪与健康的关系难以得到明确的答案。这些问题包括混淆、主观与客观测量、健康结果的多变量因果影响以及长期健康状况的稳定性，下面将逐一讨论这些问题。

（1）由于所有躯体健康的测量都依赖于自我报告，因此无法完全克服主观数据固有的混淆性。假设的原因、压力或情绪困扰的报告，与假设的影响、健康受损之间存在交叉和重合。有必要明确一些有争议的混淆，正如最近发表的一篇争论文章那样。许多现代研究者也谈到了这个问题。尽管这些研究者一致反对混淆，但没有人提供可行的解决方案，除了将情绪（和压力）定义为完全依赖客观环境输入或压力源。

尽管主流观点认为不可能分离个人和环境（由个人来评价），而保持认知动机关系理论中情绪所指的含义。即使对环境变量输入进行完全客观的测量是可能的，这仍意味着需要放弃将情绪源进行关系性定义的立场，因此将要研究的是完全不同的现象。

那些天天呼吁对环境（压力源）进行客观测量，但在自己的研究中并不对环境（应激源）进行客观测量或仅仅从环境事件的角度来定义压力和情绪的批评家们，不是一点半点的狂妄。具有讽刺意味的是，有确凿证据表明，主观评价比客观评价更能预测情绪反应，而且在对混淆因素进行有效处理的研究中也获得了情绪与健康之间关系的证据。坚持忽视这种所谓客观证据的倾向表明，这一论点在科学上和意识形态上同样重要。我不确定关于这一点是否有完美的解决方案。

（2）对主观与客观测量问题的分析表明，尽管人们坚持后者，但客观地测量环境却是一种陈词滥调。这一论断的3个主要原因简单明了，并不新奇：

A.鉴于环境的复杂性，尤其是社会环境的复杂性，以及一个人只能关注和吸收其中有限部分的事实，我们不应该惊讶于一个人或一个集体的情绪相关内容与另一个人或另一个集体的情绪相关内容的不同。两个人走在同一片树林里或听着同样的对话，但看到或听到的东西并不完全相同，这并不是因为一个人疯了，而是因为个人的目标和日程安排决定了这个人应该关注什么以及这个人应该如何感知和评价所经历的事件。因此，对于具有不同价值观、信仰和动机的人来说，情绪所围绕的事件在某种程度上确实是不一样的。换句话说，如何理解现实的差异并不能作为精神病理学的证据，而可能只是反映了个人价值观、承诺和信仰体系的差异。

当研究人员试图对人的行为环境进行系统、客观的描述时，就像巴克和莱特所做的那样，但是他们所做的描述让我们无法理解具体细节，难以在研究中应用。我认为，我们最好通过主观视角来描述与人相关的环境，然后尝试将其与他人的共识性判断进行比较。如果读者对“不可能描述客观社会环境”这一说法感到不满，请允许我指出，唯一用来描述客观社会环境的方法是主观的——特定样本的主观共识。当我们谈到对社会环境的评价时，问题就变得更棘手了，而社会环境正是情绪产生的基准。

尽管这种共识有其价值，但将其作为描述客观环境的基础却存在严重问题。任何共识都可能与个人描述一样“错误”，因为在某种程度上，我们都生活在幻想和自我欺骗中。

什么是现实，在我们仔细深入地研究它之前，这似乎是一个很容易回答的问题。尤其是在充满感情的领域，远非我们所有人都能达成共识的简单问题。

B.我们已经暗示过，难以发展客观测量的一个更为重要的原因是，情绪更多地依赖于推理意义，而不是实际的对象和事件。瓦茨拉维克对“真实有多真实”的分析提供了令人信服的例子：尽管很容易明确黄金的物理属性，但它的心理意义却取决于文化符号和经济——它的价值每天都在伦敦和其他地方确定和公布——由社会协议随意标定，而且这种意义因时因地因人而异。重要的不是黄金的物理属性，而是它的推理意义，这导致人们因为黄金的价值而对其进行投资，并对黄金于自己幸福的意义做出许多其他解释。

C.另一个重要原因是，由于人们都有个人目的和信念，而这些会影响他们在任何适应性情境中的情绪，因此，“客观”环境所传达的意义可能与我们所关注的个人情绪有关，也可能无关。因此，即使我们能够测量出一个人在其中发挥作用的客观环境，它也不一定是这个人对之做出情绪反应的环境。

关于这一点的争论在社会科学领域由来已久。与宗教教条一样，我不确定根深蒂固的立场是否会改变。如果没有认识到和认可这些立场背后隐藏的假设，如果没有彻底掌握和承认描述客观环境存在的问题，那么这些立场肯定不会改变，也不会得到妥善管理。无论如何，在尽我所能阐述了情绪主观方法的基本原理之后，让我们继续探讨情绪与健康研究中的其他方法论问题。

（3）健康是一个多自变量导致的结果，受到大量强大因素的影响，如我们几乎无法控制的遗传基因、生活意外、环境毒素以及吸烟、饮酒、饮食和运动等众多生活变量。在考虑了这些变量所造成的个体健康差异之后，受情绪过程影响带来的差异可能就没那么明显了。健康心理学家尚未提供充足的证据以评估情绪因素对健康的影响程度。零假设必须始终被认真对待。

更复杂的是，医学界和其他致力于控制疾病和促进健康的学科，往往对影响健康结果的可能性过于乐观。对于一个致力于产生积极影响的行业来说，认为自己对大自然的黑暗力量无能为力是一种威胁，甚至是一种深深的冒犯，这种限制尤其适用于慢性疾病。虽然罗斯基斯提到了疾病的成因是压力而不是情绪，但他对这种偏见做出了以下讽刺性的评论：

近年来，我们对疾病成因的传统认识被一个强大的新概念所改变：压力……现在，压力已成为解释当今世界许多病症的速记符，被用来解释咬指甲、吸烟和心脏病等诸多情况……在当代社会，压力的作用与以前的鬼魂和邪灵的作用一样，它使各种不幸和疾病变得有意义，否则这些可能只是简单的概率游戏。

只接受疾病的新病因而不设法治愈或控制它，不符合美国人的风格。因此，自助手册的行列最近又加入了专门教我们如何管理压力的书籍，也就不足为奇了。在一系列关于提高性快感、塑造优美体型、释放隐藏的心理和情感能力的自助指南中，有一批新的手册是专门用来控制这种致命压力的……尽管推销的方式各不相同，有的以死亡相威胁，有的则许诺最大程度的幸福，但所有这些手册都致力于这样一个前提，即个人可以通过使用新的、改良的应对策略来避免或减少压力带来的潜在伤害。

（4）通常所测量的健康状况随着时间推移是非常稳定的，除了那些生病且病情恶化的人，如衰老或绝症，和那些生病但正在康复的人。我自己关于中年人的研究数据显示，健康状况从一个时间点到一年后的另一个时间点的相关系数大约是0.7，这意味着它在相当长的一段时间内没有太大变化。

这一发现产生了一个问题，因为要展示情绪对健康的因果影响，需要改变因变量，正如卡斯尔巧妙论证的那样。我们必须测量这种变化之前的情绪过程，并证明这种变化可以通过情绪过程的变量来预测，而且这些因果变量从时间1到时间2的变化可以解释这种影响。这是一个非常严格的方法论要求，而大多数关于情绪与健康的研究都没有达到这一要求。

（5）第四点的一个推论是，在研究中我们必须有一个具有代表性的情绪过程的测量方法——从研究开始的时间1到测量对健康状况的影响的时间2。如果时间跨度较长，例如，一种致病生活模式可能需要5年或10年的时间才能导致疾病，那么这一要求就很难实现。如果不能证明这一时期有代表性且在疾病发生之前已经发生了变化，而是仅以无数次情绪事件中的一次作为样本是不够的。因此，必须在此期间反复进行观察以评价在此期间发生的情况。这也是一个非常严格的要求，大多数研究都没有达到这个要求，很难证明健康或疾病是情绪导致的。

由于这些方法上的问题以及处理这些问题的实际困难，另一种研究策略越来越受欢迎，那就是研究压力与轻微疾病症状之间的共变关系。与多年来健康状况的重大变化相比，感染和慢性疾病，如头痛、结肠炎、溃疡等的短期起伏，在合理且合适的时间间隔内更容易监测。时间间隔也可以很短，因此可以监测健康的中介因素，如生化条件、免疫过程以及影响情绪状态的评价和应对活动。虽然这种策略所测量的健康问题都是一些相对较小的疾病，但疾病发生和消亡的原因更容易研究，这可能也与通常在标准健康状况评估中测量的重大疾病有关。最近有许多研究采用这一策略，并取得了可喜的成果。

正因为存在这些问题，情绪影响健康这一命题仍然是一种信仰，而不是经过证实的原则。虽然这对那些希望认真对待这段关系的人来说是一个负面信息，但我这样说是为了指出这种怀疑的原因，并鼓励未来进行更好的研究，而不是浇灭热情。我个人坚信情绪确实会影响健康，我希望能够指出可靠的例证和令人信服的因果关系。然而，现有证据是零碎的而不是程序化的，它由零星的、难以评价的证据组成，这些证据只是提示性的，而不是决定性的。

情绪如何导致疾病

在探讨心理生理机制之前，我们应该先研究一下通常被称为“患病行为”的行为机制，它可能会在身体疾病方面误导我们。患病行为是指人们对疼痛、症状、疾病或疾病威胁的反应或处理方式——例如，倾向于寻求或避免医疗护理，夸大或轻视疼痛和症状的重要性、功能上的损伤或痛苦。患病行为不是疾病，尽管它可能是致病的因素。相反，它包括对症状、疾病和身体状态的各种态度和反应。

我在第九章中指出，医学社会学家和人类学家已经证明，患病行为在很大程度上受到文化因素的影响。虽然患病行为本身很有趣，而且与医疗保健的组织和提供方式有关，但它也是开展和评价“情绪在疾病中作用”研究的重要障碍，因为它会让我们误以为一个健康的人真的生病了，或者一个生病的人真的很健康。如果没有生病的人（有时被称为“忧心忡忡的健康人”）寻求医疗服务，我们却把他们归入患病类别，那么我们就有可能高估研究人群中的患病率；同样，如果生病的人（被称为“无忧无虑的病人”）逃避医疗服务，而我们却把他们归入健康类别，那么我们就有可能低估研究人群中的患病率。换句话说，研究人员在获取情绪过程对疾病影响的数据时，必须排除或控制患病行为。

现在，我们来看看情绪如何导致疾病。在接下来的讨论中，我将分析关于情绪—疾病关系机制的合理假设。关于这一点，有两个问题必须加以研究：第一个问题涉及致病因素的特异性模型和一般易感性模型之间的竞争。第二个问题涉及心理和社会因素导致疾病的直接和间接途径。我将依次讨论这两个问题。

特异性与一般易感性。大约75年或更久以来，两种因果关系理论——特异性模型和一般易感性模型之间一直存在竞争。特异性模型认为每种疾病都有特定的病因，例如环境中的有害物质、机体的脆弱源或特定情绪。一般易感性模型则认为压力或情绪引发的慢性和严重的内部平衡紊乱会增加个体对各种疾病的一般易感性。

特异性模型。每种疾病都有其特殊的、以情绪为中心的因果关系——特异性模型——这种观点随着19世纪末致病细菌的发现而产生。科赫、巴斯德和利斯特已经有确凿证据证明了传染性疾病是由迄今为止我们所知的细菌和病毒等不可见的生物（微生物）造成的。每一种特定的疾病，如产褥热、天花和肺结核，都是特定微生物作用的结果。实际上，每种疾病都受特定的有害环境因素的影响。

然而，在过去的半个世纪里，人们越来越认识到疾病还取决于宿主对有害环境因素（例如，产生感染的细菌和病毒）缺乏有效的抵抗力。除非宿主对微生物的天然抵抗力很弱或减弱，否则不会生病。虽然这些微生物广泛存在于环境中，但那些对白喉等有免疫力的人不会生病，对肺结核有抵抗力的人也不会生病。疾病是敌对环境因素入侵的结果这一观点是正确的，但却言过其实，因为疾病的易感性取决于物种和该物种内个体的状况。

杜波斯有效地阐述了这一点并在下文阐明了其含义：

科赫和巴斯德想要证明微生物可以导致某些疾病。他们的天才之处在于设计出能够明确说明其假设的实验情境——在这些情境中，只要将宿主和寄生虫聚集在一起就能繁殖疾病。通过反复试验，他们选择了动物的种类、传染源的剂量以及接种的途径，从而使感染能够顺利发展为渐进性疾病。如果在适当的条件下给豚鼠注射结核杆菌，它们总会患上结核病；在狗的硬脑膜下注射足够的狂犬病毒，总会引起麻痹症状。因此，巴斯德、科赫和他们的助理通过巧妙地选择实验系统，成功地在试验中最大限度地减少了可能污染他们想要研究的传染源活性因素的影响。这种实验方法对于发现病原体和研究其某些特性极为有效。但是，这必然会导致忽视一部分因素，事实上，这种忽视往往会误导人们在自然界普遍条件下对许多其他致病因素的认识——例如，被感染个体的生理状况和他所生活环境的影响。

顺带说一下，这段话也可以看作生物医学对我在第三章中所说的情绪和人—环境关系的有力支持。环境与人之间的关系始终至关重要，这一原则同样适用于心理和身体。疾病的原因可能是特定的和多方面的，还包括宿主的对立特征，这使得疾病总是发生在人与环境之间的互动中，是一个随着时间的推移而发生的过程。

在这方面，当研究人员试图从心理社会的角度解释不同的疾病时，他们会参考不同的、部分具有特异性的心理社会过程，似乎这也是采用特异性模型的前提。特异性模型的现有版本既考虑到有害的环境条件，也考虑到受这些有害条件影响的易感人群的人格特征。

以最近一个基于特异性解释疾病的例子来说，与心脏病有关的情绪—生理过程被认为不同于与癌症或传染病有关的情绪—生理过程。心脏病强调A型行为或敌意控制及其特定的生化影响，对其在其他形式疾病中的作用研究不多；而对于癌症，许多心理社会解释集中于个体主观心理放弃或压抑情绪，据说这对免疫过程有负面影响。

当特异性模型被用于解释心理社会因素如何影响躯体健康时，通常每种疾病都被认为源于特定的情绪，大概是因为这些情绪会对躯体产生独特的影响——请记住，情绪是特定的人—环境关系的结果。抑郁被认为与恐惧或强迫状态具有不同的生物化学表现，表达的愤怒被认为与否认或压抑的愤怒具有不同的生化表现。情绪的效价也被认为是重要的，正如有人争论说，幸福（和欢笑）等积极情绪状态将产生治疗性或预防性的生化后果，而愤怒和焦虑等消极情绪状态则相反。

也许积极情绪会通过心理途径产生更强的自我效能感或自尊感，从而削弱愤怒、焦虑或其他消极情绪状态的心理生理后果。良性或积极的情绪状态会导致不同的激素分泌模式——例如，肽类会与大脑中的吗啡样受体结合，降低肾上腺皮质激素分解代谢的破坏性影响。由于目前对这种前景广阔的可能性所做的研究还很少，因此评价与健康有关的有益/有害情绪的观点的依据还非常有限。

关于愤怒的指向和控制的假设，提供了一个有趣的例子。研究者具体讨论了情绪的选择和愤怒控制模式的特殊性。例如，长期以来，人们一直将外向型愤怒与内向型或压抑型愤怒进行对比。正如科南、贝·朱尔、寨卡和卡尔所指出的，关于这一观点的研究很多，但研究结果并不一致，这些研究者试图从理论和经验上协调差异。他们探讨了3种解释：第一种解释强调愤怒表达方面的差异，第二种解释与愤怒表达的模式有关，第三种解释与个人的愤怒控制风格和社会压力之间的匹配有关。

这些作者调查了134名以色列男性的愤怒体验和表达的强度和频率，并通过体检来评价他们的健康状况。研究发现，愤怒的强度与健康状况良好有关，而频率与健康状况不良有关，也就是说，对于负面的健康结果，高强度、偶尔的愤怒无关紧要，重要的是愤怒的频率有多高。我相信更多的人会对愤怒与健康之间的关系表现出浓厚的兴趣。

虽然几乎没有系统的证据表明每种情绪都会导致特定的生理反应模式，而关于这些模式是什么以及它们如何产生独特的健康后果的证据更是少之又少，但特异性假说中的基本主题是非常合理的。我在第二章中提到的莱西和梅森经常引用的自主神经系统特异性研究赋予了这一假说实质内容。这也与第五章中关于情绪程序的概念相一致，其中对情绪事件的适应状态评价结果被认为是抵御伤害和威胁的特定生理动力模式的主要基础。这也与不同的行动倾向或冲动是每种情绪的重要组成部分的观点相一致，从而为情绪的体现和每种情绪的特定反应模式提供了理论基础。

1920年至1950年间，精神分析在特异性方面占据主导地位，弗朗茨·亚历山大和邓巴的著作在当时颇具影响力。每种心身疾病都被认为是一种特定类型的心理斗争的结果，表现为特定的症状模式，如溃疡、哮喘、偏头痛、结肠炎和其他典型的心身疾病。

亚历山大对心身疾病的看法不同于现代的应激障碍（如坎农和谢耶的著作），后者认为冲突或无效的应对方式会产生紧张从而引起组织损伤，是一种磨损现象。他强调，被压抑的意义通过转化为感觉运动表现而表达出来，这反过来又会导致身体症状，以表达内心挣扎的心理动力。

亚历山大的矢量理论以摄入、保留和消耗的基本生物过程为中心——摄入、消除和保留的愿望。所有矢量都有爱、攻击和仇恨的内涵，身体的所有器官都受这些矢量所包含的情绪干扰。这些矢量在婴儿期性心理阶段已出现，以象征性的方式表达自己的社会态度。例如，在口欲期，表现为被动地接受或试图积极地融入；在肛欲期，表现为给予或想要完成某些事情，寻求坚持、积累或吝啬。这里的前提是身体症状是未解决的冲突在性心理发展阶段的象征性表达。

让我们看看亚历山大的分析如何对医疗实践中发现的主要的所谓心身疾病起作用的一些例子。对于溃疡的人来说，假设的态度是“我不希望索取或接受，因为我是主动的、有能力的、高效的，不希望被动或依赖”。就像坦塔路斯的神话一样，溃疡型人格总是渴望得到却又不允许自己随意接受。这类人想要依赖他人，但又抗拒这种冲动。他们的态度是“我有权利要求，因为我总是在付出。我不必为自己的欲望感到自卑或内疚，因为我已为我的索取付出了最大的努力”。哮喘发作的原型是新生儿第一次呼吸时对母亲的啼哭。婴儿向母亲哭喊求助，害怕与母亲分离，但同时也希望自己有能力和进取心。从这个角度看，哮喘的冲突是“我不能爱，因为这意味着失去母爱”。

格雷厄姆报告了有关精神分析特异性假说最系统的研究，采用了类似的前提，但对亚历山大提出的态度稍作了一些修改。格雷厄姆让法官从精神科医生提供的访谈数据片段中选出“正确”的态度，而精神科医生并不知道其中涉及的假设，并试图预测患者的疾病。研究结果表明，法官能够正确做到的次数比偶然要多。6种心身疾病中所涉及的态度见表10.1。

表10.1 格雷厄姆的心身疾病观点

溃疡性结肠炎 感觉受到伤害和贬低，希望能摆脱责任。（被羞辱、搞砸；希望情况结束、了结、处理掉。）
支气管哮喘 感觉自己被冷落，想把人或环境拒之门外。（感到不被爱、被拒绝、不被认可、被拒之门外，希望不与这个人或这种环境打交道，希望把它抹掉，与它或他没有任何关系。）
十二指肠溃疡 感觉被剥夺了应得的东西，想要报复。（没有得到自己应得的、欠自己的或承诺的东西，想报复、报仇，以其人之道还治其人之身。）
便秘 感觉自己所处的境况不会有好结果，但又不得不硬着头皮坚持下去。（感觉事情不会有任何好转，但又不得不坚持下去。）
原发性高血压 感觉自己受到了伤害的威胁，必须做好一切准备。（感觉自己处于危险之中，来自任何方面的任何事情都可能随时发生；必须做好准备应对所有可能的威胁，时刻保持警惕。）
偏头痛 感觉必须完成某件事情，努力之后又放松下来。（必须完成某件事情，自我激励，努力奋斗，必须把事情做好，必须达到某个目标；然后放松下来，停止驱动。）

格雷厄姆总结了他对心身特异性的看法，他认为：

已报告的成果似乎支持态度特异性假说。这意味着（a）每种心身疾病都与其特定的态度有关，（b）每种态度都伴有特定的生理因素。更进一步，（c）每种心身疾病都是特定情绪的一部分，（d）每种情绪都有特定和独特的生理成分。

一般易感性模型。20世纪50年代，精神分析版本的特异性开始被一般易感性模型所取代。这一变化的第一个因素是旨在支持溃疡、结肠炎、哮喘、偏头痛等人格观点的临床研究十分薄弱。并且许多关于不同心身疾病患者的人格特征的研究结果并不一致。

第二个因素是，无法可靠地说明被假定为致病因素的态度实际上如何导致与症状相一致的组织功能紊乱。例如，没有什么比胃肠功能更复杂了，胃肠功能紊乱也很常见，但消化科医生似乎对消化道的工作原理掌握得并不多。

这种特异性导向消亡的第三个因素是在临床工作和社会科学中失去了对精神分析概念的青睐。对许多社会和生物科学家来说，精神分析的理论过于深奥，难以用经验来支持或反驳。虽然人们普遍认为精神分析以这样或那样的形式表达了关于人类心理的一些非常重要的东西，但对精神分析的负面印象仍然存在。

第四个因素是20世纪50年代的心理学倾向于从驱动和激活的角度思考行为。一般易感性的概念可以追溯到我在第二章中勉强提及的一个心理学时期，当时的核心概念是驱力和激活。激活是一个单维度的概念，意味着警觉性、生理唤起和行动可以说是从低到高。压力或情绪通常被定义为激活度的显著增加，并且假设身体不会区分不同类型的情绪；情绪主要导致激活度的增加。

关于激活（有时也称为唤起）的争论和研究由来已久。激活或一般唤起已经不再是重要概念，可能是因为研究者对简单的驱力概念失去兴趣并开始倾向于注重认知的概念，如社会动机和评价。尽管如此，一些心理学家仍然坚持唤起的概念，特别是在考虑诸如运动表现这样的现象时。从最近的两篇文章中可以观察到关于这种概念的效用的持续争论，一篇是持否定立场的奈斯的文章，另一篇是持肯定立场的安德森的文章，这两篇文章都表明谈论某些过时的立场时必须保持警惕。

第五个也许是最重要的一个因素是谢耶的一般适应综合征理论的巨大成功，该理论的核心是肾上腺皮质激素的一般性、系统性的代谢效应。这一理论源于克劳德·伯纳德和沃尔特·坎农早期的平衡概念，其核心是自主神经系统和肾上腺髓质儿茶酚胺。它以经验性的方式说明了压力可能通过这些激素分泌影响身体组织的方式以及它们所造成的平衡破坏。我在第二章中已经讨论过谢耶的工作，感兴趣的读者不妨再次参阅。

让我们来探讨一下一般易感性模型是如何运作的。它的基础是一个简单且无可争议的事实，即情绪涉及人体神经化学的重大变化。接下来，更为困难和晦涩的一步是明确这些变化增加患病可能性的机制。答案必须来自流行病学研究和对情绪（或压力）的神经化学及其对身体器官影响的研究。这里总结了谢耶推广的一个版本的主要观点。

谢耶对肾上腺皮质（肾上腺的外皮）激素的分析和研究大大推进了一般性立场。他提出的一般适应综合征包括3个普遍的反应阶段：对有害环境或内部条件的警报或警告；抵抗或身体防御；耗竭。虽然谢耶承认在这种防御中也有具体的因素，但具体因素似乎不如一般因素重要，因此被淡化了。他强调的是在面对环境负荷时，一种共同的、协调的躯体变化模式。他把这些防御性变化称为“压力”，把环境负荷称为“压力源”。

简单分析一下，情况大致是这样的：当神经系统识别到压力源时，因为它扰乱了身体平衡，脑垂体就会分泌一种促肾上腺皮质激素（ACTH），它刺激肾上腺皮质产生皮质类固醇并通过血液循环到全身。盐皮质类固醇可促进炎症，隔离身体受损部位，而糖皮质类固醇则可抑制或缓解炎症。这些激素有助于调动身体和行为来应对不稳定的需求。但当这些需求的生化影响持续时间长且严重时，机体的生存能力就会受到威胁。如今我们知道，除了肾上腺皮质激素外，脑垂体还分泌肽类物质，其中包括吗啡样物质，它们可以防止疼痛并在免疫过程中发挥重要作用。

请记住，这一过程发生在对任何压力源的反应中，而且特定的伤害因素被认为对综合征的形成并不重要。实际上，所有有害物质在产生这种以阶段为中心的反应序列时都是等效的。这就是谢耶将其称为一般适应综合征的原因。还要记住的是，这种防御性动员被认为会增加对所有而不是特定疾病的易感性，因为它具有分解代谢效应，如果长期持续，可能会损害身体的完整性。

然而，仍然有必要解释为什么人们会患上不同的疾病——一个人患心脏病，另一个人患癌症，还有一些人患危险的传染病。答案是，由于遗传和生理条件的影响，不同人不同的器官系统容易受损害，从而导致不同的疾病和死亡模式。由于对疾病的普遍易感性增加，疾病就会发生在脆弱的器官系统中。这是一个简单而有解释力的想法，可以与特异性一起应用。

最近对免疫过程的兴趣表明还有一种重要的机制可以解释疾病——压力导致身体失衡，会削弱人的免疫能力，从而增加总体疾病和死亡的可能性。既然免疫过程在宿主抵抗病原体的过程中如此重要，那么合理的假设是，免疫过程也是情绪性疾病的重要机制之一。虽然有越来越多的证据表明心理社会因素在疾病中的作用以及所涉及的心理生理机制，尤其是在传染病和免疫过程中的作用。然而，我们还有很长的路要走，才能完全搞清楚这一切究竟是如何运作的，因为免疫过程涉及多种类型的细胞和过程，极其复杂。

从这段简短的历史中可以看出，坚持特异性模型还是一般易感性模型摇摆不定。我们有理由相信，一般易感性模型和相关的概念“弥散性激活”，在一定程度上能够解释精神分析特异性，并主导心理思想几十年，在可预期的钟摆逆转中——我们正在回到更新的、希望更充分的特异性假说的版本，这一说法可能会引起许多同行的争论。

最后，我用一张图来总结这两种模型（见图10.1）。一种模型认为情绪会增加对疾病的普遍易感性，因为它会造成普遍的生化失衡；而另一种模型则认为每种情绪都存在不同的生化模式，这些模式会对身体有特定影响并引发疾病。

直接与间接途径。为了正确地研究心理和社会因素导致疾病的方式，我们需要考虑人和环境之间的适应关系及其引起的情绪如何影响疾病的主要途径。有两种类型的途径。第一种是某些情绪会直接导致疾病；第二种是由错误的评价和应对过程间接导致疾病。两种途径最终都会导致疾病，但过程不同。

直接途径。直接途径是指情绪对身体的短期或长期影响，通过广泛观察个体在情绪事件中发生的复杂而深刻的神经化学变化而得名。经典和基本的前提是当某些身体变化明显或持续时间较长时，会导致疾病。我强调明显和持续时间长，因为对单一事件的单一情绪反应（即使非常强烈）不太可能对躯体健康或疾病有太大的重要性。相反，如果情绪要诱发或导致疾病，对生活考验和磨难的病态应对风格及其进一步引发的糟糕情绪，必须是长期的或反复出现的。虽然这只是一个前提，但它是健康科学中最广泛接受和讨论的机制。

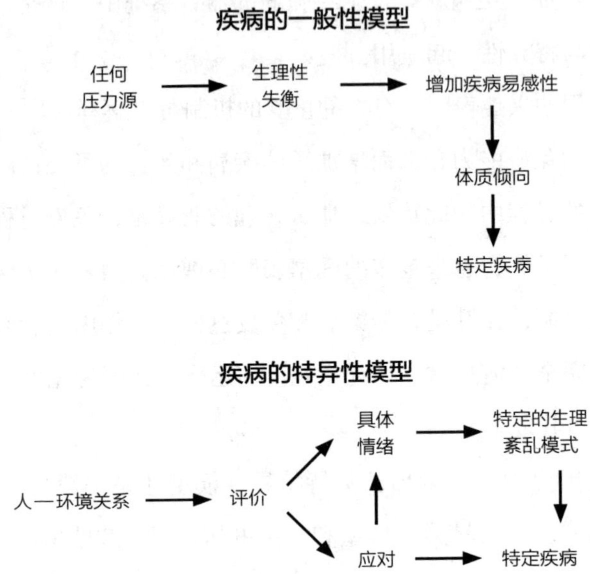

图10.1

迪普、门洛和沙士曼在论述评价时明确表达了这一前提：

> 评价过程可以为许多改变心理社会环境影响的个人和心理社会变量提供最终的共同途径。在将这一模型应用于疾病的诱发时，统一所有这些变量的因素是评价过程，因为它改变了对环境威胁的心理反应的强度和持续时间……在一些理论家看来，它启动了[心理社会环境与疾病之间]的主要中介——情绪及其生理伴随反应。

间接途径。有两种亚型，都涉及评价和应对：情绪过程通过不恰当的应对方式间接导致躯体疾病，我认为这往往是基于错误的评价。

当长期或反复出现时，错误评价会导致适应不良。一个人在实现原本可能实现的目标时失败了，或者频繁地陷入导致痛苦的适应性情境中，而如果有更合理的评价，这是不必要的。然而，请注意，这种以评价为中介的间接途径仍然会把我们带回到愤怒、焦虑、内疚、羞耻、羡慕—嫉妒等消极和痛苦的情绪及其生理学上。换句话说，在这种间接情况下，对躯体健康的最终影响仍然部分取决于情绪的生物化学及其对组织的影响，这与前面讨论的直接影响的最终路径相同。

例如，A型血与心脏病之间的假设联系被认为取决于对身体的生化影响，尽管这种说法屡遭质疑，而且现在似乎也不那么有说服力。格拉斯对A型血的解释与A型血产生的疾病源于生化后果的假设一致，生化后果又取决于评价和应对方式。对于高血压，也有涉及评价和应对方式的类似解释。在这类分析中，疾病的途径应基于一般易感性模型还是特异性模型还没有得到真正的解决。

在导致躯体疾病的第二条间接途径中，不恰当的应对方式被认为会增加死亡率和发病率，这是冒险行为以及使用毒品、酒精和烟草等有害物质的结果。在这里，这一机制通过应对过程绕道而行，这就是为什么它是间接的。实际上，这种机制依赖于潜在的致病性应对行为，而这些行为往往又受到自欺欺人的思维方式的支持，从而将对身体健康的危害降到最低。

其他类型的致病应对也属于此类，如依赖否认、回避和疏远——在生命受威胁时，会危及身体的完整性。据报道，心脏病发作时，男子做俯卧撑或跑几层楼梯以说服自己不是冠心病发作的案例并不少见。尽管他们的行为明显增加了猝死的危险，但幸运的是他们最终能去住院并活了下来，还能报告这个故事。这些应对方式增加了患上更严重或致命疾病的概率，因为他们本可以采取更加能动性的行动。

这种间接途径的独特之处在于，它并不像所有其他假设途径那样依赖于痛苦情绪对身体完整性的生化影响，而是由有害的成瘾物质和其他潜在的自我毁灭行为模式对身体造成损害，例如可能导致脊髓损伤和死亡或致命疾病的行为模式，如果他们采取更谨慎和现实的行动，他们可能会幸免于难。这些自我毁灭式的行为使个体面临比平常更大的风险，如心脏病、肝脏和肾脏等重要器官的损伤，以及危及生命或造成残疾的事故。

虽然评价和应对可能导致适应不良的方式多种多样，许多情况可以说纯属偶然而不是基于危险行为，但适应不良通常取决于评价和应对过程与所面临环境条件的要求之间的不匹配，无论这些要求是急性的还是慢性的。我将在第十一章对此进行详细论述。

情绪有健康和不健康之分吗

除了已经提到的情绪的生化（激素）后果之外，关于不同情绪模式的实际后果的其他理论和研究非常少。考辛斯提出的主张是快乐的情绪状态能够维护躯体健康和疗愈疾病，而不快乐或紧张的情绪状态则具有破坏性或助长疾病，后来成为整体医学的象征（另见塞利对痛苦和良性压力的区分）。

尽管考辛斯的主张值得在指导性研究中进行评价，但它的主要成功在于揭示了双方在医学和生物学方面的偏见。专业人士对证据的看法也大相径庭。例如，佩尔克蒂尔写了一篇可读性强且乐观的文章，阐述了“情绪生活对躯体健康非常重要”这一基本观点。

关于情绪如何通过作用于身体组织来实际影响疾病的可靠理论少之又少，当然也没有像塞利的概念那样值得关注，因为他的概念主要局限于压力。同样，已有或正在进行的对于每种情绪的具体生化后果的研究也非常少，这也许是因为缺乏好的理论和方法，或是心理生理学家还没有产生足够的兴趣。因此，当我表达个体情绪因其特殊的生理因素而在躯体健康和疾病中扮演不同角色的观点时，我主要是在坚持自己的偏见。

情绪与主观幸福感

主观幸福感，又称公开的快乐、士气和生活满意度，是衡量适应质量的一个传统而重要的标准。安德鲁斯和维西、布莱德本、科斯塔和麦克雷、坎贝尔、康福斯和罗杰斯以及蒂纳尔等人都讨论过这一问题。蒂纳尔的评论和分析涵盖了过去20年的研究和思考，由于我只想谈论与情绪过程相关的内容，有兴趣的读者可以参考该综述以及其他论述。

理论与方法

对情绪与主观幸福感（SWB）的测量可以看作长期反复出现的情绪状态的总结——情绪生活体验的主观概括，更准确地说是个体对个人生活境遇的评价方式。这样看待情绪与主观幸福感是否合理仍悬而未决。假设这是一种总结，那么参与者如何完成这项任务很可能取决于时间跨度和其他因素。如果我们认为评价是在特定适应性情境中形成情绪的关键过程，那么它也一定是长期总结的关键。此外，单一事件并不能准确告诉我们一段时间内情绪体验的真实总和，或总和是如何得出的。

主观幸福感本身并不是一种应激情绪或心境，但可能与它们有关。无论是应激情绪还是心境，情绪都是一种状态。然而，由于作出判断的人在某种意义上是对其在一段时间内的情绪生活的总结，因此，情绪与主观幸福感或多或少是一种特质，而不是一种状态。对情绪与主观幸福感进行评分的人不应该受到特定情绪状态的影响，而应该采取大局观，尽管这种影响很可能经常存在。

人们很少有兴趣对一周、一个月、一年或更长时间的主观幸福感与日常情绪体验的总和进行比较研究。这是需要解决的关于主观幸福感本质的几个主要问题中的一个。例如，我们可以研究所有积极和消极的日常情绪事件并对其绝对或相对频率或强度进行评价，或每个独立的情绪事件是否与情绪与主观幸福感的总体评价相似。很有可能，这两种汇总的结果会有所不同，因为它们可能不是一回事。一般来说，总体评价偏向于积极的一端，这意味着人们忽略了生活中消极的一面，也许是想相信自己总体上是幸福的，或者想让别人相信他们是幸福的。我不确定这种偏态是否同样发生在对具体情绪事件的评价中，尤其是最近发生的情绪事件，因为当一个人被要求回忆和评价遥远过去的事件时，更容易忘记或淡化细节。

在迄今为止所有关于幸福感的研究中，只有蒂纳尔、桑德维克和帕沃特报告的一项研究最接近于将每天的情绪评价与总体评价进行比较。研究者将幸福感定义为积极情绪与消极情绪（他们使用的术语是情感）的相对频率。学生们首先用3个常用的量表对自己的积极和消极幸福感进行评分，然后记录下6—8周的时间里每天积极和消极情绪的频率和强度。结果发现，频率存在很大的相关性，而强度的相关性要小得多。换句话说，如果参与者认为自己的积极体验多于消极体验，那么他们对自己幸福感的总体评价也是积极的。

然而，这些数据并没有真正回答关于日常情绪和主观幸福感的问题，因为日常和综合的两组测量结果都由或多或少重合的总结性评分组成，而不是关于特定情绪事件的具体陈述。这种相关性可能是以特定方式评分的一般人格倾向的结果。所涉及的问题似乎更多的是评定进行的时间段的问题，而不是个人情绪事件与情绪与主观幸福感的比较。例如，我们并不知道在某一天对积极和消极情绪频率的评定中实际经历了哪些情绪。频率作为一种衡量标准，掩盖了所经历的情绪的具体细节，有利于对积极和消极情绪的整体总结，即使它涵盖的时间相对较短，比如只有一天。

蒂纳尔的研究表明，社会人口变量如性别和收入在情绪与主观幸福感中的作用并不大。总的来说，似乎没有哪一组变量对它有很大的影响。这就造成了一个难题，并提出第二个主要问题。我们如何解释拥有积极或消极的个人幸福感几乎与我们生活的客观环境没什么关系？通常的心理学解释与评价理论一致，认为这一过程是主观的，取决于人们的期望和愿望，而不是人们生活的客观条件。一个生活在悲剧或贫困中的人可能经常或通常是幸福的；相反，一个似乎生活在非常优越环境中的人可能经常或总是感到不幸福。赫尔森的适应水平理论提供了一种有用的方法来思考这一难题，这与个体习惯和接受什么才是自己的命运归属有关。

与第二个问题相关的第三个问题是，人们常常发现幸福和不幸福是相互独立的。人们可以将自己的情绪与主观幸福感评价为积极的，也可以将生活中的压力和不满意度评价为高水平。蒂纳尔研究了独立性的证据。他的分析与我的一致，即依赖性或独立性的证据取决于时间因素和个人内部的分析模式。蒂纳尔等人认为：

> 首先，积极情绪和消极情绪在特定时间点上并不独立。每一情绪都明显倾向于抑制另一情绪……其次，由于抑制机制的存在，两种情绪在发生频率上也不独立，即一个人感受到的积极或消极情绪越多，他感受到的另一种情绪就越少。最后，当我们测量较长时间内积极和消极情绪的平均水平时，显示出低相关性，因为平均水平是频率和强度共同作用的结果。因此，它们在个体间强度上的正相关关系抵消了在频率上的负相关关系。

实际上，对情绪与主观幸福感的积极评价和消极评价之间的不同关系在很大程度上取决于不同的测量策略，其中最重要的是没有从个体内和个体间的角度来考察评价，也没有认识到这些角度所要解决的问题是不同的。蒂纳尔等人在引文中使用的“个体间”一词就暗示了这一点。如果我们将人与自己比较，例如，我们很容易发现报告消极经历时，积极状态被压制，积极和消极幸福感之间负相关。然而，如果我们在人与人之间进行比较，积极和消极幸福感往往独立变化。由此可以得出这样的结论：经常感觉不好的人也经常感觉良好（个体间比较），在他们感觉不好时，他们也不太可能感觉良好。

情绪与主观幸福感之间的因果关系

从理论上讲，情绪与总体情绪与主观幸福感之间应该存在互为因果的关系。这是我在身体健康中提出问题的一个变式——是否存在健康和不健康的情绪。这也是第七章中对幸福的图形—背景分析的变体。蒂纳尔、桑德维克和帕沃特对这种双向关系的解释是，积极的SWB取决于一个人经历积极情绪体验与消极情绪体验的频率对比。这是一种自下而上、以反应为中心的分析，与布莱德本以及那些推测缺乏积极或愉快事件导致抑郁的人的分析相似。科斯塔和麦克雷也暗示，总结性或特质性评定与重复的个体情绪评定存在因果关系：

> 很少有人会反对这样的观点，对正常人来说，决定瞬时幸福的主要因素是个人所处的特殊环境。社交上的轻视会伤害我们的感情，牙痛让我们痛苦不堪，赞美让我们精神振奋，吃一顿美餐让我们心满意足。毫无疑问，人格对任何一种感受的影响都是很小的。然而，随着时间的推移，特质的微小但持续的影响逐渐成为幸福变化的系统来源，而或多或少随机变化的情境决定因素往往会相互抵消。

我不太确定这一点。一个好的逻辑和实证案例表明，事情总是反其道而行之，积极或消极地解读生活的应对风格决定了一个人如何评价自己的幸福感。这是一个自上而下的原则。一个对生活抱有痛苦和悲观的态度的人很可能无法从发生的好事中体会或获得很多快乐，抑或认为它们是美好的。由于倾向于对经历进行消极评价，我们将无法欣赏和享受积极的经历，这是一种功能失调的临床综合征，有时被称为快感缺乏症。也许这两种机制都适用。

此外，积极乐观地看待生活的人可能很容易跨越大多数轻微的伤害和威胁，甚至认为它们是好的，就像福克曼和拉扎勒斯的《应对方式问卷》中所说的那样，"我从这次经历中走出来时比进去时更好"。甚至可以说，所测量的特质根本不应该被称为情绪与主观幸福感，而是采取积极评价风格来进行应对的倾向。这种对情绪与主观幸福感是应对的结果的解释与我对情绪过程的看法是一致的。

人们会想到厌世者、悲观主义者和一般的烦躁不安者。根据平行推论，特定的消极经历可能不会压倒积极的希冀，这让人想到天生的乐天派。这就好比一个人不能因为特定的情绪经历而对幸福或不幸做出一般化评价。诺曼·文森特·皮尔的《积极思考的力量》或霍雷肖·阿尔杰的《逆境中的成功》等励志书鼓励人们将积极思考作为一种意志行为。尽管如此，一些导致人生重大改变或损失的事件对整体评价有着深远的意义，也确实会显著地改变人的整体情绪。正如我在第三章讨论动机原则时所说的那样，我们需要知道对个人来说什么是重要的，什么是不重要的，才能对此做出预测。

这种分析并不涉及形成情绪与主观幸福感评定的心理过程，而只涉及外围的反应—反应关系。从理论上说，认为一种反应导致另一种反应当然是可以接受的，但在我看来也是肤浅和不全面的。更全面的理解将来自最核心的、与意义相关的评价和应对过程的研究，它们通过对所发生事情的反馈来改变评价，从而影响情绪。

如果根据认知—动机—关系理论分析重新界定这个问题，我们就会认识到情绪与主观幸福感是评价的产物，评价既是情绪与主观幸福感的先决条件，也是情绪与主观幸福感持续的特征。对特定适应性情境的评价会导致特定的情绪，如愤怒、内疚、幸福和自豪，它指的是一个人评价所发生事情的方式对幸福意义的影响。要将这些评价汇总成对主观幸福感的总体估计，就需要将个体情境归属于对特定时期情绪生活的总体概述。要进行有意义的总结，就需要对一个人生活中重要和不重要的事情以及在实现人生目标方面取得的进展进行主观权衡。心理学家还不了解这种判断的基础，典型的综合反应分析也无法帮助我们了解其中的心理过程。

关于SWB含义的研究成果颇丰，但研究往往缺乏理论驱动。一些最有价值的想法集中在动机模式上。例如，有人认为，与那些希望在短期内获得积极反馈的人相比，只追求长远目标实现的人很可能士气低落。还有人强调的只是积极参与的努力过程，而不是参与的实际结果。积极的幸福感取决于对进步过程的感知而不是结果，这是一个古老的哲学主题，亚里士多德和后来的作家都表达过。当人们得到他们想要的东西时，满足感往往是短暂的。一句相关的箴言是，满足感总是其他承诺和活动的衍生品，努力争取会伴随失望。还有人强调所发生的事情与期望、信念和社会比较之间的匹配。人们不禁要问，这些不同的观点是真的相互竞争的关系，还是在某种意义上都是合理和重合的，因此我们无须在它们之间做出选择。

我的结论是，对主观幸福感的分析，由于没有考虑到可能促成主观幸福感的动机、认知和情绪过程而受到阻碍。就像对情绪的分析一样，如果我们仍然停留在含糊和抽象的层面，或者只是肤浅地关注反应方面，我们就无法理解主观幸福感的内涵、与情绪的联系以及在整个心理资本中的作用。

应对与主观幸福感

从非常确定的意义上讲，我一直在谈论应对过程。但是，在谈及主观幸福感这个话题时，我们不能不谈及它的一个变体——在处理痛苦的情绪状态时使用的防御手段以及由此产生的后果，如压抑和否认。

温伯格最近的一篇综述分析使这项任务变得更加容易。虽然温伯格说的是情绪而不是主观幸福感，但很明显，对所谓压抑型应对方式的研究与我们目前所关注的问题有关。显然，如果一个人压抑愤怒、焦虑和其他形式的情绪困扰——或者说，压抑产生这些情绪困扰的想法和冲动——那么即使其他评价是潜意识或无意识的，也有机会在意识层面对主观幸福感做出积极评价。

温伯格的分析关注的是被评价为具有压抑型应对方式的人是否真的经历了他们未能意识到的消极情绪状态。换句话说，虽然他们看起来拥有积极的幸福感且处于健康状态，但他们被认为是有问题的人，他们对自己和他人展现的都是不真实的自己。在回顾了大量研究后，他总结出至少有两种人的主观痛苦程度较低：（1）焦虑程度低或自我感觉良好，同时在防御能力评价中得分低的人，对压力反应良好，并能在压力出现时意识到痛苦，对之进行有效的管理，因此他们所说的话与非言语表现一致；（2）报告的痛苦很少，但却具有防御性，这体现在许多心理生理指标上，如声音质量、面部表情、生理变化和客观任务表现等，这些指标与他们的口头报告不一致，说明他们至少与那些报告长期痛苦的人一样焦虑。

温伯格的分析似乎也表明存在一种应对过程，即向自己和外界掩盖消极情绪而表演出“幸福感”。研究的问题在于如何将那些总体上对自己和环境真正感到舒适的人，与那些自称舒适但实际上并不舒适的人区分开来。该分析还指出了弗洛伊德的“被压抑者的退行”的概念，其中假定个体会压抑情绪却压抑不住与内心矛盾的斗争过程；压抑总是要付出代价的，无论是精力的丧失还是斗争失败导致的其他症状。

不过，关于防御成本，除了弗洛伊德的立场外，还有一种理论上的替代方案，那就是防御可以成功并被巩固，尤其是在防御没有受到实际生活条件挑战时，在这种情况下，我们可能永远不会观察到任何斗争的迹象。只有当防御失败时，才会出现个人报告与观察指标不一致的迹象。温伯格含蓄地采纳了文化中普遍持有的一种立场，即一个人必须始终为聚焦情绪的应对方式所导致的评价与现实扭曲而付出代价。

我认为如果能够用它对抗所有的证据，只要不影响有效的适应行动，自我欺骗就不会受到惩罚。事实上，这就是幻想的功能。许多幻想广为流传，我们与任何试图打破幻想的人斗争。心理健康是否一定需要正视现实仍然是悬而未决的问题。然而，除了正视现实，目前还没有令人信服的替代性方案。

情绪与社会功能

我们的大部分时间和精力都用于在行为上适应生活的要求，处理社会和环境的需求，利用资源和机会来实现个人或群体的价值观和目标，并按照社会约束来管理我们的行为，如果违反了这些约束，可能导致伤害。为了评价情绪过程对适应的影响，我们必须能够评价一个人在这个世界上如何有效地发挥功能。我使用社会功能这个通用术语，包括工作、解决问题以及社会和家庭关系。

评价社会功能是一项艰巨的任务，而且几乎没有指导方针。拉扎勒斯和福尔克曼采用的解决方案是关注应对有效性，将其定义为一个人所做的事情与现有选择之间的匹配或不匹配。因为环境中的行为是一个关键因素，然而，良好的结果可能来自不健全的应对过程，而不良的结果可能来自健全的应对过程。因此，考虑社会功能的环境条件非常重要。一些人由于优越的生活条件而表现出色，而另一些人尽管在困难条件下也表现出色；还有一些人因为难以克服某些条件而表现不佳，或者无论条件如何都表现不佳。

尽管如此，还是需要某种随任务、个人目标和环境现实而变化的标准。在主观幸福感方面，我们还必须区分我前面提到的两种观点——不同个体之间和同一个体内部的主观幸福感。舍恩福罗格将个人的应对效率作为一个标准，它指的是应对策略在能量消耗和对其他价值的损害方面的成本。与主观幸福感的情况一样，我们也必须区分短期的有效性——在即刻的情绪事件中，和长期的有效性——在一定时期内对多个单一事件进行汇总和总结。通常，在短期内具有理想效果的应对策略往往会产生不良的长期效果。

弗伦奇、科普兰和范·哈里森在分析工作压力时，强调人与环境之间的匹配或不匹配，匹配性好适应性就好，匹配性差适应性就差。虽然这一概念是从人的需要和资源角度提出的，但匹配或不匹配也适用于应对及其在社会功能中的结果。弗伦奇等人的分析虽然令人印象深刻且有用，但它往往是静态的，因为它强调人与环境（尤其是工作场所）之间的稳定关系，而不是关注过程。在不同的环境背景下，压力和情绪会随着时间的推移而不断变化。稳定、有利的匹配与长期适应有关，但不利于我们理解特定情绪事件的动态变化或其中的情绪起伏。

同样，医学、临床心理学和人格心理学所强调的个人健康或功能障碍是一种特质的观点也是半信半疑的，因为具有误导性。通过强调某些人通常或总是功能良好或不良，这显然正确，但我们忽略了特定适应环境中情绪困扰的产生过程。健康的人在某些情况下表现不佳，不时感到痛苦，而不健康的人也可能有时表现很好，感觉良好，这取决于人们必须面对的什么事情以及可利用的资源。

社会心理学和社会学强调稳定、有益或有害的工作环境是影响社会功能的因素，这也将信将疑，具有误导性。如果我们要理解情绪过程如何影响社会功能，我们需要关注任何特定的人与他所处的环境之间不断变化的和稳定的关系。此外，由于人们努力实现个人化的价值观和目标，他们在工作中的情绪取决于他们的哪个目标承诺在特定的适应性情境中会受到伤害、威胁或获益。洛克和泰勒确定了5种这样的价值观：物质奖励、成就感、目标感、社会关系以及自我维护或提升。这些研究者还指出，个体动机模式存在差异。

虽然20世纪50年代的许多研究集中于焦虑导致能力表现障碍，但近年来也有研究倾向于检验积极情绪对能力表现的促进作用。在这两种情况下，早期研究和思考或多或少倾向于行为主义和机能主义，而后续研究则更多以认知和动机为导向。接下来，我们先研究消极情绪所造成的损害和产生条件，接着研究积极情绪条件和反应所带来的促进作用，进而探讨情绪过程如何影响社会功能。

消极情绪与表现受损

伊斯特布鲁克、霍茨曼和彼特曼、霍瓦什、拉扎勒斯、迪斯和奥西野、马丁、萨拉森以及温克尔和萨拉森等人早在三四十年前就对这一问题进行了多次综述和分析，并表现出极大兴趣。拉妮斯还对他和其他人在恐惧唤起对态度改变的影响方面所做的令人印象深刻的工作进行了详细综述和理论分析，强调了唤起水平在引发适应性和非适应性警觉模式中的作用。这类研究在20世纪50年代和60年代初达到了高潮，但之后兴趣暂时有所减退，最近又重新兴起，这体现在新的期刊《焦虑研究》以及科龙和劳克斯和施瓦泽的著作里，关注焦虑对于表现的作用。斯皮尔伯格从1966年开始编辑的一系列有关焦虑的书以及后来由斯皮尔伯格和萨拉森编辑的有关压力和焦虑的书也说明了人们对焦虑的持续关注。

这种兴趣的一个方面是考试焦虑的概念，它之所以具有持续的生命力，可能是因为学校内外进行各种考试是司空见惯的，而且这在人们的生活中也非常重要。关于这一点，亨布雷认为：

> 1987年，考试焦虑这一概念已经创立35年。作为焦虑这一综合现象的衍生概念，被广泛关注并逐渐成熟，吸引了数以百计的研究者去探索其本质、揭示其影响并开发治疗方法。多年来，这种关注“愈演愈烈”……这一概念之所以引人注目，与其说在于它的年代久远，不如说在于它的魅力持久。

最近，格兰兹曼对这一问题的思想史进行了很好的综述和分析，使焦虑对表现的影响成为新的关注点。虽然格兰兹曼似乎想保留我认为已经过时的驱力理论模型，但他也欣赏最新的认知方法，并试图整合两种观点。

重要的是要认识到情绪甚至是焦虑等消极情绪并不总是会对表现产生消极影响，事实上，可能会促进表现，或者有时无法改变表现，但至少能够让表现保持在平均水平上。一个年代悠久的关于失败压力对后续智力表现影响的实验很好地证明了这一点。除了其他人格测量之外，两组大学生还接受了韦克斯勒—贝勒维成人智力测验的数字符号分量表测试。为了在测试中营造紧张氛围，大学生们被告知他们的表现将预示他们的学业前景并将记入大学档案。压力组的参与者被谎称他们表现得很差，然后要重新测试（大概是为了减少测试误差）；对照组的参与者被谎称他们表现得很好，然后也要重新测试（大概是为了减少测试误差）。实验结束时，所有参与者都得到了情况反馈，也就是被告知实验情况，消除疑虑，并允许他们表达和讨论对所发生事情的感受。

比较两组参与者的表现发现，在失败或成功后的平均表现没有显著差异，但在第二次测试中的差异显著更大，也就是说，与相对良性的成功条件相比，有些参与者在失败后表现更好，而有些则更差。这样的研究结果充分说明，压力条件的影响不是统一的，而是取决于个体的人格差异——例如，参与者的动机和信念模式——以及其他外部条件。这些因素都会对类似情况的评价方式产生影响。研究主要结果见表10.2，图10.2呈现了在平均值不变的情况下方差增加的含义。

同样，即使是积极的人—环境关系和情绪反应也不一定能改善社会功能和健康。因此，布朗和麦吉尔已获得证据表明，积极的生活事件与低自尊人群的健康呈负相关。他们将此称为“成功的高昂代价”。在这里，我们也看到普遍存在的个体差异，这对人格变量的评价有启发意义。

再考虑下非正式的观察结果，当我们认为自己在高风险的竞争中领先时，这是一种非常积极的认知情绪状态，我们可能会稍稍松懈，从而失败。运动员必须认识到领先既是积极情况也是消极情况，必须警惕其潜在的负面后果。在研究情绪如何影响社会功能时，我们需要知道导致功能受损和改善的条件。根据关系理论，这些条件既存在于环境中，也存在于个体内部，在每个人对人—环境关系的评价中汇聚在一起。

表10.2 测试1和测试2总分的均值和方差

	实验组		控制组	
	Mean	SD	Mean	SD
测试1	111.4	416.2	113.1	436.8
测试2	109.4	1096.1	109.4	219.0
t	0.70		2.50	
F		2.6		2.0
p	0.48	<0.01	<0.02	<0.01

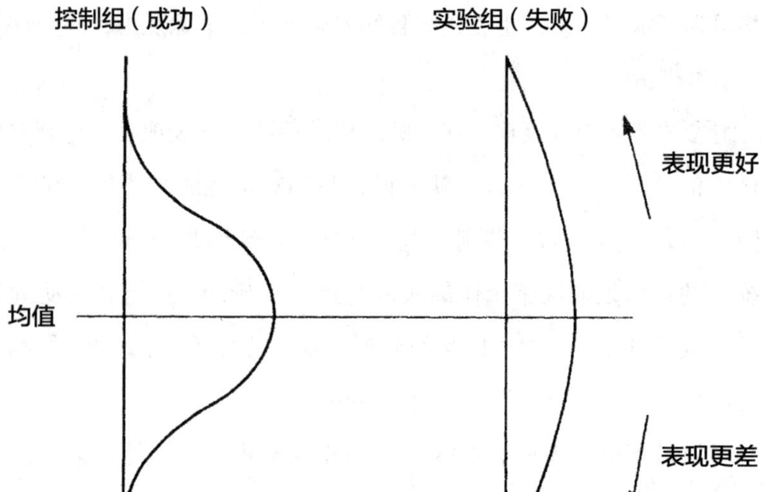

图10.2 压力影响的个体差异

同样重要的是要认识到，我一直在做的一个假设是，在进化过程中，情绪的功能是促进适应而不是损害适应过程。情绪过程在很大程度上是成功的，但有时也会失败，当这种情况发生时，一定有系统性的内容可以帮助我们解释出错的原因。这样说就改变了下文的行文思路，从描述一个适应不良的系统到试图理解在特定条件下，一个尽管并不完美但旨在促进适应的系统出了什么问题。

人们提出了许多机制来解释焦虑等情绪对表现的负面影响。其中一种机制是干扰，自蔡尔德和沃特豪斯以及萨拉森、曼德勒和克里山的研究以来，这种机制一直备受关注。曼德勒和萨拉森用驱力理论对干扰进行了重要理论阐述。思彭斯提出了另一驱力理论版本，但面对更多的认知理论版本，它并不那么有信服力。

思彭斯分析中的基本观点很简单：有两种驱力与任务表现相关：一种为任务导向，另一种旨在减少焦虑和自主神经唤起。焦虑还与不胜任感、无助感以及对消极结果的担忧有关。基本命题是随着驱力（威胁）的增加，驱力刺激的强度和数量也会增加，引发越来越多与任务无关的反应，如自主神经系统唤起和干扰想法，如自我贬低、想要逃避、对失败后果担忧、烦恼等。

状态焦虑通常由威胁性评价条件产生，如在能力或知识的表现测试中。早期研究使用泰勒焦虑量表测量特质焦虑，而最近的研究则使用斯皮尔伯格、戈尔苏赫和卢舍恩的特质—状态焦虑量表进行测量。高度焦虑的人，或者说那些对威胁做出焦虑反应的人，已被证明表现不佳，尤其在困难任务中，以及焦虑所导致的与任务无关的反应中。

最近有一种观点认为有两个独立因素，即担忧和情绪化，它们已成为利伯特和莫里斯《考试焦虑问卷》的基础。担忧是指对自己表现认知上的担忧，情绪化与自主神经系统的反应或唤起有关。正如我在其他部分提到的，让我感到不安的是忧虑与焦虑的认知—动机—关系结构的其他部分相分离，因为这将注意力转向整体的一个部分。无论如何，有些人认为焦虑而不是唤起是干扰表现的根源。瓦恩提出了一个注意力模型，在该模型中，考试焦虑者会将注意力分散到与任务相关的其他活动和担忧、自我批评及其他关注点上，从而减少了考试本身所需的注意力。

另一种缺陷模式将考试焦虑者的不佳表现归咎于不恰当的学习习惯或考试技巧欠缺。从这个角度来看，考试焦虑并不会影响表现，但反之亦然——也就是说，考试焦虑是意识到自己过去糟糕表现的结果。换句话说，许多因考试而焦虑的人以前的表现都很差，无论是实际表现还是主观表现。然而，根据我的经验，大学得A的学生经常对自己的学习成绩非常焦虑，这说明造成差异的并不是他们的客观经历，而是对客观经历的理解方式。在竞争激烈的学术界，许多得A的学生担心A-或B+会降低他们的平均绩点，从而降低他们被研究生院录取的概率。

干扰解释很难与另一种不同但相关的机制——动机冲突区分开来。干扰的驱力解释明确指出了两组冲突驱力，即焦虑驱力和任务表现驱力。伊斯特布鲁克认为焦虑通过缩小任务中从外围到中心线索的注意力范围，扰乱了学习和表现中对刺激线索的使用。他对这一过程的观点很容易转化成动机术语，至今仍然是最有影响力的观点之一。

虽然伊斯特布鲁克所说的表面上听起来像是一种干扰概念，但也确实如此，当存在威胁从而产生焦虑时，人就必须将注意力从手头的任务转移到为应对威胁而必须做的事情上。实际上，这是另一种动机过程——关注正在进行的任务之外的事情。因此，严格来说，被破坏的不一定是表现，而是与威胁来源相对应的关注表现的动机或意愿。这两种解释，即干扰和冲突，通常在焦虑情境中并存，我们很难知道二者在解释表现欠佳方面有多大说服力，也很难知道它们是否可以分开。

格兰兹曼的分析虽然以驱力为中心，将认知应对过程作为焦虑对表现产生负面影响的第三种可能机制，但这是一种有趣的转变。威胁条件通常会产生自我防御的应对方式，而这本身也可能会因为放弃努力而导致表现不佳。例如，一个人可能会通过设定一个较低的期望值来应对评价情境中因自尊受到威胁而产生的失败感，然后只需在接下来的表现中付出最小努力。如果表现较差，这个人就可以将其归咎于努力不够或认为任务不重要、不值得努力。虽然焦虑通常是研究对象，但其他消极情绪，如内疚、羞耻和羡慕—嫉妒，也同样与表现相关，因为在这些状态下，个体也会出现不相关的想法和掩耳盗铃的行为。

最近，人们对保护自尊的自我妨碍策略产生了兴趣，这似乎将研究的关注点从焦虑和干扰扩展到了评价和应对。虽然这种研究与此前讨论的概念截然不同，似乎相当冷门（也就是说，社会心理学家的关注未能与人格和临床心理学家长期以来的观点相融合），但它仍然为解释消极情绪条件下的不良社会功能提供了一个相关且有趣的尝试。

鲍梅斯特和谢尔提出了这种思维方式的最新版本，他们研究了所谓的自我挫败行为。在综述了相关的社会心理学研究后，他们得出结论，很少有证据表明正常人渴望伤害或失败。相反，自我毁灭的后果是在努力实现积极目标的过程中出现的不可预见和意料之外的结果，是在选择应对策略时权衡不当的结果。例如，他们认为焦虑、恐惧、愤怒和尴尬等消极情绪是自我毁灭行为的根源，这些行为通常是为了缓解短期问题，但最终却会导致长期的适应性伤害。这些研究者重塑了一个古老的观点，论述了精神病理学的一个重要原则——避免威胁的自我短期努力可能导致有害的长期结果。

鲍梅斯特和谢尔分析的核心部分是他们提到的自我妨碍应对策略，这种策略有两种形式：（1）为自己的成功制造障碍，这样可以将失败归因为外部因素；（2）找借口，正如斯奈德和希金斯所说，有时这具有促进功能而不是损害功能。在两种自我妨碍策略中，似乎只有制造障碍会对个体造成伤害。鲍梅斯特和谢尔认为：

> 自我妨碍的自我破坏形式……基于两个归因原则。这两个原则分别是折扣原则和扩增原则。折扣原则是指在情有可原的情况下失败并不是无能的证明，而扩增原则则是指克服障碍取得成功是能力特别强的证明。

因此，无论个体成功与否，自我妨碍都会给个体带来归因上的好处。缺点是自我妨碍客观上增加了失败的概率。毕竟，障碍确实会阻碍表现的提升。因此，自我妨碍是一种牺牲成功机会以换取归因利益（即免受失败影响以及为成功加分）的权衡。

这些研究者提出的一个重要问题是，自我妨碍是为了保护一个人的外界声誉还是内部自尊。当然，后者一直被视为自我防御的基础，即为了减少对自我的威胁而扭曲现实。目前还不清楚能否对二者进行可靠的区分。

鲍梅斯特和谢尔还分析了一些属于自我挫败范畴的、适得其反的应对策略，这些策略指的是追求积极目标的人采取的行动实际上在损害成功的机会。主要包括坚持不懈、压力下的窒息（迫切想要成功或证明自己造成的压力反过来影响了正常发挥）以及无效地讨好他人。

在坚持不懈中，一个人坚持完成一项任务或实现某目标，而这个任务或目标其实是早该放弃的。在西方社会，坚持不懈的人备受推崇，人们普遍认为坚持会增加成功机会。然而，坚持也可能适得其反，因此鲍梅斯特和谢尔明智地提出真正的问题是如何确定坚持何时有效、何时无用甚至适得其反——匿名戒酒会的宁静祷告包含了这一观点，它呼吁用智慧去判断何时尝试改变现状，何时接受现实。

期望还与乐观和悲观、自尊和效能感（或个人控制感）等人格因素显著相关，这些因素被认为有助于应对和适应并影响情绪。例如，人们通常认为对自己缺乏信心的人比信心十足的人更容易因承诺不坚定或摇摆不定而失败；德韦克对学龄儿童的研究证明了这一点。然而，当我们过于自信时，乐观或自信也会弄巧成拙。

鲍梅斯特和谢尔对压力下的窒息的分析很好地说明了心理观念从机械、驱动导向的表现缺陷解释到认知、归因的变化。研究者认为当我们存在压力下的窒息时，我们过于努力反而事与愿违地导致了失败，因为内在的专注阻碍了最佳表现。过于关注自己的内部状态——自我意识过强——会干扰表现。读者会注意到，研究者将这一过程称为面对威胁时的一种适得其反的应对策略，它也符合格兰兹曼等人早先对由驱力产生的、与任务无关的、干扰表现的反应进行的分析。

最后，讨好策略也可能适得其反。作者提出大多数人都想被喜欢，他们会采取行动赢得他人认可。然而，这可能会让他人厌恶和排斥，而不是认可和喜欢，尤其是当对方把这种行为理解为赢得认可或喜爱的手段时。与其他形式的自我挫败行为一样，这些策略的成败取决于对目标对象的理解和反应的判断，而人们往往会高估对讨好行为做出积极反应的可能性。我们还可以考虑一下低自尊者的困境，他们非常渴望获得他人认可，因此通常会过度讨好，结果要么是没有收到反应而失望，要么是被拒绝而引发情绪上的痛苦。

读者们需要重视对焦虑等消极或威胁情绪的现代分析中的两个核心主题。首先，描述的模式代表了认知应对的努力，这些努力可能源于情绪或先于情绪。其次，现代研究和思想也从归因、评价和应对过程而不是驱力和干扰的角度来研究对表现的损害。马修斯（Mathews）和麦克劳讨论了在广泛焦虑状态如何选择性处理与个人危险图式相关信息的认知主题。这一领域的研究越来越多地集中于情绪事件中的认知过程以及这些过程如何在表现中发挥作用。

积极情绪与表现促进

积极情绪和/或产生积极情绪的过程对表现和社会功能产生有利影响。有关这一观点已经有不同版本。例如，我和其他人都曾提出威胁会限制人为了维护自尊而发挥的功能，而挑战则会使人变得豁达、自由地使用智力资源并产生一种渴望、愉悦的心理状态。在过去的十多年里，越来越多的研究旨在探讨积极情绪状态对社会功能的促进作用，至少是在短期的生活适应方面。

这项研究的基本策略是通过实验产生积极情绪，通常是提供小礼物、安排参与者在公用电话亭找到一角钱、播放欢快的电影、聆听舒缓的音乐、让参与者阅读积极的情绪剧本或提供成功体验，这类研究的先驱之一伊森将其称为“成功的光辉”。然后，这些通过实验产生的积极情绪状态会对各种因变量产生影响，包括亲社会行为，如帮助他人、记忆和判断等认知活动以及表现指标。

虽然许多关于情绪和记忆的研究表明积极情绪会产生积极记忆，而消极情绪会产生消极记忆，但帕罗特和萨比尼最新研究结果提出了基于实证的异议，这可能是研究方法造成的：当参与者没有意识到自己的情绪与实验有关，也没有试图诱发自己的情绪时，就会表现出与情绪不一致的回忆，因为在完成回忆任务时并没有意识到要调节自己的情绪——换句话说，他们没有意识到自己已经从坏情绪变成了好情绪，反之亦然。尽管人们希望让自己感觉更糟似乎很奇怪，但帕罗特和萨比尼认为这样做其实是为了模拟现实中实现自我概念的过程。

如果我们暂时先不管在这些实验中个体的心理过程是怎么产生的，而是先看其表面价值，并且如果我们牢记这些研究结果比任何简单的概括都要复杂，那么这些研究可以总结为：与其他对照条件相比，积极情绪启动会促使更好的问题解决和其他类型的表现，以及帮助他人的意愿。在这些研究中，人们很少关注所产生情绪的具体性质；研究者倾向于谈论积极情绪和消极情绪，而不是具体的情绪。他们也没有区分心境和急性情绪。

卡尔森等人试图分析积极情绪对助人行为影响的不同理论机制，并对其进行评价。所有这些似乎都依赖于联想启动的概念，这说明了认知活动的微观概念在这一领域的重要作用。基于情绪产生积极想法的过程被称为启动，人们会根据情绪基调将材料储存在记忆中。良好的情绪状态被视为一种线索，能暂时提高在后续任何情境中产生积极想法的概率。当人们有积极情绪时，他们会通过启动，对他人做出更有利的评价，并更愿意提供帮助。

我在第一章提到关于什么会唤起对过去情绪记忆的论述与此相关。我在第一章说过，我们称之为情绪的认知—动机—关系结构中的任何成分，如果与当前情境适配，都能唤起记忆，但整个结构最好是一个完整的场景，一个有意义的脚本，最好从整体的、以意义为中心的角度来考虑启动和情绪对记忆的影响，而不是以分子方式的研究。不过，我不想在这里重复这种讨论。

我发现关于积极情绪如何影响社会功能的讨论过于微观化——与整体水平脱节——不符合我的口味，有时可能难以理解。例如，很难从这方面的研究策略和文章中感受到一个人与世界的适应关系。因此，我提供了一个以评价和应对为中心、以整体为基础的简单理论版本，它源自我所说的威胁和挑战的观点。

当人们受到热情款待或拥有积极体验时，他们也容易感到安全、安心、自信和开阔——也就是有挑战感——而不是感到受威胁或需要自我保护。思维变得更流畅。当我们走在宜人、安全的街道上时，我们的行动是外向和自由的，而不是像受到威胁或处于危险之中时那样警惕、拘束和抑制。此时此刻，我们与世界融为一体，并将与环境的关系评价为良性或有益的。这种评价减少了我们冒着出丑的风险仍然保持退缩的需要，也最大限度地减少了通常会干扰思考和行动的自我专注的需要。此时，我们更倾向于为他人着想，这与在激烈的竞争中更倾向于谨慎对待他人的情况形成鲜明对比，这是在竞争激烈、重视个人而非群体价值的社会中往往缺少的社会互动。鉴于积极情绪状态下的评价，我们不应该对以下情况感到惊讶：表现更好、认知活动压力更小、思维和想法更容易产生，我们更善待他人并向他们敞开心扉。

要更细致地关注情绪（或心境）过程而不仅仅关注情绪结果是否有益，过程将揭示不同情绪背后的不同危害和益处，并可能导致不同的情绪或心境和行动倾向，从而有助于考察情绪过程如何影响社会功能。过去关于情绪和社会功能的研究也主要集中在单一的适应性情境上，并没有明确扩展讨论长期功能。长期功能的预测因素应该摆脱个体的稳定特质和模式，或个体与社会环境的长期关系。

情绪和适应结果研究的潜在前景——包括躯体健康、主观幸福感和社会功能——确实非常巨大，这也激发了情绪研究的复兴。临床医生长期以来深信情绪与这些适应结果之间存在很强的因果关系。另外，肤浅的思维和粗漏的方法往往将问题简单化，这就是为什么我们至今还不能完全理解它。我希望对情绪进行跨学科研究的兴趣将激励那些想要研究情绪如何影响适应结果的人，并且在未来的几十年里，我们将看到关于因果关系如何起作用的确凿知识。

总结

在本章中，我探讨了情绪作为自变量对3种长期适应结果的影响：躯体健康、主观幸福感和社会功能。

关于情绪和躯体健康，我们首先面临的是健康定义方面的困难以及缺乏对3个分析层次——生理、主观和社会——之间关系的细致了解。我们不仅要解决评价方面的问题，还要解决对健康不良的情绪原因进行合理研究的方法论难题，包括变量混淆、主观测量与客观测量、健康结果的多自变量因果关系、长期健康状况的稳定性以及在评价期间寻找情绪过程代表性样本的困难。我们研究了这些影响的普遍性和特异性理论，并回顾了情绪对躯体健康影响的两种不同途径（直接和间接）。

我考察了主观幸福感的概念并讨论了有关情绪与主观幸福感性质的几个问题，特别是情绪、应对和主观幸福感之间的可能联系。可以预见的是，我提出的观点是，包括急性情绪和心境在内的情绪以及主观幸福感都是评价的产物。然而，在主观幸福感中，评价是对个人生活的总体主观评价，因此在很大程度上受自我表现、总体评价偏差和应对生活变故等问题的影响。

关于情绪和社会功能的问题一直是心理学的兴趣所在，特别是关于负面情绪、焦虑和压力如何损害表现的研究。我研究了几种关于消极情绪和表现受损的观点，包括最近以应对为中心的方法，特别是所谓的自我妨碍策略。一个新的关注点是积极情绪在促进表现和亲社会行为方面的作用，对此的研究和思考也被进一步检验。

第十一章

对研究、评估、治疗和预防的影响

在最后一章中，我打算阐明我对情绪的思考方式对研究、评价以及心理治疗和预防性临床干预的影响。前面的章节涉及很多主题，而每个主题对3项工作的意义是不同的。在简要回顾了认知—动机—关系理论的五大核心主题之后，我计划在本章中就这些主题对研究、评价和临床干预的影响进行扩展讨论。这5个主题结合成一个元理论，必须将其作为一个单元来理解，才能确保其意义。这个计划的前提是，读者已经阅读了前面所有章节，才能使最后的整合尝试有意义和有意思。

主要主题的回顾

我在这里讨论的5个主题包括系统原则、过程—结构原则、发展性原则、特异性原则和关系意义原则。

系统原则

简而言之，情绪过程涉及许多变量，其中，包括前因和中介过程变量以及结果反应变量。前因和中介过程变量参与情绪的产生；反应变量则涉及构成认知—动机—关系结构的短期（情绪）结果，如果反复出现或长期持续，就会影响心理和行为过程，从而影响长期的身心健康。

关于情绪的产生，任何单一变量都不足以解释情绪反应。它需要两组基本变量——人格变量和环境变量特殊的融合，才能为产生情绪的基础个人意义创造条件。虽然我们很容易将分析的中心放在更强大的单一前因变量上，如环境需求或动机特质，但系统论的观点是，一个变量对情绪过程的影响总是会受到系统中其他变量的影响，尤其是评价和应对的中介过程变量。

过程—结构原则

情绪遵循两个相互依存的原则：（a）过程原则，关注流动和变化；（b）结构原则，关注稳定性。我将它们标识为（a）和（b），以反映它们的相互依存性。为了研究目的而评价它们，我们需要在同一个体内部、跨时间和跨情境以及不同个体之间进行研究。

（a）过程。过程原则的标志是运动和变化。情绪，尤其是目标不一致（消极）的情绪，是适应性斗争（过程）的心理后果，它们在不同时间和不同情境表现出巨大的变化，因为在不同的时刻和不同的情境，关系意义都很容易发生快速变化，每个情境都有自己独特的需求、限制和资源（或机会）。

（b）结构。有些情绪以及产生情绪的过程是反复出现的。反复出现的模式可以用稳定的心理和环境结构来解释，或者更准确地说，用稳定的人—环境关系来解释。

发展性原则

一些影响情绪的生物和社会变量在人出生时并没有完全成熟，而是从婴儿期到青春期，甚至到老年期才出现和发生变化。因此，情绪过程在发展的不同阶段并不相同——例如，1个月大的婴儿、4个月大的婴儿、3岁的孩子、13岁的孩子和年轻的成年人来说。我们对晚年和老年期情绪的发展变化还不太清楚，不过，如果这方面的标准分析合理的话，情绪的关系来源和应对过程应该会随着生理功能和社会角色的变化而变化。无论如何，发展性原则表明，在生命历程的不同时间或阶段，情绪的内容和过程都可能会发生变化。我在第八章中考察了一些记录这种变化的研究。

我们还可以构建这一原则的系统发育版本，即不同物种的情绪过程也是不同的。我不认为我们可以通过将人类的情绪过程简化为更简单或低级物种的最小公分母来理解人类的情绪过程。这种简化会损害我们对各种生物的不同情绪适应和反应方式的理解。

特异性原则

一旦我们认为区分不同的情绪是有用的，就有必要超越一般的唤起概念来区分积极情绪和消极情绪，并最终确定每种情绪的变量和过程的特异性模式。特异性原则在第三部分中以决策树的形式被应用，决策树通过一系列评价逐步展开，每种评价都涉及不同的关系意义。特异性也适用于有组织的情绪反应结构，它对每种情绪都是不同的。

关系意义原则

关系意义是情绪过程的关键。它通过一系列核心关系主题来表达，这些主题定义了每个人与环境关系中固有的关系和个体内部的利益权衡。意义是在评价过程中形成的，这是认知—动机—关系理论的核心结构。应对在这一意义上起着重要作用，因为它影响着注意力的分配和人—环境关系对个人幸福感的意义。

每种情绪都表达了不同的关系意义，可以进一步分析为6个评价成分的模式：目标关联性、目标一致性或不一致、自我投入类型、指责、应对潜能和未来预期。要理解一种情绪，我们需要理解产生这种情绪的特定关系意义，以及这种意义是如何形成的。

请注意，这5项原则中有4个是非常概括和抽象的，而第五项原则定义了理论的基本内容，与关系意义、评价和应对的细节有关。前面4项原则主要是元理论的，主要与思考情绪的前提和视角以及如何获得关于情绪过程的知识有关。第五项原则允许我们讨论诸如研究、评价和治疗等实际问题。

对研究的启示

我将从两个方面讨论研究启示——首先是抽象的，与前4项元理论问题一致，然后是更具体的，如关系意义原则所规定。第十章已经讨论了情绪对健康、功能和主观幸福感影响的研究。这里讨论的主要是关于情绪过程本身的研究，而不是其影响。

抽象的启示

前4项元理论原则对研究工作的影响是深远的，尤其是对研究变量的处理方面，无论是实验室实验还是田野研究和相关研究。20世纪70年代末，由于在实验室中很难产生与正常生活中完全一样的压力和情绪，并且实验室实验中所谓的控制也不那么可信，因此，我对实验方法持相当消极的态度。我当时认为，田野研究比实验室实验更适合压力和情绪的研究，现在依然如此。

由于在实验室里很难可靠地产生情绪，实验方法受到很大的限制，但它也具有在适度控制下操纵和选择变量的优势。在社会相关研究中使用“适度控制”说法时隐含的保留意见是因为实验室实验本身就是一种社会事件。它所涉及的实验者与参与者之间的关系，并不完全由标准化的指令和程序来界定，对它的评价因人而异——因为实验者不是物理实体，而人类被试也有自己的关注点和信念，它们决定了实验情境的个人意义。因此，即使是对实验室实验结果的解释，我们也需要谨慎。

我最喜欢的例子之一是关于环境应激源对激素模式的特异性反应研究。梅森和他的同事想研究禁食、高温、低温和运动对一些神经体液系统的影响。然而，当实验室温度急剧变化时，动物会认为这是一种威胁；当猴子被迫禁食，但实验人员给其他猴子送食物时，前者会非常生气。当男性被试在跑步机上运动时，他们把发生在自己身上的事情——沉重的呼吸、疲劳和糟糕的表现——解读为威胁。所有这一切在方法论上的问题是，心理威胁与研究者一直想弄明白其激素效应的生理压力相混淆。

梅森等人决定尝试“清洗自变量”，用他们的话说，就是消除混淆，而混淆源自有感觉的生物所产生的评价，他们总是会对发生在自己身上的事情进行评价。在以人类为被试的实验中，研究者尽一切努力消除竞争性或威胁性的情况。在禁食试验中，当对照组猴子正常进食时，给实验组猴子吃没有营养的东西。而且，温度的变化非常缓慢，这样就不会造成干扰和威胁。

经过努力，我们发现每种生理性应激源都会产生一种独特的神经体液反应模式。当动物（和人类）受到心理威胁时，皮质类固醇会出现明显变化，而这种变化在大多数生理性应激源条件下是观察不到的。因此，尽管塞利强调非特异性应激激素，但皮质类固醇似乎主要但不完全受心理因素的影响。只有将生理性应激源与心理性应激源分开，才有可能说明这一点。

我现在确信，根据我们的既有经验，某些问题的解决适合用田野研究，而另一些则适合用实验室研究。理想情况下，这两种方法应结合在一个合理、多元、多方法的研究计划中。大体上，我倾向于有深度的测量而不是浅层的心理测量或调查式的方法。我们应该进行细致的自然观察，这样才能了解事件对每个人的复杂意义。我们应尽可能深入到表层以下。在可能的情况下，应进行纵向观察，以便对过程进行研究，并增加因果分析的依据。

由于情绪过程中的许多变量都是相互依存的，单一变量不可能对复杂的情绪状态起到决定性影响，因此，系统原则意味着理想的研究应该包括对所有或大多数相关变量和过程的测量。要做到这一点，就需要对动机和信念进行测量，这是从勒温主义出发在探讨情绪过程中考虑人格的作用，此外还需要对适应过程中所面临的环境要求、限制和资源进行测量。这些前因影响着系统的中介过程变量评价和应对，进而又影响情绪反应模式。

在基于系统的研究中，还可以考虑许多历史或背景变量。这些变量可能包括遗传一特质和个人因素，如养育模式、与自我认同相关的早期家庭关系、与信任或不信任相关的经历、受专制、拒绝教养模式的影响等。正如第八章所示，心理发展的过程和阶段以及物种也是相关的，因为情绪过程和内容会随着它而变化。

我并不是说系统理论一定要关注历史变量而非同期变量。前面我提到了勒温著名的历史因果关系和系统因果关系的对比。当我们根据个体过去的背景来解释他们的行为和反应时，就像某些形式的心理治疗所做的那样，我们使用的是历史因果关系。勒温认为，更好的策略是描述人在特定情境的具体状态，从而预测他们的行为和反应，这就是系统因果关系，系统原则非常适合它。

当然，在研究中使用系统原理分析的理想说起来容易做起来难，它源于这样一种认识，即单一变量的个体间研究只能解释情绪模式变异的很小一部分，尽管某些变量很可能比其他变量具有更强的预测作用。在可能的情况下，采用系统观的人应该在研究中使用多个变量，并探索这些变量在塑造情绪结果及其变化特征时如何相互影响。

正如我在第五章中所说的，认知—动机—关系理论需要使用前因变量来预测评价和作为中介的应对过程。否则，评价理论将永远陷入事后推理的泥潭，永远无法被彻底检验。这一立场无疑与“扎根理论”等纯粹的情境方法相反，后者摒弃一般规则和预测模式。我指的是解释性或诠释性规则，如果没有这些规则，就不可能有科学性概括。我相信，我所阐述的情绪理论可能足够明确，可以对评价进行有效推理，并对动机和信念（人格）变量以及某些类别的环境条件进行预测。

同样，该理论假设某些应对方式会以特定的方式改变评价，也可以开展研究来对这一推论进行评价。应对和评价，尤其是涉及以情绪为中心的应对或认知应对，是密切相关的，以至于常常难以分离，否认或疏远涉及重新评价和意义改变。这是一个相当重要的方法论问题。

我一直避免陷入将聚焦情绪的应对和聚焦问题的应对作为实体进行具体对比的陷阱，因为它们都是功能性的，有时都可以通过相同的想法或行为来表达。例如，在考试时使用药物让自己平静，既可以减轻痛苦（聚焦情绪的应对），也可以防止表现受损（聚焦问题的应对）。在没有更多信息的情况下，仅凭想法或行为主体，很难解释想法和行为在压力下所发挥的应对功能。解决方案要求研究设计遵循过程原则；这就得依靠在不同时间和不同情境中进行个体内的观察，才能确定区分两种过程的具体环境。

系统理论极大地扩展了研究范围，从单一变量到嵌套变量链，从而增加了在个体内和个体间识别个体差异来源的可能性。在我看来，理论家—研究者，尤其是与理论评价相对比的背景下，必须灵活地在概念化与观测结果之间来回切换。科学应该是推理与观察、观察与推理的连续或并行的过程。我们向本科生和研究生介绍的心理学研究公式与那些有创造力和影响力的科学家们的实际工作几乎没有关系。

虽然要很好地完成这些工作很困难，但只要我们有意愿和创造力，这绝非不可能。我很遗憾有如此多的心理学研究使用低成本和表浅的测量方法，来自完成研究任务并将其成果发表的压力，让研究者难以公正地对待理论。我们似乎必须不断哀叹，理论的宏大和丰富性与实证研究中通常所能完成的工作之间存在巨大鸿沟，尤其是在表浅测量的情况下。

过程—结构原则要求研究既可以是个体内设计，也可以是个体间设计，即使不是所有的研究都能做到，但这使得我们可以做两件事：第一，对情绪状态和情绪特质进行评价和区分，因为只有反复观察同一个人的情绪，我们才能评价其稳定或变化的程度；第二，前瞻性设计使预测成为可能，增加了做出因果推论的可能性。在较长时期内进行的个体内研究也是发展性的，特别是当研究聚焦于毕生发展的长时间跨度，其中会涉及所研究变量和过程的重大发展变化。

比如，史密斯、诺瓦科夫、拉扎勒斯和波普研究评价风格——同一个体在诱发不同种类情绪的情境中保持一致的评价方式或倾向——我们关注评价过程中的稳定性和可变性，并试图从人格和环境变量中预测稳定性。

我和诺瓦切克在研究大学生一个学期的目标层级时，寻找动机稳定性和可变性的证据，偶然发现动机表现不稳定的学生健康状况和主观幸福感更差。我们推测，目标层级不稳定的学生，想必是对持续的学术经历做出反应的结果，这些经历提供了关于在社会中他们所扮演角色的信息，他们也更不成熟，更容易烦恼，因为在成熟的成年人身上，目标层级最终应该成为自我认同的一个稳定特征。只有重大危机才会扰乱和改变成年人的动机结构。

而当福克曼、拉扎勒斯、邓克尔·斯佩特、德隆吉斯、格吕恩和福克曼、拉扎勒斯、格吕恩和德隆吉斯研究同一个体对5次压力事件（每个月一次）的应对方式时，我们有机会评估8个应对因素中哪些具有稳定性（假设是人格特质的产物），哪些具有不稳定性（假设是情境背景的产物）。

当我们寻找情绪特质时，过程—结构原则尤其重要———例如，经常生气、焦虑、内疚、羞耻、羡慕、嫉妒、自豪、同情、希望、绝望等的人。这些特征，特别是当它们功能失调时，是临床工作中关注的中心。应同时研究稳定性和可变性，以全面了解情绪的总体运作方式以及特定情绪在个体、环境和时间之间的差异。

发展原则为情绪过程提供了一个独特的视角，并呈现了一些特殊的研究影响。发展心理学家现在正从内容和形式上提出关于情绪过程中认知发展的问题。我们需要清楚地知道特定情绪是何时出现的。更重要的是，我们需要知道个体心理发生了什么，从而形成情绪发展的规范模式以及个体差异。

我操作的前提是，无论从皮亚杰、维纳、弗洛伊德还是其他角度来看，情绪不仅与正式的认知发展相关，还取决于儿童理解人类动机和社会互动的方式。新生儿对社会规则和受文化影响的意义的理解能力很弱，但他们最终会掌握、使用和建构这些意义，并创造出复杂而丰富的情绪体验模式。我们需要比现在更了解这种发展和变化是如何发生的。

从特异性原则中产生的主要研究任务是，在输入方面，确定区分每种情绪的变量，从而建立一套情绪子理论。认知—动机—关系理论提供了关于每种情绪所涉及变量和过程的假设。在输出方面，特异性原则将我们指向了反应模式，即每种个体情绪都表现不一样的行动中心的、主观的和生理的变量。

关系意义原则隐含着知识和评价的内容，尤其是后者，是塑造情绪过程和个人情绪的过程。目前涌现了许多研究和项目来检验这方面的假设。尽管存在争议，但对一些正在进行的研究的综述表明，尽管情绪具有短暂性，但人们对情绪背后的核心关系主题和评价却惊人地一致。

遗憾的是，人们对应对和情绪的兴趣却少得多。我希望这种情况会随着人们越来越认识到人—环境关系受到应对过程的影响，以及应对不仅源于情绪，也可以作为原因变量先于情绪出现。然而，请记住，评价是情绪过程的关键。应对通过以下方式影响情绪：(1)对人—环境关系带来的实际改变，通过反馈进行评价；(2)关注的内容；(3)关系对个人意义的影响。因此，认知—动机—关系理论的核心研究课题之一是单一情绪的应对过程和内容。

关系意义原则包含动机，正如我在第三章中所说的，动机决定了适应性事件。正在发生的事情对个人幸福感的意义主要是通过动机来定义的——也就是说，通过一个人的愿望、需求和希望来定义的。目标关联性、目标一致性或不一致以及自我投入类型这3个主要评价成分都与动机有关。这里没有必要把动机作为一个单独的主题，因为它始终是我所说的关系意义的内在特征，是通过初级评价实现的。

乍一看，关系意义原则似乎并不十分激进。人们很快就会明白，两组独立的变量——人格变量和环境变量——已经消失了，取而代之的是在新的抽象水平上的关系意义。这一新的抽象概念不能由关系中的任何一个组成部分来定义。在本书的第三章和其他地方，我都非常谨慎地提及——我希望不要过于重复。

这有什么问题吗？虽然我最近才开始谈论核心关系主题，但我多年来一直在讲授关系意义，经常使用“交互”这个词，我发现即使是那些一开始似乎理解和认可它的听众也会忘记它。难以理解的是互动和交互之间的区别，互动是每个人都熟悉的，而交互不能仅仅理解为独立变量之间的交互作用，也许使用“交互”这个词是个错误，它可能不如关系含义清楚。

经常有心理学家对我说，因为其他研究者也谈到互动中的人格和环境变量，所以他们是在进行关系思考。然而，这种说法是错误的，因为它忽略了超越个体、交互作用的变量的关系意义。我们分析、拆解复杂想法并将其简化为元素的倾向可能在关系意义一章中也提到过。心理学家的认识论是分析而非综合的，因此他们很难接受关系意义的观点。重要的是要明白，这种观点需要更高层次的抽象概念，在这种抽象中，单个变量已经消失，取而代之的是它们结合后产生的新意义。在我看来，在某种程度上，这就是格式塔所说的整体大于部分之和的意思，它是当今关系概念中固有的，如通感或联觉。

关于情绪依赖于关系意义的观点，我很想说，如果不考虑整体的、协调性变化，就不能通过有意行动的分子成分——如面部表情、肌肉运动或生理反应元素——来定义情绪反应。我有一种感觉，如今人们通常把情绪当作外部事件来看待和研究。相反，情绪是将人与环境中的事物共同作为一个复杂的关系单元——从中心而非外部来定义。

愤怒关系包含一种冲动，即通过摧毁我们责备造成我们困境的对象来消除其影响。然而，这种适应要求并没有简单的行动方式，需要更复杂的策略和行动。除了盲目的愤怒之外，愤怒通常涉及体验愤怒的人与另一个人之间不断变换的关系，它必然依赖于这两个人。正如大多数情绪一样，愤怒在其适应要求、表现形式和产生背景方面都有很大不同，这其中涉及一系列复杂的行为，这些行为由意图、产生的情绪和行动后果的信息反馈联系在一起。情绪以多种方式将反应成分组织起来，这取决于在与环境之间不断变化的适应关系中可以或必须做什么。

因此，具身反应不能仅仅通过肌肉动作电位、面部肌肉运动、心肌反应或皮肤电进行测量，尽管这些都是具身反应的特征。例如，数据表明杜式微笑比所谓的虚假微笑更容易出现在真正的幸福中；然而，这并不等同于幸福，也不是幸福的绝对标准，而只是幸福的线索。我也不是说埃克曼、弗里森和戴维森这样认为，尽管这有时似乎是一种应该加以抵制的暗示信息。

换句话说，情绪的核心心理表现，部分是由外周反应揭示的，但并不能完全由这些反应来界定。事实上，如果我们把任何外周反应当作情绪的必要条件，就可能会被误导。研究情绪需要外周反应的测量；然而，外周反应并不能表明关系意义，而只是关系意义的附属品。

如果我们想研究每种情绪所涉及的行动倾向和生理反应模式，这些可能是由情绪所涉及的评价和应对模式所引发的，那么就需要一种宏观模式——可以说是一种格式塔，其细节会因不同的情境而大不相同。这句陈述是对关系意义最深刻的诠释。如果我们想要理解情绪的反应方面，我们必须能够将其视为一个复杂的元素集合，它是宏观的、意向的、复杂的和多样的。关系意义包含了人与环境之间的关系对个人幸福感的影响，这种关系依赖于目标、对自身和世界的信念、复杂应对的潜能以及对我们所做事情的后果的了解。

具体的启示

本书的所有章节都涉及了研究问题，尤其是那些理论性较强的章节。尽管如此，提出一些从已确定的原则中衍生出来的重要研究主题——那些涉及情绪过程的核心和核心变量的研究主题——可能还是有用的。然而，要想列出情绪领域所有有趣的研究课题，抑或是与认知—动机—关系理论有关的研究课题，是徒劳的。我不可能涵盖每个人最喜欢的话题，希望大家原谅我的疏漏。在此，我列出了我认为特别重要且有前景的四大研究领域。

（1）在第三章中，我谈到了动机原则，并在本章指出该原则归属于关系意义原则。大家应该还记得，动机原则认为人们所关心的事物——也就是他们的目标承诺——定义了什么对他们有害，什么对他们有益，从而决定环境事件中哪些会产生积极情绪和消极情绪。我还发现，一个人的目标层次结构，包括目标之间和目标内部，以及一个人在一般情况下和特定情况下的信念或期望，对于预测评价模式及相关情绪都很重要。

近年来，很少有研究对目标层次结构进行测量，并将其作为预测情绪的变量。人们的时间分配与其目标层级密切相关。为了实现长期目标，人们有时会选择与目标不一定直接相关的短期路径。布鲁纳清晰阐述了意图的概念，这与我们在此关注的手段—目的关系相关：

> 我认为理所当然的……我们常说的人类行为大多是由以下类型的意图和方式所引导的。当一个人坚持不懈地朝着最终状态努力，坚持不懈地成长并做出改变以接近最终目标，并在最终目标得以实现停止活动时，意图就出现了。因此，这一循环过程的要素包括目标、手段选择、持续性和相关性以及终端停止命令。

当人们自愿接受环境的要求和限制，有时甚至是痛苦的，这一定是为了实现对于他们而言非常重要的目标。例如，我们可以问问大学生或其他人群如何花费时间，这与他们的动机模式有什么关系，以及在这些活动中满意和不满意的来源是什么。

更重要的是，“满意”和“不满意”这两个词牵涉到一个问题，即不同的人在日常活动中体验到的情绪是否以及如何反映他们的目标层次等级，正如关系意义原则所指出的那样。描绘人们的日常情绪生活及情绪产生的背景是非常有用的。强烈情绪产生的频率如何？产生哪些情绪？有多强烈？这些情绪模式的人格相关性和环境条件是什么？最接近描绘长期情绪生活的研究是韦斯曼和里克斯的质性研究，这些研究主要关注心境。

动机原则最简单的形式提出假设，在涉及高优先级目标的活动中，体验到的情绪应反映出这些目标和其他目标在目标层级中的地位，从而有助于确定人与环境的关系。因此，在重要目标上受挫会比不重要目标产生更多的痛苦；对重要目标实现的不确定威胁比相对不重要的目标会导致更多的焦虑；脆弱的自我认同受到轻视会产生愤怒而不是焦虑；以此类推，每一种积极情绪和消极情绪都是如此。直到最近，心理学家才重新对动机作为情绪的一个因素产生兴趣。为了能够对这些问题进行研究，诺瓦切克和我开始分析大学生的动机结构，并开发出一种可行的目标层级测量工具。

然而，由于系统原则的存在，痛苦、焦虑、愤怒或幸福也会受到不同信念和应对策略的影响，所以如果不对这些因素进行测量的话，情绪结果就难以预测。因此，相比只关注目标层级对特定环境中个体情绪生活的主效应，研究这些层级与其他人格特质之间的相互作用更有意思，如对自己和世界的信念、情绪发生时的环境特征以及应对策略。可以通过复杂的研究设计来检验该理论的一些基本命题，预测评价和应对以及个人情绪的起伏和在不同时间和不同环境中的模式，还有导致情绪起伏的人际关系条件。如果由熟悉当事人的临床医生对其动机冲突和无意识因素进行推测，那就更令人印象深刻了，这可能会导致与所面临的客观条件相矛盾的预测。

这不是畏首畏尾者或急于发表者的游戏。总的来说，最无趣的假设是那些在单一环境中针对单自变量和单因变量的假设。相反，最有意义、富有成效的研究可能是对同一群人进行充分的测评，通过实验操作或选择对前因变量进行个体间比较，以及在苛刻的环境背景下随着时间的推移进行个体内比较——这样既能研究变化性和稳定性，也能检验因果假设。

否则，就会使关于情绪和适应的心理学研究降级到只是对陈词滥调或过分简单化的假设进行检验。要扭转当前对心理学研究的嘲讽和不满——例如，人们怀疑许多心理学家是否会阅读已发表的文章——就不能继续沿用过去的思路，而只能根据关于情绪如何起作用的可信理论进行程序化研究。我认为，这种理论其实都是对已有研究成果的选择性使用，包括来自客观观察、主观经验和理智分析的证据。

20世纪30年代，哈佛大学的默里开始尝试做类似我前面提出的工作，虽然没有理想中那么正规，也没有成功，但却带来了希望。伯克利的人格测评与研究所（IPAR）也进行了尝试。在过去的几十年里，人格测评究竟出了什么问题？虽然对此还有争论，但我认为那些测评领域的人开始执着于一套可以既便宜又高效地测量人格特质的心理量表，而不考虑这些特质的功能等效性背景。以标准的心理测量学为基础的传统人格测量已经过时，但测评领域的专家仍在坚持，至少人们对大五人格的热情并未减低。如果读者同意我的观点，那么我认为减少对方法学和心理测量学问题的强调，而是对理论驱动的实质性问题进行深入研究，可以大大振兴这一领域。

（2）从认知—动机—关系理论的角度来看，情绪研究必须像现在越来越多的研究那样，检验每种情绪的核心关系主题，并探索针对每种情绪既充分又必要的评价模式。危险的是，鉴于试图这样做的残余行为主义将会遇到很多阻力。

我发现期刊审稿人和编辑正处于进退两难的境地，这很可能会挫伤真正提升理解力所需的创造力和毅力。例如，最近我在核心期刊提交研究报告的交流中，一位审稿人抱怨说，这项研究没有新意，因为每种情绪背后的核心关系主题和评价模式都是显而易见和众所周知的。然而，审核同一篇文章的另一位审稿人却抱怨说，无法使用自我报告数据证明每种情绪背后的评价模式——这实际上否定了研究的价值，不是因为它显而易见，而是因为显而易见的东西无法证明。

经过了40多年的研究经验，我怀疑没有任何一个研究可以“证明”关于评价和情绪的假设或预感，无论是使用自我报告还是其他类型的测量法，尽管研究可以为这样或那样的概念提供实质性的支持。这听起来就像科斯米德斯和图比集群众智慧所提出的讽刺性观点：反对科学新观点的论证会经历3个典型阶段，“从它不是真的；到它可能是真的，但并不重要；再到它是真的并且很重要，但不是新的——我们一直都知道”。

（3）我认为，对行动倾向、生理反应模式以及在每种情绪中它们之间的关系研究，仍然是最有潜力的研究领域之一。从理论的角度来看，行动倾向可能是通往自身情绪的桥梁。有关二者的任何代表性研究，即使是在微观层面上完成的，都可能会拓展我们的已有认知。不过，正如我在第二章和这里所说的，我更倾向于从整体、关系的角度来看待行动倾向，因为在情绪中，人与环境的关系至关重要——此外，有太多的事情正在发生，有太多的人参与其中。

这方面让我想起在日本的两次有趣经历，我和家人去那里生活一年，这两次经历支持了关于行动倾向的宏观、关系分析的观点。我到日本时，以为日本主人会鞠躬而不握手，后来才知道他希望和我握手。因此，当我们见面时，我开始鞠躬，他开始握手。但在那一瞬间，我们都意识到这个动作不合适，于是我收回了鞠躬的动作，他也收回了他握手的动作。然后我们就开始了一段反复的无效动作，就像一出充满错误的喜剧中。如果有一部慢镜头电影记录当时发生的情境，看起来就像在跳一种有节奏的舞蹈。任何单个的肌肉运动，尤其发生在同一个人身上的肌肉运动，都无法捕捉到这些动作之间的有趣关系以及基于快速反馈的动作撤回。我们是在调动整个心理和身体的关系，并跟随彼此的动作和反应而起舞。因此，关系的概念适用于动作和心理过程。

而这些反应在很多时候都是下意识的、自动化的。例如，一年后当我要离开日本时，我在回国时乘坐的游轮上领取了一项竞赛奖品。后来，我看到船上的摄影师拍下的纪念照片，感到既惊讶又好笑；在接受奖品时，我不知不觉地深深鞠了一躬。在日本生活，鞠躬已经成为一种自动的社交礼仪。

我还想补充一点，我们需要更好地理解许多人用身体的感觉来描述其情绪特征——内脏下沉感、喉咙哽咽感、冷热交织感、无形震颤感、漂浮感或轻盈感、沉重感等。对于这些感知及其与情绪的联系，研究关注得很少。对大脑的电生理和化学反应、自主神经系统反应或激素模式的微观分析——这些似乎更受研究人员的偏爱——可能不如这些无法解释的、宏观的身体感觉更能区分不同的情绪。

（4）属于发展视角的问题也是最有希望开展研究的问题。有证据表明，在不同的发展阶段，情绪的作用方式和发生时间有很大的不同。

认知—动机—关系理论的出现改变了有关情绪的发展问题的框架。以前，人们的注意力主要集中在情绪出现的先后顺序上——这是很难研究的问题，因为在不会说话的婴儿和幼儿中找不到情绪的绝对标准——而新的趋势是试图探索儿童对于在社会世界中的生活，可能会怎么理解，实际又是如何理解的。人们对动机因素的关注少于对认知因素的关注，这可能是个遗憾，尽管斯坦因、莱文和特拉巴索的研究似乎是个例外。

认知—动机—关系理论从有限数量的人—环境关系、人们的所思所想及应对方式等方面给出了情绪过程的路线图。这极大地扩展了发展研究的范围，不只是生命早期，而是包括整个生命全程。变化的是研究问题，而不是研究方式。研究的重点是随着发展而变化的变量和过程对情绪生活的贡献。

我提出的核心关系主题和评价模式可以为关于每种情绪何时出现、如何运作以及受到哪些变量影响等方面的发展研究提供假设。因此，如果我们重视羞耻感需要一个新的自我认同，积极情绪和消极情绪取决于已经形成或既定的、随时间发展和变化的目标层次结构，或者说所有情绪取决于儿童——不论在文化之内或跨文化，也不论在社会结构之内或跨社会结构——如何理解社会事件的个人意义，这些命题可以推动和指导比较发展研究。

对测评的启示

情绪研究中最困难的问题之一，是如何测量情绪和情绪过程中的其他变量。当一个人报告一种情绪时，我们如何知道它是一种情绪，或者只是关于情绪如何起作用的冷知识，而这可能是在同一文化中的共识？显然，在此类研究中，最好能有多个可供参考的反应标准。然而，其他对反应的测量——例如行为和生理测量——在其意义方面同样模糊不清，甚至可能比口头报告更加模糊不清，而口头报告可以比经典研究中的更加详细，更少受到模糊不清和失真的影响。如果主观的口头报告也能像面部表情和心理生理指标那样受到方法论的重视，那么主观报告作为知识来源可能会更加有用。

测评意味着将多种测量结果综合起来，形成一幅完整的人与其生活的世界相联系和相适应的图景。我之所以使用测评，而不是测量，是因为我想传达的是人与环境的关系，而不是研究对象的单一特征。当今的大多数研究都是单一特质的测量，描述的是个人特征，而不是人在环境中的适应情况。这使得那些想要研究情绪中的人格和环境因素的人处于非常不利的地位，因为他们没有合适的测量方法来进行程序化的情绪研究和临床测评。在我看来，情绪研究人员如果想借鉴系统原则，无论是用于临床测评还是研究，明智的做法可能是几乎从零开始创建系统变量的测量方法，并在最终的测评中将其系统地整合在一起。

从广义上讲，情绪是一系列复杂的情绪生成场景，而不仅仅是一种反应状态。由于情绪在人类适应和适应不良的过程中起着重要的组织作用，同时由于情绪这一主题在理论和实证研究领域一直处于边缘，因此请让我沉浸在一个情绪研究已经有成熟的研究团队或评价机制的幻想之中。在这样一个团队中，情绪研究将描述和测量那些可被视为有希望深入探索情绪过程的人格和社会因素，以及每种情绪状态所特有的人—环境关系。要使这一团队发挥作用，就需要测量三种变量：前因、中介过程和情绪反应结果。首先从前因变量开始。

前因变量测量

我谈到了两组前因内容变量，即人格变量和环境变量；当它们在适应性情境中结合时，评价过程会对其进行协调，进而评价持续不断变化的人—环境关系对个人幸福感的影响。两个主要的人格变量与动机和信念有关；主要的环境变量与需求、限制和资源（或机会）有关。

除了内容变量外，还有形式变量，主要涉及事件发生的时间、紧迫性和模糊性。它们影响着人们如何体验、评价和应对需求、限制和资源，进而影响了个体对适应性事件的反应和处理方式。例如，迫在眉睫的伤害会使威胁变得紧迫，往往会将应对过程从回避转为警惕。模糊性增加了焦虑的可能性。一个重大压力事件与许多其他压力事件在同一时期发生，与发生的时间有关，可能会将一个人的压力推到安全极限之上从而产生危机。当然，这因人而异，因时而异。形式变量并没有引起太多的测量兴趣。

动机。将动机视为前因变量要求将目标层次结构作为特质来测量，这些特质以交互的形式参与，与适应结果有直接利害关系。例如，诺瓦切克和我使用的方法是几种可能性中的一种，它通过标准的心理测量程序来探讨目标层次结构，让被试认可并评价每一个用来表达不同价值观和目标的陈述的重要性、对实现目标的期望、努力和痛苦，其中一些陈述是具体的和有限制的，另一些是广泛的、宽泛的和抽象的。通过因子分析，认可评级最终被归纳为6个宽泛的目标含义：从属关系、权力/成就、个人成长、利他主义、回避压力和感觉寻求。这一分析结果为一系列量表的开发提供了基础，这些量表最终可用于个体间和个体内研究外显动机在情绪生活中的作用。表11.1显示了目标层级中的6个目标以及每个目标含义的陈述。

表11.1　动机测量的问卷调查方法

使用6个目标层级的自我报告量表法：
从属关系
想要与他人建立亲密而满意的关系。
需要感受到归属感。
想要得到爱和感情。
想要与他人产生联结和亲密感。

续表

权力/成就
想要获得奖励和认可。
渴望受欢迎和被接纳。
渴望经济富裕。
想要竞争成功。
个人成长
想要保持开放的心态。
努力做到有责任心。
渴望成为一个公正和有道德的人。
想要发展个人的人生哲学。
利他主义
想要帮助需要帮助的人。
需要投身于某项事业。
想要为他人做出牺牲。
想要参加宗教组织。
回避压力
渴望轻松的生活。
想要避免指责或批评。
努力回避冲突。
想要回避压力。
感觉寻求
想要玩得开心。
需要性快感。
想要刺激的生活。
努力拥有足够的空闲时间。

注意：目标层次结构是通过对许多项目的反应进行因子分析而形成的，这里是最清晰的样本。

这种测量在理论上假设强烈的积极情绪和消极情绪应该是伴随着强目标承诺的日常活动，而弱情绪应该总是伴随着处于目标层级底部的活动。当人们相信在与重要目标相关的活动中朝着目标实现的方向取得合理进展时，情绪应该是积极的；而当实现目标受到阻碍时，情绪应该是消极的。

指出不同的动机测量方法所隐含的两种不同的认知水平可能会导致同一个人产生相互矛盾的评价和情绪，这也是精神分析方法的假设。

信念。测量这种前因变量最困难的问题是在众多信念中选择与情绪最相关的信念。目前特别流行的是自尊、掌控感、自我效能感、心理一致感和乐观主义等一系列相关但不完全相同的概念。所有这些似乎都与情绪过程非常相关。例如，在受威胁的情况下，掌控感或自我效能感会减少焦虑，根据班杜拉的概念进行的纵向研究也确实证明了这一点。类似论点也可用在心理一致感、乐观主义等方面。

提到自尊作为一个变量让我有些矛盾，因为它在非学术界有其特有的流行用法，以及——在我看来——在加州政治和教育中将其视为成功适应的基本要求是荒谬的。在积极自我关注的优势以及如何实现积极自我关注方面，我们被肤浅的口号所迷惑，这破坏了对这一概念的解释价值和合法性。最糟糕的是，被广泛接受的暗示是：如果我们（即成人、儿童、少数民族、穷人、吸毒者）重复积极的自我陈述，我们会神奇地发展出自尊，并在学校和生活中取得成功——这与好几个世纪以前库埃的那句“每一天，我都通过各种方式变得越来越好”类似。

这种暗示与过度简化的“勇敢说不”异曲同工，“勇敢说不”被广泛宣传用于毒品成瘾的干预，却不考虑人们生活中的实际情况、经历、人生意义或无意义感。我曾天真地以为这种过度简化会永远从现代社会中消失。在致力于提升自尊的学校课程中，人们极不愿意处理任何消极事情，尽管自尊可以被有效地定义为“对自己感到自豪，意识到并接受自己的不完美，同时珍视自己固有的长处和积极品质”。

早期的教条主义量表体现了相关但不同的方法；其中的许多问题都指向一种观念，即面对充满敌意和危险的环境，自己是孤独、孤立和无助的。教条主义量表中的一些项目举例如“人是一种无助而悲惨的生物；从根本上说，我们生活的世界是一个相当可憎的地方；大多数人根本不关心他人；我害怕那些想了解我真实面目的人，因为我怕他们会对我失望”。

有了这样的信念体系，人们可能会把许多物质和社会环境看作威胁，而其他人却不会这么认为，因为他们不会习惯性地感到消极和无助，而无法应对一个敌对的世界。有这种感觉的人应该比那些有更积极、更有安全意识的人更容易感到脆弱并进行防御。虽然环境状况也会起到一定的作用，但这种信念系统最有可能产生的情绪包括焦虑和愤怒。

在本书中，我还提到了其他一些前因变量，它们通过影响评价和应对，或许还能降低压力的破坏性影响，从而起到调节人—环境关系的作用。其中的许多概念可以被视为关于对自身和世界的信念，最近的概念就说明了这一点，如坚韧、心理一致感、乐观主义和建设性思维。此外，还应该加上“习得性智慧”和一系列关于自我控制的信念。在此介绍这些量表并无益处，但提及它们可能会对特别感兴趣的读者有帮助。显然，人们对这类人格结构和测量方法很感兴趣，因为它们可以作为一种前因变量影响评价和应对过程，并可能影响适应性事件的情绪结果。

鉴于我对单一特质的测量相当不满意，我在一定程度上被卢博斯基等心理动力学家在核心冲突关系主题和霍洛维茨在角色关系图式方面做出的努力所吸引。这些概念指的是宏观的、有组织的观点——在霍洛维茨的分析中，同一个人可能会有许多这样的图式——它们被认为无论从实际、幻想还是预期出发，塑造了人际交往中的情绪反应。图式是通过对个体的深度研究（在这些学者的研究中，个案均是因情绪危机或情绪障碍而接受治疗的病人）而非心理测量量表确定的。

我目前的偏见是，与传统的、规范的心理测量研究设计相比，我们最终可能会通过这种公认的昂贵而笨拙的方式更快取得进展。无论如何，由于一个人的头脑中同时存在多种潜在的图式，因此需要一个解释性规则来帮助我们说明在适应性情境中如何利用一个或另一个图式来驱动和引导情绪过程。

因为在某种程度上，容易引发愤怒的变量很可能不同于容易引发焦虑、内疚、爱或自豪等其他情绪的变量，所以在对某些类型的适应性事件，或许还有某些个体情绪进行测量时，必须选择关系图式。另一种观点对我的吸引力较小，认为所有消极情绪都与一组相同的变量有关，而积极情绪可能与另一组相同的变量有关。

由于缺乏系统的理论，前因变量研究中的一个特别薄弱的环节是测量环境需求、限制和资源的技术。迄今为止，测量主要集中于有压力的生活事件和日常麻烦

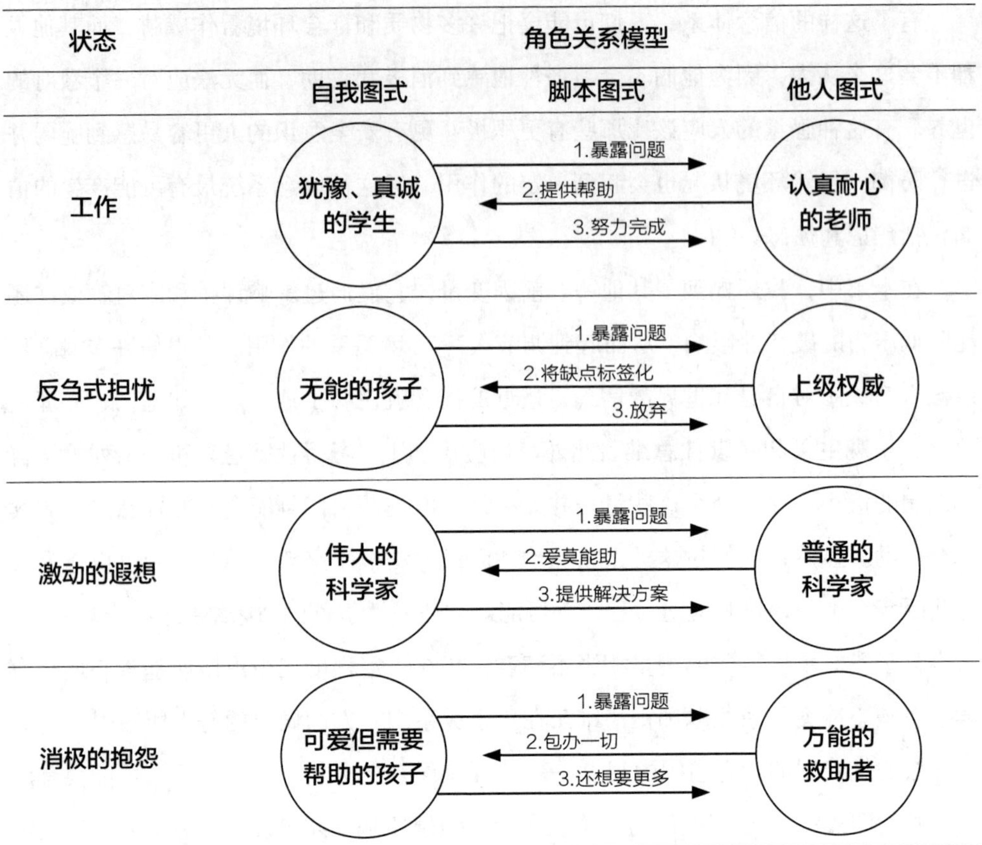

图11.1　与拖延症主题相关的角色关系模型

上，前者只提供了全部情况的一小部分，后者则提供了另一部分，为测量社会氛围所做的计划性努力显然与此相关。

对于这种测量应该是主观的还是客观的，甚至对于客观环境是否可测量，是否与特定个体的人—环境关系和情绪生活必然相关，一直有很多争论。许多心理学家更倾向于测量客观定义的关系——也就是说，由观察者而不是被研究的对象来定义。基于被试的测量使得关系意义的标准变得主观。我并不真的相信客观测量是可能的或很有成效的，它仍然必须基于主观共识。尽管主观方法对我来说最有意义，但是这种方法没有严格的规范——例如，当它在临床上针对个体时——在其他情况下，对此保持开放的态度可能是重要的。

里佩蒂开发了一个量表，旨在通过主观共识来测量工作中的客观社会环境，我在第四章中提到过。她比较主观和客观（一致）测量的数据表明，主观数据更能预测工作情境中的情绪困扰。在此，我将她的量表呈现在表11.2中。

由于以关系为中心的测量在目前的研究中几乎不存在，因此，除了单独的人格变量和环境变量之外，我们还需要开发人—环境关系的测量工具。也就是说，我们需要定义和测量由具有特定属性的人和环境共同构成的新抽象层次，并构建一种与

表11.2　工作中社会环境的主要测量项目

整体性（因子1）
1. 人们尽力帮助新员工感到舒适。[a]
2. 上司倾向于居高临下地对员工说话。[a]
3. 团队精神不强。[a]
4. 工作气氛感觉没有人情味。[a]
5. 上司通常会表扬做得好的员工。[a]
6. 很多员工似乎只是在打发时间。[a]
7. 上司不乐于接受员工的批评。[a]
8. 员工似乎以组织为荣。[a]
9. 员工在工作上投入了大量精力。[a]
10. 上司经常因小事批评员工。[a]
11. 很少有员工自愿参加活动。[a]
12. 这是一个相当活跃的空间。[a]
13. 上司对员工期望过高。[a]
14. 很难让员工做任何额外的工作。[a]
15. 员工经常在背后议论，制造麻烦。[a]
16. 上司真的很支持他们的员工。[a]
17. 每个部门的气氛都非常友好。[c]
18. 在我们部门，员工间互相尊重。[c]
19. 在这里工作的员工之间经常发生冲突。[c]
20. 这里的同事之间的互动都很积极。[c]
21. 部门的员工之间关系非常紧张。[c]
22. 做这份工作的员工经常想辞职。[d]
亲密度（因子4）
1. 员工们彼此关心。[a]
2. 员工之间经常谈论个人问题。[a]
3. 员工与上司之间谈论个人问题。[a]
4. 该部门的员工经常互相讨论工作以外的个人生活。[c]

续表

上司支持（因子2）和同事支持（因子5）
1.（你的直接上司/其他同事）有多少不顾（他/她/他们）的方式来让你工作生活更轻松？[b] 2. 与（你的直接上司/其他同事）交谈是否容易？[b] 3. 当工作中遇到困难时，你能在多大程度上信任（你的直接上司/其他同事）？[b] 4.（你的直接上司/其他同事）有多愿意倾听你的个人问题？[b]
工作满意度（因子3）
1. 这项工作很有挑战性。[a] 2. 工作通常很有趣。[a] 3. 我经常想辞职。[d] 4. 总的来说，我对这份工作很满意。[d] 5. 我对这份工作总体上还是满意的。[d]

注:有关工作中的社会环境及工作满意度的各项指标均载于第一阶段社会环境调查。
[a]项目是因塞特和莫斯1974年在帕罗奥托编订的工作环境量表的一部分，采用4点计分，从完全错误（1）到完全正确（4），对描述社会环境的每个陈述进行评分。
[b]项目是工作社会支持量表的一部分。采用4点计分，描述被调查者在工作中的互动：完全没有（1），有一点（2），有点（3），非常多（4）。
[c]项目是专门为本研究编写的。调查采用7点计分，从非常不同意（1）到非常同意（7）。
[d]项目是哈克曼和奥尔德姆1980年在马萨诸塞州雷丁市所做的工作诊断调查中工作满意度量表的一部分，采用与附录注释c相同的7点计分。

情绪相关的语言。这就是核心关系主题概念的目的。

要测量关系意义，研究者几乎必须从头开始，因为心理学中一直没有关系分析和测量的传统，尽管有特立独行的研究者时不时会提及这一点。一个有趣的例子是在第七章引用的德里维拉、波塞尔、韦雷特和维纳最近的一些研究，他们试图在识别情境、生理、行动倾向和功能性变量的基础上，成功地区分兴高采烈、喜悦和快乐的关系意义。

中介过程测量

我对心理压力理论分析的核心概念是评价。因此，在我们的研究中，我和福克曼在其测量方面取得了一些有限的进展，但我们使用的程序太过原始以至于无法长期存在。我希望它们能进一步促进评价的完善和改进。一些零散的研究者已经接受了挑战，推进了预测性研究中的评价测量。

我们测量初级评价做出的努力包括被试对每个压力事件中个人利害关系的报告。因子分析得出了两类主要的利害关系：自尊，以及对爱人福祉的关心。我们通过一系列问题来测量次级评价，这些问题涉及是否可以做些什么来改变与环境的不良关系。然而，这项研究并不涉及个人情绪。

这里提出的聚焦情绪的评价理论为测量提供了机会。如果在研究和临床应用中正确评价该理论，需要对我在分析中的6个评价成分进行测量。目前，我们正在努力推进对这些评价成分的测量以及对核心关系主题的研究，但要弄清楚它们如何起作用还为时过早。

在第四章，我还讨论了评价作为一种相对稳定的认知风格的问题。我引用了彼得森、泽梅尔、冯贝叶、艾布拉姆森、美特莱斯基和塞利格曼的《归因风格问卷》，以及爱泼斯坦和迈尔的《建设性思维量表》作为相关参考。其他关于评价风格的研究包括安东诺夫斯基的心理一致感、科巴萨关于坚韧的研究，以及谢尔和卡弗关于乐观主义的研究。

我和我的同事最近开发的量表和基于此的研究阐明了对评价风格的测量。在一个被称为对情境的反应的程序中，被试需要对12种假设的、潜在的情绪化情境做出评价性判断，如“你的一位好友打败了你，获得了你向往参加某项活动的机会”“教授对你写的一篇论文赞赏有加”“你听说一个朋友一直在跟别人说你的好话”。被试还要对自己的评价想法进行评分，例如“在这种情况下发生的事情对你来说有多重要？”“你认为自己在多大程度上应对这种情况负责？”这些评价想法涵盖了一系列评价成分，其中一些我在第四章中讨论过，并在第六章和第七章中使用过。由于同一参与者要对12种不同的假设情境做出评价，因此可以确定特定个体的评价模式在多大程度上是一致的，从而测量出所谓的评价风格。表11.3列出了必须评估的情境、评价内容和想法。

伯克利压力与应对研究项目在1977—1987年间也在应对的心理测量学方面投入大量精力，体现在《应对方式问卷》上。同期还出现了一些其他方法，有些与我们的方法类似，有些则截然不同。

我们的研究主要让被试填写问卷或接受关于某种特定压力情境的测试，并要求他们对自己在事件中采用过的任何应对想法和行动进行认定，并评价其重要性。在

表11.3　评价风格的测量

情境评价——成分
以下项目用于回溯性地测量被试在特定情境或事件中的评价成分。每个项目均采用11点计分。史密斯等人（1989b）使用的实际评分表与所有3种特定情境测量的描述一致。 **动机关联性** 这种情况下发生的事情对你有多重要？ **动机一致性** 在这种情况下你不想要什么？这些不想要的因素在多大程度上存在于这种情境中？ 在这种情况下你想要什么？这些想要的因素在多大程度上存在于这种情境中？ **自我负责** 你认为自己在多大程度上对这种情况负责？ **他人负责** 你认为别人在多大程度上对这种情况负责？ **聚焦问题的应对潜能** 在这种情况下你想要和不想要什么？你有多大把握能影响事情的发展，使（或保持）其如你所愿？ **聚焦情绪的应对潜能** 在这种情况下，无论结果如何，你有多大把握能够或不能从情绪上处理所发生的事情？ **未来预期** 想一想你希望这种情况如何发展。当你处于这种情境中时，你预期情况变得（或保持）与这些愿望（出于任何原因）有多大的一致性？
情境评价——主题
以下项目用于测量被试在特定情境或事件中对特定情绪主题的评价。下面列出了史密斯等人迄今为止研究最为集中地测量假设会产生情绪的评价主题的量表项目和估计信度（摘自史密斯等人，1989b），每个项目在多大程度上符合当事人在该情境中的想法，采用从“完全不符合”到“非常符合”的9点计分。 **责备他人——愤怒主题a=0.88** 我被欺骗或被冤枉了。 我陷入糟糕境地是别人的责任。 我受到不公平的对待。 有个混蛋在干扰我实现目标。 有个混蛋想占我的便宜。 如果对方值得尊重，这件坏事就可以避免。 **自我责备——内疚主题a=0.87** 我做了一些坏事。 事情不好是因为我。 我对这种糟糕的情况负有责任。 **危险/威胁——焦虑/恐惧主题a=0.72** 我感到不确定的危险在威胁着我。

续表

我处于危险之中，可能无法应对。
我不知道我是否能应对即将发生的事情。
丧失/伤害——悲伤/无奈主题
丧失a=0.81
我感到一种失落感。
我在乎的东西已经不在了。
一些对我来说很重要的东西已经被摧毁了。
伤害a=0.92
我感到无助。
我看不出有什么能改善这种糟糕的情况。
就现在这种情况下，我似乎无力解决问题。
再也无法修复这种糟糕的情况了。
这种情况毫无希望。
这种情况永远不会改善。
乐观主义——希望和挑战主题a=0.85
在这种情况下，事情总会解决的。
最后，一切都有可能变得好起来。
我觉得在这种情况下事情会朝着更好的方向改变。
如果我足够努力，我可以在这种情况下得到我想要的。
通过一些努力，我可以让情况变得更好。
我可以应付这个困难的任务。
相关性——兴趣主题a=0.64
对我来说，这种情况很重要。
这种情况涉及我的个人事务。
这里有很多重要的事情需要考虑。
消除威胁——轻松主题a=0.69
我感到如释重负。
事情终于解决了。
这种情况下的威胁或伤害已经消除。
成功——幸福主题a=0.95
事情变得很棒。
我已经得到了我想要的。
在这种情况下，事情进展得非常顺利。
关心他人——同情主题a=0.91
我为这个人感到难过。
这个人有麻烦让我很烦恼。
这个人需要帮助。
不相关——无聊主题a=0.52
这种情况与我的问题完全无关。
我一点也不关心这里发生的事情。
这里发生的事情完全是浪费时间。

早期的版本中，重点一直放在应对的两大功能上——聚焦问题的应对，采取行动改变人与环境的关系；以及聚焦情绪的应对，努力改变所发生事件的意义或将注意力引向某个或其他方面。在最新版本中，因子分析产生了8种应对模式，这8种应对模式已成为我们和他人研究中应对过程评价的基础。表11.4列出了8道量表的样题。

表11.4　应对方式问卷的样题

因子1：直面问题
试图让责任人改变他或她的想法。
向问题引发者表达愤怒。
因子2：保持距离
若无其事地继续生活。
不让它影响到我；拒绝想太多。
因子3：自我控制
试图把自己的情绪控制住。
试图不要过于冲动或凭第一直觉行事。
因子4：寻求社会支持
与他人交谈以更多地了解情况。
向尊重和信赖的亲戚或朋友征求建议。
因子5：承担责任
自我批评或自我说教。
道歉或做些事情来弥补。
因子6：逃避—回避
希望出现奇迹。
尽可能避免与人接触。
因子7：有计划地解决问题
制定行动计划并执行。
只专注于下一步需要做的事情——下一个步骤。
因子8：积极重新评价
以一种良性的方式改变或成长为一个人。
重新发现生活中重要的事情。

在此程序中测量的应对方式是情境性的，为了识别稳定的应对方式，需对同一人的应对方式进行长期观察或在不同压力情境中进行观察。人们对识别应对方式仍然很感兴趣。过去，这些努力并没有形成可用于临床工作的标准化程序，但也许新的、更复杂的相关程序会做得更好。

关于应对的测量领域仍悬而未决，未来走向何方也难以预料。它还没有渗透到情绪的研究中，但我希望它很快就会有所突破。鉴于应对在情绪过程中的理论重要性，缺乏对情绪应对的研究是令人遗憾的，这也为情绪过程的研究留下了巨大的空白。

反应测量

如果我们只考虑情绪反应，而不关注情绪产生的条件和过程，那么我们就只能测量动作和行动倾向、生理活动以及有关情绪状态的主观报告。除了我在第二章中提到的面部表情、生理活动和主观体验到的情绪之外，这里无须再做补充。目前已有许多关于这些反应状态的研究，但对于其他反应系统，如音质模式和肢体动作的研究则少之又少，而探讨整个情绪反应结构的研究更是凤毛麟角。我们被零零碎碎的测量所淹没，没有努力去整合。

除了使用因素分析来研究维度之外，主观情绪的测量一直沿用非常传统的程序，使用情绪词汇或语句来评定情绪的存在与否和强度，如我在第二章中描述的谢弗等人的研究。自评量表的测量比深度研究更有效、更经济，但也存在与表面自我报告一样的困难，如记忆错误、自我欺骗、自我展示、词义理解的个体差异以及表面和深度认知过程间可能存在的冲突。

有几位研究者已经开发出用于测量特定情绪的量表，如焦虑或愤怒。其中之一是安德勒和冈田的一套。另一套来自斯皮尔伯格、戈萨奇和鲁舍恩，前面已经提到过。该量表有两个版本，一个是状态量表，聚焦于具体情境；另一个是特质量表，测量个体的稳定属性。在表11.5中，我使用了斯皮尔伯格、雅各布斯、拉塞尔和克莱恩的状态—特质愤怒量表作为示例，虽然它不如焦虑量表那么有名，但是与愤怒的管理及其对健康的影响有关，这些在第十章中已经讨论过。

在前面关于评价的讨论中，我谈到了对一些个体前因、中介过程和反应变量的测量。据我所知，目前还没有任何方案能将所有这些变量整合成一个有组织的适应结构或系统，因此，在结束关于评价的讨论之前，我想重申一下系统理论原则：对情绪过程的评价最好能利用构成整个情绪过程的所有或尽可能多的变量类型，所有这些变量结合在一起，提供了情绪反应结构所依赖的个人意义。理想情况下，还应在不同时间和不同情境中反复进行评价，以评价结构和过程，并在适当的时候考虑比较和发展分析的可能性。

表11.5

愤怒状态量表	愤怒特质量表
1.我生气了。	1.我脾气暴躁。
2.我感到很愤怒。	2.我脾气急躁。
3.我非常恼火。	3.我是个急性子。
4.我感到很烦躁。	4.当我被单拎出来教育时，我会很恼火。
5.我感到很沮丧。	5.当我在别人面前被批评时，我会很生气。
6.我感到非常恼怒。	6.当我被别人的错误拖累时，我会很生气。
7.我感觉我快要爆发了。	7.当我做得很好却得到不好的评价时，我感到很愤怒。
8.我很想猛击桌子。	8.我勃然大怒（大发雷霆）。
9.我很想对某人喊叫。	9.当我工作做得好却没有得到认可时，我感到很烦恼。
10.我很想咒骂他人。	10.那些认为自己总是对的人使我恼怒。
11.我非常愤怒。	11.我生气的时候就会说脏话。
12.我很想打某人。	12.我很恼火。
13.我很想摔东西。	13.我很生气。
14.我很烦恼。	14.当我沮丧的时候，我想打人。
15.我感到怨恨。	15.当我感到压力时，我会血液沸腾。

对治疗和预防的启示

正如我在第一章中所说，理论是一种强大的工具，它允许我们在原因和个体情绪结果之间进行反复推理。重点可能是情绪的产生——从前因变量和中介变量到作为结果的情绪——但我们也可以进行逆向推理，从情绪的存在推断出最初产生这种情绪的变量和过程。这种推理也可以像其他推理一样通过经验进行评估。临床心理学家和其他与治疗相关的专业人士都会使用这种逆向推理，因为他们会从一个因痛苦和功能失调的情绪而寻求帮助的人入手，然后试图了解事情是如何变成这样的，并通过治疗促发改变。

在谈治疗之前，先就以治疗为目的的诊断做几点说明。我指的诊断不是贴标签，而是临床上用于了解患者生活中出现的问题并制定合理的治疗方案。如果我们认为功能障碍是评价和应对失败的结果，从诊断角度检查这些失败就是适用的。

对诊断的细心关注一度是临床实践的固有特征，但随着对诊断测试的信任危机蔓延和临床心理学家转向治疗领域，这种关注就不再流行，正式的诊断似乎耗时且离题，但它仍然是临床医生做出非正式诊断的依据，特别是在治疗的早期阶段，当患者提出他们的主诉并揭示其功能障碍的动态变化时。通常情况下，患者会四处求医，直到找到他们认为合适的治疗师或治疗策略。对诊断给予更多正式关注可能会增加根据障碍的动态变化和患者特征选择治疗策略的可能性，而不是像一般情况下那样假定通用治疗方法适用于每个患者。

治疗师可能想知道，例如，病人的问题是否源于某些不恰当的目标承诺和信念，而这些反过来导致产生莫须有的威胁性评价，或者对应该感到威胁的情况做出良性评价。应对在功能障碍中的作用是什么？是否存在通过不当应对方式使问题复杂化的反复趋势？例如，应对是否无效，或者是否与所面临的适应需求不匹配？考虑到我前面所说的心理学思想向认知主义的转变，心理治疗师开始重新考虑将某种诊断评价作为治疗的一部分，也就不足为奇了。

如今，特别是在认知治疗师中，颇为关注病人对与个人问题有关的评价和应对想法的测评。肯达尔和克尔克孜指出了认知评价的两个重要临床功能：第一，研究非理性信念在障碍发展或应对过程中的作用；第二，确认治疗中正在发生的事情（例如，治疗确实改变了目标认知）。这些作者简要回顾了他们称之为“活体思维”的各种取样方法，包括使用便携式“传呼机”，以不固定时间间隔响起，以便被试记录他们的想法——包括想象、对事件的归因和自我陈述——所有这些都是麦肯鲍姆和其他人强调的，他们的治疗方法与情绪过程的认知—动机—关系方法是一致的。

除了作为研究设备日益流行的传呼机技术之外，佩雷斯和雷赫特还开发了一种巧妙的程序，利用便携式电脑让被试回答预先设计的有关其应对方式的访谈问题。这种程序的一个主要优点是，可以让被试正好沉浸在某种情绪中时进行及时访谈，从而最大限度地减少记忆问题和回溯的偏差。

戈德弗里德也对认知心理学用于认知治疗的进展表现出持久的兴趣，并对测量程序进行了调查。我喜欢他根据布兰斯福德和约翰逊的一段话进行的分析，这段话说明了情境的细微变化会使得某一事件对个人意义产生戏剧性的变化。这段话是这样描述的：

> 一个男人站在镜子前梳理头发、仔细检查脸上是否有漏刮的胡子，然后系上他选好的领带。早餐时，他认真地看报纸，一边喝咖啡，一边与妻子讨论购买新洗衣机的可能性。然后，他打了几通电话。离开家时，他想到孩子们今年夏天可能还想去那个私人夏令营。当汽车无法启动时，他下了车，砰地摔上车门，怀着非常愤怒的心情走到公交车站。现在他要迟到了。

戈德弗里德指出，如果这段话的开头是“失业者站在镜子前……”那么它的含义就会不同。如果这段话的开头是“股票经纪人站在镜子前”，那么意思也会不同。我们不断依据事件发生的原因进行推断，而推断会随着细节的不同对事件意义产生影响而自动变化。在治疗过程中，通过指出它们经历中可能因为自我防御活动而没有注意到的方面，可以帮助他们改变自己对生活的看法。这一过程有时也被称为认知重建或重构。

兰道和戈德弗里德进行了详尽的分析，他们还建议认知治疗师关注认知革命相关的研究成果并从中提炼出对治疗有用的评价技术。他们引用了奈瑟关于认知心理学的开创性著作，并大量借鉴了申克和艾贝尔森的一篇重要文章。后者提供了与情绪生活和处理适应性事件方式相关的系统的认知活动模型。尤其重要的是，这些作者说明了每种认知活动的评价策略，有兴趣的临床读者不妨参考一下。

兰道和戈德弗里德分析的核心是对两组认知结构的概述：（1）动机影响因素，包括目标和目标主题以及相关目标集；（2）图式，包括认知地图（定义为物理环境的表征）、计划（定义为与目标满意相关的一般信息，包括解决问题的策略）、情境脚本（被定义为在特定情境中预期行为序列的表征）、工具脚本（定义为用于实现特定的、经常遇到的目标的固定行为序列）、个人脚本（定义为一个行动者单方面持有的目标相关的行动，即隐藏的内心过程），以及语义图式（定义为用于将对象或行动分类的信息）。

在有关应对过程及其测量的最新研究和理论的推动下，应对的概念也进入了认知行为疗法的程序中。其中一个例子是德苏内拉和卡特引入的名为问题解决训练的压力管理和治疗计划。该训练计划的核心是一系列分阶段的单元：介绍目标和基本原理，努力提高对生活问题和不当的应对过程和方式的觉察力，检查情绪在问题解决中的作用，探讨特定问题以重新评价已经发生的事情并制定针对现实问题的解决目标，生成替代性解决方案，评价最佳解决方案，实施解决方案并验证其有效性，最后，巩固训练效果，促进其维持，并将所学知识推广到其他问题中。

无论评价和应对的概念在治疗方案中是否明确，这些概念都以这样或那样的形式存在于所有临床医生的脑海中。用评价和应对的术语来表述这些概念，就将情绪的认知—动机—关系理论的语言体系带入普通的临床实践领域。

情绪过程与精神病理的相关性

当我们转向心理治疗时，我们需要面对的第一个问题是，情绪过程并非与所有形式的精神病理学都同样相关，因此也并非与所有治疗都同样相关。例如，如果我们查阅美国精神病学协会修订的《诊断与统计手册》，其中列出了临床实践中涉及的精神疾病类别，会发现虽然所有障碍都因其影响患者生活方式而对情绪产生影响，但并非所有障碍都与情绪是因果关系。

有的障碍，情绪通常不是其致病原因，最突出的例子是精神发育迟滞、非药物滥用导致的脑损伤——药物滥用本身与药物滥用的后果有复杂的因果关系，可能涉及情绪过程——以及遗传性情感障碍和精神分裂症。人格障碍和有些或所有精神分裂症是否以及多大程度上受情绪作用是不明确的。在这里争论哪些障碍受情绪影响以及哪些没有是无益的。可以说，对那些情绪过程并不直接产生因果作用的障碍，情绪研究对其影响并不大。

另外，许多人带着各种各样的情绪问题来接受治疗，并希望获得帮助。问题包括普通神经症、进食障碍、药物滥用问题、焦虑症——包括创伤后应激障碍，多种与情绪障碍和社会功能受损有关的性功能障碍，可能还有很多存在争议的其他问题。在这里，我将用我自己的语言而不是《诊断与统计手册》来区分3种不同类型的病人问题，它们可能需要不同的治疗方法。虽然症状存在重合现象导致不总能清晰区分，但它们是治疗师经常处理适应性问题的典型例子，这些问题可能会对反复体验到的情绪造成干扰，或者其本身可能会受到情绪过程的影响。

问题1：最简单的问题，是缺乏技能去处理由近期危机导致的适应性需求。例如，已婚或离婚妇女，丈夫曾负责汽车修理和银行账户等事务，现在丈夫不在了——她除了要应付孩子和家务等固定需求外，还面临着一系列新需求——例如，处理丈夫抛下的工作、自己的性需求和孤独感。离婚、分居或丧偶的人，背井离乡、流离失所的人，突然失业的人，患病或身体残疾的人，也面临着类似的问题。

由于这类人很容易失眠、抑郁、绝望或焦虑，而且难以应对的需求过多，因此，有两项基本的治疗任务，阅读自助书籍和咨询朋友，或寻求专业治疗。一是使自己“精神”振作起来，精力充沛、精神饱满地去面对无数新的需求，并坚信自己能够掌控必须完成的事情。我并没有暗示这有任何真正的益处，但我注意到自助书籍总是利用大量鼓舞人心的思想来提供帮助和支持、鼓励和激励人们尝试改变处理事情的方式。这些书的书名通常是《你能应对》之类的。二是学习如何做必须做的事情。虽然各种内在障碍和冲突在治疗中可能会暴露出来，但对这类人群来说，冲突通常不是关注的焦点，因为表面问题是缺乏技能和知识，他们有时错误地认为这是随着生活的变化而出现的，而不是因为神经症。

然而，我们不能错误地将个人悲剧引起的情绪困扰与神经症相混淆，个人悲剧引起情绪困扰是个体没有或只是模糊意识到的内心斗争会限制应对有效性。莱曼、沃特曼和威廉姆斯观察到，例如在车祸中失去配偶或子女等生活事件对个体的影响是长期的，在调查的4—7年间，遭遇这类事件的个体会一直反刍和体验痛苦，或许这种情况会持续更久。我们不应该自动将这些痛苦定义为神经症或基于个人缺陷而贬低他们痛苦的尊严。同样，我们也不应该把没有痛苦视作良好应对的证据，莱曼和泰勒的研究表明，面对加州即将发生的地震威胁，人们通常通过否认和不采取任何准备措施来应对。

问题2：当处理最终导致危机的生活变化时出现的问题，是由内在心理冲突或神经症引起或加剧时，前面提到的简单的信息和技能缺陷就会与功能性失调的神经症问题出现重合。有一部分信息和技能缺陷的人也会受到神经症性冲突的困扰，这种冲突涉及由错误的评价和应对过程导致的情绪紊乱。例如，我们不禁要问，为什么大多数功能良好的人所拥有或能够获得的知识和技能在必要时却缺乏或难以获得。这就是自助书籍和善意的建议通常无法改善个人问题的主要原因之一——在某种程度上，人们被内心斗争打败了，这些斗争破坏了学习和获得适应技能的能力。

功能性失调的神经症（我认为这是冗余的，因为神经症从定义上来说就是功能失调的）比第一类问题更难治疗，因为必须识别、理解和克服患者可能没有或只是模糊意识到的错误评价和应对模式。这等于说，在某种程度上，问题的出现是由患者自己而不是他们的生活环境造成的。这里包括强迫症、焦虑症、恐惧症和惊恐障碍以及抑郁症。他们的困难可能伴有，也可能不伴有躯体症状，如肠胃不适和头痛，这些是最常见的妨碍生活的心身疾病。

这类患者通常只想摆脱影响其内心平静和功能的症状，而不是寻求重要的适应性和人格改变。传统的心理动力学治疗师通常认为这类患者的困扰其实是隐藏的内心冲突，需要洞察冲突以改变生活方式。并非所有治疗师都对以洞察力为中心的概念感到乐观。稍后，我将详细介绍解决这些和其他问题的不同治疗模式。

问题3：第三类问题，由于没有更好的词来形容，姑且称为存在性问题，表现为一些人来到心理治疗师这里，含糊地抱怨不快乐、没有兴趣和全身乏力。他们抱怨的不是危机或功能失调，而是生活缺乏意义和承诺。患者问："我怎样才能实现人生的意义？告诉我怎样才能找到生活的目标，让我全身心投入。"

情绪过程如何影响精神病理

我们需要明确情绪过程如何导致适应障碍，尤其是问题类型2和3。对此，最常见的想法是情绪过程在生命早期就因病态的自我防御而造成扭曲的错误评价，目的是控制威胁和痛苦。长期以来，与他人的关系模式已经形成，这种模式由其他人（如父母、朋友、恋人）提供，通过误导个体对适应性事件的解释方式，会掩盖真正的威胁以及个体已经依赖的不当应对模式。由于这些个体无法独自面对令其感到痛苦和功能障碍的真正根源，因此无法放弃错误的应对模式而去使用更有效的代替方式，需要治疗帮助才能做到。

从这个角度来看，问题的根源并不是情绪本身，而是情绪产生的过程，其中隐含着不恰当的目标和信念特征——例如，一个人必须在所有的努力中都做到完美，否则就是不胜任或不可爱的——对人—环境关系的错误评价，或是错误的应对策略，这些都使患者功能失调并陷入困境。要使治疗有效，患者必须抛弃错误模式，掌握新的、更实用的模式。这是否需要患者的洞察力，是严格的行为治疗师与其他治疗学派，特别是精神分析学派之间的争论点之一。

不同的治疗系统如何看待情绪

临床实践中的专业人士认可和促成了当前情绪研究的火爆，最近出现了许多认知治疗师撰写的有关认知和情绪的书籍。这些书籍都特别关注情绪在精神病理学和心理治疗中的作用，例如格林伯格和萨弗兰、圭达诺和利奥蒂、萨弗兰和格林伯格。最后提到的这本书会很吸引那些希望从理论上更牢固地把握情绪在治疗变化中作用的人，因为它由一系列章节组成，每一章都从不同的治疗立场出发——如条件反射、认知疗法、动力学疗法、以人为中心疗法和经验疗法——撰写，并邀请几位理论家进行评论。

在一篇关于心理治疗中的情绪的文章里，格林伯格和萨弗兰研究了四大治疗体系：精神分析、行为疗法、认知疗法和经验—人本主义疗法如何看待情绪。这些作者总结了当前情绪受关注的原因，认为："除非我们努力掌握情绪在治疗中的作用，否则我们对人类变化过程的理解仍将是空洞的，并且会错失一些使心理治疗成为潜在的强大改变过程的重要因素。"根据格林伯格和萨弗兰的观点，我将探讨精神分析、行为疗法、认知疗法和经验—人本主义疗法是如何看待情绪的。

从精神分析学家的角度来看，情绪最初被（弗洛伊德）视为精神能量，正如多拉德和米勒的强化学习理论将情绪视为驱动张力一样，本质上是将弗洛伊德的思想转化为强化学习的语言和概念。

弗洛伊德最初将神经症症状视为先天驱力受阻的结果，治疗方法是排解、清除或宣泄。后来，他不再强调宣泄，取而代之的是，在神经症中，一种威胁性的驱力被压抑，因此无法释放。当被压抑的驱力能量变得太大而无法忍受时，就会以情绪的形式释放出来。从这个角度来看，情绪是未释放的内在驱力的表达，这赋予了情绪致病性和病理性的内涵。

在后来出现的精神分析模型中，治疗显然需要纠正情绪体验来揭露现实的扭曲，并引导患者理解（洞察），从而放弃错误的评价和应对模式，取而代之的是更有效的模式。据说，与治疗师之间的移情关系促进了对真相的痛苦探索，这不仅有助于激发患者寻求治疗师（作为父母的形象）认可的动机，还为患者和治疗师提供了关于患者早期亲子关系的重要信息。

然而，在20世纪40年代，如果没有当时所谓的“修通”，即使有洞察力也被认为是不够的。这意味着洞察力必须在以行动为中心的情绪对抗中被检验、运用和扩展，以应对患者面对来自环境和心理上的威胁。如果没有实际体验导致功能失调的应对方式的痛苦经历，患者可能会仅仅获得知识，但不会促发根本性的改变（指的是在动机和情绪上）。

行为治疗师不关注对被压抑驱力的洞察，而是遵循主观性较低、较为宽松的强化学习理论，试图通过脱敏的去条件化过程来修正诸如焦虑等无力的情绪反应。治疗必须让患者直面情绪困扰的根源，因为心因性回避一直在扭曲患者的适应能力。这可以通过逐步暴露焦虑源来完成，也许是暴露在一些让人安心的事物面前，或者相反——在威胁存在的情况下增加急性焦虑，以迫使病人发现真相，即预期的危险并不会真正出现，这被称为满灌疗法。这些类型的去条件化程序尤其适用于恐惧症、惊恐障碍和强迫症。目前行为疗法的支持者在先天倾向与学习在病程发展中的作用上存在分歧。

认知治疗师通常和我一样，将情绪视为对事件进行个人化的意义解读结果，其核心治疗方法是改变对自己和世界的病态思维方式，从而改变受困扰的情绪模式。理由是，如果认知是错误的，那么在逻辑上就必须改变。但如何做到呢？改变的程序多种多样，可以通过直接面对导致情绪困扰的有害条件的行动模式，与患者就其生活假设进行规劝和争辩，以及对可能导致情绪功能障碍的扭曲意义进行洞察性探索。认知治疗师一直特别关注认知与情绪之间的关系以及最近关于二者关系的争议，因为他们强调的是患者功能失调的情绪模式背后的想法和信念。

格林伯格和萨弗兰认为，经验—人本主义治疗师比认知或行为治疗师更积极地看待情绪，并将其视为适应和改变的重要动力。情绪不再被视为先天或后天习得倾向的表现，而是提供了关于自我和世界的适应性相关信息。正如20世纪60年代的反主流文化所强调的那样，这意味着我们需要重新接触被内化的社会规则所压抑的情绪。回避痛苦的情绪是神经症问题的核心。患者必须意识到这些被压抑的情绪的意义，并对它们做出更积极的反应。

格林伯格和萨弗兰引用了这种治疗方法的两个版本：(1)以人为中心或罗杰斯疗法，强调充分意识到过去被否认和扭曲的情绪；(2)格式塔疗法，强调情绪体验和表达是发生改变的必要条件。除了这些经验式和人本主义疗法之外，我们还可以加上存在主义疗法，该疗法在美国是由欧洲存在主义哲学的美国化版本构成的。

总结

在这一总结章节中，我试图总结我的主要元理论和实质性理论主题，并说明它们如何影响3项实践事业：研究、评价以及以治疗和预防为目的的临床干预。我首先简要回顾了系统原则、过程—结构原则、发展性原则、特异性原则和关系意义原则。其中最后一项原则包含核心关系主题以及评价和应对过程的基本观点。

从这些原则的角度审查了一些研究问题。因为前4项原则是元理论的，对研究意义的讨论主要从抽象问题开始，如许多变量和过程的使用、稳定性和流动性问题、不同发展阶段的情绪过程、情绪产生过程和反应系统的特异性等。首先讨论了关系意义原则对有关情绪程序和行动倾向的总体而非分子思维方式的影响。

在更具体的层面上，讨论了4个研究领域：第一，动机原则，它定义了一个人如何在日常活动中分配时间，以及由这些活动产生的情绪何时是积极的或消极的；第二，研究核心关系主题和评价模式在情绪中的作用；第三，研究行动倾向、生理反应模式以及它们之间的关系；第四，发展研究。

关于对评价的影响，考察了动机和信念等前因变量的测量，考虑了评价和应对等中介过程的测量，最后对主观情绪的测量给出了一些简要思考。

在治疗和预防方面，研究了几个主要问题——例如，情绪过程何时与精神病理学相关或无关，情绪过程可能如何导致精神病理表现，以及在不同的治疗方法中如何看待情绪，包括精神分析、行为疗法、认知疗法、经验—人本主义疗法。

结语

如果说我对情绪的关注有一个中心主题，那肯定就是情绪和理性在任何意义上都不是对立的。虽然每个人似乎都认为情绪是非理性的，但恰恰相反，情绪依赖于理性。

然而，如果我们采取这种立场，就会引发一个哲学问题，即人类在很大程度上是理性还是非理性动物。关于这一点，特别是在20世纪，有一种突出的观点忽视了人类的逻辑推理能力；人们被认为是情绪化的，没有逻辑性的，而人类事务中的理性被认为是一种假象。

这种思维方式是许多研究者都认同的，其中包括贝克特、杜伦马特、热奈、隆斯科和平特，他们的作品被统称为“荒诞剧”。在他们的研究中，生活被说成是荒谬的，因为它是非理性的，没有积极的价值。当然，我们应该记住，人们要么是乐观主义者，要么是悲观主义者——这意味着，对一些人来说，荒诞和悲剧占主导；而对另一些人来说，理想化的人类奋斗和成就占主导。那些认为人是悲惨荒谬的可能属于悲观主义者，这并不是说这种观点没有道理。

认为人的思维不合逻辑的观点也来自备受推崇的研究心理学家，他们的观察表明，在希望和恐惧的情况下不合理的结论是常见的——尤其是当用来做决定的信息是模棱两可的，就像生活中的很多事情都是模棱两可的时候。这进一步促使我们对人类推理采取否定的立场。事实上，我们很难不认同人类生活环境中充斥着愚蠢和邪恶，人类的关键决定通常是错误的，而且从非常现实的意义上来说，人类是动物王国中唯一经常陷入荒谬困境的生物——也许是因为他们有选择的自由和情绪倾向——这几乎是一种规则而不是例外。

然而，一个复杂的情况是，我们并不总是很清楚非理性的含义。它既可以出现在推理过程中，也可以体现在推理的结论和结果上。很可能推理过程是合理的，但结论和结果却很糟糕、不合理；也可能推理过程是不合理的，但结论和结果却很合理。当结论和结果具有自我破坏性时，我们通常称之为非理性。另一个复杂的情况是，某些结论和结果之所以被当事人认为是不合理的，仅仅是因为他们的利益被其他社会群体占有。因此，结论和结果被视为非理性的依据可能是它们为谁的利益服务，在冲突情况下几乎总是如此。

对于那些认为人是非理性的观点，我有以下看法：只有当推理过程本身不合逻辑时，我们才应该说人类思维是非理性的。得出错误的结论并不一定是非理性的。我在本书的开头就暗示过，很多时候我们的问题并不来自不合逻辑，而是来自潜在的、也许是错误的前提——错误结论背后的信念、价值观和承诺，有时这些前提对持有者或观察者都是隐藏的——或者源于共同的幻想，它们鼓励我们对事情的发展做出不切实际的判断，即使推理过程是正确的。换句话说，失败的不一定是我们的逻辑，而是逻辑所依赖的前提。

如我所说，如果情绪取决于我们坚持的价值观、目标和信念，而这些在我们的生活中又非常重要，那么这些可能成为我们情绪所依赖的错误前提。当我们无法实现承诺时，我们做出的承诺就会带来情绪上的痛苦；当我们成功时，则会产生积极的情绪。愚蠢的承诺也会导致无意义，或者本书前面讨论的“空虚的自我”，这通常被认为是人生徒劳无益和荒谬的原因，就像贝克特的《等待戈多》。

尽管如此——我必须抵制宣扬好或坏的价值观和承诺——我们情绪的（心理）逻辑是无懈可击的。当承诺失败时，我们会感觉不好，但当承诺成功时，我们又会感觉良好，所有这些都是合乎逻辑的。除了这些承诺的智慧，这是另外一回事，这种（心理）逻辑是我们生物构成的结果。事实上，我一直在讨论的情绪的因果逻辑正是认知—动机—情绪理论的全部内容，而其中的科学是描述正在发生的事情，并明确其规则以及影响规则运作的条件。这一理论的核心前提是，在我们努力实现自己愿望的过程中，我们会对事情的结果做出情绪反应。

帮助产生情绪的价值观、目标和信念，部分来自我们所生活的社会的影响。既然类似的目标在历史上和人们生活的大多数社会中都能找到，那么人类心理本身也一定有一些东西在这方面塑造了我们。在我们的基本生理需求得到满足后，我们希望获得成功、名声（即使只是一个名人身份）、权力、财富、快乐、与社会系统的联结感以及与他人之间温暖、滋养的关系。

如果我们对自我认同投入了大量精力，就会害怕它受到威胁，害怕在死亡中失去它。由于我们害怕这些承诺受到威胁和损失，我们就会利用我们灵活的头脑来欺骗自己以避免痛苦，这就增加了我们这个物种的非理性。也许，由于我们的生命短暂，我们过于被眼前的事物所支配，而忽略了长远考虑。无论如何，情绪都是承诺的结果，对承诺的命运感到好或坏都不是非理性的，只有在我们无法恰当地判断命运时，我们才是非理性的。

假设我们想要摆脱痛苦的情绪，获得心灵的平静——唯一的办法就是放弃或改变这些情绪所依赖的承诺，这项任务很难完成，但重大丧失或皈依经历（这是一个我们不太了解的过程）可以帮助我们完成这项任务。读者知道，这种放弃是各种精神运动的目标。渴望得到某样东西，认识到必须做什么才能得到它，以及认识到它的实现是成功还是失败，这就不可避免地会产生情绪。这样，情绪与理智就不可避免地联系在一起。

穿越情绪这一艰难领域的长途旅行即将结束，我相信此刻正好是一个合适的结局，如果这次旅行是值得的，它也只是一个开端。毕竟，此行的目的是增加我们的资源，这样我们就能解决情绪过程研究以及评价、治疗和预防功能障碍和过度情绪困扰的实际任务。虽然我认为知识就是财富，但我们关注的核心问题必须始终是那些最终能够帮助我们更成功地管理自己的生活、减轻人类痛苦和功能障碍的知识。旅程结束后，旅行者应该更容易接受我在开始时提出的主张，即社会科学和生物科学中没有任何问题比与情绪有关的问题更符合这一目标。